U0307348

《“中国制造2025”出版工程》
编 委 会

主 任

孙优贤（院士）

副主任（按姓氏笔画排序）

王天然（院士） 杨华勇（院士） 吴 澄（院士）
陈 纯（院士） 陈 杰（院士） 郑南宁（院士）
桂卫华（院士） 钱 锋（院士） 管晓宏（院士）

委 员（按姓氏笔画排序）

马正先 王大轶 王天然 王荣明 王耀南 田彦涛
巩水利 乔 非 任春年 伊廷锋 刘 敏 刘延俊
刘会聪 刘利军 孙长银 孙优贤 杜宇雷 巫英才
李 莉 李 慧 李少远 李亚江 李嘉宁 杨卫民
杨华勇 吴 飞 吴 澄 吴伟国 宋 浩 张 平
张 晶 张从鹏 张玉茹 张永德 张进生 陈 为
陈 刚 陈 纯 陈 杰 陈万米 陈长军 陈华钧
陈兵旗 陈茂爱 陈继文 陈增强 罗 映 罗学科
郑南宁 房立金 赵春晖 胡昌华 胡福文 姜金刚
费燕琼 贺 威 桂卫华 柴 毅 钱 锋 徐继宁
郭彤颖 曹巨江 康 锐 梁桥康 焦志伟 曾宪武
谢 颖 谢胜利 蔡 登 管晓宏 魏青松

“中国制造2025”
出版工程

“十三五”国家重点出版物
出版规划项目

深空探测航天器的制导控制技术

王大轶 李 骥 黄翔宇 郭敏文 著

化学工业出版社
·北 京·

内 容 简 介

本书内容分为4个部分，共9章。第1部分介绍制导控制技术的基本概念，对深空探测任务中制导问题的内涵、制导与导航和控制的关系、主要的制导方法等内容进行梳理和归纳，并对全书的主要内容进行概括。第2部分为理论篇，分别介绍制导控制的动力学基础和控制理论基础，它们为后续章节介绍具体制导控制方法提供了基础知识准备。第3部分为应用篇，首先介绍了具体的制导控制技术，包括转移接近过程、软着陆过程、大气进入下降过程和返回再入过程，这四个阶段基本覆盖了目前深空探测任务中主要的制导控制飞行阶段，然后介绍了深空探测制导控制的地面试验方法。第4部分对深空探测制导控制技术未来的发展趋势进行了展望。

本书既具有高的理论水平，又具有好的实践参考价值，能够有力推动我国深空探测器的制导技术的进一步发展，对当前从事深空探测领域研究的工程技术人员有重要的指导作用。

图书在版编目（CIP）数据

深空探测航天器的制导控制技术/王大铁等著. —北京：化学工业出版社，2020.12

“中国制造2025”出版工程

ISBN 978-7-122-37806-4

Ⅰ.①深… Ⅱ.①王… Ⅲ.①空间探测器-制导 Ⅳ.①V476

中国版本图书馆CIP数据核字（2020）第185207号

责任编辑：宋　辉　　文字编辑：徐卿华
责任校对：王　静　　装帧设计：尹琳琳

出版发行：化学工业出版社（北京市东城区青年湖南街13号　邮政编码100011）
印　　装：北京七彩京通数码快印有限公司
710mm×1000mm　1/16　印张20　字数372千字　2020年12月北京第1版第1次印刷

购书咨询：010-64518888　　售后服务：010-64518899
网　　址：http://www.cip.com.cn
凡购买本书，如有缺损质量问题，本社销售中心负责调换。

定　　价：88.00元

版权所有　违者必究

丛书序

制造业是国民经济的主体，是立国之本、兴国之器、强国之基。近十年来，我国制造业持续快速发展，综合实力不断增强，国际地位得到大幅提升，已成为世界制造业规模最大的国家。但我国仍处于工业化进程中，大而不强的问题突出，与先进国家相比还有较大差距。为解决制造业大而不强、自主创新能力弱、关键核心技术与高端装备对外依存度高等制约我国发展的问题，国务院于 2015 年 5 月 8 日发布了“中国制造 2025”国家规划。随后，工信部发布了“中国制造 2025”规划，提出了我国制造业“三步走”的强国发展战略及 2025 年的奋斗目标、指导方针和战略路线，制定了九大战略任务、十大重点发展领域。2016 年 8 月 19 日，工信部、国家发展改革委、科技部、财政部四部委联合发布了“中国制造 2025”制造业创新中心、工业强基、绿色制造、智能制造和高端装备创新五大工程实施指南。

为了响应党中央、国务院做出的建设制造强国的重大战略部署，各地政府、企业、科研部门都在进行积极的探索和部署。加快推动新一代信息技术与制造技术融合发展，推动我国制造模式从“中国制造”向“中国智造”转变，加快实现我国制造业由大变强，正成为我们新的历史使命。当前，信息革命进程持续快速演进，物联网、云计算、大数据、人工智能等技术广泛渗透于经济社会各个领域，信息经济繁荣程度成为国家实力的重要标志。增材制造（3D 打印）、机器人与智能制造、控制和信息技术、人工智能等领域技术不断取得重大突破，推动传统工业体系分化变革，并将重塑制造业国际分工格局。制造技术与互联网等信息技术融合发展，成为新一轮科技革命和产业变革的重大趋势和主要特征。在这种中国制造业大发展、大变革背景之下，化学工业出版社主动顺应技术和产业发展趋势，组织出版《“中国制造 2025”出版工程》丛书可谓勇于引领、恰逢其时。

《“中国制造 2025”出版工程》丛书是紧紧围绕国务院发布的实施制造强国战略的第一个十年的行动纲领——“中国制造 2025”的一套高水平、原创性强的学术专著。丛书立足智能制造及装备、控制及信息技术两大领域，涵盖了物联网、大数据、3D 打印、机器人、智能装备、工业网络安全、知识自动化、人工智能等一系列的核心技术。丛书的选题策划紧密结合“中国制造 2025”规划及 11 个配套实施指南、行动计划或专项规划，每个分册针对各个领域的一些核心技术组织内容，集中体现了国内制造业领域的技术发展成果，旨在加强先进技术的研发、推广和应用，为“中国制造 2025”行动纲领的落地生根提供了有针对性的方向引导和系统性的技术参考。

这套书集中体现以下几大特点：

首先，丛书内容都力求原创，以网络化、智能化技术为核心，汇集了许多前沿科技，反映了国内外最新的一些技术成果，尤其使国内的相关原创性科技成果得到了体现。这些图书中，包含了获得国家与省部级诸多科技奖励的许多新技术，因此，图书的出版对新技术的推广应用很有帮助！这些内容不仅为技术人员解决实际问题，也为研究提供新方向、拓展新思路。

其次，丛书各分册在介绍相应专业领域的新技术、新理论和新方法的同时，优先介绍有应用前景的新技术及其推广应用的范例，以促进优秀科研成果向产业的转化。

丛书由我国控制工程专家孙优贤院士牵头并担任编委会主任，吴澄、王天然、郑南宁等多位院士参与策划组织工作，众多长江学者、杰青、优青等中青年学者参与具体的编写工作，具有较高的学术水平与编写质量。

相信本套丛书的出版对推动“中国制造 2025”国家重要战略规划的实施具有积极的意义，可以有效促进我国智能制造技术的研发和创新，推动装备制造业的技术转型和升级，提高产品的设计能力和技术水平，从而多角度地提升中国制造业的核心竞争力。

中国工程院院士 潘云鹤

序

2007年10月，我国成功发射了嫦娥一号月球探测器，实现了中华民族“嫦娥奔月”的千年梦想。这一里程碑式的成就揭开了我国深空探测的大幕。此后我国又先后完成了第一次日地拉格朗日L2点空间探测、第一次小行星飞越探测、第一次地外天体软着陆和巡视探测，以及世界首次月球背面软着陆探测，使我国从一个深空探测的后来者，迅速转变为国际上该领域内一个举足轻重的参与者。

由于飞行距离远、通讯延迟大、环境未知性强，制导、导航与控制一直以来都是深空探测器最为关键，也是难度最大的系统之一。我作为嫦娥一号探测器的副总设计师、嫦娥三号和嫦娥四号探测器的总设计师，以及我国首次火星探测任务探测器系统总设计师，有幸参与并见证了我国深空探测事业的蓬勃发展历程，也深切体会到了制导控制技术对于深空探测任务成败的重要性，以及创新突破和研制攻关过程的艰辛。

以王大轶研究员为代表的本书作者团队是伴随着我国月球和深空探测项目发展逐步成长起来的新一代航天人。他们扎根基层、刻苦攻关，在深空探测制导控制领域积累了丰富的理论知识和工程经验。本书凝聚了他们多年来的研究成果，是对现有技术的一次全面和系统的总结，是他们的心血之作。

当前，我国的深空探测事业正处于如火如荼的发展上升期。未来，我国还将开展月球采样返回探测、火星探测、小行星探测、甚至更远的木星探测。在这些任务中，制导控制技术还将面临一个又一个新的难题。系统总结技术发展的经验和规律，探索未来发展的技术路线，是航天人的重要使命。本书的编写正是服务于此。书中详细介绍了深空探测制导控制技术的发展脉络，由浅入深；内容丰富详实，理论结合实际。本书既具有较高的理论水平，又具有较好的工程实践参考价值，对当前从事深空探测领域研究的工程技术人员和未来有志于从事相关研究的青年学者都能有所启发和帮助。相信本书的出版必将进一步推动深空探测制导控制技术的研究和发展，为支持我国未来深空探测事业的持续发展助力！

前言

深空探测航天器，简称深空探测器或探测器，是指对月球以及月球以外的天体与空间进行探测的航天器。对于深空探测而言，由于探测器飞行距离非常遥远，地面干预特别困难，制导、导航与控制（GNC）系统的任务目标是实现探测器自主的轨道和姿态控制，其中，制导控制技术对于探测器完成关键阶段的飞行控制尤为重要，例如轨道转移控制、目标天体交会和捕获控制、进入下降着陆控制、起飞上升控制、返回再入控制等。

在深空探测任务过程中，制导、导航与控制系统的三个组成部分各司其职、相互配合。导航负责获取飞行状态信息，制导负责制定飞行策略或确定飞行方向，控制负责实际执行，在这三者之中，制导处于核心地位。制导的严格定义是引导和控制航天器按照一定规律飞向目标或预定轨道的技术和方法。对于深空探测器来说，制导的主要任务是按照飞行目标或预定的飞行轨迹，确定当前实施轨迹调整所需要的控制量，即改变飞行轨迹所需要的加速度的大小、方向及后续的变化规律。该加速度可以由推进系统产生，也可以利用气动、太阳光压等外界环境产生。鉴于制导控制技术对深空探测的重要核心作用，本书专门针对该技术进行深入研究和探讨。

由于深空探测任务目标多种多样，不同飞行阶段所采用的制导控制技术各不相同，涉及面非常广，在一本书中很难面面俱到。为了便于读者理解和获得一个整体印象，本书从制导控制技术的基本原理出发，重点围绕轨道转移控制、软着陆控制、大气进入/再入控制等几个具有代表性的关键飞行过程展开。书中详细研究论述了各阶段制导控制方法的推导过程、算法编排、仿真验证和性能分析，并对地面试验技术进行了简单的介绍。

全书内容分为 4 个部分，共 9 章。第 1 部分为第 1 章绪论，介绍制导控制技术的基本概念，对深空探测任务中制导问题的内涵、制导与导航和控制的关系、主要的制导方法等内容进行梳理和归纳，并对全书的主要内容进行概括。第 2 部分为理论篇，包括第 2、3 章，分别是制导控制的动力学基础和控制理论基础，它们为后续章节介绍具体制导控制方法提供了基础知识准备。第 3 部分为应用篇，包括第 4~8 章，其中第 4~7 章的每一章都以一个深空探测重要的任务阶段为对象，研究探讨具体的制导控制技术，包括转移接近过程、软着陆过程、大气进入下降过程和返回再入过程，这四个阶段基本覆盖了目前深空探测任务中主要的制导控制飞行阶段。

第 8 章作为共用技术，介绍了深空探测制导控制的地面试验方法。第 4 部分是第 9 章，对深空探测制导控制技术未来的发展趋势进行了展望。

本书的主要特色如下。

（1）本书进行了比较充分的理论方法回顾，介绍了研究深空探测制导控制技术所必须了解的坐标系系统、时间系统、动力学模型以及最优控制理论等基础知识。这样由浅入深的过程，非常有利于读者对根本问题的把握，以及对制导控制技术建立一个比较完整的概念。

（2）本书研究讨论的制导控制技术，强调的是实用性，所涉及的技术方法很多都在国内外典型的深空探测任务中得到了应用和验证，包括阿波罗、维京、好奇号等，也包括我国的嫦娥系列月球探测器。

（3）本书注重的是航天动力学、最优控制理论等与实际制导技术的结合，因此在叙述技术应用时会对相关的理论方法进行简单的回顾，以便于读者建立理论与应用之间的联系。

本书在编写过程中，得到了李铁寿研究员、何英姿研究员、魏春岭研究员和李果研究员对本书章节内容安排的具体指导，得到了中国空间技术研究院嫦娥系列型号任务团队和火星型号任务团队的大力支持，其中张晓文、徐超、褚永辉等参与了本书部分内容的仿真、验证和整理工作。

承蒙叶培建院士、刘良栋研究员、吴宏鑫院士、杨孟飞院士和马兴瑞老师对本书出版的深切关注和大力支持，嫦娥三号/四号总设计师和首次火星探测任务探测器总设计师孙泽洲研究员对本书给予了指导并提出宝贵意见。

本书的研究工作得到了国家杰出青年科学基金（61525301）、国防科技卓越青年科学基金、国家自然科学基金（61690215、61673057、61503023）、民用航天项目、北京空间飞行器总体设计部、北京控制工程研究所的大力支持，在此表示衷心的感谢。

深空探测制导控制技术的覆盖面非常广，技术发展非常迅速，再加上作者水平有限，难以全面、完整地就研究前沿一一深入探讨。书中不当之处，恳请读者批评指正。

著者

目录

199 第7章 高速返回地球再入过程的制导和控制技术

271 第8章 制导控制技术的地面验证

第1章

绪论

1.1 基本概念

1.1.1 制导、导航与控制

制导、导航与控制技术（Guidance/Navigation and Control，GNC）是对运动体运动过程进行控制的一门综合学科，常用于汽车、船舶、飞机以及航天器的运动（包括位置、速度、姿态等）控制。制导、导航与控制在运动过程中所起到的作用不同。通俗地讲，如果制导、导航与控制的目标是实现运动体从A点移动到B点，那么其中“导航”的作用是“确定自身当前位置在哪儿”，“制导”的作用是“应该向哪个方向走才能到达目标位置”，“控制”的作用是“确定方向后具体实施”。以人的行为作类比，“导航”是信息获取层面，“制导”是决策层面，“控制”是执行层面。

制导、导航与控制技术对于不同类型的对象，其具体含义不同。本书主要针对的是航天器，因此只从航天器的角度来解释制导、导航与控制的基本概念[1]。

1.1.1.1 导航

对于航天器来说，导航（navigation）就是指确定或估计航天器运动状态参数的过程，相应的运动状态参数包括描述质心运动状态的位置、速度和描述绕质心转动的姿态角、角速度等。

从技术角度讲，导航就是确定航天器的轨道和姿态。由于姿态确定方法比较成熟，因此航天器的导航通常仅指确定航天器的轨道。为了实现航天器导航，需要由其内部或外部的测量装置提供测量信息，连同轨道控制信息一起，利用轨道动力学模型和估计算法，获得航天器当前（或某一时刻）质心运动参数的估计。

对于航天器来说，实现导航的方式种类很多，比较成熟的包括天文导航、图像导航、无线电导航、卫星导航、惯性导航等，未来还有一些新兴的导航方法，例如脉冲星导航等[2]。

1.1.1.2 制导

制导（guidance）是根据导航所得到的飞行轨道和姿态，确定或生成航天器在控制力作用下飞行规律的过程。制导控制技术是指设计与实现制导方式、制导律、制导控制系统所采用的一系列综合技术。制导控制技术是空间技术和高技术制导武器发展的必然结果。目前制导控制技术已经形成较完善的体系，包括自主式制导、遥控制导、寻的制导、复合制导和数据链制导等。

制导律是制导控制技术的重要组成部分，包括机动策略和参考轨迹，它是根据系统得到的飞行状态和预定的飞行目标，以及受控运动的限制条件计算出来的。

1.1.1.3 控制

控制（control）是指确定执行机构指令并操纵其动作的过程。所谓自动控制就是在无人直接参与下，利用控制器和控制装置使被控对象在某个工作状态或参数（即被控量）下自动地按照预定的规律运行，以完成特定的任务。

对于航天器来说，在不同轨道阶段，必须按任务要求采取不同姿态，或使有关部件指向所要求的方向。为了达到和保持这样的轨道和姿态指向，就需要进行轨道控制和姿态控制。

轨道控制是指对航天器施以外力，改变其质心运动轨迹的技术。轨道控制律给出推进系统开关机、推力大小和推力方向指令，航天器执行指令以改变飞行速度的大小和方向，沿着制导律要求的轨迹飞行[3,4]。

姿态控制是获取并保持航天器在空间定向（即相对于某个坐标系的姿态）的技术[5,6]，主要包括姿态机动、姿态稳定和姿态跟踪。姿态机动是指航天器从一种姿态转变到另一种姿态的控制任务，例如变轨时，为了能够通过轨控发动机在给定方向产生速度增量，需要将航天器从变轨前的姿态变更到满足变轨要求的点火姿态。姿态稳定是指克服内外干扰力矩，使航天器在本体坐标系中保持对某基准坐标系定向的控制任务。例如轨控点火时，发动机推力方向始终保持对惯性空间或轨道系稳定。姿态跟踪是指航天器为了实现制导输出的实时变化目标（推力）方向，不断改变自身的飞行姿态，使本体特定轴始终与制导目标一致的控制任务。例如着陆和上升过程，姿态控制不断改变航天器自身姿态，使得固连在航天器上的发动机输出的推力能够不断跟踪实时计算且始终变化的制导指令。

1.1.2 深空探测

前面已经介绍了航天器制导、导航与控制的基本概念，可以感受到制导、导航与控制包含的内容非常广，涉及的技术非常多。从制导、导航与控制之间的关系看，导航是前提，制导是核心，控制是手段。鉴于制导控制技术的重要性，本书只围绕制导这一核心问题展开。

制导本身也是一个比较宽泛的概念，针对不同的对象、不同的任务场景有很多不同的具体技术。因此在开展制导控制技术深入讲解之前，还需要介绍一下本书的研究对象——深空探测。

在航天领域，从任务功能的角度可以将航天器分为三大类型，即应用卫星、载人航天和深空探测。应用卫星的特点是服务型的，目的是为人类生产、生活或者军事活动提供支持，包括导航卫星、通信卫星、气象卫星、侦察卫星等。载人航天器的特点是为人在地球大气层外活动提供平台，即有人的大气层外飞行器。深空探测器则是飞离地球轨道的一类航天器，这类航天器一般肩负着人类探索宇宙，了解太阳系起源、演变和现状，探索生命演化等科学任务。

我国 2000 年发布的《中国的航天》白皮书指出，深空探测是指对太阳系内除地球外的行星、小行星、彗星的探测，以及太阳系以外的银河系乃至整个宇宙的探索。因此，按照我国通常的定义，深空探测航天器是指对月球和月球以外的天体与空间进行探测的航天器，包括月球探测器、行星和行星际探测器等。而国际上，按照世界无线电大会的标准，通常将距离地球 2×10^6 km 以上的宇宙空间称为深空，并在世界航天组织中交流时使用这一标准。

1.2 深空探测典型任务中的制导控制技术

深空探测任务的种类很多，按照对象可以分为月球探测、火星等大行星探测、小行星/彗星等小天体探测；按照探测方式可以分为飞越探测、环绕探测、着陆探测、采样返回探测；按照任务段可以分为转移段、接近段、制动段、环绕段、进入下降着陆段（EDL）、天体表面停留段、起飞上升段、交会对接段、返回再入段等。不同的探测对象，不同的探测方式，不同的飞行阶段对制导的要求不同，采用的具体制导方式也不同，可谓是五花八门，包罗万象。本节将通过两个最具有代表性的探测任务来对深空探测中的制导控制技术进行介绍。这两个任务覆盖的飞行阶段比较多，很具有代表性。

1.2.1 月球探测中的制导控制技术

从 20 世纪 50 年代以来，人类开展了多次月球探测，共发射了 50 多个月球探测器或载人飞船，实现了月球飞越探测、环绕探测、着陆探测、采样返回探测以及载人登月。其中比较有代表性的包括美国的 Ranger 系列（1961～1965）、Surveyor 系列（1966～1968）、Lunar Orbiter 系列（1966～1967）、Apollo 系列（1963～1972）、Clementine（1994）、Lunar Reconnaissance Orbiter（2009）；苏联的 Luna 系列（1959～1976）、Zond 系列（1965～1970）；欧空局的 SMART-1（2003）；中国的嫦娥系列（2007 至今）；日本的 SELENE（2007）；印度的 Chandrayaan-1（2008）。

飞越探测是最为简单的探测模式，探测器只是以双曲线轨道飞过月球，并不进行轨道控制。环绕探测是最常见的探测模式，探测器长期运行在环绕月球的圆形轨道上，便于对月观测。其飞行过程中最为关键的任务是近月制动，即在双曲线轨道上刹车制动，进入环绕月球轨道。着陆探测是实现近距离就位探测的必要方式，探测器首先要通过近月制动运行在环月轨道上，之后降低轨道高度，并在近月点实施动力下降，即由发动机降低探测器飞行速度，飞行高度随之降低，最终软着陆到月面。采样返回探测是在着陆探测的基础上，探测器还要从月面上升，并进入环月轨道，经过交会对接之后加速脱离月球引力场进入月地返回轨道（也有探测器从月面上升后直接进入月地返回轨道），当探测器靠近地球时再入地球大气，利用空气阻力实施减速，并着陆到地面或海面，完成回收。而载人登月对于制导、导航与控制来说，与采样返回探测相近，最大的区别是有人带来的一些其他问题。因此，从技术难度上看，从低到高的顺序为飞越、环绕、着陆、采样返回和载人登月。而从飞行阶段看，从简单到复杂的顺序也同样是飞越、环绕、着陆、采样返回和载人登月。通常月球采样返回探测任务包含了其他类型探测所必须经历的各种飞行阶段。所以，接下来就以采样返回为代表，看看制导在不同飞行阶段所起到的主要作用。

月球采样返回探测任务中通常可以分为地月转移段、近月制动段、环月飞行段、着陆下降段、月面工作段、月面上升段、月球轨道交会对接段、环月等待段、月地转移（含月地加速）、地球再入回收段。在这些飞行段中，需要制导参与的飞行过程包括各种轨道控制、下降着陆、月面上升、月球轨道交会对接和地球大气再入。但是，对于现在的探测器来说，通常轨道机动和修正时的推力方向是地面设定的，它变成纯轨道控制问题，并不需要制导参与其中。而月球轨道交会也不是月球采样返回必需的飞行阶段。所以，下面只介绍动力下降、月面上升和地球大气再入中的制导问题。

图 1-1 为月球采样返回探测飞行示意图。

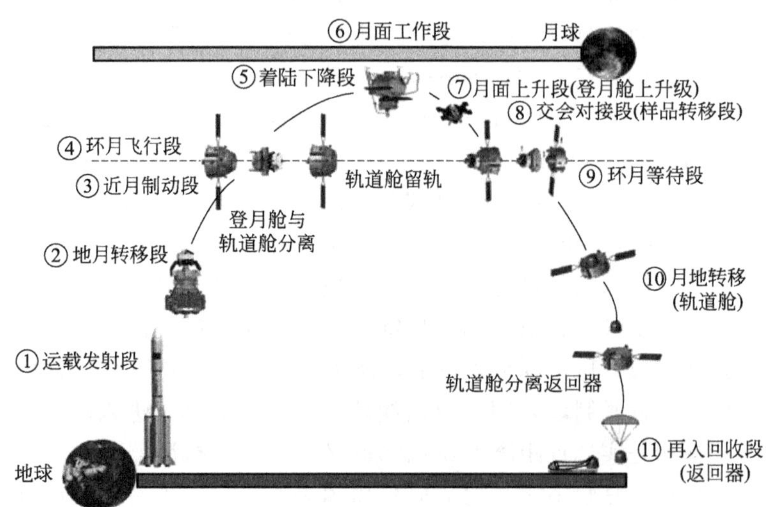

图 1-1 月球采样返回探测飞行示意图

1.2.1.1 着陆下降过程的制导控制技术

(1) 着陆下降的飞行过程（见图 1-2）

从月球环绕飞行轨道下降到月球表面，大致可分为 3 个阶段进行[7-9]。每一个阶段不是独立的，前一个阶段完成的工作，要考虑后几个阶段的技术要求。

① 离轨段　根据所选定的落点坐标，确定在停泊轨道上开始下降的位置和时刻。制动发动机工作一个较短的时间，给予登月舱/探测器一个有限的制动冲量，探测器离开原来的运行轨道，开始向月面下降。

② 自由下降段（又称霍曼转移段）　探测器在制动冲量结束后，脱

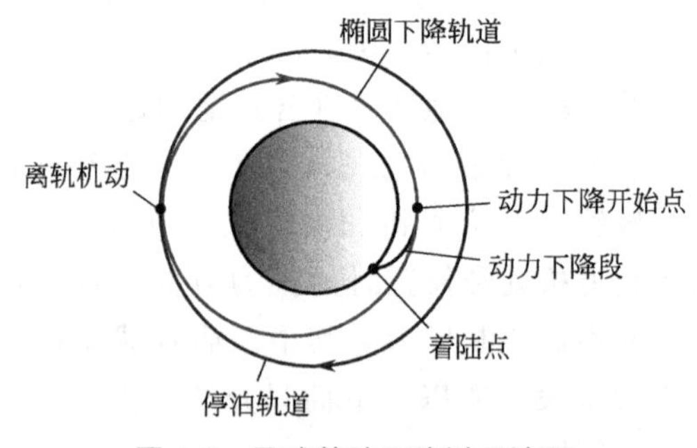

图 1-2 月球着陆下降过程流程

离原来的运行轨道，转入过渡轨道。过渡轨道是一条新的椭圆轨道，其近月点在所选定的落点附近。

③ 动力下降段　探测器沿过渡轨道下降到距离月面一定的高度时（通常是霍曼转移轨道的近月点），制动发动机开机。这一阶段发动机推力的作用并不仅仅是减速，其输出的推力大小和方向均由制导律决定，目标是以零速、零高度、垂直状态到达月面。

（2）着陆下降对制导律的要求

一旦开启动力下降后，由于能量的减少，探测器的高度和速度不再能保证探测器运行在安全稳定的轨道上，所以动力下降过程是不可逆的。这使得动力下降过程成为月球软着陆中最为关键的一个阶段，它对制导提出了多方面的要求[10-12]。

① 推进剂消耗最优或次优性　软着陆过程中的制动减速只能依靠制动发动机完成，所携带的推进剂的绝大部分也将用于此目的。实现最省推进剂消耗，就意味着减轻着陆器的总质量；降低发射成本，就意味着提高着陆器有效载荷的携带能力。

② 鲁棒性　对于在具有初始导航误差、系统环境干扰、敏感器及制动发动机测量和参数误差的情况下实现软着陆，制导律的鲁棒性就很重要。

③ 自主性　当探测器从离月面十几千米高度开始制动减速后，探测器下降快、时间短。需要由导航敏感器测量着陆信息，制导控制计算机根据导航信息，利用制导律计算控制信号，控制信号作用制动发动机和姿控系统。由于地月之间的距离遥远，这个过程应在探测器上自主实现。

④ 实时性　整个着陆过程时间很短，器载计算机运算能力有限，因此制导计算的计算量不能太大。

（3）着陆下降制导律

月球着陆探测发展几十年来，根据任务目标和约束的不同，不同的探测器使用了不同的制导控制技术，总的来说可以归结为三种。

① 重力转弯制导方法　对于早期的月球探测着陆制导过程，探测器是按照击中轨道飞向月球的。在离月球很远的地方就需要进行轨道修正，然后调整方向，打开着陆发动机，进行制动减速。这时的制导过程是一种部分开环的方式，导航测量需要依靠深空网来进行[13]。后来的软着陆过程出现经过环月轨道降落到月面的方式，这时的制导过程基本也是一种半开环半闭环的方式。在主制动段采用开环制导方式抵消速度，然后在接近月面的过程中打开着陆敏感器，进行闭环制导。这期间的着陆过程大多采用重力转弯着陆制导方法[14]。

重力转弯的基本思想是通过姿控系统将制动发动机的推力方向与探测器速度矢量的反方向保持一致，进行制动减速，实现垂直到达月面的软着陆过程[14]。它是一种简单实用的制导方法，比较适合于低成本、所用敏感器简单的无人着陆任务。

在重力转弯过程中，进行开环制导是一种相对简单的方法。文献［14］对开环制导的重力转弯过程及其在工程中的应用进行了深入分析。在此基础上，一些学者对重力转弯制导过程和它的改进方法作了进一步研究[15-20]。J. A. Jungmann（1966）推导出重力转弯制导过程的解析关系表达式，并对常值推重比情况下的着陆过程进行了分析；S. J. Citron（1964）研究了以同时调节推力大小和推力与速度方向夹角的办法对重力转弯过程进行改进，实现落点控制；T. Y. Feng（1968）为提高着陆精度，将比例导航加对数减速（proportional navigation plus logarithmic deceleration）应用于重力转弯制导过程中；R. K. Cheng（1969）和 Citron 将轨迹跟踪的想法应用到重力转弯过程中，并设计了线性反馈制导控制律去跟踪预先给定的着陆轨迹，以实现重力转弯过程的闭环制导；基于同一想法，为跟踪预先给定的着陆轨迹 C. R. McInnes（1995）设计了非线性反馈制导控制律。海盗号探测器（Viking Planetary Lander）软着陆于火星表面就是应用了对高度-速度进行跟踪的重力转弯闭环制导方法。

但是，这些研究和应用都没有考虑燃料最优问题，对于轨迹跟踪的制导过程也没有给出稳定性证明，并且它们都是基于推力连续可调的制动发动机进行的。可连续调节的变推力发动机结构复杂，对于一些低成本探测器来说应用受限。

② 多项式制导　这种制导方式假定推力加速度是时间的二次函数，这样整个运行轨迹（位置）就可以用四次多项式来描述（多项式系数待定）。当给定终端的约束，例如位置、速度、加速度、加加速度（加速度的导数）时，就可以求解出多项式的系数，从而计算出制导指令。阿波罗 11 在月面软着陆时使用的就是这种制导方法[21,22]，其制导流入如图 1-3 所示。

不过，这种制导律本身并不是能量最优的轨迹。但是终端约束的选择，可以改变标称情况下飞行轨迹的推进剂消耗。在阿波罗任务中，通过终端参数的选择，使得推进剂消耗接近最优，并且其飞行轨迹能够满足宇航员承受的过载限制，以及满足目视避障的要求。

③ 显式制导方法　显式制导方法就是根据着陆器的现时运动参数，按照控制泛函的显函数表达式进行实时计算的制导方法[23]。显式制导不

需要跟踪标称轨迹，它会根据当前实时的速度和位置重新计算制导参数，在大干扰情况下具有较大的优越性。日本的 SELENE 项目[24]、美国的 ALHAT 项目[25] 都计划采用显式制导完成动力下降，虽然它们所使用的具体算法存在差异。

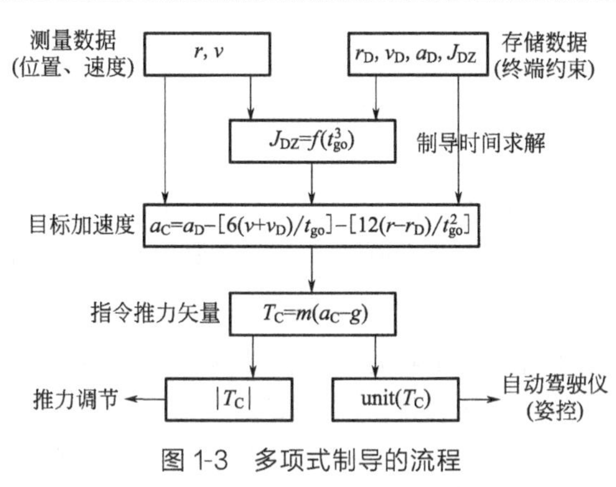

图 1-3 多项式制导的流程

显式制导对 GNC 计算机的速度和容量提出了较高的要求。GNC 系统的任务就是要根据敏感器的测量信号，解算出探测器的运动参数，如位置、速度等，再依据制导律计算控制参数，以便导引探测器的运动。过去受到 GNC 计算机体积、容量和速度的限制，不可能实时求取探测器的运动参数，使得显式制导控制技术应用较为困难。但随着电子技术的发展，大规模集成电路的出现，GNC 计算机不断更新换代，目前已经完全能适应显式制导的计算要求了[23]。

1.2.1.2 月面上升过程的制导控制技术

对于采样返回任务来说，当月面任务结束之后，必然需要进行月面起飞上升，使得探测器能够进入月球环绕轨道或者直接进入地月转移轨道。从某种意义上说，月面上升过程可以看作是月面下降过程的逆过程。

（1）月面上升的飞行过程

由于没有大气，且引力较小，所以月面上升比地球发射火箭要简单一些，单级即可入轨。整个飞行过程大致可以分为三个阶段，如图 1-4 所示：垂直上升，脱离月面到安全高度；转弯，向目标飞行方向转向，同时开始产生水平速度；轨道入射，探测器在某种制导律作用下一边加速一边提升飞行高度，直到进入预定的目标轨道。

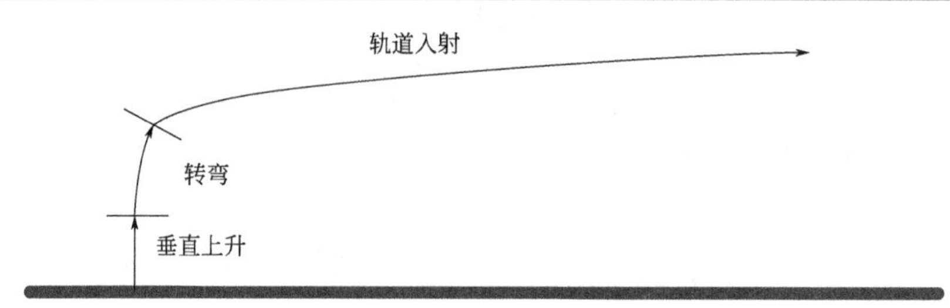

图 1-4　上升过程飞行示意图

从飞行过程看，第一个和第二个阶段都是程序控制的，用于为第三个阶段服务，而第三个阶段才真正需要制导律起作用。

(2) 月面上升对制导律的要求

月面上升过程是将月球样品或成员返回地球的第一步，这个过程制导律需要考虑的约束包括以下几项[26]。

① 推进剂消耗最优　由于月面上升所需要的推进剂是着陆器运送到月面上的，所以相比着陆过程推进剂更为紧张。计算表明，从月面每带回 1kg 质量，光着陆和上升过程就要付出 3kg 推进剂质量，其中着陆过程要消耗 2kg 推进剂，上升过程又要消耗 1kg 推进剂。由此可见，上升过程减少推进剂消耗就能增加带回的样品或人员/货物质量，也能成倍减少为完成任务总的推进剂携带量，效益非常明显。

② 最小化探测器与月面临近区域地形碰撞的风险　月面起飞的位置是科学探测最感兴趣的地方，往往地形崎岖，甚至位于陨石坑或盆地的中央。因此，月面起飞上升阶段，制导律或制导参数设计时必须考虑起飞上升过程与地形碰撞的风险。

③ 其他约束　与特定任务相关的约束，比如对于载人任务来说，要求登月舱舷窗向下，便于成员全程观察月面；或者要求飞行时间尽可能短，以便于后续与留轨飞行器快速交会等。

(3) 月面上升制导律

月面上升的任务可以看作是着陆任务的逆过程，对于制导律来说任务相似，均是在满足推进剂消耗最优条件下，达到给定的终端位置和速度。

从工程上的使用情况看，月面上升制导律目前只有两种，即重返月球 Altair 登月舱的动力显式制导[26] 和阿波罗的 E 制导[27,28]，它们均属于显式制导这一类别。

从发展方向看，显式制导是一种比较通用和先进的动力过程制导方法，采用基本相同的制导方程编排，往往只需修改制导终端参数，就可以同时应用到月球着陆和上升过程。因此本书并不单独拿出章节来介绍月面上升的制导律，读者可以参看着陆部分的相关内容。

1.2.1.3 地球大气再入过程的制导控制技术

这里的地球大气再入过程是指进行月球科学探索后，为回收各种探测数据，探测器返回地球时高速再入大气层的过程。该过程的初始速度可达 11km/s，初始动能约为近地轨道航天器再入时的 2 倍，是航天器探月返回地球最后且最艰辛的一程，将接受严酷的气动加热和过载环境的考验。该过程制导控制技术主要研究的是小升阻比航天器高速再入地球大气层所带来的一系列问题，包括再入轨迹设计、再入制导与控制方法等相关内容。

（1）地球大气再入的飞行过程

由于初始再入速度过大，探测器需要更充分地利用地球大气进行减速。为此，设计人员通过对初始再入角进行约束，以保证探测器经过大气层初次减速后又重新跳出大气层，然后在地心引力作用下再次再入地球大气，并最终着陆地面。这类再入轨迹被称为跳跃式再入轨迹。典型的跳跃式轨迹如图 1-5 所示。Apollo 飞船再入制导飞行轨迹可分为七个阶段：再入前的姿态保持阶段，初始滚转与常值阻力阶段，轨迹规划与常值阻力阶段，下降控制阶段，上升控制阶段，开普勒阶段和最终再入阶段等。

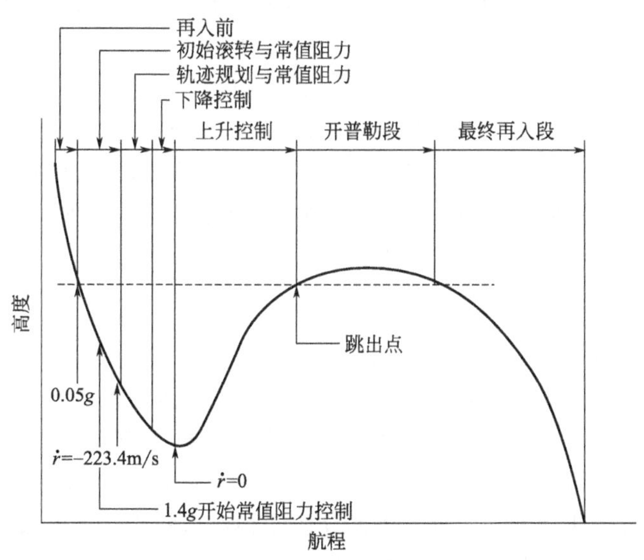

图 1-5 Apollo 飞船再入制导飞行轨迹示意图

再入前的姿态保持阶段持续到器载加速度计初次检测到 0.05g 的信息，开始转入初始滚转与常值阻力阶段，该阶段一直维持到下降速率至 223.4m/s 为止。达到此条件后，制导逻辑转换到轨迹规划与常值阻力阶段。轨迹规划的任务是分析后续再入轨迹的基本特性并耗散航天器可能具有的多余能量，并由器载计算机搜索能够满足飞至着陆点航程要求的常值倾侧角值。随后转入下降控制阶段，飞行至下降速率为零后，转入上升控制阶段和开普勒阶段。当阻力再次增至 0.2g 时，开始最终再入阶段飞行，直至到达目标着陆点。

（2）地球大气再入对制导律的要求

高速返回的地球大气再入过程，过载和热流约束变得十分苛刻。为了保证再入过程的安全，制导律需要严格满足以下约束条件。

① 终端状态约束　终端状态约束是表示航天器的末端飞行状态及其与落点区的相对位置关系。根据需求，终端状态约束主要考虑在固定终端高度处的经度、纬度等参数，即考虑实际落点较目标落点的偏差需在某一要求的精度约束范围内。

② 气动加热约束　气动加热约束包括对热流峰值的约束和总吸热量的约束。由于驻点区域是返回器气动加热较严重的区域，常以驻点热流来表征气动热环境的参数。驻点气动加热的计算发展比较完善[7]，为了减小气动加热，要求驻点热流不超过给定的最大值。

③ 过载约束　再入过程的过载值是气动减速效率的表现。过载直接或间接地影响着航天器结构安全，所搭载设备的工作性能，甚至对于载人任务，直接危害到航天员的心理和生理机能。因此需要对过载的峰值进行约束，要求瞬时过载小于最大允许过载。

④ 控制量约束　对于小升阻比的返回器，控制变量单一，为倾侧角 σ。一般情况下，根据返回器的相关性能和分系统的要求，再入轨迹优化和制导方法设计中，应对倾侧角的可用范围加以约束。

（3）地球大气再入制导律

返回式卫星、载人飞船及深空探测器的地球大气再入过程，一般采用弹道升力式再入（可以看成是弹道式再入的改进)。而弹道升力式再入轨迹又可以分为跳跃式再入轨迹和直接再入轨迹。跳跃式再入一般用于深空探测器高速返回时的再入任务，如阿波罗登月飞船和嫦娥-5 飞行试验器的再入制导过程。下面介绍几种典型的跳跃式再入制导方法。

① Apollo 再入制导方法　1963 年 Lickly 等在文献［29］中分析了 Apollo 飞船再入制导的设计过程，并对 Apollo 再入各个阶段自主独立的

制导系统的设计过程作了详细的论述。1967 年 Young 等在技术报告［31］中对再入初始状态变量，航天器自身特性以及过载、热流密度约束对再入制导性能的影响作了详细的分析。1969 年阿波罗 11 号成功返回，Graves 等和 Moseley 等分别在 NASA 技术报告［30］和［32］中对 Apollo 再入制导过程进行了经验总结。

Apollo 再入算法通过在线生成参考轨迹，可以更好地利用当前时刻的飞行信息，制定出更加适当的再入轨迹，从而允许飞行状态在一定范围内偏离预期状态，具有较好的鲁棒性。从实际工程应用的角度看，Apollo 制导算法只有一个控制变量，并采用纵程、横程独立设计的方法和跟踪参考轨迹的控制方式，简单易行，解决了阿波罗航天器及其他舱式航天器的探月返回再入问题，并且后续也得到广泛的应用和发展。在文献［33］中 Carman 等在对 Apollo 制导算法总结的基础上，将其修改为适用于火星大气进入的制导律，并给出了详细的制导律方程和增益的计算方法。

实际上阿波罗航天器因再入的纵程较小，并未采用跳出大气层的跳跃式再入方式。因此，阿波罗式跳跃再入制导并没有经过实际应用的检验。Bairstow 在文献［34］对 Apollo 算法的局限性进行了总结，并在此基础上提出了基于 PredGuid 思想的制导算法。下面列出文献中提到的阿波罗算法的局限和弱点。

a. 由于当时计算机的计算能力有限，对再入方程作出了大量近似，假设条件也采用了许多经验公式及参数，有些近似甚至不可兼容，这些处理都严重影响其精度。

b. 该算法只在轨迹规划和常值阻力阶段生成再入轨迹，并将生成的轨迹作为参考轨迹，而在向上飞行控制阶段对已制定的轨迹并没有进行偏差校正处理，即再入参考轨迹自身的精度有限且不能在线更新，这是轨迹的欠规划问题。

c. 有限升力导致了航天器有限的控制能力，进而导致实际飞行状态与参考状态之间的偏差无法得到有效的校正，这是欠跟踪问题。

d. 复杂的制导算法和切换逻辑。

e. 算法完全忽略了 Kepler 阶段的大气阻力影响，对于长纵程的再入过程，实际开普勒阶段大气阻力的影响会很大。

Apollo 制导算法的这些缺点严重制约了该算法在大航程条件下的精度。

② PredGuid 及 PredGuid-EMT 再入制导方法　美国 Draper 实验室为 1980 年大气层内飞行实验设计了一种预测-校正制导算法，喷气推进实验室（JPL）的 Sarah 等人根据美国重返月球计划，将这种制导算法与阿波罗再入飞行制导方案结合，形成一种称为 PredGuid[35] 的跳跃式返

回制导方案，S. H. Bairstow[36,37] 将其用于猎户座航天器的制导律设计。

PredGuid 制导方案可分为 5 个阶段，分别是初始滚转控制段、能量控制段、向上控制段、大气层外飞行段和二次再入段。其中能量控制段继承了阿波罗返回制导方案的轨迹规划段，利用解析方法预估剩余航程，确定航天器飞行轨迹；大气层外飞行段航天器处于无控状态；二次再入段仍采用标准轨道法制导。

与 Apollo 制导方法相比，PredGuid 对向上控制段的改进体现在以下两个方面：a. 向上控制段的制导目标用二次再入初始点处的飞行状态取代跳出点飞行状态，这样可以避免大气边界处较大不确定性对二次再入段飞行的影响；b. 向上控制段制导律由原来的标准轨迹制导改为预测校正制导，这样可以减少在轨迹规划段解析预测航程时由于假设条件和模型简化产生的误差；另外，PredGuid 的二次再入标准轨道不是预先存储在船载计算机，而是在轨迹规划段根据实际飞行状态所设计的。

PredGuid-EMT 的制导方法是由美国学者 Mille 在 PredGuid 制导方法的基础上进行改进提出的，其侧重于从能量的角度进行制导律设计。

PredGuid-EMT 主要从以下几方面对 PredGuid 进行改进：a. 初始再入段升力模式有全升力向上和向下两种情况，改为优化滚动角以逼近再入走廊的中心区域；b. PredGuid 的能量控制段中包括常值阻力制导，经过大量仿真和优化分析，阻力值确定为 $4g$，而 PredGuid-EMT 的常值阻力则根据当前航程情况实时计算得到；c. PredGuid-EMT 从初始进入段就开始判断飞行航程，确定是否采用直接再入模式，并且为直接再入方式设计专门制导程序，改善直接返回的飞行性能。

③ NSEG 制导方法　NSEG（Numerical Skip Entry Guidance）[35] 方法是 NASA 下属单位 Johnson 空间中心开发的一套适用于月球返回长航程再入任务的算法。该制导算法最早在 1992 年提出，可以分为四个阶段，下面针对各阶段的特点进行简要介绍。

数值预测-校正制导段：该段开始于再入点，在每个制导周期内通过迭代计算来获得常值倾侧角幅值，以保证由当前点至第二次再入点的航程能够收敛到期望值。迭代过程中，航程预报仅考虑纵向平面运动，侧向运动通过横程走廊加以控制，因此航程差是倾侧角的单变量函数，采用有界试位法求解。

混合制导段：该段采用混合倾侧角指令来实现数值算法解与 Apollo 制导算法解之间的过渡。

二次再入段：该段与 Apollo 的二次再入段算法相同，大约持续到相对速度降至 487m/s 为止。

终端比例导引段：该段中倾侧角指令与航向偏差成比例，最终将航天器导引到期望的降落伞开伞区域。

除了第四段外，NSEG 的侧向制导都是通过倾侧角的符号翻转来实现。

④ NPC 制导方法　学者陆平和 Brunner[38-40] 提出了一种全程采用数值预测-校正进行制导的算法。其核心在于采用“线性加常值”的倾侧角剖面进行预测，校正过程仅需调整一个变量，采用割线法进行求解，具体实现过程在第 4 章论述。侧向运动通过调整倾侧角符号以保证横程偏差在阈值范围内。

1.2.2 火星探测中的制导控制技术

火星着陆探测过程中，进入、降落与着陆段（Entry，Descent，and Landing，简称 EDL）是火星探测器近亿公里旅途的最后 6～7min，是火星表面探测任务的关键阶段，也是最困难的阶段，如图 1-6 所示。EDL 过程的导航、制导与控制技术是着陆火星表面探测任务的关键技术。从火星探测器以 2 万千米每小时的速度进入火星大气开始，经历大气减速、降落伞拖拽、动力减速等一系列的阶段，最终安全精确地降落在火星表面。四十多年来，先后开展的火星探测任务中，失败案例近 50%，均是由于火星着陆器在下降着陆过程中出现意外，导致整个探测任务的失败。苏联的火星-6 于 1973 年 8 月 5 日发射，着陆器在下降期间出现故障，与地球失去联系；美国 1999 年 1 月 3 日发射的火星极地着陆器，在着陆下

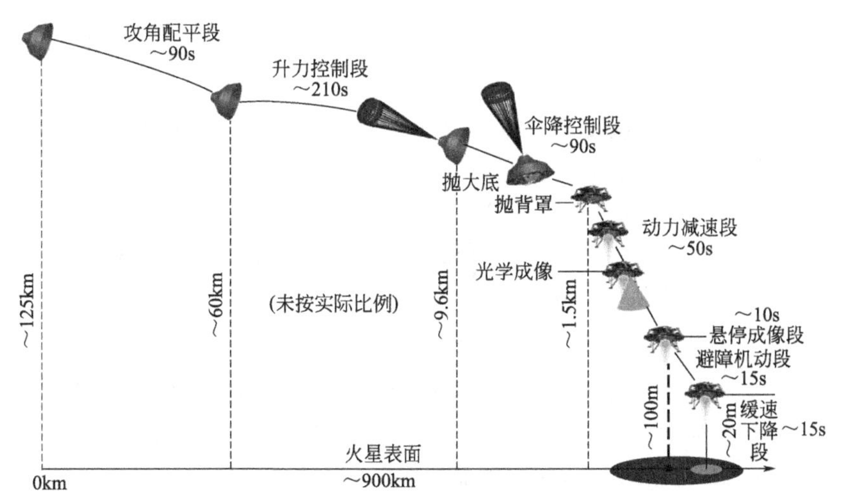

图 1-6　进入、下降及着陆过程示意图

降期间通信功能丧失，着陆器坠毁；欧空局在 2003 年 6 月 2 日发射的火星快车/猎兔犬-2 的火星着陆器也在着陆过程中坠毁。

与我国现有的返回式卫星、神舟飞船相比，火星探测器的进入、降落与着陆过程有一定的相似性，但是由于火星大气层的成分、物理性质与地球的大气存在较大的差别，火星大气具有较大的不确定性，并时常有狂风、沙尘暴，火星探测器在如此稀薄的大气里运动，使得整个 EDL 过程历经时间短、状态变化快，对减速性能的要求非常高。

已经成功着陆火星表面的火星探测器减速着陆系统的技术特点，如表 1-1 所示。

表 1-1 火星探测减速着陆系统特点

项目名称	海盗 1 号	海盗 2 号	火星探路者	勇气号	机遇号	凤凰号	火星科学实验室
进入速度/(km/s)	4.7	4.7	7.26	5.4	5.5	5.6	7.6
弹道系数/(kg/m^2)	64	64	63	94	94	94	115
进入质量/kg	992	992	584	827	832	600	2800
升力控制	有	有	无	无	无	无	有
升阻比	0.18	0.18	0	0	0	0.06	0.24

通过分析比较各火星探测减速着陆系统可知，目前成功的火星进入器进入方式，除“海盗”号和“火星科学实验室”的构型采用了升力体设计外，其他任务均采用的是无升力的弹道式进入。但“海盗”号任务采用的是无闭环的制导控制系统，即不对再入轨迹进行任何控制，而只有“火星科学实验室”采用了先进的升力式制导控制技术。

“火星科学实验室”采用升力式构型设计，进入前通过弹出配平质量，使质心偏离中心轴线，在进入过程以配平攻角状态飞行，进而通过控制滚转角改变升力方向以达到控制飞行轨迹的目的。这样不但可以增加轨迹控制能力，提高着陆精度，而且可以使进入轨迹更加平缓，提高气动减速性能，降低对热防护系统的要求。

由于着陆过程的制导控制技术与月球类似，这里只介绍火星大气进入过程的制导控制技术。

(1) 火星大气进入的飞行过程

火星大气进入过程是从进入距离火星表面约 120km 处的火星大气层的上边界开始，至开伞点的一段大气减速飞行过程，飞行时间一般持续 4～5min。根据现有火星探测器的数据，从进入火星大气开始，至降落伞开伞，探测器的速度由几公里每秒迅速减小到几百米每秒，这个阶段主要是依靠探测器自身的气动阻力进行减速。由于火星大气非常稀薄，相比地球上的减速着陆，同样的有效载荷需要更大直径的外形结构和更好的防热材料，如图 1-7 所示，图中右图为美国火星进入探测器气动外形方案。

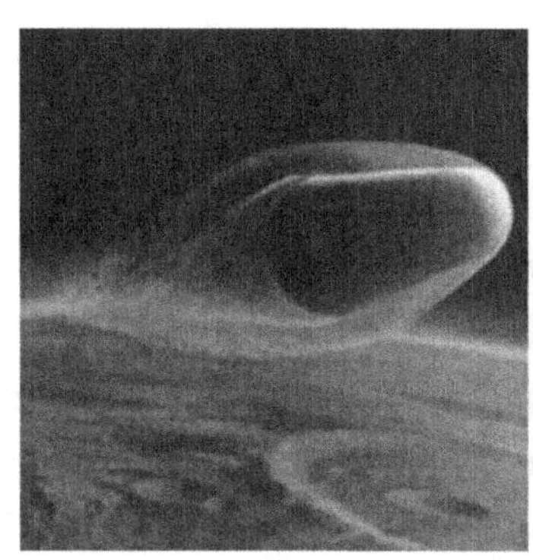
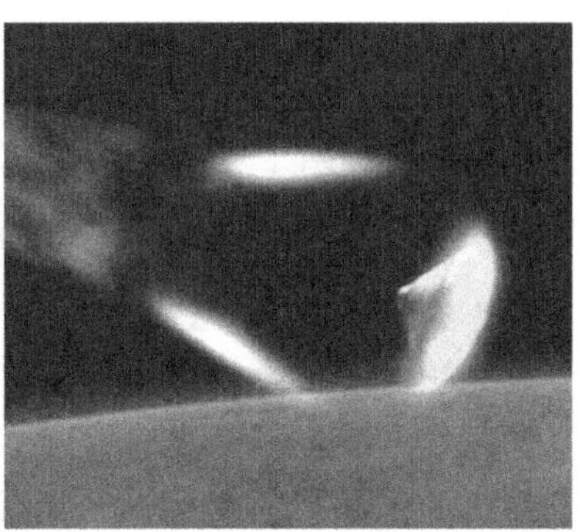

图 1-7 不同气动外形大气进入过程

(2) 火星大气进入对制导律的要求

火星大气进入制导的目的是使探测器在理想的开伞高度处满足开伞点各项约束，同时保证整个进入过程满足过载和热流密度的约束。然而火星大气进入过程，开伞点处各项约束具有非一致性。最主要的表现为提高开伞点航程精度和保证满足开伞条件之间的非一致性，以及多个开伞条件自身之间的非一致性。开伞的多个约束条件包括开伞高度、动压和马赫数约束，而这些变量之间本身相互关联，如速度相同时，高度越高则动压会越小。当开伞需要保证较高的高度时，动压就容易偏小，而当需要保证充分的开伞动压时，高度又易过低而不满足开伞条件。

因此需要强调的是，航程精度约束和开伞条件约束相比，开伞条件约束更强，需要在先满足开伞条件约束时，再考虑精度问题。如果开伞条件已经满足，此时可以不考虑航程偏差进行开伞操作，前提是开伞条件都得到满足。但如果动压和马赫数满足约束而此时高度太高，开伞时间需要被延迟以等待到达必要的开伞高度。

由于航程约束以及过载和热流的约束与地球大气再入过程类似，这里主要描述制导律需要满足的开伞点状态的约束。

① 开伞点高度　由于降落伞减速后探测器采用动力减速系统，需要给操作预留足够的时间以确保安全着陆（soft landing），所以这里提出最小的开伞高度。对 MSL 着陆系统，最小高度定为 4.0km[41]、3.5km[42]，文献 [33] 中还给出了开伞点的最大高度为 13.5km。

② 马赫数　开伞点处的马赫数直接影响两个物理量：气动热流和膨

胀动力（inflation dynamics）。马赫数不宜过高或过低，过高则驻点热流过高或导致激烈的膨胀，使得降落伞无法承受。对 MSL 着陆系统，马赫数限制为 1.4～2.2。

③ 动压　充分的动压确保开伞膨胀。对 MSL 着陆系统，动压限制为 250～850Pa。

（3）火星大气进入制导律

目前为止，大气进入段制导与控制方法相关研究内容很多。其中包括解析预测校正算法[43-46]、能量控制算法、数值预测校正算法[47,48] 和终端点控制器[49]。这些算法均以倾侧角的调整为控制量。文献［50］将这些方法分为 EDL 理论制导、解析预测校正制导、数值预测校正制导三类。在文献［51］中 Hamel 将这些算法主要分为三类：解析算法、数值算法和预先设计标称轨迹法。解析预测校正算法和能量控制算法属于第一类，这类算法主要通过某些假设来得到解析制导律；数值预测校正算法，根据当前状态积分剩余轨迹来预测目标点的状态，从而利用偏差来实时地校正倾侧角指令值，因此它属于第二类——数值算法；第三类又称为标称轨迹方法，通过离线设计最优参考轨迹并进行存储，制导过程中试图在每个时刻都保持这种最优性能，使进入器按标称轨迹飞行。也有文献将火星 EDL 轨迹制导与控制方法大体上分为两类[52-58]：一类是跟踪参考轨迹，即根据预先已知的数据设计一条参考轨迹，然后控制探测器跟踪参考轨迹；另一类是基于状态预测的轨迹修正[59]，即根据当前状态和动力学模型预测终端的状态值，并与终端状态的期望值比较作差，从而修正当前轨迹。参考轨迹跟踪的优点是简单、容易实现，缺点在于它是基于线性化的方法，在真实轨迹与参考轨迹相差较大时，线性化假设不成立，从而导致制导控制误差增大。另外，参考轨迹跟踪方法只有一条固定的参考轨迹，在空气动力学和大气密度参数有较大变化时控制系统无法达到有效控制的目的。基于状态预测的轨迹修正方法的优点在于当探测器状态、大气参数变化时，它可以改变原有预定轨迹进而减小误差，对控制系统要求低，具有一定的环境适应能力，但它的缺点也很明显，必须要依靠准确的动力学模型和大气模型来预测探测器终端的状态。由于目前我们对火星大气密度建模很不全面，基于这点，参考轨迹制导是更优的选择。同时就目前对火星地理环境的了解状况以及探测器上的数据处理能力，第一类方法更适合短期内的火星 EDL 任务，但第二种方法更有发展潜力，是下一代火星 EDL 任务中进入轨迹制导与控制的首选方案[60]。

1.3 本书的主要内容

本书主要是针对深空探测这一大背景，围绕制导这一核心问题展开。本书开篇首先对制导控制技术的理论基础进行了简单的回顾；之后以深空探测转移接近捕获、月球下降着陆、火星进入过程以及地球返回再入过程为代表，详细介绍在这四个阶段中所使用的具体的制导控制技术和方法；接下来对制导控制技术的地面试验方法进行概述；最后对未来深空制导控制技术的发展趋势进行归纳和总结。具体章节安排如下。

第 2 章介绍深空探测制导控制技术的动力学基础，描述主要的坐标系统、时间系统，之后在天体引力模型的基础上给出深空探测器的轨道动力学模型。

第 3 章简单介绍最优控制理论。利用化学能推进系统的深空探测器，在使用自身发动机完成轨道控制过程以及下降、上升过程时，必须考虑推进剂消耗最优或时间最短，以尽量减少工程设计的难度和延长探测器的任务周期。最优控制理论是很多制导方法推导的基础。

第 4 章是星际转移和捕获中的制导和控制技术。对于转移过程，介绍了转移过程的 B 平面制导基础，给出了脉冲推力和连续推力轨道修正方法，以及发动机推力的在轨标定方法。对于捕获过程，介绍了大推力的制动捕获方法，利用目标天体大气摩擦的气动捕获方法，以及自主实施捕获轨道控制策略规划的方法。

第 5 章是月球软着陆的制导和控制技术。在这一章，遵照月球软着陆制导控制技术发展的历程，将着陆制导按照不含燃料约束的制导方法、燃料最优的制导方法以及定点着陆任务的制导方法这三个层次展开。分别对应月球着陆探测的早期状态、当前水平以及未来的发展方向。

第 6 章是火星进入过程的制导和控制技术。本章主要根据火星大气进入阶段的任务特点，针对制导设计所面临的难点问题，详细地描述了两类制导方法的设计过程，分别为基于标称轨迹设计的解析预测校正制导方法和基于阻力剖面跟踪的鲁棒制导方法。

第 7 章是高速返回地球再入过程的制导和控制技术。本章分析了高速返回再入任务的特点和轨迹特性，概述了标准轨道再入制导方法和预测校正再入制导方法在针对高速返回任务时的设计难点，同时针对难点问题逐个给出了可行的设计方法和应用实例。

第 8 章介绍的是深空探测制导控制技术的地面试验情况。深空探测所涉及的制导控制技术在地面验证的最大困难就是动力学环境不一样，为此需要在地面搭建大型试验设施甚至直接进行飞行验证。在具体内容上，本章将以月球着陆和地球返回为例介绍地面试验的开展情况。

第 9 章是对深空探测航天器制导控制技术发展的展望。在这一章中对深空探测制导控制技术的发展历程进行了简单的回顾，在分析未来深空探测任务需要的基础上，结合相关理论技术的进展，提出深空探测制导控制技术四个发展趋势。

参考文献

[1] 王大轶，黄翔宇，魏春岭. 基于光学成像测量的深空探测自主控制原理与技术. 北京：中国宇航出版社，2012.

[2] 吴伟仁，王大轶，宁晓琳. 深空探测器自主导航原理与技术. 北京：中国宇航出版社，2011.

[3] 杨嘉墀，等. 航天器轨道动力学与控制. 北京：宇航出版社，1995.

[4] David A V. Fundamentals of Astrodynamics and Applications. 3rd ed. Hawthorne，CA，Microcosm Press，2007.

[5] 屠善澄. 卫星姿态动力学与控制. 北京：宇航出版社，1999.

[6] Hughs P C. Spacecraft Attitude Control. Toronto：John Wiley and Sons，1986.

[7] 王希季. 航天器进入与返回技术（上）. 北京：宇航出版社，1991.

[8] Tsutomu Iwata，Kazumi Okuda，Yutaka Kaneko. Lunar orbiting and landing missions. Proceedings of the AAS/NASA International Symposium on Orbital Mechanics and Mission Design，USA，Advances in the Astronautical Sciences. 1989：513-523.

[9] Itagaki H，Sasaki S. Design Summary of SELENE-Japanese Lunar Exploration Project//3rd ICEUM. Moscow：[s. n.]，1998.

[10] Seiya Ueno，Yoshitake Yamaguchi. Near-minimum fuel guidance law of a lunar landing module[C]//14th IFAC Symposium on Automatic Control in Aerospace. Seoul：IFAC，1998.

[11] Maxwell Mason，Samuel M Brainin. Descent trajectory optimization for soft lunar landings：IAS Paper No. 62-11.

[12] Shohei Niwa，Masayuki Suzuki，Jun Zhou，et al. Guidance and Control for Lunar Landing System//18th International Symposium on Space Technology and Science. Kagoshima，Japan，1992：1073-1980.

[13] Cheng R K，Meredith C M，Conrad D A. Design Considerations for Surveyor Guidance. Journal of Spacecraft and Rockets，1966，3（11）：1569-1576.

[14] Richard K. Cheng. Lunar terminal guidance，lunar missions and exploration. New York：Wiley，1964：305-355.

[15] Jungmann J A. The Exact Analytic Solution of the Lunar Landing Problem.

AAS Spaceflight Mechanics Specialist Conference, USA, 1966. AAS Sciences and Technology Series, 1967, II : 381-397.

[16] Citron S J. A terminal guidance technique for lunar landing. AIAA Journal, 1964, 2(3): 503-509.

[17] Feng T Y, Wasynczuk C A. Terminal guidance for soft and accurate lunar landing for unmanned spacecraft. Journal of Spacecraft and Rockets, 1968, 5(6): 644-648.

[18] Mcinnes C R. Nonlinear transformation methods for gravity-turn descent. Journal of Guidance, Control and Dynamics. 1995, 19(1): 247.

[19] Robert N Ingoldby. Guidance and control system design of the viking planetary lander. Journal of Guidance and Control, 1978, 1(3): 189-196.

[20] Kenneth D Mease, Jean-Paul Kremer. Shuttle entry guidance revisited using nonlinear geometric methods. Journal of Guidance, Control and Dynamics, 1994, 17(6): 1350-1356.

[21] Floyd V Bennett. Lunar descent and ascent trajectories//AIAA 8th Aerospace Sciences Meeting. New York: AIAA, 1970.

[22] Ronald L Berry. Launch window and translunar, lunar orbit, and transearth trajectory planning and control for the Apollo 11 lunar landing mission//AIAA 8th Aerospace Sciences Meeting. New York: AIAA, 1970.

[23] 徐延万. 控制系统(上). 北京: 宇航出版社, 1989.

[24] Seiya Ueno, Haruaki Itagaki, Yoshitake Yamaguchi. Near-minimum fuel guidance and control system for a lunar landing module. 21st International Symposium of Space Technology and Sciences, Japan, Omiya, 1998.

[25] Thomas Fill. Lunar landing and ascent trajectory guidance design for the autonomous landing and hazard avoidance technology (ALHAT) program: AAS 10-257.

[26] Allan Y Lee, Todd Ely, Ronald Sostaric, et al. Preliminary design of the guidance, navigation, and control system of the altair lunar lander//AIAA Guidance, Navigation, and Control Conference. Toronto, Ontario Canada, 2010.

[27] Trageser M B. Apollo guidance and navigation. AIAA R-446, 1964: 284-306.

[28] 李鑫, 刘莹莹, 周军. 载人登月舱上升入轨段的制导律设计. 系统工程与电子技术, 2011, 33(11): 2480-2484.

[29] Lickly D J, Morth H R, Crawford B S. Apollo reentry guidance[R]. 1963.

[30] Graves C A, Harpold J C. Apollo experience report-mission planning for Apollo entry[R]. 1972.

[31] Young J W, Smith J R E. Trajectory optimization for an Apollo-type vehicle under entry conditions encountered during lunar return[R]. 1967.

[32] Moseley P E. The Apollo entry guidance: a review of the mathematical development and its operational characteristics: TRW Note No. 69-FMT-791. Houston, TX Dec, 1969.

[33] Carman G L, Ives D G, Geller D K. Apollo-derived Mars precision lander guidance[R]. 1998.

[34] Bairstow S H. Reentry guidance with extended range capability for low L/D spacecraft[D]. Cambridge: Massachusetts Institute of Technology, 2006.

[35] Rea J R, Putnam Z R. A comparison of two orion skip entry guidance algo-

rithms[C]//AIAA Guidance, Navigation and Control Conference and Exhibit. Hilton Head, South Carolina: AIAA, 2007.

[36] Bairstow S H. Reentry guidance with extended range capability for low L/D spacecraft[D]. Cambridge: Massachusetts Institute of Technology, 2006.

[37] Bairstow S H, Barton G H. Orion reentry guidance with extended range capability using predGuid [C]//AIAA Guidance, Navigation and Control Conference and Exhibit. Hilton Head, South Carolina: AIAA, 2007.

[38] Brunner C W, Lu P. Skip Entry Trajectory Planning and Guidance[J]. Journal of Guidance, Control, and Dynamics, 2008, 31 (5): 1210-1219.

[39] Brunner C W. Skip Entry Trajectory Planning and Guidance[D]. Ames, Iowa: Iowa State University, 2008.

[40] Brunner C W, Lu P. Comparison of numerical predictor-corrector and apollo skip entry guidance algorithms[C]//AIAA Guidance, Navigation, and Control Conference. Toronto, Ontario Canada: AIAA, 2010.

[41] Mendeck G F, Craig L. Mars Science Laboratory Entry Guidance. JSC-CN-22651. NASA Johnson Space Center, 2011.

[42] Mendeck G F, Carman G L. Guidance design for Mars Smart Landers using the entry terminal point controller [C]// AIAA Atmospheric Flight Mechanics Conference and Exhibit. Monterey, California: AIAA, 2002.

[43] Bryant L E, Tigges M A, Ives D G. Analytic drag control for precision landing and aerocapture[C]//AIAA Atmospheric Flight Mechanics Conference. Boston, MA: AIAA, 1998.

[44] Mease K D, Mccreary F A. Atmospheric guidance law for planar skip trajectories[C]//Atmospheric Flight Mechanics Conference. Snowmass, CO, 1985.

[45] Gamble J D, et al. Atmospheric guidance concepts for an aeroassist flight experiment[J]. Journal of the Astronautical Sciences, 1988, 36 (1/2): 45-71.

[46] Thorp N A, Pierson B L. Robust roll modulation guidance for aeroassisted Mars mission[J]. Journal of Guidance, Control and Dynamics, 1995, 18 (2): 298-305.

[47] Powell R W. Numerical roll reversal predictor corrector aerocapture and precision landing guidance algorithms for the Mars surveyor program 2001 missions [R]: AIAA Paper 98-4574. 1998.

[48] Dierlam T A. Entry Vehicle performance analysis and atmospheric guidance algorithm for precision landing on Mars[D]. Cambridge: Massachusetts Institute of Technology, 1990.

[49] Ro T U, Queen E M. Study of Martian aerocapture terminal point guidance [C]//AIAA, Atmospheric Flight Mechanics Conference and Exhibit. Boston, MA: AIAA, 1998.

[50] Davis J L, Cianciolo A D. Guidance and control algorithms for the Mars entry, descent and landing systems analysis. pdf [C]//AIAA/AAS Astrodynamics Specialist Conference. Toronto, Ontario Canada: AIAA, 2010.

[51] Hamel J F, Lafontaine J d. Improvement to the analytical predictor-corrector guidance algorithm applied to Mars aerocapture[J]. Journal of Guidance, Control and Dynamics, 2006, 29 (4): 1019-1022.

[52] Kozynchenko A I. Predictive guidance

algorithms for maximal downrange maneuvrability with application to low-lift reentry[J]. Acta Astronautica, 2009, 64 (7-8): 770-777.

[53] Lu P. Predictor-corrector entry guidance for low-lifting vehicles [J]. Journal of Guidance, Control, and Dynamics, 2008, 31 (4): 1068-1075.

[54] Joshi A, Sivan K, Amma S S. Predictor-corrector reentry guidance algorithm with path constraints for atomospheric entry vehicles[J]. Journal of Guidance, Control, and Dynamics, 2007, 30 (5): 1307-1318.

[55] Saraf A, et al. Design and evaluation of an acceleration guidance algorithm for entry[J]. Journal of Spacecraft and Rockets, 2004, 41 (6): 986-996.

[56] Leavitt J A, Mease K D. Feasible trajectory generation for atmospheric entry guidance[J]. Journal of Guidance, Control and Dynamics, 2007, 30 (2): 473-481.

[57] Tu K Y, et al. Drag-based predictive tracking guidance for Mars precision landing[J]. Journal of Guidance, Control and Dynamics, 2000, 23 (4): 620-628.

[58] Kluever C A. Entry guidance performance for Mars precision landing [J]. Journal of Guidance, Control and Dynamics, 2008, 31 (6): 1537-1544.

[59] Powell R W, Braun R D. Six-degree-of-freedom guidance and control analysis of Mars aerocapture [J]. Journal of Guidance, Control and Dynamics, 1993, 16 (6): 1038-1044.

[60] 李爽，彭玉明，陆宇平. 火星 EDL 导航、制导与控制技术综述与展望[J]. 宇航学报，2010，31 (3): 621-627.

第2章

天体力学基础

2.1 参考坐标系及坐标变换

2.1.1 参考坐标系的定义

为了描述参考坐标系，需要给出坐标原点的位置、基准平面（即 X-Y 平面）的方位以及主方向（即 X 轴的方向和 Z 轴的方向）。由于 Z 轴必须垂直于基准平面，故只需说明其正方向。一般选择 Y 轴方向使坐标系成为右手系。

（1）日心黄道坐标系（$O_s X_{si} Y_{si} Z_{si}$）

原点定义在日心，X-Y 平面与黄道面（黄道面是地球绕太阳运行的轨道平面）一致，如图 2-1 所示。黄道面与地球赤道面的交线确定了 X 轴的方向，此方向称为春分点方向，Z 轴垂直于黄道面，与地球公转角速度矢量一致。由于地球自旋轴的方向有缓慢的漂移，导致黄赤交线的缓慢漂移，因此，日心黄道坐标系实际上并不是一个惯性参考坐标系。为了建立惯性参考系，需要注明所用的坐标系是根据哪一特定时刻（历元）的春分点方向建立的。采用 J2000.0 日心黄道坐标系，其基本平面和主方向分别为 J2000.0 的平黄道和平春分点。

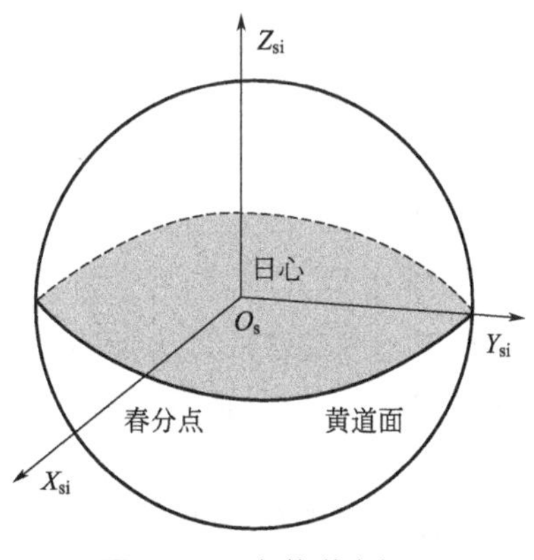

图 2-1 日心黄道坐标系

（2）地心坐标系

① 地心赤道坐标系（$O_e X_{ei} Y_{ei} Z_{ei}$） 原点定义在地心，基准平面是

地球赤道平面，X 轴方向指向春分点，Z 轴指向北极，如图 2-2 所示。需要说明的是，地心赤道坐标系并不是固定在地球上同地球一起转动的。采用 J2000.0 地心赤道坐标系，其主方向为 J2000.0 的平春分点，基准面为平赤道面。

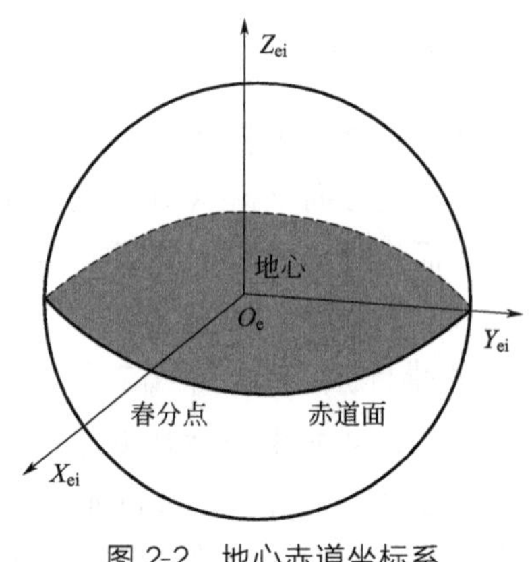

图 2-2 地心赤道坐标系

② 地心黄道坐标系（$O_eX_{si}Y_{si}Z_{si}$） 原点定义在地心，基准平面是黄道平面，X 轴方向指向春分点，Z 轴指向北极，即日心黄道坐标系原点平移到地心形成的坐标系。

(3) 目标天体坐标系

① 目标天体惯性坐标系（$O_tX_{ei}Y_{ei}Z_{ei}$） 原点定义在目标天体中心，X、Y、Z 轴分别与 J2000.0 地心赤道坐标系的 X、Y、Z 轴方向一致。

② 目标天体固联坐标系（$O_tX_{tf}Y_{tf}Z_{tf}$） 原点定义在目标天体中心，Z 轴取目标天体的自转轴，X 轴在目标天体赤道面指向某一定义点，选择 Y 轴构成右手坐标系。

(4) 轨道坐标系（$O_cX_oY_oZ_o$）

以探测器标称质心或某特殊点为原点（主要考虑到飞行过程中探测器实际质心可能是变化的），Z 轴沿探测器指向中心天体的中心方向；X 轴在瞬时轨道平面内垂直于 Z 轴，并指向探测器速度方向；Y 轴与瞬时轨道平面的法线平行，构成右手坐标系。

(5) 近焦点坐标系（$O_{gc}X_\omega Y_\omega Z_\omega$）

原点定义在主引力场中心，基准平面是探测器的轨道平面，X 轴指向近拱点，在轨道面内按运动方向从 X 轴转过 90°就是 Y 轴，Z 轴为轨道面法线且构成右手坐标系。

(6) 探测器本体坐标系（$O_c X_b Y_b Z_b$）

本体坐标系以探测器标称质心或某特殊点为原点，坐标轴的指向一般会考虑探测器的结构，通常可分如下几种。

① 特征轴坐标系　X 轴沿探测器某一特征轴方向，Y 轴和 Z 轴也沿着探测器另外两个特征轴方向，且 X 轴、Y 轴、Z 轴构成右手直角坐标系。

② 惯性主轴坐标系　X 轴沿探测器某一惯性主轴方向，Y 轴和 Z 轴也沿着探测器另外两个惯性主轴方向，且 X 轴、Y 轴、Z 轴构成右手直角坐标系。

③ 速度坐标系　X 轴沿探测器速度方向；Y 轴在探测器纵向对称平面内，垂直于 X 轴，指向上方；Z 轴与 X 轴、Y 轴构成右手直角坐标系。

2.1.2 坐标系之间的变换

坐标变换必然涉及到坐标旋转，为此，首先定义用旋转变换矩阵表示坐标旋转的方法。若原坐标系中的某一矢量用 $\boldsymbol{r}$ 表示，在旋转后的新坐标系中用 $\boldsymbol{r}'$ 表示，那么当 YZ 平面、ZX 平面和 XY 平面分别绕 X 轴、Y 轴和 Z 轴转动 θ 角（逆时针为正）后，有

$$\begin{aligned}\boldsymbol{r}'&=\boldsymbol{R}_X(\theta)\boldsymbol{r}\\ \boldsymbol{r}'&=\boldsymbol{R}_Y(\theta)\boldsymbol{r}\\ \boldsymbol{r}'&=\boldsymbol{R}_Z(\theta)\boldsymbol{r}\end{aligned}\tag{2-1}$$

式中

$$\boldsymbol{R}_X(\theta)=\begin{bmatrix}1 & 0 & 0\\ 0 & \cos\theta & \sin\theta\\ 0 & -\sin\theta & \cos\theta\end{bmatrix}$$

$$\boldsymbol{R}_Y(\theta)=\begin{bmatrix}\cos\theta & 0 & -\sin\theta\\ 0 & 1 & 0\\ \sin\theta & 0 & \cos\theta\end{bmatrix}$$

$$\boldsymbol{R}_Z(\theta)=\begin{bmatrix}\cos\theta & \sin\theta & 0\\ -\sin\theta & \cos\theta & 0\\ 0 & 0 & 1\end{bmatrix}$$

且旋转矩阵 $\boldsymbol{R}(\theta)$ 有如下性质：

$$\boldsymbol{R}^{-1}(\theta)=\boldsymbol{R}^{\mathrm{T}}(\theta)=\boldsymbol{R}(-\theta)\tag{2-2}$$

式中，$\boldsymbol{R}^{-1}$ 和 $\boldsymbol{R}^{\mathrm{T}}$ 分别表示矩阵 $\boldsymbol{R}$ 的逆和转置。

(1) 日心黄道系→地心黄道系→地心赤道系

历元日心黄道坐标系和历元地心赤道坐标系之间的转换过程为平移

和旋转，其中平移对应一个过渡性的历元地心黄道坐标系。记历元地心赤道坐标系、历元地心黄道坐标系和历元日心黄道坐标系的位置矢量分别为 $\boldsymbol{r}_{ei}$、$\boldsymbol{r}_{e,si}$ 和 $\boldsymbol{r}_{si}$，则有

$$\begin{aligned}\boldsymbol{r}_{e,si}&=\boldsymbol{r}_{si}+\boldsymbol{r}_{se,si}\\ \boldsymbol{r}_{ei}&=\boldsymbol{R}_X(-\bar{\varepsilon})\boldsymbol{r}_{e,si}\end{aligned} \tag{2-3}$$

式中，$\boldsymbol{r}_{se,si}$ 为太阳（日心）在地心黄道坐标系中的位置矢量；$\bar{\varepsilon}=\varepsilon-\Delta\varepsilon$，为平黄赤交角，$\Delta\varepsilon$ 表示交角章动，$\varepsilon=23°26'21''.448-46''.8150t-0''.00059t^2+0''.001813t^3$，$t=\dfrac{JD(t)-JD(\text{J2000.0})}{36525.0}$，$JD(t)$ 表示计算时刻 t 对应的儒略日，$JD(\text{J2000.0})$ 是历元 J2000.0 对应的儒略日。

（2）目标天体惯性系→目标天体固联系

如图 2-3 所示，可以利用三个角 φ、ψ、θ 来描述目标天体固联坐标系相对目标天体惯性坐标系的指向，记目标天体惯性坐标系和目标天体固联坐标系的位置矢量分别为 $\boldsymbol{r}_{ti}$ 和 $\boldsymbol{r}_{tf}$，则有

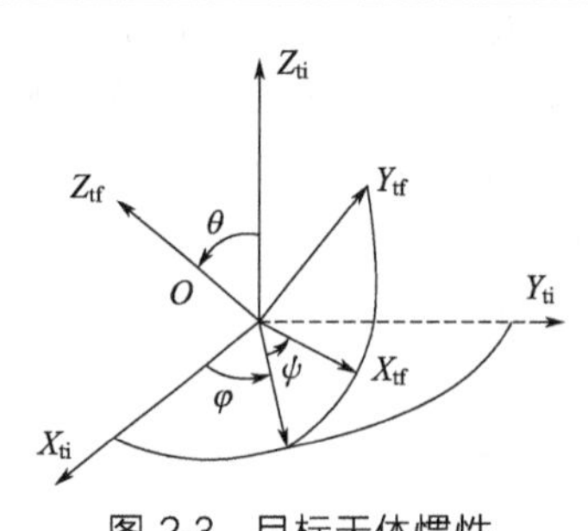

图 2-3 目标天体惯性坐标系与固连坐标系

$$\boldsymbol{r}_{tf}=\boldsymbol{R}_Z(\psi)\boldsymbol{R}_X(\theta)\boldsymbol{R}_Z(\varphi)\boldsymbol{r}_{ti} \tag{2-4}$$

（3）日心黄道系→日心轨道坐标系

$$\boldsymbol{r}_{o}=\boldsymbol{R}_Z(\omega)\boldsymbol{R}_X(i)\boldsymbol{R}_Z(\Omega)\boldsymbol{r}_{si} \tag{2-5}$$

式中，Ω 为升交点经度；i 为轨道倾角；ω 为近日点幅角；$\boldsymbol{r}_o$ 为探测器在日心轨道坐标系的位置；$\boldsymbol{r}_{si}$ 为探测器在日心黄道坐标系的位置。

2.2 时间系统

时间系统是由时间计算的起点和单位时间间隔的长度来定义的。由于探测器必须测量其相对地球、太阳、行星、恒星或小行星等天体的指向和位置，需要用到天文时间尺度。行星际的星历信息同样会涉及到时间系统。在本节中将给出本书所涉及的时间系统。

2.2.1 时间系统的定义

现行的时间系统[1-3] 基本上分为五种：恒星时 ST、世界时 UT、历书时 ET、原子时 TAI 和动力学时。恒星时和世界时都是根据地球自转

测定的，历书时则根据地球、月球和行星的运动来测定，而原子时是以原子的电磁振荡作为标准的。

① 恒星时 ST　以春分点作为参考点，由它的周日视运动所确定的时间称为恒星时，春分点连续两次上中天的时间间隔称为一个恒星日。每一个恒星日等分成 24 个恒星小时，每一个恒星时再等分为 60 个恒星分，每一个恒星分又等分为 60 个恒星秒，所有这些单位称为计量时间的恒星时单位。

② 太阳时和世界时 UT　以真太阳视圆面中心作为参考点，由它的周日视运动所确定的时间称为真太阳时，其视圆面中心连续两次上中天的时间间隔称为真太阳日。由于真太阳日的长度不是一个固定量，所以不宜作为计量时间的单位。为此，引入了假想的参考点——赤道平太阳，它是一个作匀速运动的点，与它对应的是平太阳时和平太阳日。事实上，太阳时和恒星时并不是互相独立的时间计量单位，通常是由天文观测得到恒星时，然后再换算成平太阳时，它们都是以地球自转作为基准的。而世界时 UT 就是在平太阳时基础上建立的，有 UT0、UT1 和 UT2 之分。UT0：格林尼治的平太阳时即称为世界时 UT0，它是直接由天文观测测定的，对应瞬时极的子午圈。UT1：UT0 加上极移修正后的世界时。UT2：UT1 加上地球自转速度季节性变化的修正。

③ 历书时 ET　这是由于恒星时、太阳时不能作为均匀的时间测量基准，而从 1960 年起引入的一种以太阳系内天体公转为基准的时间系统，是太阳系质心框架下的一种均匀时间尺度。由于实际测定历书时的精度不高，且提供结果比较迟缓，从 1984 年开始，它完全被原子时所代替。

④ 原子时 TAI　是位于海平面上 C_s^{133} 原子基态的两个超精细能级在零磁场中跃迁辐射振荡为 9192631770 周所经历的时间。由这种时间单位确定的时间系统称为国际原子时，取 1958 年 1 月 1 日世界时零时为其起算点。为了兼顾对世界时时刻和原子时秒长的需要，国际上规定以协调世界时 UTC 作为标准时间和频率发布的基础。协调世界时的秒长与原子时秒长一致，在时刻上要求尽量与世界时接近。

⑤ 动力学时　因原子时是在地心参考系中定义的具有国际单位制秒长的坐标时间基准，它就可以作为动力学中所要求的均匀的时间尺度。由此引入一种地球动力学时 TDT，它与原子时 TAI 的关系为

$$\mathrm{TDT}=\mathrm{TAI}+32.184\mathrm{s} \tag{2-6}$$

此外，还引入了太阳系质心动力学时 TDB（简称质心动力学时），TDT 是地心时空坐标架的坐标时，而 TDB 是太阳系质心时空坐标架的

坐标时，两种动力学时的差别 TDT－TDB 是由相对论效应引起的，两者之间只存在微小的周期性变化。

在轨道计算时，时间是独立变量，但是，在计算不同的物理量时却要使用不同的时间系统。例如，在计算探测器星下点轨迹时使用世界时 UT；在计算日、月和行星及小行星的坐标时使用历书时 ET；各种观测量的采样时间是协调世界时 UTC 等。

2.2.2 儒略日的定义及转换

在航天活动中，除了用上述时间尺度外，还常用儒略日（Julian Date）表示时间。

儒略年定义为 365 个平太阳日，每四年有一闰年（366 日），因此儒略年的平均长度为 365.25 平太阳日，相应的儒略世纪（100 年）的长度为 36525 平太阳日。计算相隔若干年的两个日期之间的天数用的是儒略日 JD，这是天文上采用的一种长期纪日法。它以倒退到公元前 4713 年 1 月 1 日格林尼治平午（即世界时 12^k）为起算日期，例如 1992 年 2 月 1 日 0^k UT 的儒略日为 2448653.5。

从 1984 年起采用的新标准历元（在天文学研究中常常需要标出数据所对应的时刻，称为历元）J2000.0 是 2000 年 1 月 1.5 日 TDB，对应的儒略日为 2451545.0。而每年的儒略年首与标准历元的间隔为儒略年 365.25 的倍数，例如 1992 年儒略年首在 1 月 1.5 日，记作 J1992.0，而 1993 年儒略年首在 1 月 0.25 日，记作 J1993.0。

在航天活动中，使用儒略日表示时间是非常方便的，因为儒略日不需要任何复杂的逻辑，就像年和日一样。但是，为了得到高精度的时间就需要较多的数字，精确到天需要 7 位数，精确到毫秒需要另加 9 位数，所以常用约化儒略日 MJD（Modified Julian Date）代替儒略日。

由于儒略日的数字较大，一般应用中前二位都不变，而且以正午为起算点，与日常的习惯不符，因而常用约化儒略日 MJD（Modified Julian Date）定义为

$$MJD = JD - 2400000.5 \tag{2-7}$$

这样儒略历元就是指真正的年初，例如 J2000.0，即 2000 年 1 月 1 日 0 时。

轨道计算中经常用到公历日期与儒略日的转换，这里给出如下。

（1）公历日期转换成儒略日

设给出公历日期的年、月、日（含天的小数部分）分别为 Y、M、D，则对应的儒略日为

$$\begin{aligned}\mathrm{JD}=D-32075+&\left[1461\times\left(Y+4800+\left[\frac{M-14}{12}\right]\right)\div 4\right]\\&+\left[367\times\left(M-2-\left[\frac{M-14}{12}\right]\times 12\right)\div 12\right]\\&-\left[3\times\left[Y+4900+\left[\frac{M-14}{12}\right]\div 100\right]\div 4\right]-0.5\end{aligned}\tag{2-8}$$

式中，$[X]$ 表示取 X 的整数部分，小数点后的位数省略。

(2) 儒略日转换成公历日期

设某时刻的儒略日为JD（含天的小数部分），对应的公历日期的年、月、日分别为 Y、M、D（含天的小数部分），则有

$$\begin{aligned}&J=[\mathrm{JD}+0.5],N=\left[\frac{4(J+68569)}{146097}\right],L_1=J+68569-\left[\frac{N\times 146097+3}{4}\right]\\&Y_1=\left[\frac{4000(L_1+1)}{1461001}\right],L_2=L_1-\left[\frac{1461\times Y_1}{4}\right]+31,M_1=\left[\frac{80\times L_2}{2447}\right],L_3=\left[\frac{M_1}{11}\right]\\&Y=100(N-49)+Y_1+L_3,M=M_1+2-12L_3,D=L_2-\left[\frac{2447\times M_1}{80}\right]\end{aligned}\tag{2-9}$$

2.3 航天器动力学模型

探测器除了受到中心天体引力和轨道控制力外，在飞行过程中还会受到空间环境中各种摄动力的作用，这些摄动力主要包括：中心天体形状非球形和质量不均匀产生的附加引力、其他天体引力、太阳光压和可能的大气阻力以及姿态控制可能产生的干扰力等。

2.3.1 中心体引力及形状摄动势函数

在分析天体对探测器的引力作用时，常使用引力势函数，即引力场在空间任意一点的势函数 U，处在该点上单位质量探测器受到的引力为

$$F=\mathrm{grad}\,U\tag{2-10}$$

式中，grad 表示函数的梯度。此势函数与坐标系的选择无关，应用较方便。如假设天体的质量 M 集中于一点时，它的势函数是

$$U_0=\frac{GM}{r}=\frac{\mu}{r}\tag{2-11}$$

式中，G 为万有引力常数，M 为天体质量，$\mu=GM$ 为天体引力常数；

r 是集中质点到空间某点的距离。均匀质量的圆球天体对外部各点的势函数与整个球体质量集中于中心时的势函数相同，它的梯度方向总是指向球体中心，这就是二体问题的基础。探测器二体轨道动力学方程为

$$\ddot{\boldsymbol{r}}=-\frac{\mu}{r^3}\boldsymbol{r} \tag{2-12}$$

式中，$\boldsymbol{r}$ 为探测器相对天体中心的位置矢量。考虑天体形状摄动时，势函数包括两部分：

$$U=U_0+R \tag{2-13}$$

式中，R 为摄动力的势函数，称为摄动函数。

考虑天体形状摄动时，对于大行星、月球等形状接近球体的天体，一般可用球谐项展开表示其引力势函数；而对于小行星、彗星等一些椭球形天体，一般可用椭球谐项展开表示其引力势函数；对于一些形状极其特别的天体，可以采用多面体组合方法计算其引力势函数。

采用球谐项展开的引力势函数为

$$U=\frac{GM}{r}\sum_{n=0}^{\infty}\sum_{m=0}^{n}\left(\frac{r_0}{r}\right)^n\overline{P}_{nm}(\sin\phi)\times[\overline{C}_{nm}\cos(m\lambda)+\overline{S}_{nm}\sin(m\lambda)] \tag{2-14}$$

式中，$\overline{P}_{nm}$ 为勒让德多项式函数；n 和 m 分别是多项式的次数和阶数；r_0 为天体的参考半径；r 为探测器到天体中心的距离；ϕ 和 λ 分别为天体的纬度和经度；$\overline{C}_{nm}$ 和 $\overline{S}_{nm}$ 为归一化的系数。

归一化的系数与无归一化系数之间的转换关系可用下式表示：

$$(\overline{C}_{nm};\overline{S}_{nm})=\left[\frac{(n+m)!}{(2-\delta_{0m})(2n+1)(n-m)!}\right]^{\frac{1}{2}}(C_{nm};S_{nm}) \tag{2-15}$$

式中，δ_{0m} 为克罗内克符号函数。

勒让德多项式函数

$$\overline{P}_{nm}(x)=(1-x^2)^{m/2}\frac{\mathrm{d}^m}{\mathrm{d}x^m}\overline{P}_n(x) \tag{2-16}$$

勒让德多项式

$$\overline{P}_n(x)=\frac{1}{2^n n!}\cdot\frac{\mathrm{d}^n}{\mathrm{d}x^n}(x^2-1)^n \tag{2-17}$$

采用椭球谐项展开的引力势函数[4] 为

$$U=GM\sum_{n=0}^{N_{\max}}\sum_{p=0}^{2n=1}\overline{\alpha}_n^p\frac{F_n^p(\lambda_1)}{F_n^p(a)}\overline{E}_n^p(\lambda_2)\overline{E}_n^p(\lambda_3) \tag{2-18}$$

式中，$\overline{\alpha}_n^p$ 为规范化的椭球谐项系数，考虑天体形状和密度变化，其满足

$$\overline{\alpha}_n^p = \int_0^h \int_h^k \frac{U(\lambda_1 = a, \lambda_2, \lambda_3)}{GM} \overline{E}_n^p(\lambda_2) \overline{E}_n^p(\lambda_3) \mathrm{d}S \tag{2-19}$$

这个面积分利用了天体对应的布里渊椭球体产生的势函数，图 2-4 给出了布里渊球体与布里渊椭球体的示意图，其中，$\overline{E}_n^p(\lambda_2)$ $\overline{E}_n^p(\lambda_3)$ 满足如下关系：

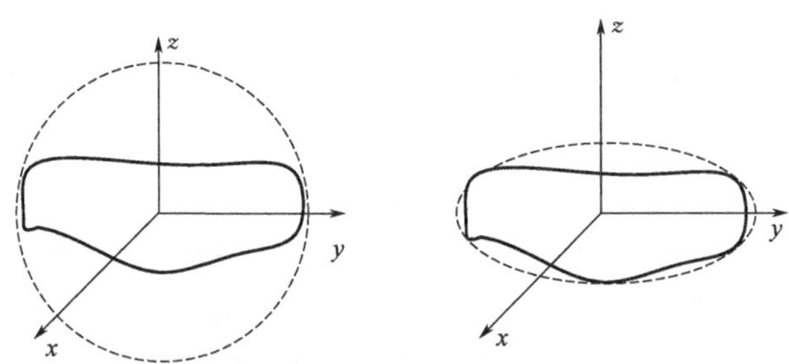

图 2-4 布里渊球体与布里渊椭球体

$$\overline{E}_n^p(\lambda_2) \overline{E}_n^p(\lambda_3) = \frac{E_n^p(\lambda_2) E_n^p(\lambda_3)}{\sqrt{\gamma_n^p}} \tag{2-20}$$

E_n^p 表示第一类 Lamé 函数（可为 K_n^p、L_n^p、M_n^p、N_n^p），n 为函数的维数，p 为特征值。$\overline{F}_n^p$ （λ_1） 和 E_n^p 满足如下关系：

$$\overline{F}_n^p(\lambda_1) = (2n+1) \overline{E}_n^p(\lambda_1) \int_{\lambda_1}^{\infty} \frac{\mathrm{d}s}{(E_n^p)^2(s) \sqrt{(s^2 - h^2)(s^2 - k^2)}} \tag{2-21}$$

式中，s、h 和 k 为椭球方程的参数，椭球方程如下：

$$\frac{x^2}{s^2} + \frac{y^2}{s^2 - h^2} + \frac{z^2}{s^2 - k^2} = 1 \tag{2-22}$$

对于给定的 x、y 和 z，方程（2-22）关于 s^2 有三个实数根 $(\lambda_i)_{i=1,2,3}$，其满足如下约束：

$$\lambda_1^2 \in [k^2, +\infty), \lambda_2^2 \in [h^2, k^2], \lambda_3^2 \in [0, h^2] \tag{2-23}$$

引力势函数中的椭球谐项参数计算方法见参考文献［4,5］。

采用多面体组合方法计算的引力势[6,7] 为

$$U = \sum_{i \in \text{cubes}} \left(\frac{G\rho_i}{2} \sum_{e \in \text{edges}} \boldsymbol{r}_e^{\mathrm{T}} \boldsymbol{E}_e \boldsymbol{r}_e \cdot \boldsymbol{L}_e - \frac{G\rho_i}{2} \sum_{f \in \text{faces}} \boldsymbol{r}_f^{\mathrm{T}} \boldsymbol{F}_f \boldsymbol{r}_f \cdot \boldsymbol{\omega}_f \right) \tag{2-24}$$

式中，$\boldsymbol{r}_e$ 为由引力计算点指向每个边缘任意点的矢量；$\boldsymbol{E}_e$ 为由与每个边缘相关的面与边缘法线向量组成的并矢量；$\boldsymbol{L}_e$ 为表达一维直线势的

对数项；$\boldsymbol{r}_f$ 为由引力计算点指向每个面上任意点的矢量；$\boldsymbol{F}_f$ 为面法线向量的外积；$\boldsymbol{\omega}_f$ 为从引力计算点出发的每个面所对的立体角。多面体组合引力势的具体计算方法见参考文献［6］和［7］。

2.3.2 其他摄动模型

2.3.2.1 其他天体引力摄动

第 i 个摄动天体对探测器产生的摄动加速度为

$$\boldsymbol{a}_i=\mu_i\left(\frac{\boldsymbol{r}_{\mathrm{r}i}}{r_{\mathrm{r}i}^3}-\frac{\boldsymbol{r}_{\mathrm{p}i}}{r_{\mathrm{p}i}^3}\right) \tag{2-25}$$

式中，μ_i 为第 i 个摄动天体的引力常数；$\boldsymbol{r}_{\mathrm{p}i}$ 为第 i 个摄动天体相对中心天体的位置，且 $r_{\mathrm{p}i}=\|\boldsymbol{r}_{\mathrm{p}i}\|$；$\boldsymbol{r}_{\mathrm{r}i}$ 为第 i 个摄动天体相对探测器的位置，即 $\boldsymbol{r}_{ii}=\boldsymbol{r}_{\mathrm{p}i}-\boldsymbol{r}$，$\boldsymbol{r}$ 为探测器相对天体中心的位置，且 $r_{\mathrm{r}i}=\|\boldsymbol{r}_{\mathrm{r}i}\|$。

2.3.2.2 太阳光压摄动

探测器受到太阳光照射时，太阳辐射能量的一部分被吸收，另一部分被反射，这种能量转换会使探测器受到力的作用，称为太阳辐射压力，简称光压。探测器表面对太阳光的反射比较复杂，有镜面反射和漫反射。在研究太阳光压对探测器轨道的影响时，可以认为光压的方向和太阳光的入射方向一致，作用在探测器单位质量上的光压可以表示为

$$\boldsymbol{a}_{\mathrm{s}}=-\frac{AG}{mr_{\mathrm{rs}}^3}\boldsymbol{r}_{\mathrm{rs}} \tag{2-26}$$

式中，A 为垂直于太阳光方向的探测器截面积；m 为探测器质量；G 为太阳通量常数，有 $G=k'p_0\Delta_0^2$，k'为综合吸收系数，Δ_0 为太阳到地球表面的距离，p_0 为地球表面的太阳光压强度；$\boldsymbol{r}_{\mathrm{rs}}$ 为太阳相对探测器的位置矢量，即 $\boldsymbol{r}_{\mathrm{rs}}=\boldsymbol{r}_{\mathrm{ps}}-\boldsymbol{r}$，$\boldsymbol{r}$ 为探测器相对天体中心的位置，且 $r_{\mathrm{rs}}=\|\boldsymbol{r}_{\mathrm{rs}}\|$；$\boldsymbol{r}_{\mathrm{ps}}$ 为太阳相对天体中心的位置。

2.3.2.3 大气阻力摄动

大气对探测器所产生的阻力加速度 $\boldsymbol{a}_{\mathrm{d}}$ 为

$$\boldsymbol{a}_{\mathrm{d}}=-\frac{1}{2}c_{\mathrm{d}}\rho\frac{A}{m}v_{\mathrm{a}}\boldsymbol{v}_{\mathrm{a}} \tag{2-27}$$

式中，c_{d} 为阻力系数；ρ 为大气密度；A 为迎风面积，即探测器沿速度方向的投影面积；m 为探测器的质量；$\boldsymbol{v}_{\mathrm{a}}$ 为探测器相对旋转大气的速度，$v_{\mathrm{a}}=\|\boldsymbol{v}_{\mathrm{a}}\|$。

2.3.3 航天器动力学模型

针对所研究的问题，探测器轨道动力学方程可以选择不同的表达形式[8,9]，比如轨道参数可以用球坐标、直角坐标或开普勒要素表示，摄动项可以直接用摄动力表示，也可以用摄动函数表示。

(1) 用球坐标表达的轨道动力学方程

用球坐标表示天体形状和质量的不均匀性比较方便、直观。研究天体引力的摄动函数及其对探测器运动的影响，常用球坐标表示探测器的轨道动力学方程。

$$
\begin{aligned}
&\ddot{r}-r\dot{\alpha}^2\cos^2\varphi-r\dot{\varphi}^2=a_r\\
&r\ddot{\alpha}\cos\varphi+2(\dot{r}\cos\varphi-r\dot{\varphi}\sin\varphi)\dot{\alpha}=a_\alpha\\
&r\ddot{\varphi}+2\dot{r}\dot{\varphi}+r\dot{\alpha}^2\sin\varphi\cos\varphi=a_\varphi
\end{aligned}
\tag{2-28}
$$

式中，(r,α,φ) 为探测器的球坐标，r 是探测器相对天体中心的距离，(α,φ) 是探测器位置对应的经、纬度；a_r、a_α、a_φ 是沿球面坐标轴方向作用在探测器上的加速度。如只考虑天体引力加速度，则它们等于引力势函数 $U(r,\alpha,\varphi)$ 沿着三个方向的导数。

(2) 用开普勒要素表达的轨道动力学方程

利用开普勒要素表达轨道，便于分析摄动力对探测器轨道要素的影响。

① 拉格朗日行星摄动方程　拉格朗日行星摄动方程是天体力学中常用的方程，其表达式为

$$
\begin{aligned}
&\frac{\mathrm{d}a}{\mathrm{d}t}=\frac{2}{na}\cdot\frac{\partial R}{\partial M}\\
&\frac{\mathrm{d}e}{\mathrm{d}t}=\frac{1-e^2}{na^2e}\cdot\frac{\partial R}{\partial M}-\frac{\sqrt{1-e^2}}{na^2e}\cdot\frac{\partial R}{\partial \omega}\\
&\frac{\mathrm{d}i}{\mathrm{d}t}=\frac{\cot i}{na^2\sqrt{1-e^2}}\cdot\frac{\partial R}{\partial \omega}-\frac{\csc i}{na^2\sqrt{1-e^2}}\cdot\frac{\partial R}{\partial \Omega}\\
&\frac{\mathrm{d}\Omega}{\mathrm{d}t}=\frac{1}{na^2\sqrt{1-e^2}\sin i}\cdot\frac{\partial R}{\partial i}\\
&\frac{\mathrm{d}\omega}{\mathrm{d}t}=\frac{\sqrt{1-e^2}}{na^2e}\cdot\frac{\partial R}{\partial e}-\frac{\cot i}{na^2\sqrt{1-e^2}}\cdot\frac{\partial R}{\partial i}\\
&\frac{\mathrm{d}M}{\mathrm{d}t}=n-\frac{2}{na}\cdot\frac{\partial R}{\partial a}-\frac{1-e^2}{na^2e}\cdot\frac{\partial R}{\partial e}
\end{aligned}
\tag{2-29}
$$

如果确定了摄动势函数的具体表达式，就可以利用方程求解任意时

刻的密切轨道要素，并根据二体问题的关系求出探测器的位置和速度。摄动方程的上述形式只适合用于摄动力可以用摄动势函数来表示的场合。更一般形式的轨道动力学方程是高斯型摄动方程。

② 高斯型摄动方程　用轨道要素表示的轨道动力学方程为

$$
\begin{aligned}
&\frac{\mathrm{d}a}{\mathrm{d}t}=\frac{2}{n\sqrt{1-e^2}}[F_r e\sin f+F_t(1+e\cos f)]\\
&\frac{\mathrm{d}e}{\mathrm{d}t}=\frac{\sqrt{1-e^2}}{na}[F_r\sin f+F_t(\cos E+\cos f)]\\
&\frac{\mathrm{d}i}{\mathrm{d}t}=\frac{r\cos(\omega+f)}{na^2\sqrt{1-e^2}\sin i}F_n\\
&\frac{\mathrm{d}\Omega}{\mathrm{d}t}=\frac{r\sin(\omega+f)}{na^2\sqrt{1-e^2}\sin i}F_n\\
&\frac{\mathrm{d}\omega}{\mathrm{d}t}=\frac{\sqrt{1-e^2}}{nae}\left(-F_r\cos f+F_t\frac{2+e\cos f}{1+e\cos f}\sin f\right)-\cos i\frac{\mathrm{d}\Omega}{\mathrm{d}t}\\
&\frac{\mathrm{d}M}{\mathrm{d}t}=n-\frac{1-e^2}{nae}\left[F_r\left(\frac{2er}{p}-\cos f\right)+F_t\left(1+\frac{r}{p}\right)\sin f\right]
\end{aligned}
\tag{2-30}
$$

式中，a 为半长轴；e 为偏心率；i 为轨道倾角；Ω 为升交点赤经；ω 为近天体角距；M 为平近点角；E 为偏近点角；f 为真近点角；t 为时间；$p=a(1-e^2)$ 为半通径；n 为平均轨道角速度大小；F_r、F_t、F_n 分别为摄动加速度在径向、横向和轨道面法向上的分量。对于二体运动，$F_r=F_t=F_n=0$，$\frac{\mathrm{d}M}{\mathrm{d}t}=n$，其余五个轨道要素都为常值。

(3) 用直角坐标表达的轨道动力学方程

用直角坐标表达的轨道动力学方程为

$$
\begin{aligned}
&\dot{\boldsymbol{r}}=\boldsymbol{v}\\
&\dot{\boldsymbol{v}}=-\frac{Gm}{r^3}\boldsymbol{r}+\mathrm{grad}\boldsymbol{R}+\boldsymbol{a}
\end{aligned}
\tag{2-31}
$$

式中，$\boldsymbol{r}$ 和 $\boldsymbol{v}$ 分别为探测器的位置和速度；$\boldsymbol{a}$ 为其他无法用摄动势函数表达的摄动力。

2.4 小结

探测器的制导问题离不开对象的动力学特性。描述探测器动力学模型需要三个要素，即参考系、时间和动力学模型。本章从这三个基本要素出发，首先介绍了深空探测使用的主要坐标系系统及不同坐标系之间的转换方法，接着介绍了常用的时间系统及不同时间系统之间的转换，最后是包含各种摄动影响在内的探测器的质心动力学方程。这三部分内容构成了深空探测制导问题的力学基础。

参考文献

[1] 刘林. 航天器轨道理论. 北京：国防工业出版社，2000.

[2] 李济生. 航天器轨道确定. 北京：国防工业出版社，2003.

[3] 胡小平. 自主导航理论与应用. 长沙：国防科技大学出版社，2002.

[4] Garmier Roman，Barriot Jean-Pierre. Ellipsoidal harmonic expansions of the gravitational potential：theory and application. Celestial Mechanics and Dynamical Astronomy，2001，79：235-275.

[5] Stefano Casotto，Susanna Musotto. Methods for computing the potential of an irregular，homogeneous，solid body and its gradient[C]//Astro dynamics Specialist Conference. Dever，CO：AIAA，2000.

[6] Werner R. On the Gravity Field of Irregularly Shaped Celestial Bodies（D）. Austin，TX The University of Texas at Austin：1996.

[7] Ryan S Park，Robert A Werner，Shyam Bhaskaran. Estimating small-body gravity field from shape model and navigation data. Journal of Guidance，Control，and Dynamics，2010，33（1）.

[8] 杨嘉墀. 航天器轨道动力学与控制. 北京：宇航出版社，2001.

[9] 章仁为. 卫星轨道姿态动力学与控制. 北京：北京航空航天大学出版社，1998.

第3章

最优控制基础

3.1 最优控制问题的提出[1]

在生产过程、军事行动、经济活动以及人类的其他有目的的活动中，常需要对被控系统或被控过程施加某种控制作用以使某个性能指标达到最优，这种控制作用称为最优控制。下面，结合本书的应用对象，列举一个简单的最优控制例子。

例 3-1 对于月球软着陆，假设飞行轨迹垂直向下，并且着陆器接触月面时的速度为 0，要求寻找着陆过程中发动机推力的最优控制规律，使得燃料消耗最少。设着陆器的质量为 $m(t)$，离月球表面的高度为 $h(t)$，着陆器的垂直速度为 $v(t)$，发动机推力为 $u(t)$，月球表面的重力加速度为 g。设着陆器干质量为 M（不含推进剂），初始燃料的质量为 F，则着陆器的运动方程可表示为（如图 3-1 所示）

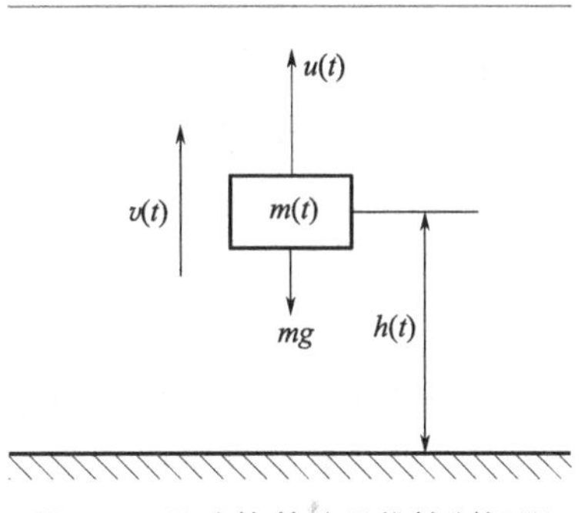

图 3-1 月球软着陆最优控制问题

$$
\begin{aligned}
\dot{h}(t) &= v(t) \\
\dot{v}(t) &= -g + \frac{u(t)}{m(t)} \\
\dot{m}(t) &= -\frac{u(t)}{I_{sp}}
\end{aligned}
\tag{3-1}
$$

式中，I_{sp} 是发动机的比冲。

初始条件

$$h(t_0)=h_0, v(t_0)=v_0, m(t_0)=M+F \tag{3-2}$$

终端条件

$$h(t_f)=0, v(t_f)=0 \tag{3-3}$$

容许控制

$$0 \leqslant u(t) \leqslant \alpha \tag{3-4}$$

控制的目的是使燃料消耗量最小，即着陆器在着陆时的质量保持最大，即式(3-5) 为最大。

$$J(u)=m(t_f) \tag{3-5}$$

由这个例子可见，求解最优控制问题时要给定系统的状态方程、状态变量所满足的初始条件和终端条件、性能指标的形式以及控制作用的容许范围等。

用数学语言来详细地表达最优控制问题所包含的内容如下。

(1) 建立被控系统的状态方程

$$\dot{\boldsymbol{X}}=\boldsymbol{f}[\boldsymbol{X}(t),\boldsymbol{U}(t),t] \tag{3-6}$$

式中，$\boldsymbol{X}(t)$ 为 n 维状态向量，$\boldsymbol{U}(t)$ 为 m 维控制向量，$\boldsymbol{f}[\boldsymbol{X}(t),\boldsymbol{U}(t),t]$ 为 n 维向量函数，它可以是非线性时变向量函数，也可以是线性定常的向量函数。状态方程必须精确已知。

(2) 确定状态方程的边界条件

一个动态过程对应于 n 维状态空间中从一个状态到另一个状态的转移，也就是状态空间中的一条轨迹。在最优控制中初态通常是已知的，即

$$\boldsymbol{X}(t_0)=\boldsymbol{X}_0 \tag{3-7}$$

而到达终端的时刻 t_f 和状态 $\boldsymbol{X}(t_f)$ 则因问题而异。在有些问题中 t_f 是固定的，有些问题中 t_f 是自由的；而终端状态 $\boldsymbol{X}(t_f)$ 一般属于一个目标集 $\boldsymbol{S}$，即

$$\boldsymbol{X}(t_f)\in\boldsymbol{S} \tag{3-8}$$

当终端状态固定时，即 $\boldsymbol{X}(t_f)=\boldsymbol{X}_f$，则目标集退化为 n 维状态空间中的一个点。而当终端状态满足有些约束条件，即

$$\boldsymbol{G}[\boldsymbol{X}(t_f),t_f]=\boldsymbol{0} \tag{3-9}$$

这时 $\boldsymbol{X}(t_f)$ 处在 n 维状态空间中某个超曲面上。若终态不受约束，则目标集便扩展到整个 n 维空间，或称终端状态自由。

(3) 选定性能指标 J

性能指标一般有下面的形式：

$$J=\Phi[\boldsymbol{X}(t_f),t_f]+\int_{t_0}^{t_f}L[\boldsymbol{X}(t),\boldsymbol{U}(t),t]\mathrm{d}t \tag{3-10}$$

上述性能指标包括两个部分，即积分指标 $\int_{t_0}^{t_f}L[\boldsymbol{X}(t),\boldsymbol{U}(t),t]\mathrm{d}t$ 和终端指标 $\Phi[\boldsymbol{X}(t_f),t_f]$，这种综合性能指标所对应的最优控制问题称为波尔扎（Bolza）问题。当只有终端指标时，称为迈耶尔（Mayer）问题；当只有积分指标时，称为拉格朗日（Lagrange）问题。性能指标 J 是控制作用 $\boldsymbol{U}(t)$ 的函数，所以 J 又称为性能泛函，也有文献中将其称为代价函数、目标函数等。

(4) 确定控制作用的容许范围

$$U(t)\in\Omega \tag{3-11}$$

Ω 是 m 维控制空间 R^m 中的一个集合。如果控制量是有界的，例如例 3-1 中的发动机推力，则控制作用属于一个闭集。当 $\boldsymbol{U}(t)$ 不受任何限制时，它属于一个开集。这两类问题的处理方法不同。Ω 可称为容许集合，属于 Ω 的控制称为容许控制。

(5) 按一定的方法计算出容许控制

将计算出的容许控制 $\boldsymbol{U}(t)[\boldsymbol{U}(t)\in\Omega]$ 施加于用状态方程描述的系统，使状态从初态 $\boldsymbol{X}_0$ 转移到目标集 $\boldsymbol{S}$ 中某一个终态 $\boldsymbol{X}_\mathrm{f}$，并使性能指标达到最大或最小，即达到某种意义下的最优。

3.2 变分法[2]

最优控制问题的本质是一个变分学问题，然而经典变分学只能解决控制作用不受限制的情况，与工程实际问题有差异。本节只对该方法进行简单的介绍，它有利于后续对极小（极大）值原理的理解。

假定初始时刻 t_0 和初始状态 $\boldsymbol{X}(t_0)=\boldsymbol{X}_0$ 是给定的，终端则有几种情况。下面将就常见的两种情况来进行讨论，即 t_f 给定和 t_f 自由。

3.2.1 终端时刻 t_f 给定

将状态方程（3-6）写成等式约束方程的形式：

$$\boldsymbol{f}[\boldsymbol{X}(t),\boldsymbol{U}(t),t]-\dot{\boldsymbol{X}}(t)=\boldsymbol{0} \tag{3-12}$$

引入待定的 n 维拉格朗日乘子向量函数

$$\boldsymbol{\lambda}^\mathrm{T}(t)=[\lambda_1(t)\quad \lambda_2(t)\quad \cdots\quad \lambda_n(t)]^\mathrm{T} \tag{3-13}$$

最优控制中经常将 $\boldsymbol{\lambda}(t)$ 称为伴随变量、协态（协状态向量）或共轭状态。在引入 $\boldsymbol{\lambda}(t)$ 后可以作出下面的增广泛函：

$$J_\mathrm{a}=\Phi[\boldsymbol{X}(t_\mathrm{f}),t_\mathrm{f}]+\int_{t_0}^{t_\mathrm{f}}(L[\boldsymbol{X}(t),\boldsymbol{U}(t),t]+\boldsymbol{\lambda}^\mathrm{T}(t)\{\boldsymbol{f}[\boldsymbol{X}(t),\boldsymbol{U}(t),t]-\dot{X}(t)\})\mathrm{d}t \tag{3-14}$$

这样，可将有约束条件的泛函 J 的极值问题转化为无约束条件的增广泛函 J_a 的极值问题。

再引入一个标量函数（省略了时变变量的 t）

$$H(\boldsymbol{X},\boldsymbol{U},\boldsymbol{\lambda},t)=L[\boldsymbol{X}(t),\boldsymbol{U}(t),t]+\boldsymbol{\lambda}^{\mathrm{T}}(t)\boldsymbol{f}[\boldsymbol{X}(t),\boldsymbol{U}(t),t] \tag{3-15}$$

式(3-15) 称为哈密顿（Hamilton）函数。于是 J_{a} 可写成

$$J_{\mathrm{a}}=\Phi[\boldsymbol{X}(t_{\mathrm{f}}),t_{\mathrm{f}}]+\int_{t_0}^{t_{\mathrm{f}}}[H(\boldsymbol{X},\boldsymbol{U},\boldsymbol{\lambda},t)-\boldsymbol{\lambda}^{\mathrm{T}}\dot{\boldsymbol{X}}]\mathrm{d}t \tag{3-16}$$

对上式积分号内第二项作分部积分后可得

$$J_{\mathrm{a}}=\Phi[\boldsymbol{X}(t_{\mathrm{f}}),t_{\mathrm{f}}]-\boldsymbol{\lambda}^{\mathrm{T}}(t_{\mathrm{f}})\boldsymbol{X}(t_{\mathrm{f}})+\boldsymbol{\lambda}^{\mathrm{T}}(t_0)\boldsymbol{X}(t_0)+\int_{t_0}^{t_{\mathrm{f}}}[H(\boldsymbol{X},\boldsymbol{U},\boldsymbol{\lambda},t)+\dot{\boldsymbol{\lambda}}^{\mathrm{T}}\boldsymbol{X}]\mathrm{d}t \tag{3-17}$$

设 $\boldsymbol{X}(t)$、$\boldsymbol{U}(t)$ 相对于最优值 $\boldsymbol{X}^*(t)$、$\boldsymbol{U}^*(t)$ 的变分分别为 $\delta\boldsymbol{X}(t)$、$\delta\boldsymbol{U}(t)$。如果 $\boldsymbol{X}(t_{\mathrm{f}})$ 自由，则还需要考虑变分 $\delta\boldsymbol{X}(t_{\mathrm{f}})$。于是可以计算出这些变分引起的泛函 J_{a} 的变分 δJ_{a}

$$\delta J_{\mathrm{a}}=\delta\boldsymbol{X}^{\mathrm{T}}(t_{\mathrm{f}})\frac{\partial\Phi}{\partial\boldsymbol{X}(t_{\mathrm{f}})}-\delta\boldsymbol{X}^{\mathrm{T}}(t_{\mathrm{f}})\boldsymbol{\lambda}(t_{\mathrm{f}})+\int_{t_0}^{t_{\mathrm{f}}}\left[\delta\boldsymbol{X}^{\mathrm{T}}\left(\frac{\partial H}{\delta\boldsymbol{X}}+\dot{\boldsymbol{\lambda}}\right)+\delta\boldsymbol{U}^{\mathrm{T}}\frac{\partial H}{\delta\boldsymbol{U}}\right]\mathrm{d}t \tag{3-18}$$

J_{a} 为极小的必要条件是：对任意的 $\delta\boldsymbol{X}(t)$、$\delta\boldsymbol{U}(t)$、$\delta\boldsymbol{X}(t_{\mathrm{f}})$，变分 δJ_{a} 等于 0。那么由式(3-15) 和式(3-18) 可以得到下面的一组关系式：

$$\dot{\boldsymbol{\lambda}}=-\frac{\partial H}{\delta\boldsymbol{X}}\text{(协态方程)} \tag{3-19}$$

$$\dot{\boldsymbol{X}}=\frac{\partial H}{\delta\boldsymbol{\lambda}}\text{(状态方程)} \tag{3-20}$$

$$\frac{\partial H}{\delta\boldsymbol{U}}=0\text{(控制方程)} \tag{3-21}$$

$$\boldsymbol{\lambda}(t_{\mathrm{f}})=\frac{\partial\Phi}{\partial\boldsymbol{X}(t_{\mathrm{f}})}\text{(横截条件)} \tag{3-22}$$

式(3-19)～式(3-22) 即为 J_{a} 取极值的必要条件，由此可以求得最优值 $\boldsymbol{X}^*(t)$、$\boldsymbol{U}^*(t)$、$\boldsymbol{\lambda}^*(t)$。式(3-20) 即为状态方程，这可以由 H 的定义式(3-15) 看出。实际求解时无需求解 $\frac{\partial H}{\delta\boldsymbol{\lambda}}$，只要直接使用状态方程 (3-6) 即可，这么写只是为了形式上对称。式(3-19) 和式(3-20) 一起称为哈密顿正则方程。式(3-21) 是控制方程，它表示 H 在最优控制处取极值。需要注意的是，这是在 $\delta\boldsymbol{U}(t)$ 为任意时得出的方程，当 $\boldsymbol{U}(t)$ 有界且在边界上取得最优值时，就不能用这个方程，而需要使用下一节的极小值原理求解。式(3-22) 是在 t_{f} 固定、$\boldsymbol{X}(t_{\mathrm{f}})$ 自由时得出的横截条件。当

$\boldsymbol{X}(t_f)$ 固定时，$\delta\boldsymbol{X}(t_f)=\mathbf{0}$，就不需要这个横截条件了。横截条件表示协态终端所满足的条件。

在求解式(3-19)～式(3-22) 时，只知道初值 $\boldsymbol{X}(t_0)$ 和由横截条件［式(3-22)］求得的协态终端值 $\boldsymbol{\lambda}(t_f)$，这种问题称为两点边值问题，一般情况下是很难求解的。因为，当 $\boldsymbol{\lambda}(t_0)$ 未知时，若猜测一个 $\boldsymbol{\lambda}(t_0)$，然后正向积分式(3-19)～式(3-21)，则在 $t=t_f$ 时获得 $\boldsymbol{\lambda}$ 一般与式(3-22) 给出的 $\boldsymbol{\lambda}(t_f)$ 是不同的。这样需要反复修正 $\boldsymbol{\lambda}(t_0)$，直到横截条件终端满足。

3.2.2 终端时刻 t_f 自由

设终端状态 $\boldsymbol{X}(t_f)$ 满足下面的约束方程：

$$\boldsymbol{G}[\boldsymbol{X}(t_f),t_f]=\mathbf{0} \tag{3-23}$$

其中

$$\boldsymbol{G}[\boldsymbol{X}(t_f),t_f]=\begin{bmatrix} G_1[\boldsymbol{X}(t_f),t_f] \\ G_2[\boldsymbol{X}(t_f),t_f] \\ \vdots \\ G_q[\boldsymbol{X}(t_f),t_f] \end{bmatrix} \tag{3-24}$$

性能指标为

$$J=\Phi[\boldsymbol{X}(t_f),t_f]+\int_{t_0}^{t_f} L[\boldsymbol{X}(t),\boldsymbol{U}(t),t]\mathrm{d}t \tag{3-25}$$

引入 n 维拉格朗日乘子向量函数 $\boldsymbol{\lambda}(t)$ 和 q 维拉格朗日乘子向量 $\boldsymbol{\gamma}(t)$，作出增广性能泛函

$$\begin{aligned} \mathrm{J}_a=&\Phi[\boldsymbol{X}(t_f),t_f]+\boldsymbol{\gamma}^{\mathrm{T}}\boldsymbol{G}[\boldsymbol{X}(t_f),t_f] \\ &+\int_{t_0}^{t_f}\{L(\boldsymbol{X},\boldsymbol{U},t)+\boldsymbol{\lambda}^{\mathrm{T}}[\boldsymbol{f}(\boldsymbol{X},\boldsymbol{U},t)-\dot{\boldsymbol{X}}(t)]\}\mathrm{d}t \end{aligned} \tag{3-26}$$

引入哈密顿函数

$$\mathrm{H}(\boldsymbol{X},\boldsymbol{U},\boldsymbol{\lambda},t)=L(\boldsymbol{X},\boldsymbol{U},t)+\boldsymbol{\lambda}^{\mathrm{T}}\boldsymbol{f}(\boldsymbol{X},\boldsymbol{U},t) \tag{3-27}$$

则式(3-26) 可以变为

$$\begin{aligned} J_{\mathrm{a}}=&\Phi[\boldsymbol{X}(t_f),t_f]+\boldsymbol{\gamma}^{\mathrm{T}}\boldsymbol{G}[\boldsymbol{X}(t_f),t_f] \\ &+\int_{t_0}^{t_f}[H(\boldsymbol{X},\boldsymbol{U},\boldsymbol{\lambda},t)-\boldsymbol{\lambda}^{\mathrm{T}}\dot{\boldsymbol{X}}]\mathrm{d}t \end{aligned} \tag{3-28}$$

令

$$\theta[\boldsymbol{X}(t_f),t_f]=\Phi[\boldsymbol{X}(t_f),t_f]+\boldsymbol{\gamma}^{\mathrm{T}}\boldsymbol{G}[\boldsymbol{X}(t_f),t_f] \tag{3-29}$$

则

$$J_a=\theta[\boldsymbol{X}(t_f),t_f]+\int_{t_0}^{t_f}[H(\boldsymbol{X},\boldsymbol{U},\boldsymbol{\lambda},t)-\boldsymbol{\lambda}^T\dot{\boldsymbol{X}}]\mathrm{d}t \tag{3-30}$$

由于 t_f 自由，所以泛函 J_a 的变分 δJ_a 由 $\delta\boldsymbol{X}(t)$、$\delta\boldsymbol{U}(t)$、$\delta\boldsymbol{X}(t_f)$ 和 δt_f 所引起。令 $t_f=t_f^*+\delta t_f$，则

$$\begin{aligned}\delta\boldsymbol{X}(t_f)&=\boldsymbol{X}(t_f)-\boldsymbol{X}^*(t_f^*)=\boldsymbol{X}(t_f^*+\delta t_f)+\delta\boldsymbol{X}(t_f^*)-\boldsymbol{X}(t_f^*)\\&\approx\delta\boldsymbol{X}(t_f^*)+\dot{\boldsymbol{X}}(t_f^*)\delta t_f\end{aligned} \tag{3-31}$$

上式表明 $\delta\boldsymbol{X}(t_f)$ 由两部分组成：一是在 t_f^* 时函数 $\boldsymbol{X}(t)$ 相对 $\boldsymbol{X}^*(t)$ 的变化 $\delta\boldsymbol{X}(t_f^*)$；二是因 t_f 变化所引起的函数值变化量 $\boldsymbol{X}(t_f^*+\delta t_f)-\boldsymbol{X}(t_f^*)$。后者可以用它的线性主部 $\dot{\boldsymbol{X}}(t_f^*)\delta t_f$ 来近似。

各种变分的表示，如图 3-2 所示。

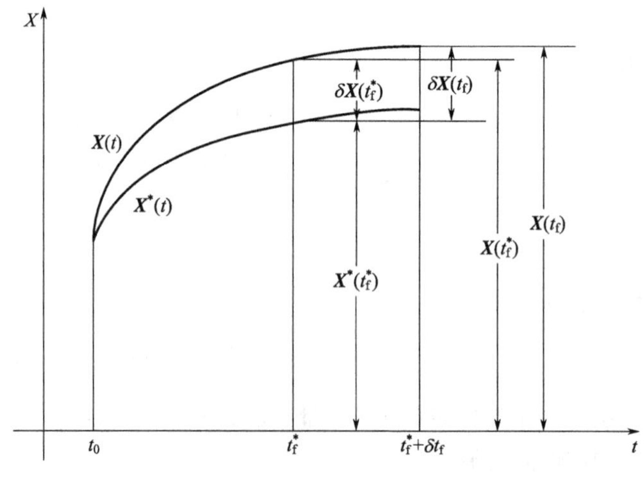

图 3-2 各种变分的表示

之后可以计算泛函 J_a 的变分 δJ_a。

$$\begin{aligned}\Delta J_a=&\theta[\boldsymbol{X}(t_f)+\delta\boldsymbol{X}(t_f),t_f+\delta t_f]_*\\&+\int_{t_0}^{t_f^*+\delta t_f}[H(\boldsymbol{X}+\delta\boldsymbol{X},\boldsymbol{U}+\delta\boldsymbol{U},\boldsymbol{\lambda},t)-\boldsymbol{\lambda}^T(\dot{\boldsymbol{X}}+\delta\dot{\boldsymbol{X}})]_*\mathrm{d}t\\&-\theta[\boldsymbol{X}(t_f),t_f]-\int_{t_0}^{t_f}[H(\boldsymbol{X},\boldsymbol{U},\boldsymbol{\lambda},t)-\boldsymbol{\lambda}^T\dot{\boldsymbol{X}}]\mathrm{d}t\end{aligned} \tag{3-32}$$

式(3-32) 中方括号外的下标“*”表示的是 $\boldsymbol{X}$、$\boldsymbol{U}$、t_f 的最优值 $\boldsymbol{X}^*$、$\boldsymbol{U}^*$、t_f^*。δJ_a 是 ΔJ_a 的线性主部，则

$$\delta J_{a}=\left[\frac{\partial\theta}{\partial \boldsymbol{X}(t_{f})}\right]_{*}^{T}\delta\boldsymbol{X}(t_{f})+\left[\frac{\partial\theta}{\partial t_{f}}\right]_{*}\partial t_{f}$$
$$+\int_{t_0}^{t_f^*}\left[\left(\frac{\partial H}{\delta \boldsymbol{X}}\right)^{T}\delta\boldsymbol{X}+\left(\frac{\partial H}{\delta \boldsymbol{U}}\right)^{T}\delta\boldsymbol{U}-\boldsymbol{\lambda}^{T}\delta\dot{\boldsymbol{X}}\right]_{*}dt$$
$$+\int_{t_f^*}^{t_f^*+\delta t_f}[H(\boldsymbol{X}+\delta\boldsymbol{X},\boldsymbol{U}+\delta\boldsymbol{U},\boldsymbol{\lambda},t)-\boldsymbol{\lambda}^{T}(\dot{\boldsymbol{X}}+\delta\dot{\boldsymbol{X}})]_{*}dt \tag{3-33}$$

对上式右边第三项进行分部积分，可得

$$\int_{t_0}^{t_f^*}\left[\left(\frac{\partial H}{\delta \boldsymbol{X}}\right)^{T}\delta\boldsymbol{X}+\left(\frac{\partial H}{\delta \boldsymbol{U}}\right)^{T}\delta\boldsymbol{U}-\boldsymbol{\lambda}^{T}\delta\dot{\boldsymbol{X}}\right]_{*}dt$$
$$=\int_{t_0}^{t_f^*}\left[\left(\frac{\partial H}{\delta \boldsymbol{X}}+\dot{\boldsymbol{\lambda}}\right)^{T}\delta\boldsymbol{X}+\left(\frac{\partial H}{\delta \boldsymbol{U}}\right)^{T}\delta\boldsymbol{U}\right]_{*}dt-\boldsymbol{\lambda}^{T}(t_f^*)\delta\boldsymbol{X}(t_f^*) \tag{3-34}$$

第四项可以表示为（忽略二阶小量）

$$\int_{t_f^*}^{t_f^*+\delta t_f}[H(\boldsymbol{X}+\delta\boldsymbol{X},\boldsymbol{U}+\delta\boldsymbol{U},\boldsymbol{\lambda},t)-\boldsymbol{\lambda}^{T}(\dot{\boldsymbol{X}}+\delta\dot{\boldsymbol{X}})]_{*}dt$$
$$\approx\int_{t_f^*}^{t_f^*+\delta t_f}\left[H(\boldsymbol{X},\boldsymbol{U},\boldsymbol{\lambda},t)+\left(\frac{\partial H}{\partial \boldsymbol{X}}\right)^{T}\partial\boldsymbol{X}+\left(\frac{\partial H}{\partial \boldsymbol{U}}\right)^{T}\partial\boldsymbol{U}-\boldsymbol{\lambda}^{T}\dot{\boldsymbol{X}}-\boldsymbol{\lambda}^{T}\delta\dot{\boldsymbol{X}}\right]_{*}dt$$
$$\approx[H(\boldsymbol{X},\boldsymbol{U},\boldsymbol{\lambda},t)]_{*}\delta t_f-\boldsymbol{\lambda}^{T}(t_f^*)\dot{\boldsymbol{X}}(t_f^*)\delta t_f$$
$$=[H(\boldsymbol{X},\boldsymbol{U},\boldsymbol{\lambda},t)]_{*}\delta t_f-\boldsymbol{\lambda}^{T}(t_f^*)[\delta\boldsymbol{X}(t_f)-\delta\boldsymbol{X}(t_f^*)] \tag{3-35}$$

由此可得

$$\delta J_{a}=\left[\frac{\partial\theta}{\partial \boldsymbol{X}(t_{f})}\right]_{*}^{T}\delta\boldsymbol{X}(t_{f})+\left[\frac{\partial\theta}{\partial t_{f}}\right]_{*}\partial t_{f}$$
$$+\int_{t_0}^{t_f^*}\left[\left(\frac{\partial H}{\delta \boldsymbol{X}}+\dot{\boldsymbol{\lambda}}\right)^{T}\delta\boldsymbol{X}+\left(\frac{\partial H}{\delta \boldsymbol{U}}\right)^{T}\delta\boldsymbol{U}\right]_{*}dt$$
$$+[H(\boldsymbol{X},\boldsymbol{U},\boldsymbol{\lambda},t)]_{*}\delta t_f-\boldsymbol{\lambda}^{T}(t_f^*)\delta\boldsymbol{X}(t_f) \tag{3-36}$$

J_a 为极小的必要条件是：对任意的 $\delta\boldsymbol{X}(t)$、$\delta\boldsymbol{U}(t)$、$\delta\boldsymbol{X}(t_f)$、$\delta t_f$，变分 δJ_a 等于 0，于是有（省略 *）：

$$\dot{\boldsymbol{\lambda}}=-\frac{\partial H}{\delta \boldsymbol{X}}\text{（协态方程）} \tag{3-37}$$

$$\dot{\boldsymbol{X}}=\frac{\partial H}{\delta \boldsymbol{\lambda}}\text{（状态方程）} \tag{3-38}$$

$$\frac{\partial H}{\delta \boldsymbol{U}}=\boldsymbol{0}\text{（控制方程）} \tag{3-39}$$

$$\boldsymbol{\lambda}(t_{\mathrm{f}})=\frac{\partial\theta}{\partial\boldsymbol{X}(t_{\mathrm{f}})}=\frac{\partial\Phi}{\partial\boldsymbol{X}(t_{\mathrm{f}})}+\frac{\partial\boldsymbol{G}^{\mathrm{T}}}{\partial\boldsymbol{X}(t_{\mathrm{f}})}\boldsymbol{\gamma}\text{（横截条件）} \tag{3-40}$$

$$H[\boldsymbol{X}(t_{\mathrm{f}}),\boldsymbol{U}(t_{\mathrm{f}}),\boldsymbol{\lambda}(t_{\mathrm{f}}),t]=-\frac{\partial\theta}{\partial t_{\mathrm{f}}} \tag{3-41}$$

与终端时间固定的情况相比，这里多了一个条件，即式(3-41)，用它可以求出最优终端时间。

3.3 极小值原理

在用经典变分法求解最优控制问题时，得到了最优性的必要条件之一：

$$\frac{\partial H}{\delta\boldsymbol{U}}=\boldsymbol{0}$$

它隐含着两个假设：①$\delta\boldsymbol{U}$ 任意，即 $\boldsymbol{U}$ 不受限，它遍及整个向量空间，是一个开集；②$\frac{\partial H}{\delta\boldsymbol{U}}$是存在的。实际工程中，控制作用一般是有界的，$\frac{\partial H}{\delta\boldsymbol{U}}$也不一定存在。如此一来经典变分法无法处理上述问题。

1956 年，庞特里亚金提出并证明了极小值原理，其结论与经典变分法的结论有许多相似之处，能够应用于控制变量受边界限制的情况，并且不要求哈密顿函数对控制向量连续可微，因此获得了广泛应用。庞特里亚金提出这一原理时把它称为极大值原理，目前多采用极小值原理这一名字。本书不加证明给出极小值原理的定理如下。

定理（极小值原理）：

系统状态方程

$$\dot{\boldsymbol{X}}=\boldsymbol{f}[\boldsymbol{X}(t),\boldsymbol{U}(t),t] \qquad \boldsymbol{X}(t)\in R^{n} \tag{3-42}$$

初始条件

$$\boldsymbol{X}(t_0)=\boldsymbol{X}_0 \tag{3-43}$$

控制向量 $\boldsymbol{U}(t)\in R^{m}$，并受如下约束：

$$\boldsymbol{U}(t)\in\Omega \tag{3-44}$$

终端约束

$$\boldsymbol{G}[\boldsymbol{X}(t_{\mathrm{f}}),t_{\mathrm{f}}]=\boldsymbol{0} \tag{3-45}$$

指标函数

$$J=\Phi[\boldsymbol{X}(t_{\mathrm{f}}),t_{\mathrm{f}}]+\int_{t_0}^{t_{\mathrm{f}}}L[\boldsymbol{X}(t),\boldsymbol{U}(t),t]\mathrm{d}t \tag{3-46}$$

要求选择最优控制 $\boldsymbol{U}^*(t)$，使 J 取极小值。

J 取极小值的必要条件是 $\boldsymbol{X}(t)$、$\boldsymbol{U}(t)$、$\boldsymbol{\lambda}(t)$、t_f 满足下面一组方程。

① 正则方程

$$\dot{\boldsymbol{\lambda}}=-\frac{\partial H}{\delta \boldsymbol{X}}\text{(协态方程)} \tag{3-47}$$

$$\dot{\boldsymbol{X}}=\frac{\partial H}{\delta \boldsymbol{\lambda}}\text{(状态方程)} \tag{3-48}$$

其中，哈密顿函数为

$$H(\boldsymbol{X},\boldsymbol{U},\boldsymbol{\lambda},t)=L(\boldsymbol{X},\boldsymbol{U},t)+\boldsymbol{\lambda}^{\mathrm{T}}f(\boldsymbol{X},\boldsymbol{U},t) \tag{3-49}$$

② 边界条件

$$\boldsymbol{X}(t_0)=\boldsymbol{X}_0 \tag{3-50}$$

$$\boldsymbol{G}[\boldsymbol{X}(t_f),t_f]=\boldsymbol{0} \tag{3-51}$$

③ 横截条件

$$\boldsymbol{\lambda}(t_f)=\frac{\partial \Phi}{\partial \boldsymbol{X}(t_f)}+\frac{\partial \boldsymbol{G}^{\mathrm{T}}}{\partial \boldsymbol{X}(t_f)}\boldsymbol{\gamma} \tag{3-52}$$

④ 最优终端时刻条件

$$H(t_f)=-\frac{\partial \Phi}{\partial t_f}-\frac{\partial \boldsymbol{G}^{\mathrm{T}}}{\partial t_f}\boldsymbol{\gamma} \tag{3-53}$$

⑤ 极小值条件

$$H(\boldsymbol{X}^*,\boldsymbol{U}^*,\boldsymbol{\lambda},t)=\min_{U\in\Omega}H(\boldsymbol{X}^*,\boldsymbol{U},\boldsymbol{\lambda},t) \tag{3-54}$$

将上面的结果与古典变分法所得结果相比对，可以看到，只是将 $\frac{\partial H}{\delta \boldsymbol{U}}=\boldsymbol{0}$ 这个条件用式(3-54) 替代，其他没有变化。

3.4 最优控制的应用

3.4.1 最优控制的应用类型

最优控制在航空、航天及工业过程控制等领域得到了广泛的应用，因此难以详尽归纳最优控制在工程实践中的应用类型。考虑到最优控制的应用类型与性能指标的形式密切相关，因而可以根据性能指标的数学形式进行大致的区分。性能指标按其数学形式有如下三类。

（1）积分型性能指标

数学描述为

$$J=\int_{t_0}^{t_f} L[\boldsymbol{X}(t),\boldsymbol{U}(t),t]\mathrm{d}t \tag{3-55}$$

对比式(3-10) 可见，这种性能指标不包括终端性能。积分型性能指标表示在整个控制过程中，系统的状态及控制应满足的要求。采用积分型性能指标的最优控制系统，又可以分为以下几种应用类型。

① 最小时间控制

$$J=\int_{t_0}^{t_f} \mathrm{d}t=t_f-t_0 \tag{3-56}$$

最小时间控制是最优控制中常见的应用类型之一。它表示要求设计一个快速控制律，使系统在最短时间内由已知初态 $\boldsymbol{X}(t_0)$ 转移到要求的末态 $\boldsymbol{X}(t_f)$。例如，导弹拦截的轨道转移过程就属于此类问题。

② 最少燃耗控制

$$J=\int_{t_0}^{t_f} \sum_{j=1}^{m} |u_j(t)| \mathrm{d}t \tag{3-57}$$

式中，$\sum_{j=1}^{m} |u_j(t)|$ 表示燃料消耗。这是航天工程中常遇到的重要问题之一。由于航天器所能携带的燃料有限，希望航天器在轨道转移时所消耗的燃料尽可能少。例如，月球软着陆控制就属于此类问题。

③ 最少能量控制

$$J=\int_{t_0}^{t_f} \boldsymbol{U}^{\mathrm{T}}(t)\boldsymbol{U}(t)\mathrm{d}t \tag{3-58}$$

式中，$\boldsymbol{U}^{\mathrm{T}}(t)\boldsymbol{U}(t)$ 表示与消耗的功率成正比的控制能量。它表示物理系统能量有限，必须对控制过程中消耗的能量进行约束。

（2）末值型性能指标

数学描述为

$$J=\Phi[\boldsymbol{X}(t_f),t_f] \tag{3-59}$$

对比式(3-10) 可见，这种性能指标不包括积分指标。末值型性能指标表示在控制过程结束后对系统末态 $\boldsymbol{X}(t_f)$ 的要求，而对控制过程中的系统状态和控制不作任何要求。

（3）复合型性能指标

数学表达式见式(3-10)。复合型性能指标是最一般的性能指标形式，表示对整个控制过程和末端状态都有要求。

3.4.2 应用实例

回到 3.1 节的例 3-1，为了满足着陆过程消耗的推进剂最少，或者剩余质量最大这一目标，目标函数可以写成不同的形式，得到的解法也有所区别，但最终的结论是一致的。

(1) 解法一

将目标函数变为

$$J(u)=-m(t_f) \tag{3-60}$$

最优控制的目标是使得 J 最小。

这是一个时变系统、末值型性能指标、t_f 自由、末端约束、控制受限的最优控制问题。可以构造哈密顿函数

$$H=\lambda_1 v+\lambda_2\left(\frac{u}{m}-g\right)-\lambda_3\frac{u}{I_{sp}}$$

式中，$\lambda_1(t)$、$\lambda_2(t)$ 和 $\lambda_3(t)$ 是待定的拉格朗日乘子。

于是协态方程为

$$\dot{\lambda}_1(t)=-\frac{\partial H}{\partial h}=0$$

$$\dot{\lambda}_2(t)=-\frac{\partial H}{\partial v}=-\lambda_1(t)$$

$$\dot{\lambda}_3(t)=-\frac{\partial H}{\partial m}=\frac{\lambda_2(t)u(t)}{m^2(t)}$$

根据题设不难得出

$$\Phi[\boldsymbol{X}(t_f),t_f]=-m(t_f)$$

$$\boldsymbol{G}[\boldsymbol{X}(t_f),t_f]=\begin{bmatrix}h(t_f)\\v(t_f)\end{bmatrix}$$

可以算出

$$\frac{\partial\Phi}{\partial\boldsymbol{X}(t_f)}=\begin{bmatrix}0\\0\\-1\end{bmatrix}$$

$$\frac{\partial\boldsymbol{G}^{\mathrm{T}}}{\partial\boldsymbol{X}(t_f)}=\begin{bmatrix}1&0\\0&1\\0&0\end{bmatrix}$$

那么横截条件为

$$\lambda_1(t_f)=\gamma_1$$

$$\lambda_2(t_f)=\gamma_2$$
$$\lambda_3(t_f)=-1$$

其中，$\gamma_1(t)$、$\gamma_2(t)$ 是待定的拉格朗日乘子。

哈密顿函数可以整理为

$$H=(\lambda_1 v-\lambda_2 g)+\left(\frac{\lambda_2}{m}-\frac{\lambda_3}{I_{sp}}\right)u$$

根据哈密顿函数的极小值条件，可以得到最优控制律为

$$u=\begin{cases}\alpha, & \dfrac{\lambda_2}{m}-\dfrac{\lambda_3}{I_{sp}}<0\\ 0, & \dfrac{\lambda_2}{m}-\dfrac{\lambda_3}{I_{sp}}>0\\ \text{任意}, & \dfrac{\lambda_2}{m}-\dfrac{\lambda_3}{I_{sp}}=0\end{cases}$$

上述结果表明，只有当着陆器发动机推力在其最大值和零值之间进行开关控制，才有可能在软着陆的同时，保证燃料消耗最少。

这里只得出了最优控制解的形式，但拉格朗日乘子的具体数值并没有确定。由于该系统是非线性的，所以只能用数值计算方法进行求解。

(2) 解法二

考虑到 $\dot{m}(t)=-\dfrac{u(t)}{I_{sp}}$，那么目标函数也可以写成

$$J(u)=\int_{t_0}^{t_f}\frac{u(t)}{I_{sp}}\mathrm{d}t \tag{3-61}$$

最优控制的目标是使得 J 最小。

由于 $0\leqslant u(t)\leqslant\alpha$，$I_{sp}$ 是常数，所以这个目标函数等价于

$$J(u)=\int_{t_0}^{t_f}|u(t)|\mathrm{d}t \tag{3-62}$$

那么这种最优控制就变为积分型的最少燃料控制问题。

构造哈密顿函数

$$H=u+\lambda_1 v+\lambda_2\left(\frac{u}{m}-g\right)-\lambda_3\frac{u}{I_{sp}}$$

式中，$\lambda_1(t)$、$\lambda_2(t)$ 和 $\lambda_3(t)$ 是待定的拉格朗日乘子。

于是协态方程为

$$\dot{\lambda}_1(t)=-\frac{\partial H}{\partial h}=0$$

$$\dot{\lambda}_2(t)=-\frac{\partial H}{\partial v}=-\lambda_1(t)$$

$$\dot{\lambda}_3(t)=-\frac{\partial H}{\partial m}=\frac{\lambda_2(t)u(t)}{m^2(t)}$$

根据题设不难得出

$$\boldsymbol{G}[\boldsymbol{X}(t_f),t_f]=\begin{bmatrix}h(t_f)\\v(t_f)\end{bmatrix}$$

可以算出

$$\frac{\partial \boldsymbol{G}^{\mathrm{T}}}{\partial \boldsymbol{X}(t_f)}=\begin{bmatrix}1&0\\0&1\\0&0\end{bmatrix}$$

那么横截条件 $\boldsymbol{\lambda}(t_f)=\dfrac{\partial \boldsymbol{G}^{\mathrm{T}}}{\partial \boldsymbol{X}(t_f)}\boldsymbol{\gamma}$ 为

$$\lambda_1(t_f)=\gamma_1$$
$$\lambda_2(t_f)=\gamma_2$$
$$\lambda_3(t_f)=-1$$

其中，$\gamma_1(t)$、$\gamma_2(t)$ 是待定的拉格朗日乘子。

哈密顿函数可以整理为

$$H=(\lambda_1 v-\lambda_2 g)+\left(1+\frac{\lambda_2}{m}-\frac{\lambda_3}{I_{sp}}\right)u$$

根据哈密顿函数的极小值条件，可以得到最优控制律为

$$u=\begin{cases}\alpha,1+\dfrac{\lambda_2}{m}-\dfrac{\lambda_3}{I_{sp}}<0\\0,1+\dfrac{\lambda_2}{m}-\dfrac{\lambda_3}{I_{sp}}>0\\\text{任意},1+\dfrac{\lambda_2}{m}-\dfrac{\lambda_3}{I_{sp}}=0\end{cases}$$

对比解法一和解法二，可以看到两者的哈密顿函数有所区别，但最优控制解的形式一样，都是 Bang-Bang 控制。虽然 Bang-Bang 控制的推力切换的条件看上去有差别，但阈值实际是一样的，因为两种解法算出的拉格朗日乘子的初值不一样。

3.5 小结

深空探测器飞行距离遥远，携带的推进剂有限，所以深空探测器在制导解算时通常都需要考虑推进剂消耗问题。尽量节省推进剂消耗，可

以延长探测器飞行寿命。为保证推进剂消耗最少进行的制导或轨道控制，通常都可以归结为最优控制问题，因此最优控制是深空探测器制导设计的一个重要理论基础。本章简要介绍了最优控制的理论方法：首先是最优控制问题的提出，然后从控制不受限角度出发介绍了变分法，在此基础上引出了考虑控制受限的极小值原理，最后通过一个实例，介绍了最优控制的应用方法。

参考文献

[1] 胡寿松.自动控制原理.第5版.北京：科学出版社，2007.

[2] 张洪钺，王青.最优控制理论与应用.北京：高等教育出版社，2006.

第4章

星际转移和捕获中的制导和控制技术

4.1 轨道动力学

4.1.1 转移段

转移轨道段一般有一个天体作为中心天体，其他天体引力起摄动作用。例如，对于日心转移轨道段，太阳引力为中心引力，在无轨道控制力作用时对探测器的运动起主要作用，主要摄动力包括大行星引力和太阳光压。在J2000.0日心黄道惯性坐标系上，建立探测器轨道动力学方程为

$$\begin{cases}\dot{\boldsymbol{r}}=\boldsymbol{v}\\ \dot{\boldsymbol{v}}=-\dfrac{\mu_{\mathrm{s}}}{r^{3}}\boldsymbol{r}+\displaystyle\sum_{i=1}^{n_{\mathrm{p}}}\mu_{i}\left(\dfrac{\boldsymbol{r}_{\mathrm{r}i}}{r_{\mathrm{r}i}^{3}}-\dfrac{\boldsymbol{r}_{\mathrm{p}i}}{r_{\mathrm{p}i}^{3}}\right)-\dfrac{AG}{mr^{3}}\boldsymbol{r}+\dfrac{\boldsymbol{T}}{m}+\boldsymbol{a}\end{cases} \tag{4-1}$$

式中，$\boldsymbol{r}$ 和 $\boldsymbol{v}$ 分别为探测器在日心黄道坐标系的位置和速度矢量，且 $r=\|\boldsymbol{r}\|$；$\boldsymbol{r}_{\mathrm{p}i}$ 为第 i 个摄动天体在日心黄道惯性坐标系的位置矢量，且 $r_{\mathrm{p}i}=\|\boldsymbol{r}_{\mathrm{p}i}\|$；$\boldsymbol{r}_{\mathrm{r}i}$ 为第 i 个摄动天体相对探测器的位置矢量，即 $\boldsymbol{r}_{\mathrm{r}i}=\boldsymbol{r}_{\mathrm{p}i}-\boldsymbol{r}$，且 $r_{\mathrm{r}i}=\|\boldsymbol{r}_{\mathrm{r}i}\|$；$\mu_{\mathrm{s}}$ 为太阳引力常数，μ_i 为第 i 个摄动天体的引力常数；n_{p} 为摄动天体的个数；$\boldsymbol{T}$ 为推力矢量；$\boldsymbol{a}$ 为各种其他摄动加速度矢量；A 为垂直于太阳光方向的航天器截面积；G 为太阳通量常数；m 为探测器质量。

而对于地月转移轨道段，中心天体是地球，摄动天体一般只考虑月球和太阳，即

$$\begin{cases}\dot{\boldsymbol{r}}=\boldsymbol{v}\\ \dot{\boldsymbol{v}}=-\dfrac{\mu_{\mathrm{e}}}{r^{3}}\boldsymbol{r}+\mu_{\mathrm{m}}\left[\dfrac{\boldsymbol{r}_{\mathrm{rm}}}{r_{\mathrm{rm}}^{3}}-\dfrac{\boldsymbol{r}_{\mathrm{pm}}}{r_{\mathrm{pm}}^{3}}\right]+\mu_{\mathrm{s}}\left[\dfrac{\boldsymbol{r}_{\mathrm{rs}}}{r_{\mathrm{rs}}^{3}}-\dfrac{\boldsymbol{r}_{\mathrm{ps}}}{r_{\mathrm{ps}}^{3}}\right]-\dfrac{AG}{mr^{3}}\boldsymbol{r}+\dfrac{\boldsymbol{T}}{m}+\boldsymbol{a}\end{cases} \tag{4-2}$$

其中，$\boldsymbol{r}$ 和 $\boldsymbol{v}$ 分别为探测器在地心赤道惯性坐标系的位置和速度矢量，且 $r=\|\boldsymbol{r}\|$；$\boldsymbol{r}_{\mathrm{pm}}$ 为月球在地心赤道惯性坐标系的位置矢量，且 $r_{\mathrm{pm}}=\|\boldsymbol{r}_{\mathrm{pm}}\|$；$\boldsymbol{r}_{\mathrm{rm}}$ 为月球相对探测器的位置矢量，即 $\boldsymbol{r}_{\mathrm{rm}}=\boldsymbol{r}_{\mathrm{pm}}-\boldsymbol{r}$，且 $r_{\mathrm{rm}}=\|\boldsymbol{r}_{\mathrm{rm}}\|$；$\boldsymbol{r}_{\mathrm{ps}}$ 为太阳在地心赤道惯性坐标系的位置矢量，且 $r_{\mathrm{ps}}=\|\boldsymbol{r}_{\mathrm{ps}}\|$；$\boldsymbol{r}_{\mathrm{rs}}$ 为太阳相对探测器的位置矢量，即 $\boldsymbol{r}_{\mathrm{rs}}=\boldsymbol{r}_{\mathrm{ps}}-\boldsymbol{r}$，且 $r_{\mathrm{rs}}=\|\boldsymbol{r}_{\mathrm{rs}}\|$；$\mu_{\mathrm{s}}$ 为太阳引力常数，μ_{m} 为月球的引力常数，μ_{e} 为地球的引力常数。

轨道运动学方程对于制导的作用在于预报与目标天体交会时的状态，并用于计算轨道修正的控制参数。

4.1.2 接近和捕获段

接近和捕获段时，探测器已进入目标天体的引力场范围，对探测器的作用力将以目标天体引力为主。

由于探测器距离天体近，天体引力将对探测器的运动起主要作用。考虑到天体形状不规则摄动和太阳引力及光压摄动，在目标天体惯性坐标系建立探测器轨道动力学方程如下：

$$\begin{cases}\dot{\boldsymbol{r}}=\boldsymbol{v}\\ \dot{\boldsymbol{v}}=\dfrac{\partial V(\boldsymbol{r})}{\partial \boldsymbol{r}}+\boldsymbol{a}\end{cases} \tag{4-3}$$

式中，$\boldsymbol{r}$ 和 $\boldsymbol{v}$ 分别为探测器的位置和速度矢量；$\boldsymbol{a}$ 为其他未考虑摄动力加速度；V 为势函数。具体表达式如下：

$$V(\boldsymbol{r})=U(\boldsymbol{r}_{\mathrm{tf}})+\frac{\beta \boldsymbol{d}\cdot\boldsymbol{r}}{|\boldsymbol{d}|^3}-\frac{\mu_s}{2|\boldsymbol{d}|^3}\left[\boldsymbol{r}\cdot\boldsymbol{r}-3\left(\frac{\boldsymbol{d}\cdot\boldsymbol{r}}{|\boldsymbol{d}|}\right)^2\right] \tag{4-4}$$

式中，第一项 $U(\boldsymbol{r}_{\mathrm{tf}})$ 为天体引力势函数，其中 $\boldsymbol{r}_{\mathrm{tf}}$ 为在固联系中表达的深空探测器相对天体中心的位置矢量；第二项为太阳光压摄动势函数，其中 β 为太阳光压参数；第三项为太阳引力摄动势函数，其中 $\boldsymbol{d}$ 为天体相对太阳的位置矢量，可以由天体的星历计算得到。

当深空探测器进入目标天体附近时，在以目标天体质心为中心描述的运动学方程中，其轨道表现为双曲线轨道[1-3]。

4.2 转移段制导控制方法

4.2.1 基于 B 平面的脉冲式轨道修正方法

4.2.1.1 B 平面基础

(1) B 平面参数定义

B 平面一般定义为过目标天体中心并垂直于进入轨道的双曲线渐近线方向的平面。渐近线方向又可以视为距离目标天体无穷远时的速度，可以近似为探测器进入目标天体影响球时速度。进入轨道的渐近线方向的单位矢量记为 $\boldsymbol{S}$。若目标天体引力影响可以忽略，渐近线方向矢量 $\boldsymbol{S}$ 可以取为探测器的相对速度方向。

B 平面坐标系定义如下：以目标天体中心为原点，记某参考方向的

单位矢量为 $\boldsymbol{N}$，$\boldsymbol{S}$ 与 $\boldsymbol{N}$ 的叉乘作为 $\boldsymbol{T}$ 轴，$\boldsymbol{R}$ 轴为由 $\boldsymbol{S}$ 轴和 $\boldsymbol{T}$ 轴按右手螺旋法则确定。参考方向 $\boldsymbol{N}$ 理论上可以取任何方向，具体应用时根据探测任务特点确定，通常原则是方便于建立目标轨道参数与 B 平面参数之间的解析关系，例如可取目标天体赤道面法向、目标天体轨道面法向、黄道面法向或地球赤道面法向。

$\boldsymbol{B}$ 矢量定义为由 B 平面原点指向轨道与 B 平面交点的矢量，记为 $\boldsymbol{B}$。对双曲线轨道有如下计算公式：

$$r_{\mathrm{p}}=a-c \tag{4-5}$$

$$c^2=a^2+b^2 \tag{4-6}$$

$$a=-\frac{\mu}{v_\infty^2} \tag{4-7}$$

则 $\boldsymbol{B}$ 矢量大小为

$$b=\sqrt{r_{\mathrm{p}}^2-2ar_{\mathrm{p}}}=\sqrt{r_{\mathrm{p}}^2+\frac{2r_{\mathrm{p}}\mu}{v_\infty^2}} \tag{4-8}$$

其中，a、b 和 c 分别是双曲线轨道的半实轴、半虚轴和半焦距；r_{p} 是近心距；μ 为目标天体引力常数；v_∞ 为相对目标天体无穷远速度。注意，在接近段的探测器动力学中 a 为负值，因而 c 取负值。

B 平面参数定义为 $\boldsymbol{B}$ 在 $\boldsymbol{T}$ 轴的分量 BT 和在 $\boldsymbol{R}$ 轴的分量 BR，则 BT 和 BR 为

$$BT=\boldsymbol{B}\cdot\boldsymbol{T} \tag{4-9}$$

$$BR=\boldsymbol{B}\cdot\boldsymbol{R} \tag{4-10}$$

上述定义如图 4-1 所示。

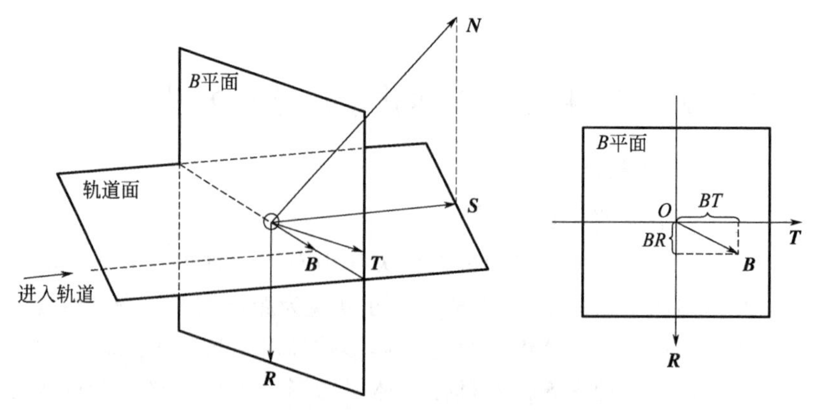

图 4-1　B 平面定义立体和平面示意图

以 B 平面参数作为终端参数，二维情况下 $\boldsymbol{Q}$ 可表示为

$$\boldsymbol{Q}=[BR \quad BT]^{\mathrm{T}} \tag{4-11}$$

若限定到达时间 TOF，则 $\boldsymbol{Q}$ 可表示为

$$\boldsymbol{Q}=[BR \quad BT \quad TOF]^{\mathrm{T}} \tag{4-12}$$

（2）B 平面参数与目标轨道参数的关系

若探测器的最终目标是进入环绕某天体的轨道，则不妨取参考方向 $\boldsymbol{N}$ 为该天体赤道的法向。设 $\boldsymbol{N}_{\mathrm{s}}$ 为目标环绕轨道的法向，则 $\boldsymbol{B}$ 的方向为

$$\frac{\boldsymbol{B}}{\|\boldsymbol{B}\|}=\boldsymbol{S}\times\boldsymbol{N}_{\mathrm{s}} \tag{4-13}$$

根据双曲线的几何特性，$\boldsymbol{B}$ 的大小 $\|\boldsymbol{B}\|$ 等于双曲线的半虚轴 b。

以 B 平面参数作为目标参数，首先需建立目标轨道参数与 B 平面参数的关系，计算出要求的目标轨道参数所对应的 B 平面参数。在目标天体中心近焦点坐标系中，B 平面参数满足如下关系：

$$\boldsymbol{B}=b\begin{bmatrix}\sin\theta\\-\cos\theta\\0\end{bmatrix} \tag{4-14}$$

$$\boldsymbol{S}=\begin{bmatrix}\cos\theta\\\sin\theta\\0\end{bmatrix} \tag{4-15}$$

$$\boldsymbol{N}=\begin{bmatrix}\sin\omega\sin i\\\cos\omega\sin i\\\cos i\end{bmatrix} \tag{4-16}$$

$$\boldsymbol{T}=\frac{\boldsymbol{S}\times\boldsymbol{N}}{\|\boldsymbol{S}\times\boldsymbol{N}\|}=\frac{1}{\sqrt{\cos^2 i+\sin^2 i\cos^2(\omega+\theta)}}\begin{bmatrix}\cos i\sin\theta\\-\cos i\cos\theta\\\sin i\cos(\omega+\theta)\end{bmatrix} \tag{4-17}$$

$$\boldsymbol{R}=\frac{\boldsymbol{S}\times\boldsymbol{T}}{\|\boldsymbol{S}\times\boldsymbol{T}\|}=\frac{1}{\sqrt{\cos^2 i+\sin^2 i\cos^2(\omega+\theta)}}\begin{bmatrix}\sin i\sin\theta\cos(\omega+\theta)\\-\sin i\cos\theta\cos(\omega+\theta)\\-\cos i\end{bmatrix} \tag{4-18}$$

$$BT=\frac{b\cos i}{\sqrt{\cos^2 i+\sin^2 i\cos^2(\omega+\theta)}} \tag{4-19}$$

$$BR=\frac{b\sin i\cos(\omega+\theta)}{\sqrt{\cos^2 i+\sin^2 i\cos^2(\omega+\theta)}} \tag{4-20}$$

其中，i 和 ω 分别为深空探测器轨道相对于天体赤道的轨道倾角和近心点幅角；θ 为双曲线轨道渐近线与天体中心近焦点坐标系 X_ω 轴之间的夹角，如图 4-2 所示。

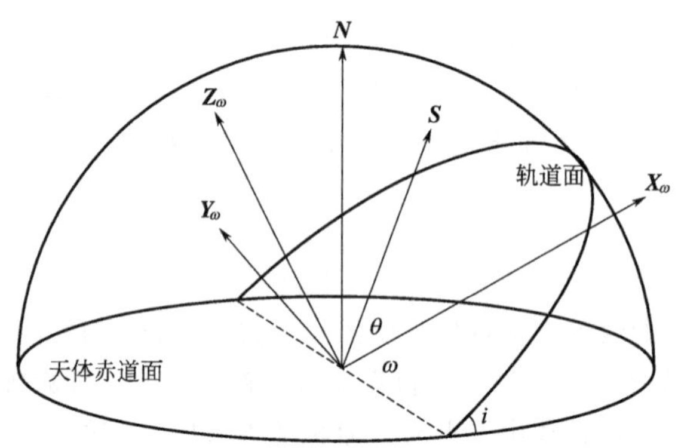

图 4-2 天体中心近焦点坐标系示意图

对于约束条件为近心距和轨道倾角的极轨探测器，由于轨道倾角为 90°，$\boldsymbol{T}$ 轴即为环绕天体轨道平面的法向，则 $\boldsymbol{B}$ 在 $\boldsymbol{T}$ 轴的分量 BT 为 0，在 $\boldsymbol{R}$ 轴的分量 BR 为 $\pm b$。于是近心距为 r_p 的极轨转换到 B 平面参数为

$$BT=0 \tag{4-21}$$

$$BR=\pm b \tag{4-22}$$

（3）以 B 平面参数为终端参数的制导方法

B 平面参数的误差定义如下：

$$\Delta BR=BR-BR_\mathrm{nom} \tag{4-23}$$

$$\Delta BT=BT-BT_\mathrm{nom} \tag{4-24}$$

$$\Delta TOF=TOF-TOF_\mathrm{nom} \tag{4-25}$$

其中，BR_nom、BT_nom 和 TOF_nom 为标准轨道的终端参数。

以 B 平面参数作为终端参数，只考虑 BR 和 BT 的误差 ΔBR 和 ΔBT 时，残余误差向量为

$$\Delta \boldsymbol{Q}=[\Delta BR \quad \Delta BT] \tag{4-26}$$

若限定到达时间 TOF，则残余误差向量为

$$\Delta \boldsymbol{Q}=[\Delta BR \quad \Delta BT \quad \Delta TOF] \tag{4-27}$$

由于修正时刻选定后位置不可以改变，可改变的是速度 $\boldsymbol{v}$，因此控制变量 $\Delta \boldsymbol{P}=\Delta \boldsymbol{v}$。设状态变量为 $\boldsymbol{X}=[\boldsymbol{r} \quad \boldsymbol{v}]^\mathrm{T}$，则有

$$\Delta \boldsymbol{Q}=\frac{\partial \boldsymbol{Q}}{\partial \boldsymbol{P}^{\mathrm{T}}}\Delta \boldsymbol{P}=\frac{\partial \boldsymbol{Q}}{\partial \boldsymbol{X}_i^{\mathrm{T}}}\cdot\frac{\partial \boldsymbol{X}_i}{\partial \boldsymbol{P}^{\mathrm{T}}}\Delta \boldsymbol{P}=\frac{\partial \boldsymbol{Q}}{\partial \boldsymbol{X}_{\mathrm{f}}^{\mathrm{T}}}\cdot\frac{\partial \boldsymbol{X}_{\mathrm{f}}}{\partial \boldsymbol{X}_i^{\mathrm{T}}}\cdot\frac{\partial \boldsymbol{X}_i}{\partial \boldsymbol{P}}\Delta \boldsymbol{P}=\frac{\partial \boldsymbol{Q}}{\partial \boldsymbol{X}_{\mathrm{f}}^{\mathrm{T}}}\boldsymbol{\Phi}_{\mathrm{f}}\frac{\partial \boldsymbol{X}_i}{\partial \boldsymbol{P}^{\mathrm{T}}}\Delta \boldsymbol{P} \tag{4-28}$$

即

$$\Delta \boldsymbol{Q}=\boldsymbol{K}\Delta \boldsymbol{P} \tag{4-29}$$

式中，$\boldsymbol{K}$ 称为敏感矩阵，且

$$\boldsymbol{K}=\frac{\partial \boldsymbol{Q}}{\partial \boldsymbol{X}_{\mathrm{f}}^{\mathrm{T}}}\boldsymbol{\Phi}_{\mathrm{f}}\frac{\partial \boldsymbol{X}_i}{\partial \boldsymbol{P}^{\mathrm{T}}} \tag{4-30}$$

其中，$\boldsymbol{\Phi}_{\mathrm{f}}$ 为终端轨道状态相对初始状态的状态转移矩阵。除 $\boldsymbol{\Phi}_{\mathrm{f}}$ 外，其他两个偏导矩阵具有确定的表达式。而 $\boldsymbol{\Phi}_{\mathrm{f}}$ 则需要对轨道运动矩阵微分方程（详见 4.1 节）进行数值积分才能计算出来。

制导目标包括三个终端参数时，制导所需要的最小速度脉冲计算公式为

$$\Delta \boldsymbol{v}=-\boldsymbol{K}^{-1}\Delta \boldsymbol{Q} \tag{4-31}$$

制导目标包括两个终端参数时，制导所需要的最小速度脉冲计算公式为

$$\Delta \boldsymbol{v}=-\boldsymbol{K}^{\mathrm{T}}(\boldsymbol{K}\boldsymbol{K}^{\mathrm{T}})^{-1}\Delta \boldsymbol{Q} \tag{4-32}$$

用这个修正量来修正初始状态，然后再重新递推残余误差矢量和计算速度脉冲。如此反复迭代，直到末端状态满足一定的精度要求为止。用迭代后状态减去迭代前状态就是实际要执行的速度脉冲。

这种制导方法的关键在于计算敏感矩阵 $\boldsymbol{K}$，可行方法有状态转移矩阵法和数值微分法两种。

① 利用状态转移矩阵计算敏感矩阵　B 平面中 $\boldsymbol{B}$ 与转移轨道终端状态有如下关系：

$$\boldsymbol{B}=\boldsymbol{r}_{\mathrm{f}}-\boldsymbol{r}_{\mathrm{ref}} \tag{4-33}$$

其中，$\boldsymbol{r}_{\mathrm{f}}$ 是靶点的位置矢量；$\boldsymbol{r}_{\mathrm{ref}}$ 是目标天体中心的位置矢量。

首先分析不限定到达时间 TOF 的情况。B 平面参数 $\boldsymbol{Q}=[BR\quad BT]^{\mathrm{T}}$ 与转移轨道终端状态 $\boldsymbol{X}_{\mathrm{f}}$ 的解析表达式如下：

$$\boldsymbol{Q}=\begin{bmatrix}BR\\BT\end{bmatrix}=\begin{bmatrix}\boldsymbol{B}\cdot\boldsymbol{R}\\\boldsymbol{B}\cdot\boldsymbol{T}\end{bmatrix}=\begin{bmatrix}(\boldsymbol{r}_{\mathrm{f}}-\boldsymbol{r}_{\mathrm{ref}})\cdot\boldsymbol{R}\\(\boldsymbol{r}_{\mathrm{f}}-\boldsymbol{r}_{\mathrm{ref}})\cdot\boldsymbol{T}\end{bmatrix}=\begin{bmatrix}\boldsymbol{r}_{\mathrm{f}}^{\mathrm{T}}\boldsymbol{R}-\boldsymbol{r}_{\mathrm{ref}}^{\mathrm{T}}\boldsymbol{R}\\\boldsymbol{r}_{\mathrm{f}}^{\mathrm{T}}\boldsymbol{T}-\boldsymbol{r}_{\mathrm{ref}}^{\mathrm{T}}\boldsymbol{T}\end{bmatrix} \tag{4-34}$$

则

$$\frac{\partial \boldsymbol{Q}}{\partial \boldsymbol{X}_{\mathrm{f}}^{\mathrm{T}}}=\begin{bmatrix}\dfrac{\partial BR}{\partial \boldsymbol{r}_{\mathrm{f}}^{\mathrm{T}}} & \dfrac{\partial BR}{\partial \boldsymbol{v}_{\mathrm{f}}^{\mathrm{T}}}\\\dfrac{\partial BT}{\partial \boldsymbol{r}_{\mathrm{f}}^{\mathrm{T}}} & \dfrac{\partial BT}{\partial \boldsymbol{v}_{\mathrm{f}}^{\mathrm{T}}}\end{bmatrix}=\begin{bmatrix}\dfrac{\partial BR}{\partial \boldsymbol{r}_{\mathrm{f}}^{\mathrm{T}}} & \boldsymbol{O}_{1\times 3}\\\dfrac{\partial BT}{\partial \boldsymbol{r}_{\mathrm{f}}^{\mathrm{T}}} & \boldsymbol{O}_{1\times 3}\end{bmatrix}=\begin{bmatrix}\boldsymbol{R}^{\mathrm{T}} & \boldsymbol{O}_{1\times 3}\\\boldsymbol{T}^{\mathrm{T}} & \boldsymbol{O}_{1\times 3}\end{bmatrix} \tag{4-35}$$

修正时刻状态对控制变量的导数为

$$\frac{\partial \boldsymbol{X}_i}{\partial \boldsymbol{P}^{\mathrm{T}}}=\frac{\partial \boldsymbol{X}_i}{\partial \boldsymbol{v}^{\mathrm{T}}}=\begin{bmatrix}\dfrac{\partial \boldsymbol{r}}{\partial \boldsymbol{v}^{\mathrm{T}}}\\ \dfrac{\partial \boldsymbol{v}}{\partial \boldsymbol{v}^{\mathrm{T}}}\end{bmatrix}=\begin{bmatrix}\boldsymbol{O}_3\\ \boldsymbol{I}_3\end{bmatrix} \tag{4-36}$$

将式(4-35)、式(4-36) 代入式(4-30)，就可以求出敏感矩阵 $\boldsymbol{K}$。

其次分析限定到达时间 TOF 的情况。

$$TOF=TOF_{\mathrm{nom}}+\Delta TOF \tag{4-37}$$

到达时间误差 ΔTOF 是在标准值附近的小偏差量，因此可以利用二体问题的公式近似表示。已知 t 时刻深空探测器在直角坐标系中位置 $\boldsymbol{r}$ 和速度 $\boldsymbol{v}$，则半长轴 a 为

$$a=\frac{\mu r}{2\mu-rv^2} \tag{4-38}$$

其中，$r=\|\boldsymbol{r}\|$；$v=\|\boldsymbol{v}\|$。

偏心率 e 和 t 时刻的偏近点角 E 计算公式如下：

$$e\sin E=\frac{\boldsymbol{r}^{\mathrm{T}}\cdot\boldsymbol{v}}{\sqrt{\mu a}} \tag{4-39}$$

$$e\cos E=1-\frac{r}{a} \tag{4-40}$$

由开普勒方程可得

$$t=\tau+\sqrt{\frac{a^3}{\mu}}(E-e\sin E) \tag{4-41}$$

式中，τ 是过近拱点时刻。

已知轨道上两点的状态（$\boldsymbol{r}_0,\boldsymbol{v}_0$）和（$\boldsymbol{r}_1,\boldsymbol{v}_1$）就可由上述公式求出转移时间

$$\Delta TOF=t_1-t_0 \tag{4-42}$$

最终可以建立终端状态和到达时间解析关系，继而求到达时间对终端状态导数得

$$\begin{aligned}\boldsymbol{M}&=\frac{\partial TOF}{\partial \boldsymbol{x}_{\mathrm{f}}^{\mathrm{T}}}=\frac{ar}{\mu(a-r)}\cdot\frac{\partial}{\partial \boldsymbol{x}_{\mathrm{f}}^{\mathrm{T}}}(\boldsymbol{r}^{\mathrm{T}}\boldsymbol{v})\\&=\frac{ar}{\mu(a-r)}[\boldsymbol{v}^{\mathrm{T}}\quad \boldsymbol{r}^{\mathrm{T}}]\end{aligned} \tag{4-43}$$

最后，B 平面参数 $\boldsymbol{Bp}=[BR\quad BT\quad TOF]^{\mathrm{T}}$ 与转移轨道终端状态 $\boldsymbol{X}_{\mathrm{f}}$ 的解析表达式如下：

$$\frac{\partial \boldsymbol{Q}}{\partial \boldsymbol{X}_{\mathrm{f}}^{\mathrm{T}}}=\begin{bmatrix}\dfrac{\partial BR}{\partial \boldsymbol{X}_{\mathrm{f}}^{\mathrm{T}}}\\ \dfrac{\partial BT}{\partial \boldsymbol{X}_{\mathrm{f}}^{\mathrm{T}}}\\ \dfrac{\partial TOF}{\partial \boldsymbol{X}_{\mathrm{f}}^{\mathrm{T}}}\end{bmatrix}=\begin{bmatrix}\boldsymbol{R}^{\mathrm{T}} & \boldsymbol{0}_{1\times 3}\\ \boldsymbol{T}^{\mathrm{T}} & \boldsymbol{0}_{1\times 3}\\ \multicolumn{2}{c}{\boldsymbol{M}}\end{bmatrix} \tag{4-44}$$

② 利用数值微分计算敏感矩阵　由于动力学模型的强非线性，为避免计算状态转移矩阵的误差和大量积分，敏感矩阵还可以利用数值微分方法求取。

$$\boldsymbol{K}=\begin{bmatrix}\dfrac{\partial BR}{\partial \boldsymbol{v}_i^{\mathrm{T}}}\\ \dfrac{\partial BT}{\partial \boldsymbol{v}_i^{\mathrm{T}}}\\ \dfrac{\partial TOF}{\partial \boldsymbol{v}_i^{\mathrm{T}}}\end{bmatrix}=\begin{bmatrix}\dfrac{\partial BR}{\partial v_1} & \dfrac{\partial BR}{\partial v_2} & \dfrac{\partial BR}{\partial v_3}\\ \dfrac{\partial BT}{\partial v_1} & \dfrac{\partial BT}{\partial v_2} & \dfrac{\partial BT}{\partial v_3}\\ \dfrac{\partial TOF}{\partial v_1} & \dfrac{\partial TOF}{\partial v_2} & \dfrac{\partial TOF}{\partial v_3}\end{bmatrix} \tag{4-45}$$

以式中矩阵中第一个元素为例，给出偏导的数值计算公式如下：

$$\frac{\partial BR}{\partial v_1}=\frac{BR(v_1,v_2,v_3)\big|_{v_1+\varepsilon}-BR(v_1,v_2,v_3)\big|_{v_1}}{\varepsilon} \tag{4-46}$$

其中，ε 是小幅值摄动量，即速度增量 Δv，也是差分运算的步长。或者也可采用如下中心差分公式：

$$\frac{\partial BT}{\partial v_1}=\frac{BT(v_1,v_2,v_3)\big|_{v_1+\varepsilon}-BT(v_1,v_2,v_3)\big|_{v_1-\varepsilon}}{2\varepsilon} \tag{4-47}$$

4.2.1.2 自主修正脉冲计算方法

目前绝大多数深空探测器的转移段轨道中途修正采用速度脉冲控制方法实现，并且完全依赖于地面测控。地面站通过巨型天线发射和接收无线电波对探测器进行测量，确定探测器轨道并估计轨道的终端偏差，在适当的时机发送变轨指令。变轨指令内容包括发动机开机时刻、速度增量大小、变轨期间探测器相对惯性空间姿态等。中途修正执行的次数和时间是轨道设计的重要内容，需要事先做好计划。只要不出现意外，实际飞行中只需依据轨道确定结果具体确定轨道修正的速度增量大小和方向。如果实际轨道的终端偏差较小，也会取消某次中途修正[4]。采用速度脉冲控制的中途修正原理见图 4-3。

采用自主速度脉冲控制的中途修正方法是将前述的由地面完成的工

作，即外推轨道终端偏差与计算速度增量和大小，搬到探测器上完成。受星载计算机性能限制，地面的中途修正算法和软件不能直接照搬使用，要作简化和修改，并增加依据判断条件向地面报警引入地面干预的功能。例如，发现轨道的终端偏差过大时就需要由地面来接管修正，否则一旦星上有较大计算误差，导致轨道严重偏离或是推进剂大量消耗，后期是无法弥补的。

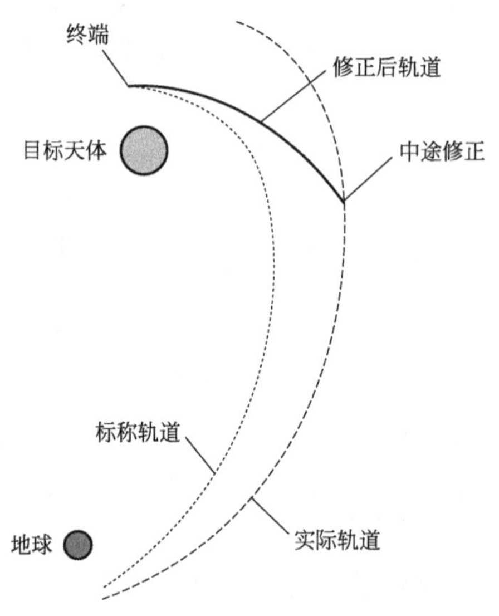

图 4-3 采用速度脉冲控制的中途修正原理

采用速度脉冲控制的自主中途修正流程如下：首先由自主导航系统确定轨道，即估计探测器当前的位置和速度；然后利用龙格库塔算法外推轨道至 B 平面，计算出当前轨道的终端 B 平面误差，即 ΔBR、ΔBT 和 ΔTOF；判断 B 平面误差是否过大，如是则向地面报警等待地面处理，否则继续下一步；利用敏感矩阵和 B 平面误差计算修正所需速度增量 $\Delta \boldsymbol{v}$ 的大小和方向；判断速度增量 $\Delta \boldsymbol{v}$ 是否过大，如是则向地面报警等待地面处理，否则继续下一步；根据速度增量 $\Delta \boldsymbol{v}$ 的方向要求调整探测器在惯性空间的姿态，使发动机喷气方向对准 $\Delta \boldsymbol{v}$ 的反向；轨控发动机开机；根据加速度计测量估计探测器的速度增量；当估计的速度增量达到指令值后关闭轨控发动机，结束本次中途修正，见图 4-4。

轨道偏差的来源主要是入轨误差、定轨误差以及执行误差等。入轨误差在探测器发射后不久的第一次中途修正中要尽量消除。其后漫长的转移飞行中轨道偏差主要是受定轨误差和执行误差的影响。

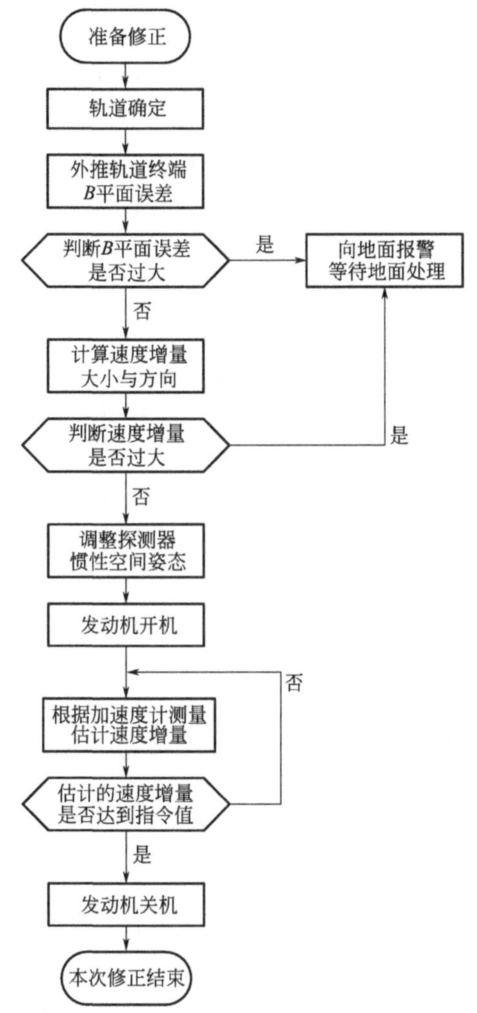

图 4-4 采用速度脉冲控制的自主中途修正流程

4.2.2 连续推力轨道控制方法

采用电推进等小推力发动机对探测器进行轨道修正时必须让发动机连续长期开机才可以显著地影响探测器的飞行轨道，起到轨道修正的作用。小推力发动机的额定推力很小，一般不会采用变推力控制，因此利用小推力发动机进行轨道修正控制参数只有开机时间、时长和推力方向。采用积分方法求解动力学方程固然可以获得小推力连续控制问题的最优解，但是寻优过程计算量巨大，不适合星上应用。

深空一号任务采用了一种将小推力连续控制分割成为众多分段脉冲控制的工程实用方法。此方法以 7 天为一段控制区间，在每个控制区间内推力器的作用方向固定，这样其控制过程就可以近似为冲量控制。将每个控制区间中的推力方向和最后一个控制周期的开机时长作为控制参数，利用线性制导律公式和迭代方法求解，就能以较小的计算量解决轨道修正问题。推力方向和末端开机时长每 7 天更新一次，存入星上计算机，作为推力器的工作文件。

记转移轨道段的终端状态为

$$\boldsymbol{X}_{\mathrm{e}}=\begin{bmatrix} BR \\ BT \\ TOF \end{bmatrix} \tag{4-48}$$

则转移段终端状态的偏差为

$$\Delta\boldsymbol{X}_{\mathrm{e}}=\begin{bmatrix} \Delta BR \\ \Delta BT \\ \Delta TOF \end{bmatrix} \tag{4-49}$$

轨道中途修正的控制参数为

$$\Delta\boldsymbol{s}=\begin{bmatrix} \Delta\alpha_1 \\ \Delta\delta_1 \\ \Delta\alpha_2 \\ \Delta\delta_2 \\ \vdots \\ \alpha_k \\ \delta_k \\ \tau_k \end{bmatrix} \tag{4-50}$$

其中，α_i 和 δ_i 是第 i 个控制区间推力器喷气方向的赤经赤纬。

敏感矩阵的计算公式如下：

$$\boldsymbol{K}^{\mathrm{T}}=\begin{bmatrix} \partial X_{\mathrm{e}}/\partial\alpha_1 \\ \partial X_{\mathrm{e}}/\partial\delta_1 \\ \partial X_{\mathrm{e}}/\partial\alpha_2 \\ \partial X_{\mathrm{e}}/\partial\delta_2 \\ \vdots \\ \partial X_{\mathrm{e}}/\partial\alpha_k \\ \partial X_{\mathrm{e}}/\partial\delta_k \\ \partial X_{\mathrm{e}}/\partial\tau_k \end{bmatrix} \tag{4-51}$$

则推力器的修正量计算公式如下：

$$\Delta \boldsymbol{s} = \boldsymbol{K}^{\mathrm{T}} (\boldsymbol{K}\boldsymbol{K}^{\mathrm{T}})^{-1} \Delta \boldsymbol{X}_{\mathrm{e}}$$

将上式结果与当前状态相加并重新外推 B 平面误差，反复迭代多次后得到收敛解。

图 4-5 所示为通过改变喷气方向和末端开机时间修正轨道的原理。

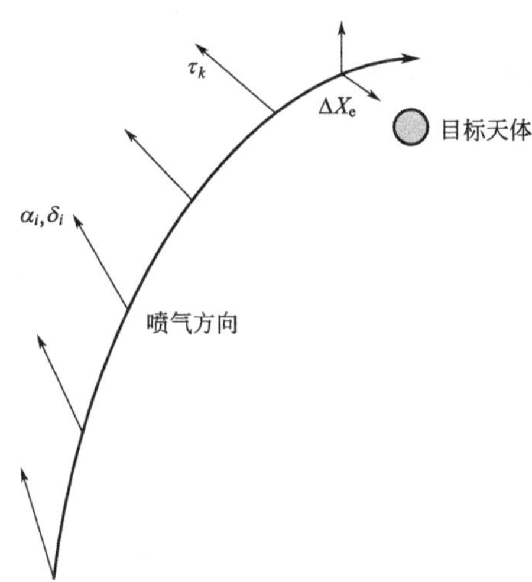

图 4-5　通过改变喷气方向和末端开机时间修正轨道的原理

控制区间的数量也是由深空探测器自主确定的。初始，星上置一最小控制区间数，然后每次增加一个控制区间，直至计算修正量的迭代算法收敛。

4.2.3　推力在轨标定技术

发动机推力大小是制定轨控策略和制导的一个重要参数。探测器经过漫长的深空飞行后，随着环境、压力的变化，推力输出也会变化，需要定期对发动机推力进行标定。在轨推力标定在点火期间完成，利用的测量数据为加速度计。

假设点火过程中，加速度计获得 $[t_{k-1}, t_k]$ 时间段内的速度增量 $\Delta v_{\mathrm{acc}}(t_k)$，主发动机输出推力为常数，用 F_{main} 表示，忽略姿控发动机的推进剂消耗，那么近似有

$$\frac{\Delta v_{\mathrm{acc}}(t_k)}{\Delta t} = \frac{F_{\mathrm{main}}}{m_k} \tag{4-52}$$

点火初始时刻探测器的质量为 m_0，那么根据齐奥尔科夫斯基公式有

$$m_k = m_0 - \frac{F_{\text{main}}}{I_{\text{spmain}}}(t_k - t_0) \tag{4-53}$$

将式(4-53)代入式(4-52)，有

$$\frac{\Delta t}{\Delta v_{\text{acc}}(t_k)} = \frac{m_0}{F_{\text{main}}} - \frac{t_k - t_0}{I_{\text{spmain}}} \tag{4-54}$$

令 $\tau = \frac{I_{\text{spmain}} m}{F_{\text{main}}}$，表示将探测器所有质量（包括干质量）全部消耗掉的剩余点火时间，那么式(4-54)可以转换为

$$\frac{\Delta t}{\Delta v_{\text{acc}}(t_k)} = \frac{\tau_0}{I_{\text{spmain}}} - \frac{t_k - t_0}{I_{\text{spmain}}} \tag{4-55}$$

令 $X_1 = \frac{\tau_0}{I_{\text{spmain}}}$，$X_2 = -\frac{1}{I_{\text{spmain}}}$，$Z_k = \frac{\Delta t}{\Delta v_{\text{acc}}(t_k)}$，则式(4-55)可以转换为线性方程

$$Z_k = X_1 + (t_k - t_0) X_2 \tag{4-56}$$

获得不同时刻的测量值 Z_k 就可以用最小二乘方法解算出状态量 X_1 和 X_2。

由此可以求解出发动机参数：

$$\begin{cases} F_{\text{main}} = \dfrac{m_0}{X_1} \\ I_{\text{spmain}} = -\dfrac{1}{X_2} \end{cases} \tag{4-57}$$

4.3 接近和捕获过程的制导控制方法

4.3.1 B 平面制导方法

对于火星等大天体来说，探测器在接近段的轨道是双曲线轨道，B 平面参数的选取，以及制导律的计算与转移段中途修正没有太大差异，区别只是修正时刻状态与终端状态之间的转移矩阵 $\boldsymbol{\Phi}_{\text{f}}$ 并不相同，但计算方法仍然是一致的。

对于小天体来说，目标天体的引力场虽然较弱，但是探测器仍然运行在一个双曲线轨道上。特殊情况下，如果目标天体引力非常微弱，可以忽略，则双曲线轨道接近一条直线。因此定义 B 平面参数时，$\boldsymbol{S}$ 矢量可选为探测器相对目标天体的速度方向。取 $\boldsymbol{N}_{\text{s}}$ 为探测器轨道平面的法线，则 B 的方向可以由 $\boldsymbol{S}$ 与 $\boldsymbol{N}_{\text{s}}$ 的叉积计算而来，它的大小近似为探测

器到目标天体中心的最小距离，即近心距 r_p。由此可以得到 B 平面参数为

$$(BR)_{NOM}=r_p \tag{4-58}$$

$$(BT)_{NOM}=0 \tag{4-59}$$

式中，下标 NOM 表示相应于标准轨道的值。

设探测器的状态为位置和速度，即 $\boldsymbol{X}=[\boldsymbol{r}\quad \boldsymbol{v}]^{\mathrm{T}}$，那么根据探测器轨道近似直线运动的特点，终端轨道状态（用下标 f 表示）相对初始状态（用下标 i 表示）的状态转移矩阵 $\boldsymbol{\Phi}_f$ 为

$$\boldsymbol{\Phi}_f=\frac{\partial \boldsymbol{X}_f}{\partial \boldsymbol{X}_i^{\mathrm{T}}}=\begin{bmatrix}\boldsymbol{I}_{3\times3} & (t_f-t_i)\boldsymbol{I}_{3\times3}\\ 0 & \boldsymbol{I}_{3\times3}\end{bmatrix} \tag{4-60}$$

而

$$\frac{\partial \boldsymbol{B}}{\partial \boldsymbol{X}_f^{\mathrm{T}}}=\begin{bmatrix}\dfrac{\partial BR}{\partial \boldsymbol{r}_f^{\mathrm{T}}} & \dfrac{\partial BR}{\partial \boldsymbol{v}_f^{\mathrm{T}}}\\ \dfrac{\partial BT}{\partial \boldsymbol{r}_f^{\mathrm{T}}} & \dfrac{\partial BT}{\partial \boldsymbol{v}_f^{\mathrm{T}}}\end{bmatrix}=\begin{bmatrix}\boldsymbol{R}^{\mathrm{T}} & \boldsymbol{0}_{1\times3}\\ \boldsymbol{T}^{\mathrm{T}} & \boldsymbol{0}_{1\times3}\end{bmatrix} \tag{4-61}$$

$$\frac{\partial \boldsymbol{X}_i}{\partial \boldsymbol{v}_i^{\mathrm{T}}}=\begin{bmatrix}\dfrac{\partial \boldsymbol{r}_i}{\partial \boldsymbol{v}_i^{\mathrm{T}}}\\ \dfrac{\partial \boldsymbol{v}_i}{\partial \boldsymbol{v}_i^{\mathrm{T}}}\end{bmatrix}=\begin{bmatrix}\boldsymbol{0}_{3\times3}\\ \boldsymbol{I}_{3\times3}\end{bmatrix} \tag{4-62}$$

则

$$\boldsymbol{K}=\frac{\partial \boldsymbol{B}}{\partial \boldsymbol{X}_f^{\mathrm{T}}}\boldsymbol{\Phi}_f\frac{\partial \boldsymbol{X}_i}{\partial v_i^{\mathrm{T}}} \tag{4-63}$$

修正时刻需要施加的速度增量脉冲计算公式如下：

$$\Delta \boldsymbol{v}=-\boldsymbol{K}^{\mathrm{T}}(\boldsymbol{K}\boldsymbol{K}^{\mathrm{T}})^{-1}\Delta \boldsymbol{B} \tag{4-64}$$

在进行基于 B 平面的制导时，探测器计算机根据自主导航给出的探测器当前位置和速度，依靠轨道动力学预报实施轨道修正时刻 t_i 的位置和速度（记为 $[\boldsymbol{r}_i\quad \boldsymbol{v}_i]$）和终端时刻 t_f（距离小天体最近）的位置和速度（记为 $[\boldsymbol{r}_f\quad \boldsymbol{v}_f]$）。将 $\boldsymbol{r}_f$ 变换为 B 平面参数 $[BR, BT]$，并与目标参数 $[(BR)_{NOM}, (BT)_{NOM}]$ 相比较，获得脱靶量，即

$$\Delta \boldsymbol{B}=\begin{bmatrix}\Delta BR\\ \Delta BT\end{bmatrix}=\begin{bmatrix}BR-(BR)_{NOM}\\ BT-(BT)_{NOM}\end{bmatrix} \tag{4-65}$$

然后就可以根据式(4-65) 算变轨速度增量。由于在制导过程中状态转移方程（4-60）按照匀速直线运动近似，因此制导的结果会存在误差。这可以通过在一定的精度约束下多次实施变轨操作来修正。

4.3.2 自主轨道规划方法

传统的轨道规划方法分为间接法和直接法[5]。前者利用经典的庞特里亚金最小值原理，通过推导出最优解的必要条件，进而通过协状态变量来寻求最优解；后者利用非线性规划等数值寻优方法直接在解空间进行搜索来获得最优解。对于第一种方法，只有在某些特殊条件和假设下才能获得最优解的解析形式，不适合深空探测任务。因此，深空自主轨道规划只能采用第二种方法，但相比已有的规划算法，需要提高运算速度，以适应星载计算机的能力。

对于深空天体轨道规划问题，可以采用多脉冲大范围轨道机动的方法和以双脉冲为基础的多脉冲轨道调整方法。前者需要以遗传算法等全空间搜索算法为基础对脉冲数量、大小、时间等进行全局优化；后者进行搜索时，限制脉冲个数为 2 个，通过寻优方法确定变轨脉冲的大小和时间，然后根据轨道调整的情况进行多次双脉冲变轨。由于第一种方法的搜索空间大，寻优算法计算量太大不适合星上进行，因此一般选择以双脉冲为基础的多脉冲调整方法。

该方法的基本思想是：对于固定时间的轨道交会问题，可以用兰伯特方法求解出两次变轨脉冲的时间、大小和方向；深空轨道转移变轨时间是自由的，因此可以调整两次变轨的时间，对每一对固定的脉冲时间用兰伯特方法计算出对应的变轨速度增量大小；用两层搜索算法分别对两次变轨的时间进行寻优，通过比较各种不同组合下的速度增量大小来获得最佳的两次变轨时间。对于搜索算法，为了平衡快速性和最优性，选择了“变尺度搜索”方法。在完成一次双脉冲变轨之后，再根据变轨的效果自主判断是否还需要进行下一次轨道调整。

以双脉冲轨道规划为基础进行多次轨道修正的方法比起直接进行多脉冲轨道规划在搜索范围、计算速度上要小得多。在处理双脉冲轨道规划问题时，本方法采用的双层搜索结构，相比常用的遗传算法，能够将二维搜索分解为两个一维搜索，降低了自变量的个数，有利于简化问题。对于每一维的搜索，采用了变尺度的方法，相比常用的 Fibonacci 法、0.618 法等“一维搜索法”，具有对“多峰”函数更强的适应性，不容易陷入局部最优值。

4.3.2.1 轨道规划算法基础

这里提出的自主轨道规划方法包含有两个基本的算法，一个是解决固定时刻交会的兰伯特方法，另一个是变尺度搜索算法。

(1) 兰伯特轨道交会方法

兰伯特（Lambert）轨道交会问题[6-8]的定义如下：给定位置矢量 $\boldsymbol{r}_1$ 和 $\boldsymbol{r}_2$，以及从 $\boldsymbol{r}_1$ 到 $\boldsymbol{r}_2$ 的飞行时间 t 和运动方向，求端点速度矢量 $\boldsymbol{v}_1$ 和 $\boldsymbol{v}_2$。所谓“运动方向”是指探测器以“短程”（即通过小于 π 弧度的角度改变量 $\Delta\theta$ 实现的）还是以“长程”（即通过大于 π 弧度的角度改变量实现的）从 $\boldsymbol{r}_1$ 到达 $\boldsymbol{r}_2$ 的。

显然，从 $\boldsymbol{r}_1$ 到达 $\boldsymbol{r}_2$ 存在着无数条轨道，但其中只有两条满足所要求的飞行时间，而且这两条中只有一条符合所要求的运动方向。两个位置矢量 $\boldsymbol{r}_1$ 和 $\boldsymbol{r}_2$ 唯一地定义了转移轨道平面。若 $\boldsymbol{r}_1$，$\boldsymbol{r}_2$ 共线，且方向相反（$\Delta\theta=\pi$），则转移轨道平面是不确定的。速度矢量 $\boldsymbol{v}_1$ 和 $\boldsymbol{v}_2$ 就不可能有唯一解。若两个位置矢量共线且方向相同，则轨道是一退化的圆锥曲线，$\boldsymbol{v}_1$ 和 $\boldsymbol{v}_2$ 可以有唯一解。

四个矢量 $\boldsymbol{r}_1$、$\boldsymbol{r}_2$、$\boldsymbol{v}_1$ 和 $\boldsymbol{v}_2$ 之间的关系包含在 f 和 g 的表达式中，具体为

$$\boldsymbol{r}_2=f\boldsymbol{r}_1+g\boldsymbol{v}_1 \tag{4-66}$$

$$\boldsymbol{v}_2=\dot{f}\boldsymbol{r}_1+\dot{g}\boldsymbol{v}_1 \tag{4-67}$$

其中，f、g、$\dot{f}$、$\dot{g}$ 分别为

$$f=1-\frac{r_2}{p}(1-\cos\Delta\theta)=1-\frac{a}{r_1}(1-\cos\Delta E) \tag{4-68}$$

$$g=\frac{r_1 r_2\sin\Delta\theta}{\sqrt{\mu p}}=t-\sqrt{\frac{a^3}{\mu}}(\Delta E-\sin\Delta E) \tag{4-69}$$

$$\dot{f}=\sqrt{\frac{\mu}{p}}\tan\frac{\Delta\theta}{2}\left(\frac{1-\cos\Delta\theta}{p}-\frac{1}{r_1}-\frac{1}{r_2}\right)=\frac{-\sqrt{\mu a}}{r_1 r_2}\sin\Delta E \tag{4-70}$$

$$\dot{g}=1-\frac{r_1}{p}(1-\cos\Delta\theta)=1-\frac{a}{r_2}(1-\cos\Delta E) \tag{4-71}$$

式中，μ、p、a、e、$\Delta\theta$、ΔE、r_1、r_2 分别为中心天体引力常数、轨道半正焦弦、半长轴、偏心率、始末位置真近点角差、始末位置真偏近点角差、初始和末端位置矢量，即 $\boldsymbol{r}_1$ 和 $\boldsymbol{r}_2$ 的模。

由式(4-60) 可知

$$\boldsymbol{v}_1=\frac{\boldsymbol{r}_2-f\boldsymbol{r}_1}{g} \tag{4-72}$$

因此，在已知位置矢量 $\boldsymbol{r}_1$ 和 $\boldsymbol{r}_2$ 的情况下，Lambert 问题可以转化为求 f、g、$\dot{f}$、$\dot{g}$ 的问题。

事实上，真近点角差 $\Delta\theta$ 可以直接求出，只要知道初始真近点角 θ_1，那么末端真近点角为

$$\theta_2=\theta_1+\Delta\theta \tag{4-73}$$

从而始末端偏近点角为

$$\tan\frac{E_1}{2}==\sqrt{\frac{1-e}{1+e}}\tan\frac{\theta_1}{2} \tag{4-74}$$

$$\tan\frac{E_2}{2}==\sqrt{\frac{1-e}{1+e}}\tan\frac{\theta_1+\Delta\theta}{2} \tag{4-75}$$

于是，可得

$$\Delta E=E_2-E_1 \tag{4-76}$$

对于具体的接近和捕获问题，真近点角差可以直接求出，深空探测转移轨道不可能采用逆行轨道，即倾角不会大于 $\pi/2$，可以通过判断矢量 $\boldsymbol{r}_1\times\boldsymbol{r}_2$ 与黄北极的夹角来确定真近点角差 $\Delta\theta$ 的取值。

$$\Delta\theta=\begin{cases}\arccos\left(\dfrac{\boldsymbol{r}_1\cdot\boldsymbol{r}_2}{r_1r_2}\right),\text{若 }\boldsymbol{r}_1\times\boldsymbol{r}_2\text{ 与黄北极成锐角}\\[2ex] 2\pi-\arccos\left(\dfrac{\boldsymbol{r}_1\cdot\boldsymbol{r}_2}{r_1r_2}\right),\text{若 }\boldsymbol{r}_1\times\boldsymbol{r}_2\text{ 与黄北极成钝角}\end{cases} \tag{4-77}$$

Lambert 方程组中初始速度是未知的，但是末端位置是已知的，这就构成一个简单的两点边值问题。实际上有三个方程三个未知数，唯一的困难是这些方程属于超越方程，所以必须用逐次迭代的方法求解。求解步骤如下。

① 先假定 $\boldsymbol{v}_1$ 的初值为 $\boldsymbol{v}_1^0$（上标表示迭代次数），再由此算出 p、a、e、θ_1。

② 计算变量 f、g、$\dot{f}$、$\dot{g}$。

③ 解出 $\boldsymbol{r}_2$，并与给定的值相比较，得到残差。

④ 计算 $\boldsymbol{r}_2$ 对迭代初值 $\boldsymbol{v}_1$ 的梯度矩阵 $\dfrac{\partial\boldsymbol{r}_2}{\partial\boldsymbol{v}_1}=g\boldsymbol{I}_{3\times3}$。

⑤ 计算初值 $\boldsymbol{v}_1$ 的修正值，$\Delta\boldsymbol{v}_1=-\left(\dfrac{\partial\boldsymbol{r}_2}{\partial\boldsymbol{v}_1}\right)^{-1}\Delta\boldsymbol{r}_2$，$\boldsymbol{v}_1^1=\boldsymbol{v}_1^0+\Delta\boldsymbol{v}_1$。

⑥ 若末端位置精度没有达到要求，则修正迭代变量，重复上述步骤，直到精度符合要求为止。

(2) 变尺度搜索算法

变尺度搜索算法基于以下前提假设。

① 探测器的移动是连续的，因此当开始时间 t_s 确定，结束时间 t_f 变

化的情况下，在存在可行轨道的范围之内，燃料值的变化是连续的。

② 若当 $t=t_s^*$ 时，取得全局最优值，则当 t 在 t_s^* 附近变化时，对应每个 t 的燃料最优值也应该在全局最优值的附近。

在存在以上两种连续性的条件下，可以得到针对 t_s 的变尺度搜索方法。这种方法的核心是逐渐缩小搜索步长和搜索区域：首先以较大的步长在允许的总时间长度段内搜索使得目标函数最小的 t_s；然后以这个初步的搜索结果为中心，在上一步搜索步长为半径的小区域内以比上一次更小的步长再次进行搜索；反复进行直到找到最优值。具体如下。

迭代过程的第一步：t_s 以步长 step_i 在可行域 $[a_i, b_i]$ 中变化，得到一系列的 J_i^k，其中 $k=1,\cdots,[(b_i-a_i)/\text{step}_i]$，选取 J_i^k 中最小值所对应的 T_i 为下一轮搜索的中心点。

迭代过程的第二步：更新 t_s 的变化范围 $a_{i+1}=T_i-\text{step}_i$，$b_{i+1}=T_i+\text{step}_i$，缩短步长 $\text{step}_{i+1}=[\text{step}_i/m]$，$i=i+1$，再次进行搜索。

重复迭代过程直到 step_{i+1} 达到预设门限。

搜索算法的流程如图 4-6 所示。

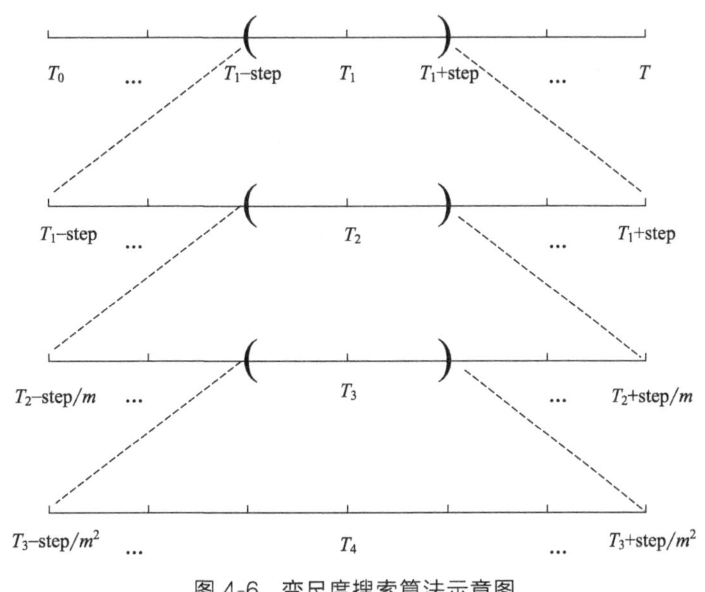

图 4-6 变尺度搜索算法示意图

4.3.2.2 自主轨道规划的算法

(1) 多脉冲轨道调整

① 注入目标轨道根数、变轨能力限制和交会时间限制 目标环绕或

撞击轨道可以由六根数表示：半长轴 a_t、偏心率 e_t、轨道倾角 i_t、升交点赤经 Ω_t、近点幅角 ω_t 和近点时间 t_{pt}。变轨能力限制可以是最长点火时间 T_{max}、最大点火次数 n_{max} 等。如果需要，还可以增加最晚交会完成时间 t_{max} 等限制条件。这些数据由地面根据任务安排预先设定，在发射前装订或者在转移段注入探测器星载计算机。

② 获得当前轨道参数　通过星上自主导航手段获得当前轨道的六根数：半长轴 a_c、偏心率 e_c、轨道倾角 i_c、升交点赤经 Ω_c、近点幅角 ω_c 和近点时间 t_{pc}。

③ 评价与目标轨道的偏差　比较目标轨道根数和当前轨道根数的差异，如果该差异满足预设的判断条件，例如 $|a_c-a_t|<a_{threshold}$、$|e_c-e_t|<e_{threshold}$、$|i_c-i_t|<i_{threshold}$、$|\Omega_c-\Omega_t|<\Omega_{threshold}$、$|\omega_c-\omega_t|<\omega_{threshold}$、$|t_{pc}-t_{pt}|<t_{pthreshold}$ 同时成立，则说明轨道偏差满足要求，轨道调整结束。如果上述条件不满足，则进行轨道调整。

多脉冲轨道调整的实施策略如图 4-7 所示。

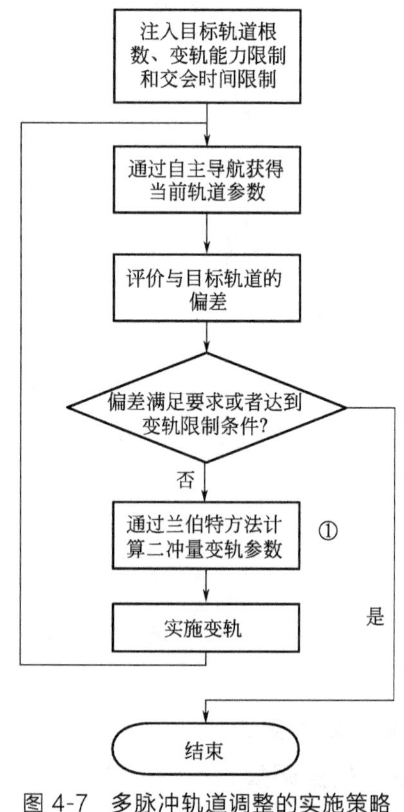

图 4-7　多脉冲轨道调整的实施策略

④ 二冲量变轨参数计算　轨道调整采用双脉冲变轨，变轨参数的计算以兰伯特方法为基础，通过两层变尺度搜索方法优化两次变轨脉冲的实施时间 t_s 和 t_f，使得变轨速度增量 $\|\Delta \boldsymbol{v}_1\|+\|\Delta \boldsymbol{v}_2\|$ 最小。具体的算法见图 4-8，详细计算步骤将在下面描述。

⑤ 实施变轨　按照计算好的两次变轨脉冲实施时间 t_s 和 t_f 和需要的速度增量矢量 $\Delta \boldsymbol{v}_1$ 和 $\Delta \boldsymbol{v}_2$，实施变轨。速度增量的方向通过姿态控制系统调整轨控发动机推力方向保证，速度增量的大小由星上加速度计测量保证。变轨控制的具体方法与一般探测器轨控方法一致。

实施完变轨之后，重新返回步骤 2，在探测器滑行过程中利用自主导航获得轨道参数，并根据轨道误差判断是否需要进行下一次轨道调整。

(2) 二冲量变轨参数计算

二冲量变轨参数计算的流程如图 4-8 所示。该算法包含内外两层的变尺度搜索，以确定合适的 t_s 和 t_f。

① 外层搜索　外层搜索的主要目的是获得最佳的第一次变轨冲量的作用时刻 t_s。采用变尺度的搜索方法，算法如下。

a. 确定第一次变轨脉冲时间的搜索范围，即 $t_s \in [t_{s\_min}, t_{s\_max}]$，该范围应当满足 $t \leqslant t_{s\_min} \leqslant t_{s\_max} \leqslant t_{max}$。实际实施时还可以根据不同任务轨道的特点进一步缩小搜索范围。

b. 确定搜索的初始步长。

$$\text{Step\_ts}=\frac{t_{s\_max}-t_{s\_min}}{n} \tag{4-78}$$

式中，n 表示搜索空间的等分数量，为了平衡计算量和精度，可以取 $n=100$。

c. t_s 按照步长 Step_ts 在空间 $[t_{s\_min}, t_{s\_max}]$ 内依次取值。对每一个 t_s 取值，根据当前轨道六根数计算 t_s 时刻探测器相对目标天体的惯性位置 $\boldsymbol{r}_1$ 和速度 $\boldsymbol{v}_c(t_s)$。由轨道六根数和当前时间解算位置、速度的方法在相关轨道计算书籍中均有描述，这里不再详细列出。需要注意的是深空探测接近段的轨道是双曲线轨道。

对每一个 t_s 通过内层变尺度搜索获得当前 t_s 下最佳的二次变轨时间 t_f（内层搜索的算法在后面详细列出）。在以 Step_ts 遍历 t_s 的搜索空间 $[t_{s\_min}, t_{s\_max}]$ 后，选择使得变轨速度增量 Δv 最小的 t_s（记为 t_{s_best}）作为下一轮搜索的基础，并记录对应的二次脉冲时间（记为 t_{f_best}）和速度增量需求（记为 Min_deltaV_ts）。

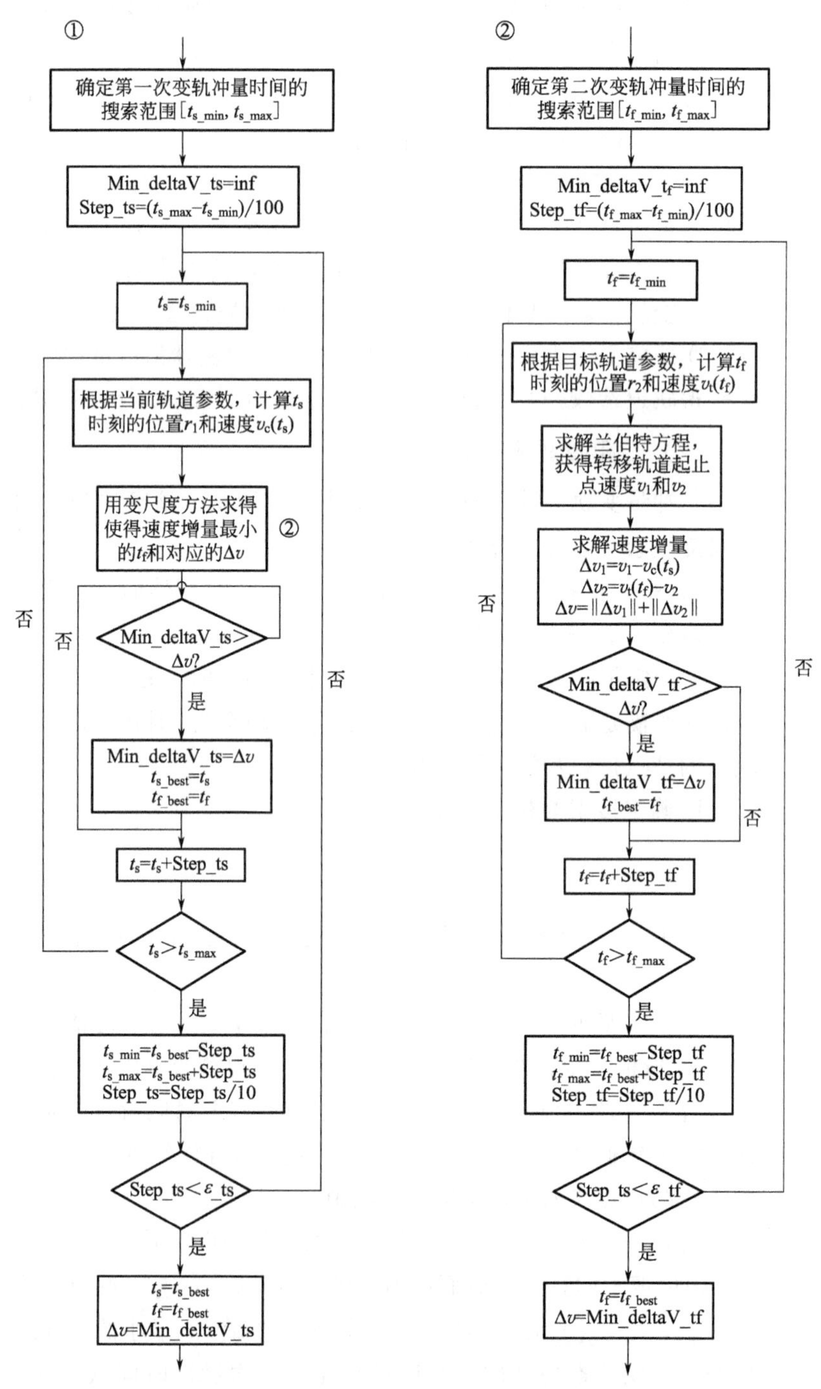

图 4-8　二冲量变轨参数计算流程

d. 将搜索空间缩小到 $[t_{s\_best}-Step\_ts, t_{s\_best}+Step\_ts]$，即

$$t_{s\_min}=t_{s\_best}-Step\_ts \tag{4-79}$$

$$t_{s\_max}=t_{s\_best}+Step\_ts$$

并将搜索步长压缩为原来的 $1/m$，即

$$Step\_ts=Step\_ts/m \tag{4-80}$$

e. 如果新的搜索步长 Step _ ts 没有达到预先设定的最小值 ε_ts，则回到步骤 c 进行下一轮搜索，否则算法结束，并返回优化结果。

$$\begin{cases} t_s=t_{s\_best} \\ t_f=t_{f\_best} \\ \Delta v=Min\_deltaV\_ts \end{cases} \tag{4-81}$$

外层搜索的程序流程详见图 4-8 中标号①的部分。

② 内层搜索　内层搜索的主要目的是获得给定 t_s 下的最佳二次变轨冲量作用时刻 t_f，同样采用变尺度的搜索方法，算法如下。

a. 确定第二次变轨脉冲时间的搜索范围，即 $t_f\in[t_{f\_min},t_{f\_max}]$，该范围应当满足 $t_s\leqslant t_{f\_min}\leqslant t_{f\_max}\leqslant t_{max}$。实际实施时还可以根据不同任务轨道的特点进一步缩小搜索范围。

b. 确定搜索的初始步长。

$$Step\_tf=\frac{t_{f\_max}-t_{f\_min}}{n} \tag{4-82}$$

式中，n 表示搜索空间的等分数量，与外层搜索一样，n 可以取为 100。

c. t_f 按照步长 Step _ tf 在空间 $[t_{f\_min},t_{f\_max}]$ 内依次取值。对每一个 t_f 取值，根据目标轨道六根数计算 t_f 时刻探测器相对目标天体的惯性位置 $\boldsymbol{r}_2$ 和速度 $\boldsymbol{v}_t(t_f)$。具体计算方法这里不再详细列出。需要说明的是，不同于接近段，环绕段的轨道是椭圆轨道。

对内层搜索的每一步，由于 t_s 和 t_f 固定，则探测器在第一次脉冲前的位置 $\boldsymbol{r}_1$ 速度 $\boldsymbol{v}_c(t_s)$ 和探测器在第二次脉冲后的位置 $\boldsymbol{r}_2$ 和速度 $\boldsymbol{v}_t(t_f)$ 就可以确定出来。由此可以应用兰伯特定理根据时间方程用迭代法求解转移轨道的各个参数，并获得第一次脉冲后的速度 $\boldsymbol{v}_1$ 和第二次脉冲前的速度 $\boldsymbol{v}_2$（具体的计算方法可以参考相关轨道控制书籍和文献）。由此可以算出双脉冲轨道转移所需要的速度增量。

$$\Delta\boldsymbol{v}_1=\boldsymbol{v}_1-\boldsymbol{v}_c(t_s)$$

$$\Delta\boldsymbol{v}_2=\boldsymbol{v}_t(t_f)-\boldsymbol{v}_2$$

$$\Delta\boldsymbol{v}=\|\Delta\boldsymbol{v}_1\|+\|\Delta\boldsymbol{v}_2\| \tag{4-83}$$

在以 Step _ tf 遍历 t_f 的搜索空间 $[t_{f\_min},t_{f\_max}]$ 后，选择使得在

给定 t_s 条件下，变轨速度增量 Δv 最小的 t_f（记为 t_{f_best}）作为下一轮搜索的基础，并记录对应的速度增量需求（记为 Min _ deltaV _ tf）。

d. 将搜索空间缩小到 $[t_{f\_best}-Step\_tf, t_{f\_best}+Step\_tf]$，即

$$
\begin{aligned}
t_{f\_min} &= t_{f\_best} - Step\_tf \\
t_{f\_max} &= t_{f\_best} + Step\_tf
\end{aligned}
\tag{4-84}
$$

并将搜索步长压缩为原来的 $1/m$，即

$$
Step\_tf = Step\_tf/m \tag{4-85}
$$

e. 如果新的搜索步长 Step _ tf 没有达到预先设定的最小值 ε _ tf，则回到步骤 c 进行下一轮搜索，否则返回优化后的 t_f 和速度增量需求。

$$
\begin{cases}
t_f = t_{f\_best} \\
\Delta v = Min\_deltaV\_tf
\end{cases}
\tag{4-86}
$$

内层搜索的程序流程详见图 4-8 中标号②的部分。

4.3.3 气动捕获技术

除了利用传统的化学推进实现被目标天体捕获以外，对于有大气天体，还可以采用气动捕获技术。气动捕获是一种利用目标天体大气进行减速的技术。这种技术的核心是将探测器的近心点高度设置在目标天体大气层内，利用探测器穿入和穿出大气层时大气阻力的作用降低探测器远心点高度。这样做的好处是不使用推进剂，对于深空探测器来说非常有价值。NASA 的火星全球勘探者（Mars Global Surveyor）[9]、火星奥德赛探测器（Mars Odyssey）[10] 均使用了该项技术。

图 4-9 所示为气动捕获过程。

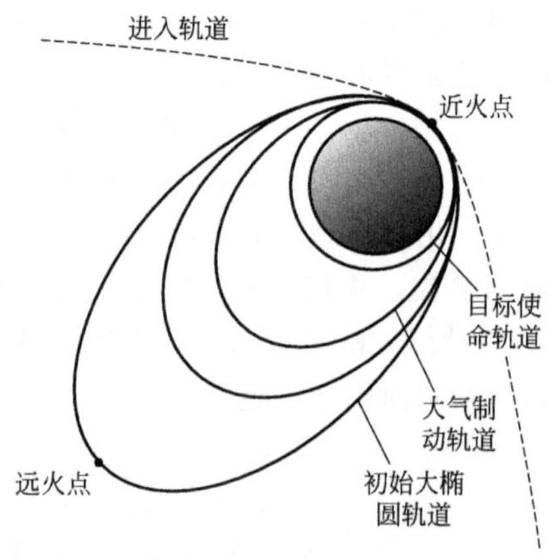

图 4-9 气动捕获过程

探测器利用自身化学能推力器实施轨道捕获机动后会进入环绕火星的大椭圆轨道。但是探测器目标使命轨道应是近似圆形的环火轨道。所以探测器必须经历一系列大气制动过程。制动原理是：探测器近火点处于火星上层大气中，当探测器经过此处时，就可以利用这里的大气与探测器的摩擦阻力作用来减缓其运行速度。根据轨道运动规律，探测器在近火点的速度越小，则运动到远火点时离火星的高度就越低。通过一系列这样的制动过程，就可以实现探测器至预定轨道的运行。气动捕获过程可以分为 3 个阶段，如图 4-10 所示。

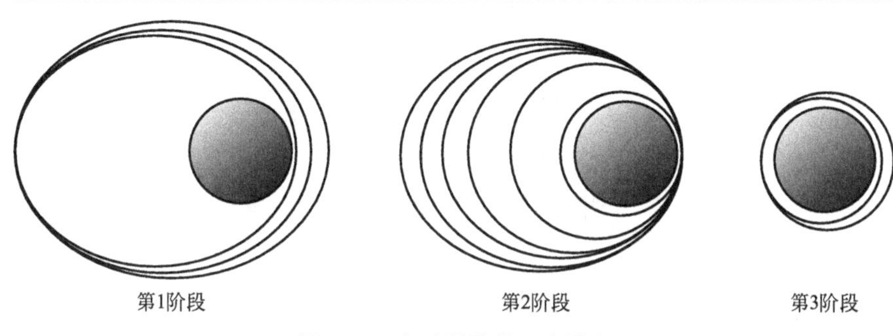

图 4-10 气动捕获的三个阶段

第 1 阶段为“制动开始（walk-in）”。通过在远火点进行几次有间断的推力点火过程，使得探测器的近火点逐渐降低到预定高度，以获取合适的阻力准备制动。由于行星大气的复杂性，比如大气密度的不确定性、大气干扰的存在以及重力场的波动，使得探测器在进行这一过程时存在一定的困难。

第 2 阶段为“制动主阶段（main phase）”。这个阶段持续时间较长，探测器将多次通过行星大气，利用大气的阻力作用进行制动，最后使远火点降低到预定高度。此阶段近火点高度需要维持在一个特定的范围内，除了保证探测器有足够的大气阻力进行制动外，还需要保证探测器的最大热流量和动压不超过设计值。因此，在此阶段，探测器需要通过自身的推进系统作用来调整其姿态，以控制其运行高度。

第 3 阶段为“制动结束（end-game）”。通过第 2 阶段的作用，远火点达到了预定高度，最后，通过推进系统工作将近火点提升到预定的高度，从而达到探测器的预定探测轨道（使命轨道）。

4.3.3.1 火星大气密度模型

大气密度模型是气动捕获设计时的一个重要依据。火星的大气层很

稀薄，平均大气密度仅相当于地球的1%。NASA Glenn研究中心公布的火星大气密度指数模型为

$$
\begin{aligned}
&\rho=\frac{p}{0.1921(T+273.1)}\\
&p=0.699\mathrm{e}^{-9\times10^{-5}h}\\
&T=\begin{cases}-31-0.000998h, h<7000\\-23.4-0.00222h, h>7000\end{cases}
\end{aligned}
\tag{4-87}
$$

其中，ρ为密度，kg/m^3；T为温度，℃；p为压强，kPa。经过合理的拟合可以得到密度随高度的变化情况如图4-11所示。

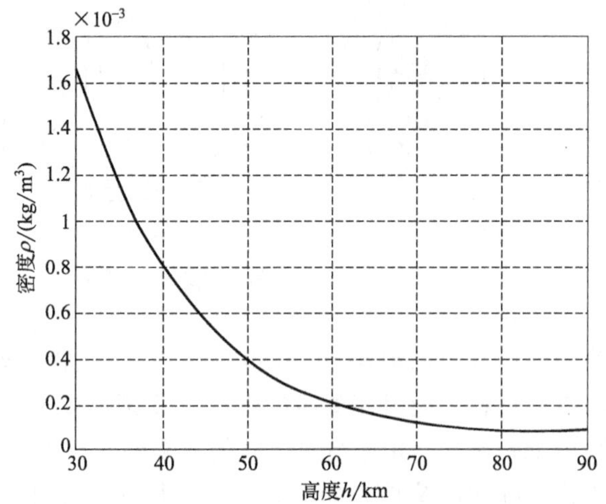

图4-11 火星大气密度随高度变化曲线

4.3.3.2 减速策略

根据火星大气的特点，高度高于100km时大气极其稀薄，对探测器的减速效果不明显。故而一般情况下，需要将近火点调到足够低的高度，充分利用大气的作用，将探测器的能量消耗到一定程度，再将近火点提高到需要的高度。

火星大气对探测器产生的阻力为

$$
\boldsymbol{F}_{\mathrm{d}}=-\frac{1}{2}C_{\mathrm{d}}\frac{A}{m}\rho v\cdot\boldsymbol{v}
\tag{4-88}
$$

式中，C_{d}为阻力系数；A为探测器沿速度方向的投影面积（特征面积）；m为探测器质量，两者合成面质比；ρ为该处的大气密度；$\boldsymbol{v}$为探

测器相对大气的速度。

假设某探测器的面质比为 0.01，初始轨道远火点高度为 50000km。取近火点高度为 90km 时，大气减速过程的探测器运行轨迹如图 4-12 所示。远火点高度下降到目标远火点高度所需要的时间为 118.55 天。

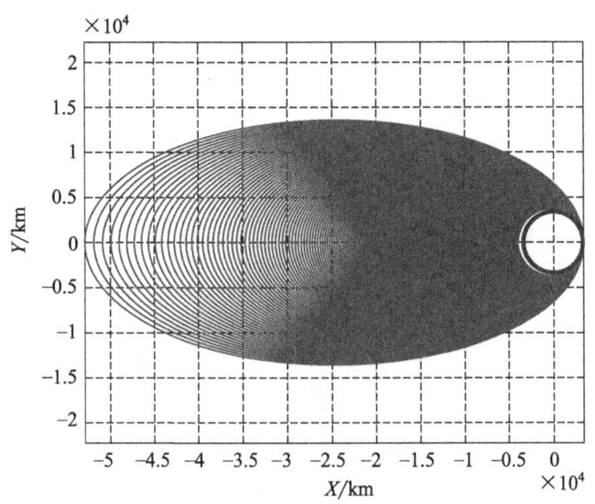

图 4-12 90km 时大气减速过程中探测器的运行轨迹

如果初始近火点高度取为 75km，大气减速过程的探测器运行轨迹如图 4-13 所示。远火点高度下降到目标远火点高度所需要的时间为 15.18 天。

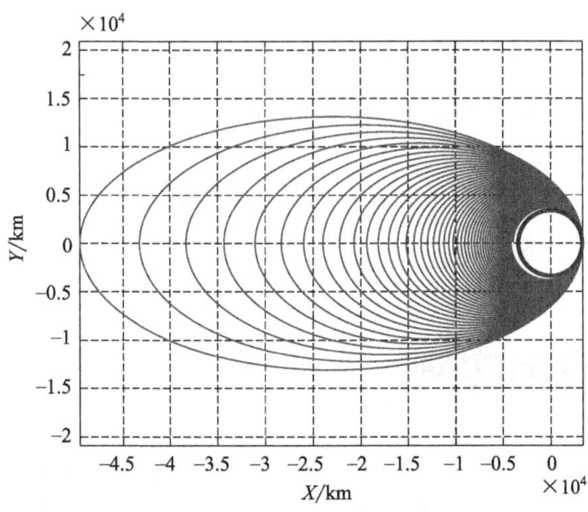

图 4-13 75km 时大气减速过程中探测器的运行轨迹

减速时间与近火点高度的变化关系如图 4-14 所示。可以看到，如果火星气动减速的近火点高度在 90～95km，气动减速的时间需要 100～200 天（d）。高于这个高度，火星大气的减速时间太长，不能满足实际任务的需要。所以，合理的大气制动近火点高度应设定在 70～95km 之间。奥德赛任务所选择的近火点高度就在这一范围内。

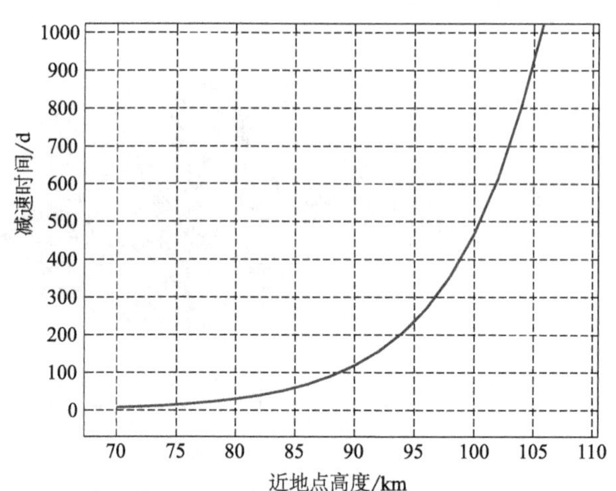

图 4-14 大气减速能力随近火点高度变化情况

当然近火点的选择还需要考虑如下因素：

① 为了确保探测器不会撞击火星表面，要求近火点高度不低于临界值；

② 气动捕获过程中的过载必须保证在探测器可承受的范围；

③ 满足热控的需求，减速过程的热流密度和加热量必须在探测器可承受的范围内；

④ 若探测器可产生升力，则必须保证近火点速度不能太大，导致探测器跳出大气层。

4.4 应用实例

本节将通过两个仿真实例对深空探测转移和接近过程的制导技术进行说明。第一个示例使用连续推力完成转移轨道控制；第二个示例使用大推力发动机完成接近过程的自主轨道调整。

4.4.1 转移段轨道修正

假设探测器交会某目标天体前 100 天，自主导航系统预估探测器位置和速度与标称值相比有 10km(3σ) 和 0.01m/s(3σ) 的偏差，则星上外推得到的 B 平面误差结果见图 4-15。

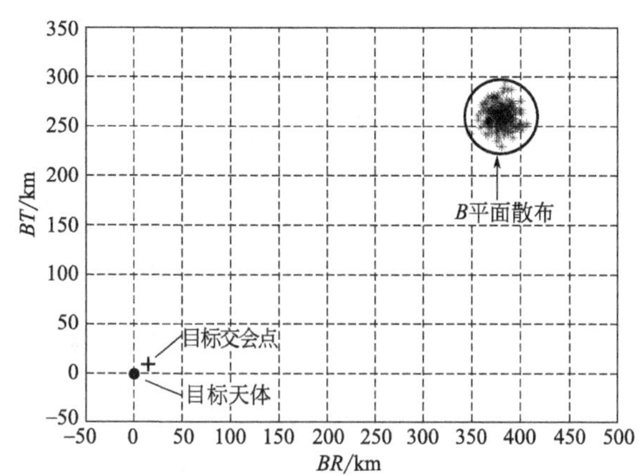

图 4-15 中途修正前的 B 平面打靶误差

按照 4.2.2 节介绍的小推力连续控制的中途轨道修正方法，将上面 B 平面误差代入修正量计算公式，经反复迭代后得到中途修正所需的每个控制区间喷气方向赤经赤纬和末端控制区间开机时间，结果见图 4-16。

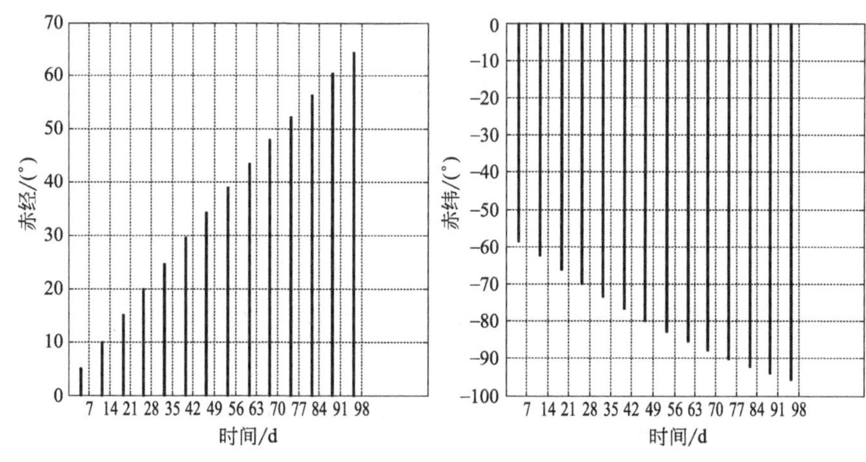

图 4-16 中途修正过程推力器喷气方向的赤经赤纬

在初始定轨误差的基础上进行蒙特卡洛仿真，仿真结果见图 4-17。

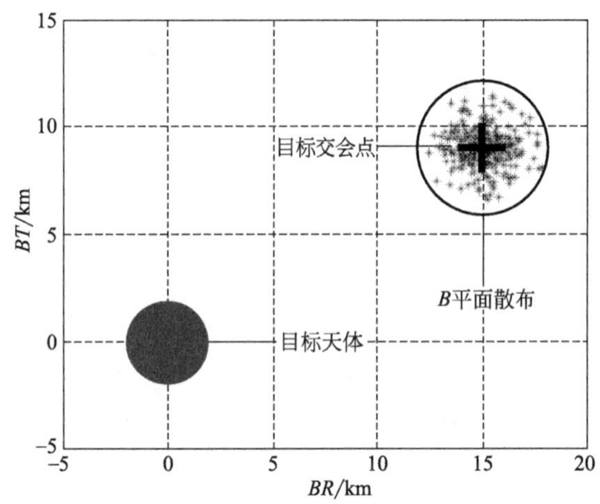

图 4-17 中途修正后的 B 平面打靶误差

经中途修正后交会小天体时的 B 平面打靶误差散布 ΔBR 为 3.02km（3σ），ΔBT 为 2.91km（3σ），ΔTOF 为 0.58s（3σ），此结果表明采用小推力连续控制的中途轨道修正方法有效。

4.4.2 接近段自主轨道规划

设探测器当前轨道为接近火星的双曲线轨道（近火点高度为 1000km，轨道倾角 80°），目标轨道为环绕火星的圆轨道（高度 500km，轨道倾角 90°），具体的轨道参数如表 4-1 所示。

表 4-1 当前轨道和目标轨道参数

参数	a/km	e	i/(°)	Ω/(°)	ω/(°)	t_p/s
当前(c)	-1.09925×10^4	1.4	80	0	0	0
目标(t)	3897	0	90	0	0	0

取第一次变轨脉冲时间 t_s 的搜索范围为 [−1800s 1000s]，第二次变轨脉冲时间 t_f 的搜索范围为 [t_s+200s，t_s+3200s]，则搜索结果如表 4-2 所示。

表 4-2 自主轨道规划结果

t_s	t_f	Δv_1	Δv_2	Δv	搜索次数
−1296	356	514.696	1503.916	2018.612	14884

变轨时间搜索的范围需要根据任务特点由地面预先装订在星上软件中。

经过规划后的探测器轨道运动如图 4-18 所示。其中实线表示当前轨道，点画线为转移轨道，虚线为目标轨道。

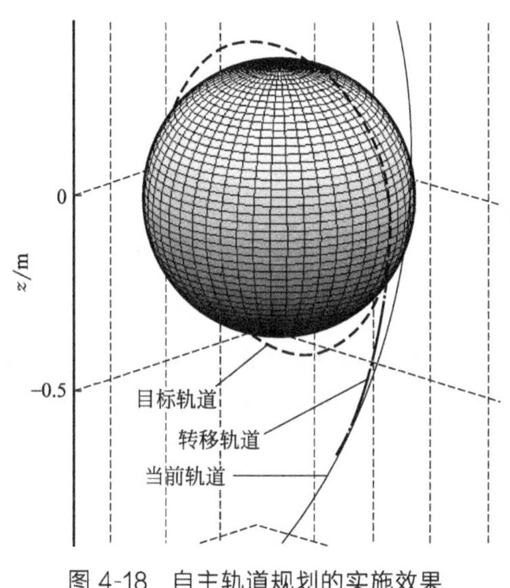

图 4-18 自主轨道规划的实施效果

4.5 小结

本章介绍了深空转移和捕获过程的制导控制技术。对于转移段来说，制导的目标是使探测器能够到达目标天体附近，为了便于描述，通常都采用 B 平面来表示位置、速度误差，然后根据误差大小计算制导修正量。具体的制导计算方法与探测器所使用的发动机相关。对于装备化学推进发动机的探测器，发动机点火时间较短，可以等效为脉冲；对于采用电推进的探测器，发动机推力非常小，需要长时间连续工作，最好的方法是数值连续积分，但为了减轻计算量也可以使用分段等效脉冲的方法。对于接近和捕获段来说，制导的目标是通过必要的机动使得探测器能够被目标天体引力捕获，进入它的环绕轨道。轨道控制或制导的参数仍可以使用 B 平面描述。捕获过程的速度增量通常比较大，所以多采用化学推进，通过规划在必要的时刻使用等效脉冲的方式进行轨道控制。另外，对于有大气行星来说，也可以利用大气阻力，使用气动刹车技术完成捕获，这种技术可以大量节省推进剂。本章的最后，通过两个计算实例，对转移段和接近段的制导控制技术和计算过程分别进行了介绍。

参考文献

[1] 刘林. 天体力学方法. 南京：南京大学出版社，1998.

[2] 刘林，胡松杰，王歆. 航天器动力学引论. 南京：南京大学出版社，2006.

[3] 刘林，王歆. 深空探测器的双曲线轨道及其变化规律. 中国科学（A 辑），2002，32（12）：1127-1133.

[4] 张晓文，王大轶，黄翔宇. 深空探测转移轨道自主中途修正方法研究[J]. 空间控制技术与应用，2009，4.

[5] Betts J. Survey of numerical methods for trajectory optimization. Journal of Guidance，Control and Dynamics，1998，21：193-207.

[6] Maxwell Noton. Spacecraft navigation and guidance. London：Springer-Verlag London Limited，1998.

[7] Bate R R. Fundamentals of astrodynamics（航天动力学基础）. 吴鹤鸣，李肇杰译. 北京：北京航空航天大学出版社，1990.

[8] David A Vallado. Fundamentals of astrodynamics and applications. 3rd ed. Berkshire，UK：Microcosm Press & Springer，2007.

[9] Joseph B，Robert B，Pasquale E，et al. Aerobraking at Mars：the MGS mission：AIAA 96-0334. 1996.

[10] Spencer D，Gibbs R，Mase R，et al. 2001 Mars odyssey project report：53rd International Astronautical Congress，The World Space Congress-2002. Houston，Texas，2002.

第5章

月球软着陆的制导和控制技术

5.1 月球软着陆任务特点分析

月球是地球的天然卫星，是离地球最近的自然天体。人类首次实现的地外天体着陆就发生在月球。月球着陆分为硬着陆和软着陆两类。硬着陆时探测器对触月的速度不加控制，探测器直接砸向月面，一般来说其结果就是探测器撞毁。从科学意义上说硬着陆的价值很低。硬着陆只出现在人类早期的月球探测任务中。与之相对应，软着陆是指探测器以结构和设备可以承受的较低速度平稳接触月面。这种方式能够保证探测器及其携带的载荷能够在月面继续工作，更具有科学价值。人类现今发射的月球着陆探测器均是软着陆探测器。

从地球发射探测器到月球表面软着陆，根据飞行轨道的不同，有以下两种方式[1]。

第一种是直接着陆法。探测器沿击中轨道飞向月球，在着陆之前，利用制动发动机进行减速。在探测器距离目标很远时，就需要选定着陆点，并进行轨道修正。着陆点只限于月球表面上击中轨道能够覆盖的区域，因此月面上有相当大的区域不能供着陆使用。

第二种飞行方式是先经过绕月的停泊轨道，然后再下降到月面，如图 5-1 所示。探测器沿地月转移轨道飞向月球，在接近月球时，探测器上的动力系统实施近月制动，使之转入一条绕月运行的停泊轨道；然后伺机脱离停泊轨道，转入一条椭圆下降轨道，其近月点选在预定着陆点附近，作为动力下降的开始点。

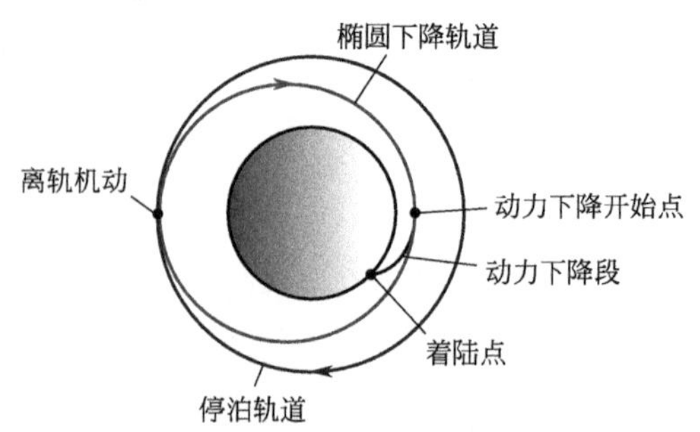

图 5-1 下降到月球的各轨道段示意图

① 停泊轨道：通常是一个圆形环月轨道，轨道高度为 100km 或 200km。探测器一般需要在停泊轨道上等待一段时间，主要目的是等待合适的下

降窗口，使得着陆器能够着陆到目标区域。

② 离轨机动：根据选定的落点坐标，确定在停泊轨道上开始下降的位置和时机。探测器上的制动发动机点火很短一段时间，给探测器一个有限的制动冲量，探测器离开原来的停泊轨道，开始月面下降。

③ 椭圆下降轨道：探测器在离轨机动完成后，脱离原来的运行轨道，转入这条过渡轨道。过渡轨道是一条椭圆轨道，其近月点在所选落点附近。

④ 动力下降段：探测器到达椭圆下降轨道近月点附近时制动发动机点火开始实施动力下降，这个开始点称为动力下降开始点。动力下降过程，探测器按照制导律设计不断降低飞行高度和速度，直到探测器以垂直方式到达月面几米高度时，发动机关机，实施软着陆。

动力下降段是月球软着陆最为关键的一个飞行阶段。当探测器进入这一阶段后，受到推进剂、发动机等的约束，下降过程往往可逆，必须依靠探测器自身的制导、导航和控制系统完全自主运行。本章的研究主要针对这一阶段展开。

总体上说，动力下降过程的任务目标是降低探测器的高度和速度，最终使得探测器以垂直姿态降落到月面。但是根据附加条件的不同，其难度从低到高分为三个等级，每个等级的要求不一样，所涉及的制导方法也不一样。

第一级，也是基本级，指的是着陆状态安全，包括探测器接触月面时的垂直速度足够小，能够满足结构冲击要求；水平速度足够小，不会引起探测器翻倒；接触月面时尽可能保证姿态垂直。一般说来，只要能够保证这三项要求，那么基本的软着陆就可以完成了。

第二级，在第一级的基础上增加了推进剂安全，主要是指任务和制导律设计时主动地考虑探测器的推进剂携带量。伴随最优控制理论的发展，在设计时就在制导方程中考虑推进剂的最优性。

第三级，就是在第二级基础上增加了落点位置安全。其特点是考虑地形的影响，探测器必须精确控制着陆在月球的具体位置，减小未知地形对着陆安全的威胁。在这一类任务中，制导律必须实现终端位置、速度六个状态的全面控制，并且具备在线修改目标着陆点的能力。

随着任务难度的提升，动力下降过程所使用的制导技术和方案也不断完善和复杂化。通常来说，由于动力下降过程对终端条件的限制很多，包括高度、速度、姿态、推进剂，甚至还有水平位置，使用单一制导律很难同时满足各项约束，所以动力下降过程一般会划分为几个阶段，每个阶段使用不同的制导律。

粗略地看，动力下降过程一般可以分为两个大的阶段（如图 5-2 所示），制动段和最终着陆段。

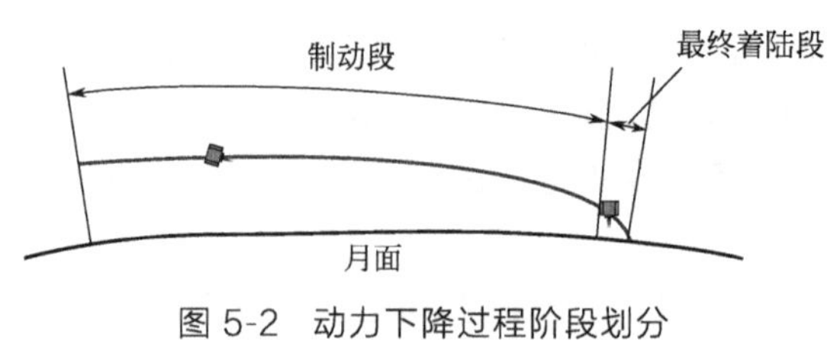

图 5-2 动力下降过程阶段划分

制动段：制动段是动力下降过程时间最长、航程最大和推进剂消耗最多的阶段。它是一个全力制动过程。这个阶段的主要任务在于消除探测器速度的水平分量，所以飞行姿态接近水平。根据任务要求不同，这一阶段可供选择的制导律包括重力转弯、多项式制导、显式制导等。

最终着陆段：当探测器下降到距月面只有几公里高度时，发动机会转为变推力工作或者开关工作状态，飞行姿态转为接近或完全垂直。这一阶段的主要任务是使得探测器以垂直姿态、零速到达月面；除此以外，有些探测器在这一阶段还增加了避障和重新选择着陆点功能，例如美国的阿波罗登月飞船和我国的嫦娥三号月球着陆器。为了实现这些功能，最终着陆段的飞行轨迹设计多样，包括倾斜下降或垂直下降，也可以进一步细分为若干子飞行阶段。例如我国的嫦娥三号最终着陆段可以分解为姿态快速调整、接近、悬停、避障和缓速下降几个阶段[2]。最终着陆段可供选择的制导方式也比较多，包括重力转弯、多项式制导等。

上面提到了几种具体的制导方法。在本章的后续内容中，我们将根据制导律终端约束的种类，按照不含燃料约束的制导方法和燃料最优制导方法两大类分别展开；之后，还将针对未来的定点着陆问题进行简单的介绍。

5.2 月球着陆动力学

5.2.1 坐标系统

月球软着陆过程中常用到的坐标系包括月心 J2000 惯性坐标系、月球固联坐标系、月理坐标系。

(1) 月心 J2000 惯性坐标系

在介绍月心 J2000 惯性坐标系之前，先介绍地心 J2000 平赤道惯性坐标系，它是月心 J2000 惯性坐标系定义的基础。

地心 J2000 平赤道惯性坐标系原点 O_{ECI} 在地球质心，基本平面为 J2000.0 地球平赤道面，$O_{ECI}X_{ECI}$ 轴在基本平面内指向 J2000.0 平春分点，$O_{ECI}Z_{ECI}$ 轴垂直基本平面指向北极方向，$O_{ECI}Y_{ECI}$ 轴与 $O_{ECI}Z_{ECI}$ 轴、$O_{ECI}X_{ECI}$ 轴垂直并构成右手直角坐标系，如图 5-3 所示。

而 J2000 月心惯性坐标系的三个坐标轴指向平行于 J2000.0 地心平赤道惯性坐标系，只是将坐标原点 O_{MCI} 由地心平移至月心，如图 5-4 所示。

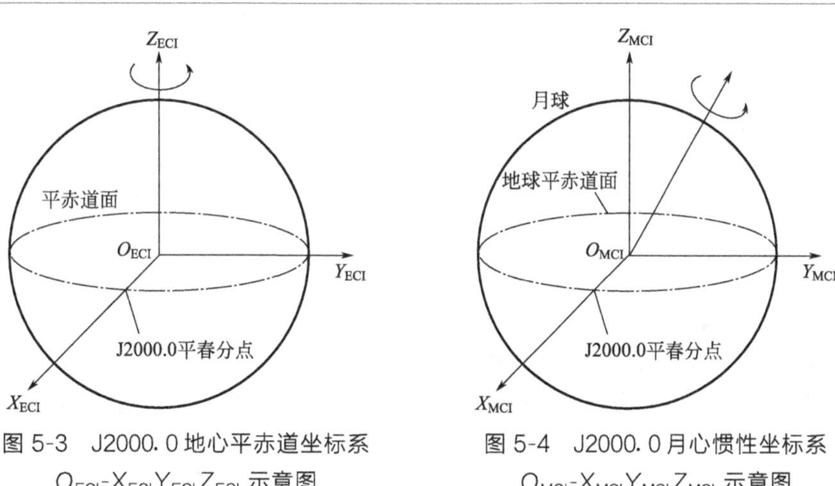

图 5-3 J2000.0 地心平赤道坐标系 O_{ECI}-$X_{ECI}Y_{ECI}Z_{ECI}$ 示意图

图 5-4 J2000.0 月心惯性坐标系 O_{MCI}-$X_{MCI}Y_{MCI}Z_{MCI}$ 示意图

J2000 月心惯性坐标系在月球着陆过程中通常用于描述探测器的运动，可供导航系统和制导方程编排使用。使用这一坐标系统的好处是坐标系固定，动力学描述简单，便于和地面测控进行衔接。但由于这种坐标系不含有月球的自转信息，因此通常在飞行高度较高时使用，这时不需要考虑月球自转引发的地速。

(2) 月球固联坐标系

坐标原点 O_{MCF} 为月球质心，$O_{MCF}Z_{MCF}$ 轴指向月球北天极方向（即月球自转轴方向）；$O_{MCF}X_{MCF}$ 轴指向经度零点方向（定义为在月球赤道面内，并指向平均地球方向）；$O_{MCF}Y_{MCF}$ 轴与 $O_{MCF}Z_{MCF}$ 轴、$O_{MCF}X_{MCF}$ 轴构成右手直角坐标系，如图 5-5 所示。

与惯性系不同，月固系是随着月球自身转动的。该坐标系对于着陆过程描述探测器的位置信息比较有用。

(3) 月理坐标系

与地理坐标系类似，月理坐标系是月球表面某一位置的相对坐标系。通常，该坐标系的原点位于月面上，三个坐标轴中某一个轴垂直于当地水平面，另外两个轴在当地水平面内并指向特定的方向。具体坐标轴的指向选择与任务相关。下面给出一种月理天东北坐标系的定义：坐标系原点 O_M 为探测器的星下点（即探测器在月球表面的投影）；$O_M X_M$ 轴垂直于当地水平面，指向天；$O_M Y_M$ 轴在过 O_M 的当地水平面内，指向正东；$O_M Z_M$ 轴垂直于 $O_M X_M$、$O_M Y_M$ 轴，三轴构成右手直角坐标系，如图 5-6 所示。

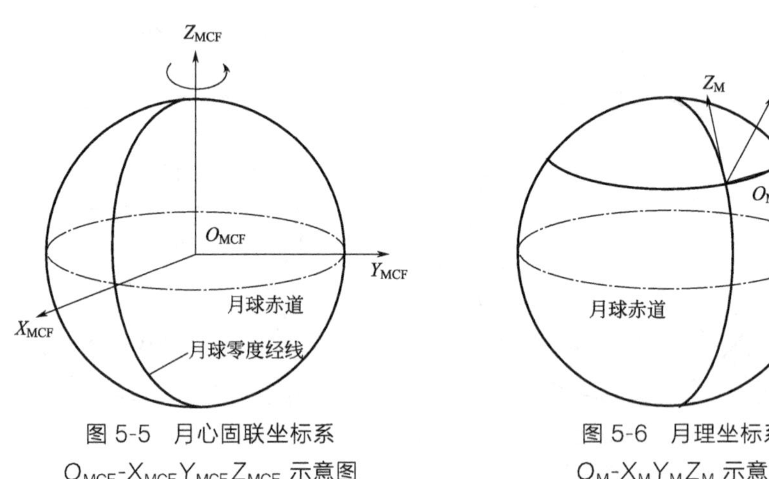

图 5-5 月心固联坐标系 O_{MCF}-$X_{MCF}Y_{MCF}Z_{MCF}$ 示意图

图 5-6 月理坐标系 O_M-$X_MY_MZ_M$ 示意图

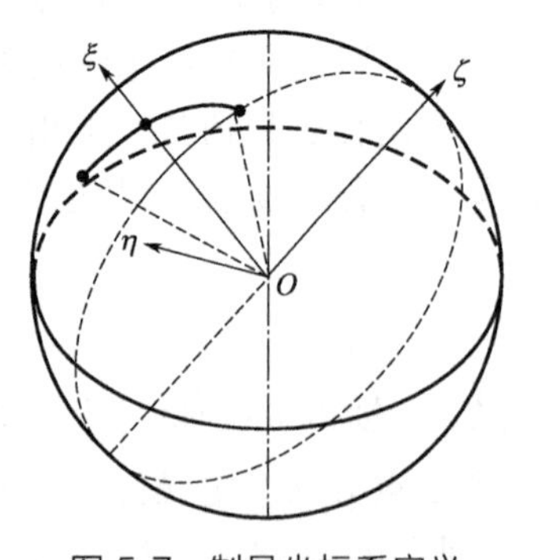

图 5-7 制导坐标系定义

月理坐标系对于描述探测器软着陆最后阶段相对月面的速度和姿态非常有用。

(4) 制导坐标系

制导坐标系是制导律所使用的一种坐标系，它通常与下降轨道平面有关。图 5-7 给出了一种制导坐标系的定义。原点 O 位于月球中心，ξ 轴由月心指向探测器，η 轴平行于轨道法线方向，ζ 指向飞行方向。应该说，不同的制导律采用的制导坐标系并不相同，但它们大多可以视为是这个制导坐标系的变化。

5.2.2 引力场和重力场

5.2.2.1 月球引力场模型

月球并不是一个均匀球体，所以月球的引力场受到月球的形状和内部质量分布影响。与地球情况类似，月球引力场的数学模型同样只能用一个球谐展开式来表达。在月心固联坐标系中，这一形式如下[3]：

$$V=\frac{GM}{r}\left\{1+\sum_{l=2}^{\infty}\sum_{m=0}^{l}\left(\frac{R_{\mathrm{e}}}{r}\right)^{l}\overline{P}_{lm}(\sin\varphi)[\overline{C}_{lm}\cos(m\lambda)+\overline{S}_{lm}\sin(m\lambda)]\right\} \tag{5-1}$$

其中，G 是引力常数；M 是月球质量；GM 称为月心引力常数；R_{e} 是月球参考椭球体的赤道半径；r、λ、φ 为探测器在月固系中的球坐标分量：月心距、月心经度和月心纬度。

$\overline{P}_{lm}(\sin\varphi)$ 是 $\sin\varphi$ 的缔合勒让德（Legendre）多项式，当 $m=0$ 时退化为一般的勒让德多项式 $\overline{P}_{l}(\sin\varphi)$。这里 $\overline{P}_{lm}(\sin\varphi)$ 是归一化形式，相应的球谐展开式系数 $\overline{C}_{lm}$ 和 $\overline{S}_{lm}$ 为归一化系数，它们是月球形状和质量分布的函数，其值的大小反映月球形状不规则和质量不均匀的程度。$\overline{P}_{lm}(\sin\varphi)$、$\overline{C}_{lm}$ 和 $\overline{S}_{lm}$ 与相应的非归一化的 $P_{lm}(\sin\varphi)$、C_{lm} 和 S_{lm} 有如下关系：

$$\begin{cases}\overline{P}_{lm}(\sin\varphi)=P_{lm}(\sin\varphi)/N_{lm}\\ \overline{C}_{lm}=C_{lm}N_{lm}\\ \overline{S}_{lm}=S_{lm}N_{lm}\end{cases} \tag{5-2}$$

其中

$$\begin{cases}N_{lm}=\{[(l+m)!]/[(1+\delta)(2l+1)(l-m)!]\}^{\frac{1}{2}}\\ \delta=\begin{cases}0,m=0\\1,m\neq 0\end{cases}\end{cases} \tag{5-3}$$

非归一化的勒让德多项式 P_{lm} 形式如下：

$$\begin{cases}P_{l}(z)=\dfrac{1}{2^{l}l\,!}\dfrac{\mathrm{d}^{l}}{\mathrm{d}z^{l}}(z^{2}-1)^{l}\\ P_{lm}(z)=(1-z^{2})^{\frac{m}{2}}\dfrac{\mathrm{d}^{m}}{\mathrm{d}z^{m}}P_{l}(z)\end{cases} \tag{5-4}$$

式(5-1) 表达的是一个非球形引力位。它有两大部分，其中第一部分 GM/r 表达了一个球形引力位，相当于质量 M 全部集中在月球的质心；而第二部分球谐函数展开式表达的是对球形引力位的“修正”，即非球形引力场的表征。

月球引力场模型中的球谐展开式系数需要测定得到，其测定方法是通过对绕月飞行器的跟踪测量，在精密定轨的同时来实现的。美国和苏联先后得到过不同的月球引力场模型，例如美国哥达德月球引力场模型（Goddard Lunar Gravity Model）GLGM 系列：GLGM-1，GLGM-2；喷气推进实验室（JPL）的 LP 系列月球引力场模型：LP75D，LP75G，LP100J，LP100K，LP165 等。表 5-1 列出在 LP165 模型下的部分参数取值。

$GM=4902.801056\text{km}^3/\text{s}^2$

$R_e=1738.0\text{km}$

表 5-1　LP165 模型的球谐展开式系数取值

l	m	$\overline{C}_{lm}$	$\overline{S}_{lm}$
2	0	−0.9089018075060000e−04	0.0000000000000000e+00
2	1	−0.2722032361590000e−08	−0.7575182920830000e−09
2	2	0.3463549937220000e−04	0.1672949053830000e−07
3	0	−0.3203591400300000e−05	0.0000000000000000e+00
3	1	0.2632744012180000e−04	0.5464363089820000e−05
3	2	0.1418817932940000e−04	0.4892036500480000e−05
3	3	0.1228605894470000e−04	−0.1785448081640000e−05
4	0	0.3197309571720000e−05	0.0000000000000000e+00
4	1	−0.5996601830150000e−05	0.1661934519470000e−05
4	2	−0.7081806926970000e−05	0.6783627172690000e−05
4	3	−0.1362298338130000e−05	−0.134434722871000e−04
4	4	−0.6025778735830000e−05	0.3939637195380000e−05

由表中数据可见，$\overline{C}_{20}$ 的量级是 10^{-4}，它比地球的 J_2 项系数小一个量级，这说明月球更接近球形，非球引力摄动更小，短时应用条件下只需要考虑中心引力项。这就为下降过程制导律的设计提供了方便。

5.2.2.2 月球重力场模型

当研究探测器在着陆前（相对月表高度很低）的动力学或制导方程时，会用到月球重力场这一概念。月球的重力来源于引力，但它与引力有所区别。假设有一个物体放置在月球的表面，它随月球一起运动。这时这个物体受两个力作用，一是月球的引力，二是月表对该物体的支撑力。这两个力并不是大小相等，方向相反，而是它们的合力构成了该物体绕月球自转轴旋转的向心力。这里将引力扣除向心力的部分作为重力，它与月面的支撑力正好构成反作用力。

如图 5-8 所示，设月心引力加速度矢量为 $\boldsymbol{g}$，月心矢量为 $\boldsymbol{r}$，月球自转角速度矢量为 $\boldsymbol{\omega}_{im}$，那么停留在月面的物体所受到的重力加速度矢量 $\boldsymbol{g}_m$ 为

$$\boldsymbol{g}_m=\boldsymbol{g}-\boldsymbol{\omega}_{im}\times(\boldsymbol{\omega}_{im}\times\boldsymbol{r}) \tag{5-5}$$

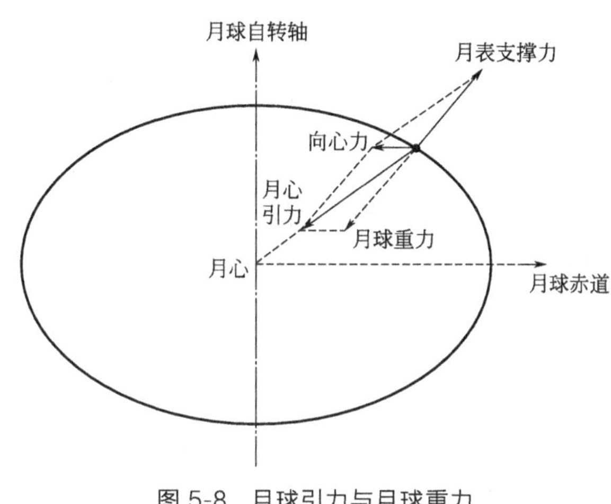

图 5-8　月球引力与月球重力

由此可知，引力加速度与重力加速度大小和方向均不完全相等。月球自转角速度的大小 $\omega_{im}=1.525\times10^{-4}(°)/\mathrm{s}$，月球半径为 1738km，可以计算出向心加速度最大（赤道上）为 $1.2313\times10^{-5}\mathrm{m/s^2}$，相比月心引力来说占比不到 1×10^{-5}，所以在制导律设计时往往忽略月球引力加速度和月球重力加速度的不同。

5.2.3　动力学方程

假设探测器安装有一台制动发动机用于下降过程轨迹控制（制导），且不考虑姿态控制的因素，则在月心 J2000 惯性坐标系（本章后续部分将它简称为惯性系）下描述的探测器动力学模型为

$$\begin{cases}\dot{\boldsymbol{r}}_i=\boldsymbol{v}_i\\ \dot{\boldsymbol{v}}_i=\dfrac{\partial V(\boldsymbol{r}_i)}{\partial \boldsymbol{r}_i}+\dfrac{\boldsymbol{F}_i}{m}+\boldsymbol{a}_i\\ \dot{m}=-\dfrac{|\boldsymbol{F}_i|}{I_{\mathrm{sp}}}\end{cases} \tag{5-6}$$

式中　$\boldsymbol{r}_i,\boldsymbol{v}_i$——探测器在惯性系下的位置和速度；

$V(\boldsymbol{r}_i)$——惯性系下的引力势函数；

$\boldsymbol{F}_i$——惯性系下的推力矢量；

$\boldsymbol{a}_i$——其他摄动加速度，含其他天体引力摄动、太阳光压等；

m——探测器的质量；

I_{sp}——制动发动机的比冲。

对于月球着陆任务来说，月球引力场的影响远远大于地球、太阳的引力摄动，再加上月球并无大气，太阳光压也很小，所以 $\boldsymbol{a}_i \approx 0$。而月球引力场中，非球引力摄动相比中心引力来说也相当小，所以引力模型可以用二体引力场替代，即

$$\boldsymbol{g}_i = \frac{\partial V(\boldsymbol{r}_i)}{\partial \boldsymbol{r}_i} = -\frac{GM}{|\boldsymbol{r}_i|^3}\boldsymbol{r}_i \tag{5-7}$$

这样一来，月球着陆过程的动力学方程可以简化为

$$\begin{cases} \dot{\boldsymbol{r}}_i = \boldsymbol{v}_i \\ \dot{\boldsymbol{v}}_i = \dfrac{\boldsymbol{F}_i}{m} + \boldsymbol{g}_i \\ \dot{m} = -\dfrac{|\boldsymbol{F}_i|}{I_{sp}} \end{cases} \tag{5-8}$$

此方程是后续制导律推导的基础。

5.3 不含燃料约束的制导方法

早期的月球探测任务中，工程师在设计制导律时，更多的是关注下降后期的状态安全，包括垂直速度、水平速度、高度等，推进剂约束并没有直接出现在制导律方程中。重力转弯和多项式制导就是这类制导方程中两种比较典型的代表。它们出现于二十世纪六七十年代，前者应用到美国的无人月球着陆器 surveyor 任务中[4]，后者应用到载人登月计划“阿波罗”中[5]，均取得了成功。这两种制导方法的共同特点是均不含有推进剂约束、发动机使用变推力。

5.3.1 重力转弯闭环跟踪制导

重力转弯软着陆是指在着陆过程中通过姿控系统使制动加速度方向与速度矢量的反方向始终保持一致。它的主要优点如下。[6]。

① 仅仅需要测控速度方向并使其在本体系中的误差角为零，降低了

姿态确定和控制的难度。

② 在末段制导过程中为保证着陆安全，一般先要求将水平速度减小，然后再减小铅垂速度，而重力转弯方法是直接控制速度矢量的大小。

③ 当着陆器到达月面，速度减小为零时，推力方向为垂直向上，可保证着陆姿态正确。

重力转弯制导推导的前提是两个假设条件：第一，重力转弯飞行轨迹下的月球表面是平面；第二，重力转弯飞行轨迹下的月面是均匀引力场，引力加速度大小为 g。根据重力转弯的原理，设探测器的速度大小为 v，发动机输出的推重比为 u，速度方向与重力方向的夹角为 ψ，转弯过程推力方向始终与速度方向严格相反，如图 5-9 所示。

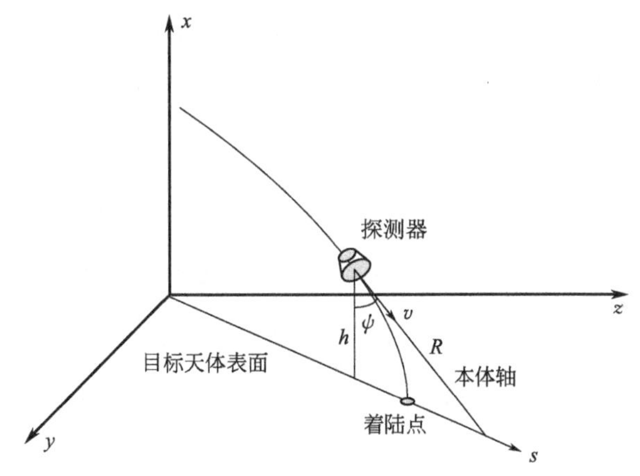

图 5-9 重力转弯着陆过程示意图

不难发现，这样一种下降轨迹理论上是在一个平面内的，于是可以得到转弯过程的着陆器质心动力学方程为

$$\begin{cases} \dot{v} = -gu + g\cos\psi \\ v\dot{\psi} = -g\sin\psi \\ \dot{h} = -v\cos\psi \\ \dot{s} = v\sin\psi \end{cases} \tag{5-9}$$

其中，h 是高度，s 是航程。另外，定义沿速度方向探测器到月面的斜距为 R。

可以证明，只要 u 大于 0，那么随着时间的推移 ψ 趋近于零，那么着陆器的姿态自然就转为垂直。这就是重力转弯的基本原理，也是重力转弯最大的特点，即在减速过程中自然就能够将探测器调整为垂直状态。

但是，制导律还需要满足高度 h 和速度大小 v 的控制要求，这是依靠调整控制量 u 来实现的，从而构成闭环重力转弯制导。通常控制量 u 的计算需要跟踪一条标称轨迹，这个轨迹的选取有很多种，包括速度-高度曲线、速度-斜距曲线、时间-高度曲线等。

（1）速度-高度跟踪

假设期望的高度 $\tilde{h}$ 是探测器速度 v 的函数：

$$\tilde{h}=f(v) \tag{5-10}$$

于是，可以得到如下伪控制律：

$$n=h-f(v) \tag{5-11}$$

对这种伪控制律求导：

$$\dot{n}=\dot{h}-f'(v)\dot{v} \tag{5-12}$$

其中，$f'(v)$ 是指函数 f 对速度 v 求导。为了确保期望的下降包线的收敛性，确定如下恒等式：

$$\dot{n}=-\kappa n \tag{5-13}$$

κ 是个常数，其取值用于保证能够获得一个合适的阻尼。将式(5-9)中的 $\dot{h}$ 和 $\dot{v}$ 代入式(5-12)，可以得到要求的控制输入：

$$\tilde{u}=\cos\psi+\frac{1}{g}\left[\frac{v\cos\psi+\dot{n}}{f'(v)}\right] \tag{5-14}$$

再结合式(5-11) 和式(5-13)，最终可以得到控制输入为

$$\tilde{u}=\cos\psi+\frac{1}{g}\left[\frac{v\cos\psi-\kappa(h-\tilde{h})}{f'(v)}\right] \tag{5-15}$$

速度-高度跟踪方法已经用于维京（Viking，也称为海盗）的火星着陆任务中[7]。

（2）速度-斜距跟踪[8]

速度-高度跟踪方法需要用雷达高度计获取高度信息。通常着陆器上安装的是测距和测速雷达，它直接获得的是斜距信息，因此采用速度-斜距跟踪更为直接。

与之前一样，定义如下伪控制律：

$$n=v-\tilde{v}(R) \tag{5-16}$$

其中，$\tilde{v}(R)$ 是需要的速度，它是斜距的给定函数。

对这种伪控制律求导：

$$\dot{n}=\dot{v}-\tilde{v}'(R)\dot{R} \tag{5-17}$$

其中，$\tilde{v}'(R)$ 是指函数 $\tilde{v}$ 对斜距 R 求导。为了确保期望的下降包线

的收敛性，确定如下恒等式：

$$\dot{n}=-\kappa n \tag{5-18}$$

κ 是个常数。将式(5-9) 中的 $\dot{v}$ 代入式(5-17)，再结合式(5-16) 和式(5-18)，可以得到控制输入为

$$\tilde{u}=\cos\psi+\frac{1}{g}\{-\tilde{v}'(R)\dot{R}+\kappa[v-\tilde{v}(R)]\} \tag{5-19}$$

该控制律中斜距 R 和斜距的变化率 $\dot{R}$ 均可以通过多普勒雷达获得。

(3) 时间-高度跟踪[9]

将式(5-9) 写成状态空间表达式，并取状态 $x_1=v-v_{\mathrm{f}}$，$x_2=\psi$，$x_3=h$，v_{f} 是终端目标速度，那么可以建立控制对象模型为

$$\begin{bmatrix}\dot{x}_1\\ \dot{x}_2\\ \dot{x}_3\end{bmatrix}=\begin{bmatrix}g\cos x_2-gu\\ -\dfrac{g\sin x_2}{x_1+v_{\mathrm{f}}}\\ -x_1\cos x_2\end{bmatrix} \tag{5-20}$$

$$y=x_3$$

对输出方程求二阶导数，可以得到

$$\ddot{y}=\ddot{x}_3=-g\left(1-\frac{v_{\mathrm{f}}\sin^2 x_2}{x_1+v_{\mathrm{f}}}\right)+g\cos x_2\cdot u \tag{5-21}$$

若选择控制输入满足如下形式：

$$u=\frac{1}{g\cos x_2}\left[g\left(1-\frac{v_{\mathrm{f}}\sin^2 x_2}{x_1+v_{\mathrm{f}}}\right)+n\right] \tag{5-22}$$

其中，n 是伪控制律。那么可以得到输出与伪控制量之间简单的二重积分关系：

$$\ddot{y}=n \tag{5-23}$$

选择伪控制律

$$n=\ddot{h}_{\mathrm{d}}-c_2(\dot{y}-\dot{h}_{\mathrm{d}})-c_1(y-h_{\mathrm{d}}) \tag{5-24}$$

其中，c_1 和 c_2 是正常数，表示系统的阻尼；h_{d} 是期望的高度变化轨迹。于是输出方程变为

$$\ddot{y}=\ddot{h}_{\mathrm{d}}-c_2(\dot{y}-\dot{h}_{\mathrm{d}})-c_1(y-h_{\mathrm{d}}) \tag{5-25}$$

通过选择 c_1 和 c_2 的值，可以使得跟踪误差稳定。

最终重力转弯时间-高度跟踪制导律为

$$u=\frac{1}{g\cos x_2}\left[g\left(1-\frac{v_{\mathrm{f}}\sin^2 x_2}{x_1+v_{\mathrm{f}}}\right)+\ddot{h}_{\mathrm{d}}-c_2(\dot{y}-\dot{h}_{\mathrm{d}})-c_1(y-h_{\mathrm{d}})\right] \tag{5-26}$$

从上述控制过程可以看出，无论是哪种跟踪方式，目标轨迹都是连续的，所以一般 u 的输出也是连续的，这意味着要求发动机能够连续变推力。

下面以速度-高度跟踪为例，对重力转弯制导进行说明。设初始高度 $h_0=2000\text{m}$，初始速度 $v_0=20\text{m/s}$，速度方向与重力方向的夹角的初值 $\psi_0=60°$，初始质量为 1400kg，终端高度为 $h_f=100\text{m}$，终端速度为 $v_f=0.2\text{m/s}$。发动机推力范围限制在 1500～7500N 之间，比冲为 310s。

参考高度对速度的函数为 $\tilde{h}=f(v)=h_f+\dfrac{1}{\beta}(v-v_f)$，其中，$\beta=0.15$。那么该函数的导数为 $f'(v)=\dfrac{1}{\beta}$。取控制器参数 $\kappa=20$，得到的下降过程制导仿真结果如下。

重力转弯制导全过程的速度-高度平面轨迹如图 5-10 所示，参考轨迹高度是速度的线性函数，而初始状态（v_0,h_0）离这条线性轨迹比较远，所以开始一段时间制导实际形成的轨迹是逐渐接近该目标轨迹的，当速度达到 38m/s 时，实际高度与参考高度重合，从这时起，实际下降轨迹跟踪上了参考轨迹。形成的时间-高度曲线和时间-速度曲线见图 5-11 和图 5-12。可以看到高度单调下降，但速度大小是先增大再减小，其中速度增大的一段就是探测器向参考轨迹靠拢的过程。发动机输出的推力如图 5-13 所示。初始阶段为了增大速度追上参考轨迹，发动机输出推力保持在最小状态，直到追上标称轨迹后，发动机输出推力增大，并实施针对参考轨迹的连续控制。整个重力转弯过程速度与重力方向的夹角如图 5-14 所示，很明显探测器纵轴逐渐转为垂直。下降过程探测器的质量变化如图 5-15 所示，消耗推进剂 71.45kg。

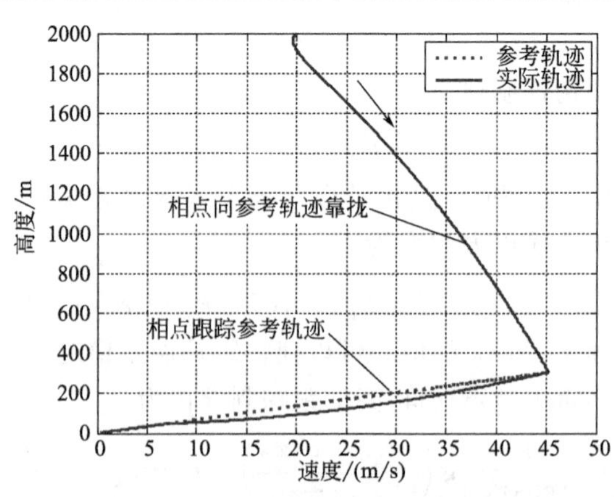

图 5-10 重力转弯速度-高度平面轨迹

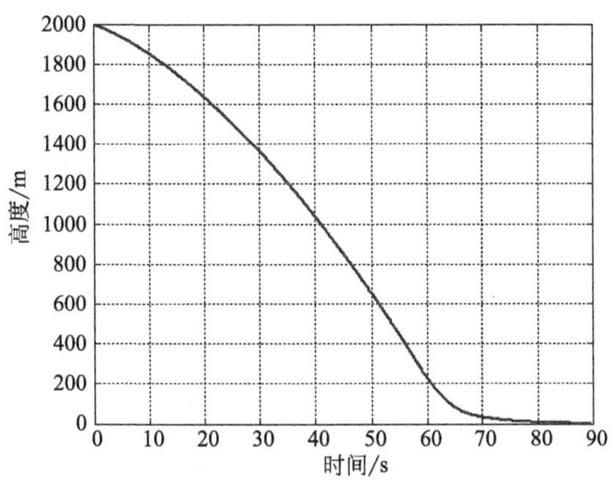

图 5-11 重力转弯时间-高度曲线

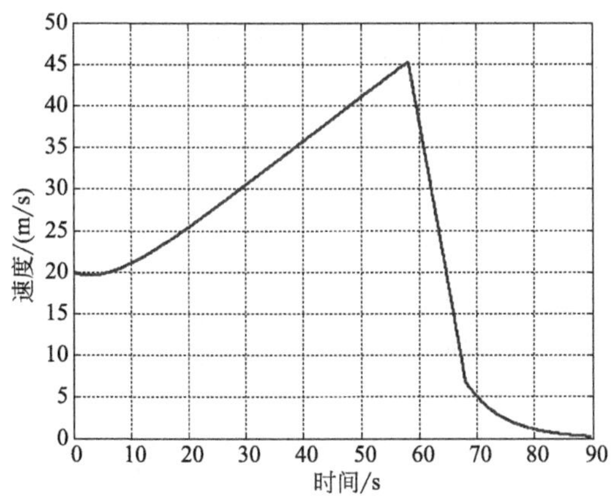

图 5-12 重力转弯时间-速度曲线

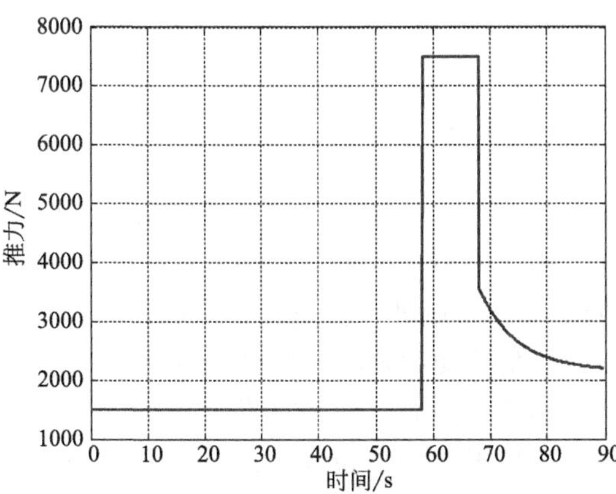

图 5-13 重力转弯时间-推力曲线

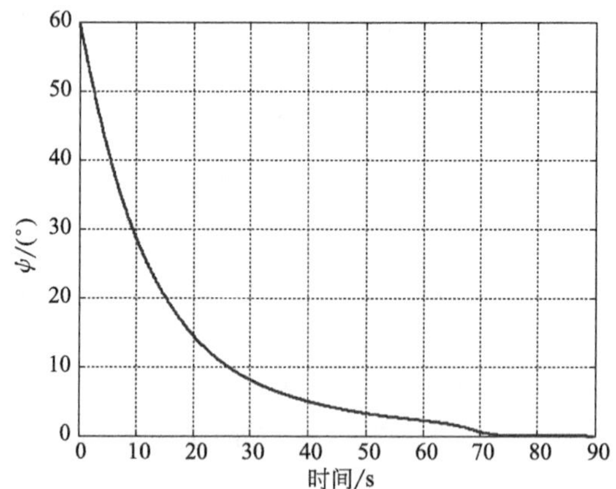

图 5-14 重力转弯过程速度与重力方向的夹角

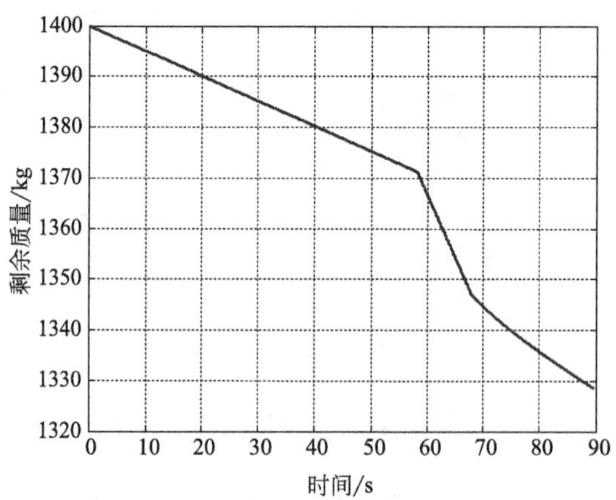

图 5-15 重力转弯过程探测器质量变化曲线

5.3.2 多项式制导

多项式制导是一种应用广泛的制导方法。它首先出现在美国的阿波罗登月任务中，并用于主减速和接近段。我国的无人月球着陆器也使用了这种方法[10-12]。此外，在最近比较流行的火星、月球定点着陆任务研究中，该方法仍然受到关注，并进一步改进[13]。

多项式制导方法的原理是将发动机输出的推力加速度假定为时间的二次函数，然后根据当前位置、速度以及设定的目标位置、速度解算出满足终端条件的加速度函数的参数，最后根据该参数计算出推力加速度指令。

(1) 制导方程

制导坐标系定义如图 5-16 所示。O_G 位于目标终端位置；Z_G 指向天；X_G 在水平面内由探测器指向飞行方向；Y_G 与另外两轴垂直构成直角坐标系。

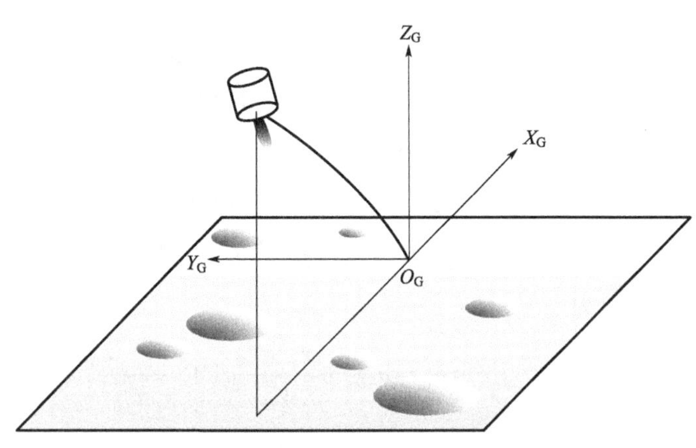

图 5-16 制导坐标系定义

制导律解算中首先假设制导系下有一条参考飞行轨迹，其推力加速度 $\boldsymbol{a}_{ref}$ 为时间的二次函数，即

$$\boldsymbol{a}_{ref}(t)=\boldsymbol{c}_0+\boldsymbol{c}_1(t-t_0)+\boldsymbol{c}_2(t-t_0)^2 \tag{5-27}$$

其中，t 是当前时刻，t_0 是初始时刻（它是制导参数更新的时刻），$\boldsymbol{c}_0$、$\boldsymbol{c}_1$、$\boldsymbol{c}_2$ 是三个待定的制导参数矢量。

对式(5-27) 两次积分后得到速度和位置参考曲线

$$\boldsymbol{v}_{ref}(t)=\boldsymbol{v}_0+\boldsymbol{c}_0(t-t_0)+\boldsymbol{c}_1(t-t_0)^2/2+\boldsymbol{c}_2(t-t_0)^3/3 \tag{5-28}$$

$$\boldsymbol{r}_{ref}(t)=\boldsymbol{r}_0+\boldsymbol{v}_0(t-t_0)+\boldsymbol{c}_0(t-t_0)^2/2+\boldsymbol{c}_1(t-t_0)^3/6+\boldsymbol{c}_2(t-t_0)^4/12 \tag{5-29}$$

其中，$\boldsymbol{r}_0$ 是对应 t_0 时刻的初始位置，$\boldsymbol{v}_0$ 是初始速度。

假设终端时间是 t_f，且定义 $t_{go}=t_f-t_0$，它表示剩余制导时间，那么式(5-27)～式(5-29) 可以转化为

$$\boldsymbol{a}_{ref}(t_f)=\boldsymbol{c}_0+\boldsymbol{c}_1 t_{go}+\boldsymbol{c}_2 t_{go}^2 \tag{5-30}$$

$$\boldsymbol{v}_{ref}(t_f)=\boldsymbol{v}_0+\boldsymbol{c}_0 t_{go}+\frac{1}{2}\boldsymbol{c}_1 t_{go}^2+\frac{1}{3}\boldsymbol{c}_2 t_{go}^3 \tag{5-31}$$

$$\boldsymbol{r}_{ref}(t_f)=\boldsymbol{r}_0+\boldsymbol{v}_0 t_{go}+\frac{1}{2}\boldsymbol{c}_0 t_{go}^2+\frac{1}{6}\boldsymbol{c}_1 t_{go}^3+\frac{1}{12}\boldsymbol{c}_2 t_{go}^4 \tag{5-32}$$

参考轨迹终端的加速度、速度和位置实际就是终端目标，分别用 $\boldsymbol{a}_t$、$\boldsymbol{v}_t$、$\boldsymbol{r}_t$ 表示，即 $\boldsymbol{a}_t=\boldsymbol{a}_{\mathrm{ref}}(t_{\mathrm{f}})$，$\boldsymbol{v}_t=\boldsymbol{v}_{\mathrm{ref}}(t_{\mathrm{f}})$，$\boldsymbol{r}_t=\boldsymbol{r}_{\mathrm{ref}}(t_{\mathrm{f}})$，则可以将式(5-30)～式(5-32) 写成矩阵形式

$$\begin{bmatrix} \boldsymbol{a}_t^{\mathrm{T}} \\ (\boldsymbol{v}_t-\boldsymbol{v}_0)^{\mathrm{T}} \\ (\boldsymbol{r}_t-\boldsymbol{r}_0-\boldsymbol{v}_0 t_{\mathrm{go}})^{\mathrm{T}} \end{bmatrix}=\begin{bmatrix} 1 & t_{\mathrm{go}} & t_{\mathrm{go}}^2 \\ t_{\mathrm{go}} & t_{\mathrm{go}}^2/2 & t_{\mathrm{go}}^3/3 \\ t_{\mathrm{go}}^2/2 & t_{\mathrm{go}}^3/6 & t_{\mathrm{go}}^4/12 \end{bmatrix}\begin{bmatrix} \boldsymbol{c}_0^{\mathrm{T}} \\ \boldsymbol{c}_1^{\mathrm{T}} \\ \boldsymbol{c}_2^{\mathrm{T}} \end{bmatrix} \tag{5-33}$$

于是可以求出 $\boldsymbol{c}_0$、$\boldsymbol{c}_1$、$\boldsymbol{c}_2$ 这三个参数：

$$\begin{bmatrix} \boldsymbol{c}_0^{\mathrm{T}} \\ \boldsymbol{c}_1^{\mathrm{T}} \\ \boldsymbol{c}_2^{\mathrm{T}} \end{bmatrix}=\begin{bmatrix} 1 & -6/t_{\mathrm{go}} & 12/t_{\mathrm{go}}^2 \\ -6/t_{\mathrm{go}} & 30/t_{\mathrm{go}}^2 & -48/t_{\mathrm{go}}^3 \\ 6/t_{\mathrm{go}}^2 & -24/t_{\mathrm{go}}^3 & 36/t_{\mathrm{go}}^4 \end{bmatrix}\begin{bmatrix} \boldsymbol{a}_t^{\mathrm{T}} \\ (\boldsymbol{v}_t-\boldsymbol{v}_0)^{\mathrm{T}} \\ (\boldsymbol{r}_t-\boldsymbol{r}_0-\boldsymbol{v}_0 t_{\mathrm{go}})^{\mathrm{T}} \end{bmatrix} \tag{5-34}$$

简化为

$$\boldsymbol{c}_0=\boldsymbol{a}_t-6\frac{\boldsymbol{v}_t+\boldsymbol{v}_0}{t_{\mathrm{go}}}+12\frac{\boldsymbol{r}_t-\boldsymbol{r}_0}{t_{\mathrm{go}}^2} \tag{5-35}$$

$$\boldsymbol{c}_1=-6\frac{\boldsymbol{a}_t}{t_{\mathrm{go}}}+6\frac{5\boldsymbol{v}_t+3\boldsymbol{v}_0}{t_{\mathrm{go}}^2}-48\frac{\boldsymbol{r}_t-\boldsymbol{r}_0}{t_{\mathrm{go}}^3} \tag{5-36}$$

$$\boldsymbol{c}_2=6\frac{\boldsymbol{a}_t}{t_{\mathrm{go}}^2}-12\frac{2\boldsymbol{v}_t+\boldsymbol{v}_0}{t_{\mathrm{go}}^3}+36\frac{\boldsymbol{r}_t-\boldsymbol{r}_0}{t_{\mathrm{go}}^4} \tag{5-37}$$

于是制导坐标系下的指令加速度可如下计算：

$$\boldsymbol{a}_{\mathrm{cmd}}(t)=\boldsymbol{c}_0+\boldsymbol{c}_1(t-t_0)+\boldsymbol{c}_2(t-t_0)^2 \tag{5-38}$$

式(5-38) 适用于制导参数更新周期低于制导周期的应用场合。例如，取制导周期为 0.1s，而制导解算周期为 1s。这种情况下，每 1s 才按照式(5-35)～式(5-37) 更新一次制导参数 $\boldsymbol{c}_0$、$\boldsymbol{c}_1$、$\boldsymbol{c}_2$。而在两次制导参数更新周期中间，则用式(5-38) 以 0.1s 为周期解算制导加速度指令，其中 t_0 是最近一次更新制导参数的时刻，t 是当前时刻。

特殊的，如果每一个制导解算周期都进行制导参数 $\boldsymbol{c}_0$、$\boldsymbol{c}_1$、$\boldsymbol{c}_2$ 的求解，那么式(5-38) 中的 $t-t_0=0$，制导律简化为

$$\boldsymbol{a}_{\mathrm{cmd}}(t)=\boldsymbol{a}_t-6\frac{\boldsymbol{v}_t+\boldsymbol{v}_0}{t_{\mathrm{go}}}+12\frac{\boldsymbol{r}_t-\boldsymbol{r}_0}{t_{\mathrm{go}}^2} \tag{5-39}$$

实际输出的推力指令还要补偿重力影响，即

$$\boldsymbol{F}(t)=m[\boldsymbol{a}_{\mathrm{cmd}}(t)-\boldsymbol{g}(t)] \tag{5-40}$$

其中，$\boldsymbol{F}(t)$ 是制导系下的推力指令，m 是探测器质量，$\boldsymbol{g}(t)$ 是制导系下的重力加速度。

(2) 制导时间计算

式(5-38) 中 t_{go} 是唯一的待定参数。t_{go} 的取值方法有很多种。通常是将某一通道（水平或垂直）的加速度假设为时间的某种多项式函数，并根据约束的数量进行求解。

① 将某通道的加速度假设为时间的一次函数。

以垂直通道为例，假设垂直通道的加速度是时间的线性函数[14]，那么有

$$a_{tz}=c_{0z}+c_{1z}t_{go} \tag{5-41}$$

$$v_{tz}=v_{0z}+c_{0z}t_{go}+\frac{1}{2}c_{1z}t_{go}^2 \tag{5-42}$$

$$r_{tz}=r_{0z}+v_{0z}t_{go}+\frac{1}{2}c_{0z}t_{go}^2+\frac{1}{6}c_{1z}t_{go}^3 \tag{5-43}$$

其中，下标 z 表示垂直通道。这是三个方程组，在给定终端高度、垂向速度和垂向加速度的前提下可以解三个未知数 t_{go}、c_{0z} 和 c_{1z}，其中 t_{go} 的计算式为

$$t_{go}=\begin{cases}\dfrac{2v_{tz}+v_{0z}}{a_{tz}}+\sqrt{\left(\dfrac{2v_{tz}+v_{0z}}{a_{tz}}\right)^2+\dfrac{6(r_{0z}-r_{tz})}{a_{tz}}}, a_{tz}\neq 0\\ \dfrac{3(r_{0z}-r_{tz})}{2v_{tz}+v_{0z}}, a_{tz}=0\end{cases} \tag{5-44}$$

② 将某通道的加速度假设为时间的二次函数。

由式(5-30) 可知，多项式制导中终端加速度满足方程

$$\boldsymbol{a}_t=\boldsymbol{c}_0+\boldsymbol{c}_1 t_{go}+\boldsymbol{c}_2 t_{go}^2 \tag{5-45}$$

当按照某一通道求解 t_{go} 时，实际需要求解出 4 个未知参数，即 c_0、c_1、c_2 和 t_{go}，因此，除了终端位置、速度和加速度以外，还需要增加新的约束。

令终端，即目标的加速度一阶导数为 $\boldsymbol{j}_t$，加速度二阶导数为 $\boldsymbol{s}_t$，有

$$\boldsymbol{j}_t=\boldsymbol{c}_1+2\boldsymbol{c}_2 t_{go} \tag{5-46}$$

$$\boldsymbol{s}_t=2\boldsymbol{c}_2 \tag{5-47}$$

于是，$\boldsymbol{c}_0$、$\boldsymbol{c}_1$、$\boldsymbol{c}_2$ 可以转换为 $\boldsymbol{a}_t$、$\boldsymbol{j}_t$、$\boldsymbol{s}_t$：

$$\boldsymbol{c}_0=\boldsymbol{a}_t-\boldsymbol{j}_t t_{go}+\frac{1}{2}\boldsymbol{s}_t t_{go}^2 \tag{5-48}$$

$$\boldsymbol{c}_1=\boldsymbol{j}_t-\boldsymbol{s}_t t_{go} \tag{5-49}$$

$$\boldsymbol{c}_2=\frac{1}{2}\boldsymbol{s}_t \tag{5-50}$$

将式(5-48)～式(5-50) 代入式(5-31)、式(5-32)，可以建立方程组

$$\boldsymbol{v}_t=\boldsymbol{v}_0+\boldsymbol{a}_t t_{go}-\frac{1}{2}\boldsymbol{j}_t t_{go}^2+\frac{1}{6}\boldsymbol{s}_t t_{go}^3 \tag{5-51}$$

$$\boldsymbol{r}_t=\boldsymbol{r}_0+\boldsymbol{v}_t t_{go}-\frac{1}{2}\boldsymbol{a}_t t_{go}^2+\frac{1}{6}\boldsymbol{j}_t t_{go}^3-\frac{1}{24}\boldsymbol{s}_t t_{go}^4 \tag{5-52}$$

该方程组可以变形为

$$\begin{bmatrix}\boldsymbol{j}_t^{\mathrm{T}}\\ \boldsymbol{s}_t^{\mathrm{T}}\end{bmatrix}=\begin{bmatrix}24/t_{go}^3 & -18/t_{go}^2 & 6/t_{go} & -24/t_{go}^3 & -6/t_{go}^2\\ 72/t_{go}^4 & -48/t_{go}^3 & 12/t_{go}^2 & -72/t_{go}^4 & -24/t_{go}^3\end{bmatrix}\begin{bmatrix}\boldsymbol{r}_t^{\mathrm{T}}\\ \boldsymbol{v}_t^{\mathrm{T}}\\ \boldsymbol{a}_t^{\mathrm{T}}\\ \boldsymbol{r}_0^{\mathrm{T}}\\ \boldsymbol{v}_0^{\mathrm{T}}\end{bmatrix} \tag{5-53}$$

以水平方向 x 为例，若对该方向的终端加速度一阶导数进行约束，则根据式(5-53) 可得

$$j_{tx}=24/t_{go}^3 r_{tx}-18/t_{go}^2 v_{tx}+6/t_{go} a_{tx}-24/t_{go}^3 r_{0x}-6/t_{go}^2 v_{0x} \tag{5-54}$$

该式可以变换为 t_{go} 的三次方程，即

$$j_{tx}t_{go}^3-6a_{tx}t_{go}^2+(18v_{tx}+6v_{0x})t_{go}-24(r_{tx}-r_{0x})=0 \tag{5-55}$$

t_{go} 就是方程式(5-55) 的解。

从多项式制导方程看，多项式制导能够实现对终端的三维位置、速度控制，因此这种制导律可用于下降过程的避障控制。当避障敏感器和导航敏感器确定新的安全着陆点后，还可以通过自动重设落点位置，即改变制导的终端目标位置，方便地实现避障控制。

下面用一个例子对多项式制导进行简单的说明。假设探测器从 15km×100km 环月轨道近月点开始下降，初始质量为 3100kg，采用四次多项式制导进行减速。

终端位置：高度 30m，航程 400km，横向位置 0m。

终端速度：$v_{tx}=v_{ty}=0\mathrm{m/s}$，$v_{tz}=-2\mathrm{m/s}$。

终端加速度：$a_{tx}=a_{ty}=0\mathrm{m/s^2}$，$a_{tz}=3\mathrm{m/s^2}$。

终端加加速度：$j_{tx}=0.027\mathrm{m/s^3}$。

从这个飞行目标看，终端水平速度为 0，终端加速度垂直向上，这意味着飞行姿态在制导终端将保持垂直状态，无剩余水平速度，可以最终垂直着陆。剩余制导时间 t_{go} 按照式(5-55) 求取。发动机推力不限，比冲 310s。

为了方便起见，将速度、发动机推力描述在一个当地坐标系下。该坐标系定义为：原点位于探测器瞬时星下点，ζ 轴为探测器从当前位置到目标终端位置的矢量在探测器星下点水平面内的投影，ξ 轴垂直向上，η 轴与 ζ 和 ξ 正交。在该坐标系下探测器的速度矢量 $\boldsymbol{v}$ 可以用（u,v,w）表示，推力矢量 $\boldsymbol{F}$ 可以用两个推力方向角 ψ 和 θ 表示，如图 5-17 所示。可以看到，如果月表是平面，那么该坐标系与制导坐标系是平行的。

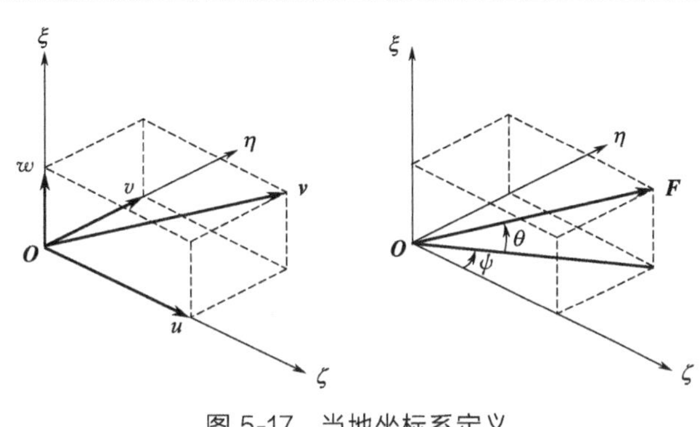

图 5-17　当地坐标系定义

使用多项式制导得到的飞行轨迹如图 5-18 和图 5-19 所示。实线为飞行轨迹，“o”表示终端目标。可见终端位置约束均能满足。当地坐标系下的速度变化如图 5-20 所示，前向速度逐渐减小，横向速度始终为零，垂向速度呈波浪形变化，速度目标最终也能达到。

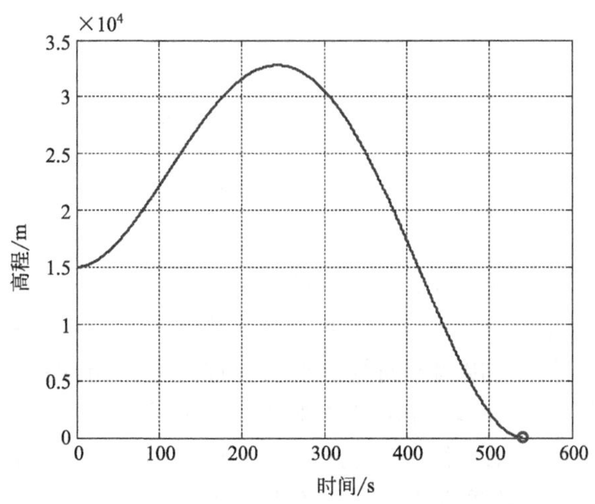

图 5-18　多项式制导高度变化曲线

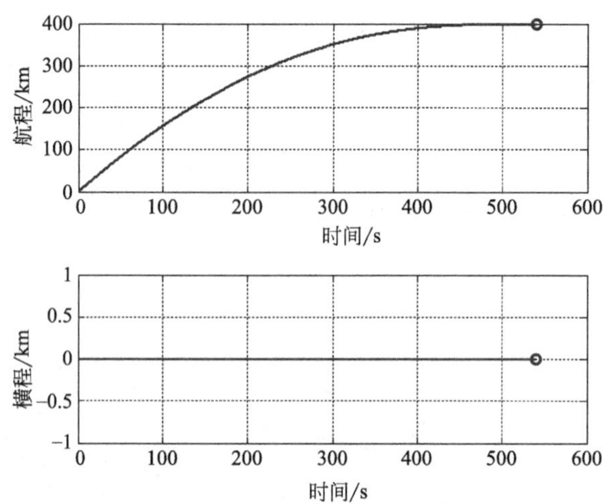

图 5-19　多项式制导水平位移变化曲线

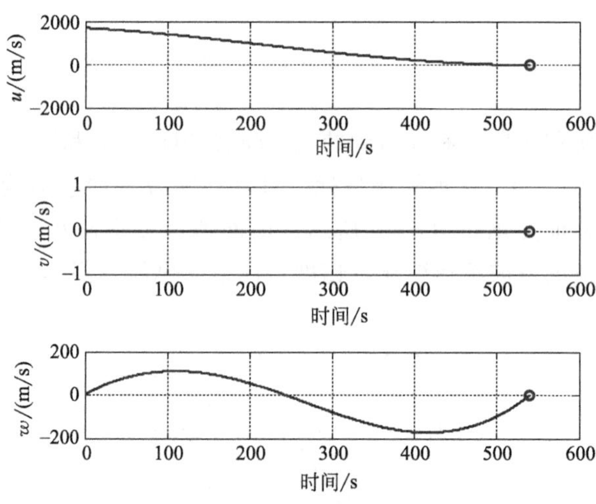

图 5-20　多项式制导速度变化曲线

发动机输出的推力大小如图 5-21 所示，该推力也呈波浪状，这是由多项式制导加速度是时间的二次曲线这一前提决定的。当然通过改变终端的参数，可以调节曲线的形状。推力方向角如图 5-22 所示，俯仰角 θ 的终值是 90°，表明探测器最终垂直；方位角 ψ 在最终点之前始终为 180°，表示探测器发动机推力始终在减小前向水平速度，最终点为 0 是因为此时探测器垂直，方位角无意义。

整个下降过程的推进剂消耗如图 5-23 所示，最终消耗量是 1486.4kg。

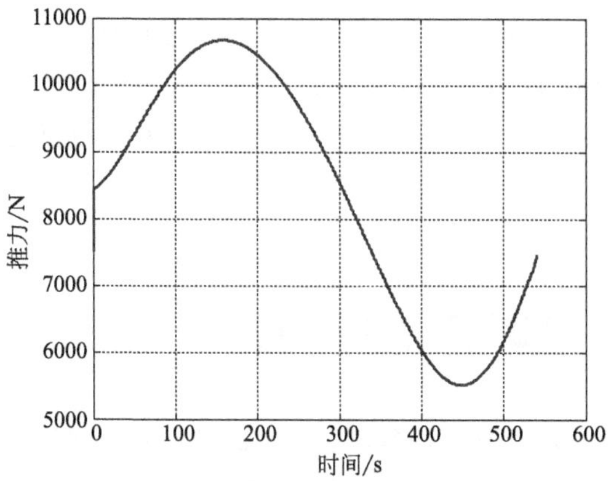

图 5-21 多项式制导推力输出曲线

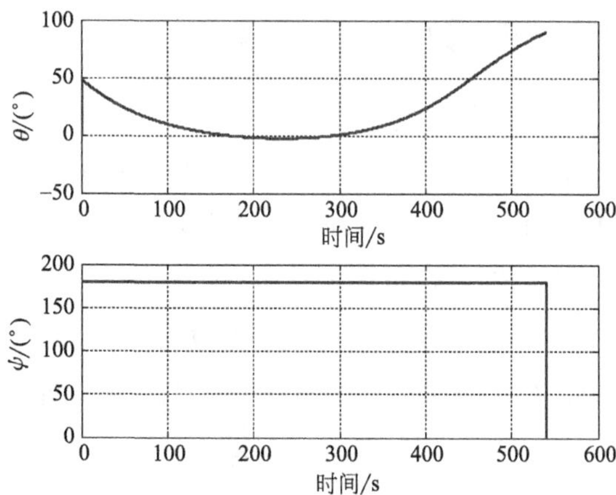

图 5-22 多项式制导推力方向角曲线

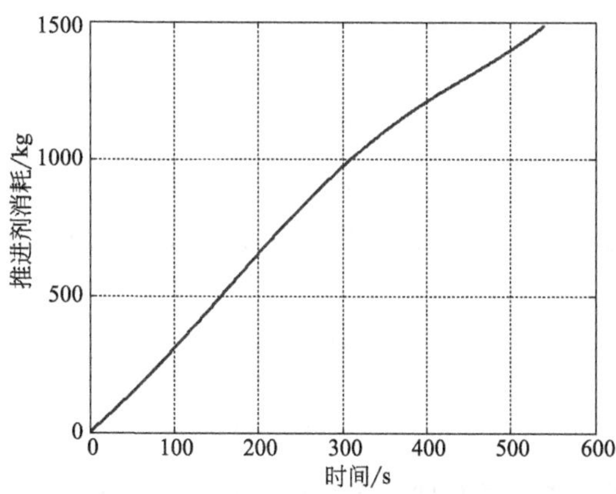

图 5-23 多项式制导推进剂消耗曲线

从这个仿真实例可以看到，多项式制导的输出推力是连续变化的，飞行轨迹的曲线受终端参数影响，下降过程推力大小和推进剂均不受约束。因此，使用多项式制导时需要针对初始条件和终端状态参数的取值进行精心的设计，良好的设计可以使得发动机推力输出符合实际发动机的能力，甚至可以做到推进剂消耗接近最优。

5.4 燃料最优制导方法

上一节介绍的软着陆制导方法均未考虑推进剂消耗的最优性。本节将介绍包含推进剂消耗约束的软着陆制导问题。

5.4.1 软着陆的最优制导问题

5.4.1.1 软着陆最优制导问题描述

软着陆过程，以惯性系下的动力学方程（5-8）为基础，可以得到软着陆燃料最优制导问题的描述，包括以下几方面。

（1）控制输入有界，即

$$0 \leqslant F_{\min} \leqslant |\boldsymbol{F}_{\mathrm{i}}| \leqslant F_{\max} \tag{5-56}$$

其中，$F_{\min}$ 是允许的最小推力，$F_{\max}$ 是允许的最大推力。

（2）初始状态（对于实时制导来说是当前状态）已知，即

$$\begin{cases} \boldsymbol{r}_{\mathrm{i}}(t_0)=\boldsymbol{r}_{\mathrm{i0}} \\ \boldsymbol{v}_{\mathrm{i}}(t_0)=\boldsymbol{v}_{\mathrm{i0}} \\ m(t_0)=m_0 \end{cases} \tag{5-57}$$

（3）终端状态约束条件

① 高度和速度约束　这种条件下的主要终端约束为，末端高度到达关机高度，相对月面的水平速度为0，垂向速度达到关机速度。用数学形式表示为

$$\begin{cases} |\boldsymbol{r}_{\mathrm{i}}(t_{\mathrm{f}})|=R_{\mathrm{m}}+h_{\mathrm{f}} \\ |\boldsymbol{v}_{\mathrm{i}}(t_{\mathrm{f}})-\boldsymbol{\omega}_{\mathrm{mi}}\times\boldsymbol{r}_{\mathrm{i}}(t_{\mathrm{f}})|=v_{\mathrm{f}}\dfrac{\boldsymbol{r}_{\mathrm{i}}(t_{\mathrm{f}})}{|\boldsymbol{r}_{\mathrm{i}}(t_{\mathrm{f}})|} \end{cases} \tag{5-58}$$

其中，R_{m} 是月球参考半径；h_{f} 是关机高度；$\boldsymbol{\omega}_{\mathrm{mi}}$ 是惯性系下的月球自转角速度矢量；v_{f} 是关机垂向速度。很显然，满足这一终端约束时，

就能够保证着陆安全。

② 位置和速度约束　这种条件下的终端约束包括关机时确切的三维位置和确切的三维速度。用数学形式表示为

$$\begin{cases} \boldsymbol{r}_{\mathrm{i}}(t_{\mathrm{f}})=C_{\mathrm{mi}}(t_{\mathrm{f}})\begin{bmatrix}\cos(\varphi_{\mathrm{f}})\cos(\lambda_{\mathrm{f}})\\ \cos(\varphi_{\mathrm{f}})\sin(\lambda_{\mathrm{f}})\\ \sin(\varphi_{\mathrm{f}})\end{bmatrix}(R_{\mathrm{m}}+h_{\mathrm{f}}) \\ \boldsymbol{v}_{\mathrm{i}}(t_{\mathrm{f}})-\boldsymbol{\omega}_{\mathrm{mi}}\times\boldsymbol{r}_{\mathrm{i}}(t_{\mathrm{f}})=v_{\mathrm{f}}\dfrac{\boldsymbol{r}_{\mathrm{i}}(t_{\mathrm{f}})}{|\boldsymbol{r}_{\mathrm{i}}(t_{\mathrm{f}})|} \end{cases} \tag{5-59}$$

其中，φ_{f} 是目标落点纬度；λ_{f} 是目标落点经度；$C_{\mathrm{mi}}(t)$ 是从惯性系到月固系的旋转矩阵，它是时间的函数。很显然式(5-59) 的位置约束条件包含了式(5-58) 的高度约束条件，同时还增加了经纬度的约束；而两者的速度约束条件相同。位置和速度约束条件比高度和速度约束条件的要求更高，它对应的是定点着陆任务。

(4) 燃料最优的指标函数

$$J=-\int_{t_0}^{t_{\mathrm{f}}}\dot{m}(t)\mathrm{d}t=m(t_0)-m(t_{\mathrm{f}}) \tag{5-60}$$

取极小值，或者

$$J=\int_{t_0}^{t_{\mathrm{f}}}\dot{m}(t)\mathrm{d}t=m(t_{\mathrm{f}})-m(t_0) \tag{5-61}$$

取极大值。

上述方程实际描述的是一个最优控制问题。但是这个最优控制问题很难求解，需要进行适当的假设或简化，以得到一些更为一般的结论。下面两节将分别从把着陆过程三维运动简化为二维平面运动，以及将下降轨迹下月球表面视为平面并设重力场为常数这两个角度介绍两种最优控制的解形式。前者是标称轨迹法的基础，后者是各种实用化显式制导的基础。

5.4.1.2 轨道面内下降的最优软着陆

在第 3 章中介绍了一维软着陆的最优控制问题。实际上，动力下降开始时探测器是运行于绕月飞行的轨道面内的。对于仅保证着陆安全的任务来说，终端约束就是高度和速度，所以下降轨迹也是在同一轨道面内的。于是，可以在此基础上进行软着陆最优控制问题的求解[15]，它的好处是降低了状态量和控制量的维数。

假设软着陆动力下降从绕月椭圆轨道的近月点开始。如图 5-24 所

示，取月心 O 为坐标原点，Oy_1 指向近月点（动力下降起始点），Ox_1 指向着陆器运动方向。

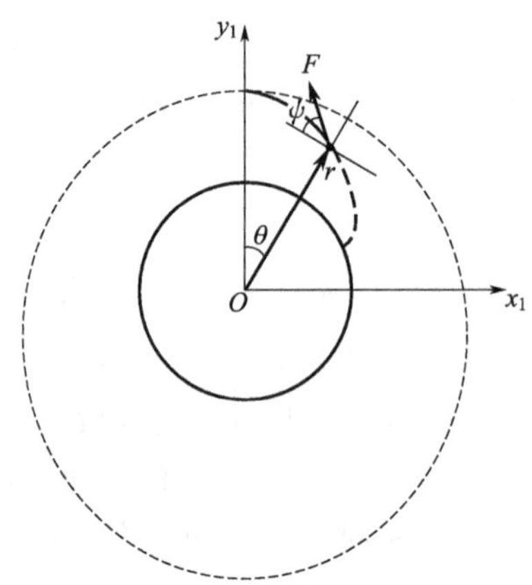

图 5-24 动力下降平面内质心运动模型

用极坐标表示的平面内的着陆器质心运动方程为

$$\begin{cases} \dot{r}=v \\ \dot{v}=(F/m)\sin\psi-\mu/r^2+r\omega^2 \\ \dot{\theta}=\omega \\ \dot{\omega}=-[(F/m)\cos\psi+2v\omega]/r \\ \dot{m}=-F/I_{sp} \end{cases} \tag{5-62}$$

其中，r 是着陆器月心距；v 是着陆器沿月心矢径方向的速度；θ 是着陆器的飞行路径角；ω 是着陆器飞行路径角速度；μ 是月球引力常数；m 是着陆器的质量；F 是发动机的制动推力，取值范围为 $[F_{min}, F_{max}]$；I_{sp} 是发动机比冲；ψ 是推力方向角。取状态量为 $\boldsymbol{x}=[r,v,\theta,\omega,m]^{\mathrm{T}}$，输入 $\boldsymbol{u}=[F,\psi]^{\mathrm{T}}$。上式就可以转换为状态方程形式 $\dot{\boldsymbol{x}}=\boldsymbol{f}(\boldsymbol{x},\boldsymbol{u})$。

最优着陆问题设计的目的是寻找一个控制量 $\boldsymbol{u}$，使得着陆器在月面实现着陆时的推进剂消耗最小（或剩余质量最大），即指标函数

$$\begin{aligned} J &= \Phi[\boldsymbol{x}(t_f)]+\int_{t_0}^{t_f} F(\boldsymbol{x},\boldsymbol{u})\mathrm{d}t \\ &= \int_{t_0}^{t_f}\dot{m}(t)\mathrm{d}t = m(t_f)-m(t_0) \end{aligned} \tag{5-63}$$

取极大值。

初始条件由霍曼变轨椭圆轨道的近月点确定。初始时刻 $t_0=0$，且有

$$\begin{cases} r(0)=r_0 \\ v(0)=v_0 \\ \theta(0)=\theta_0 \\ \omega(0)=\omega_0 \\ m(0)=m_0 \end{cases} \tag{5-64}$$

终端时间 t_f 自由，但终端状态满足高度、速度约束，有

$$\begin{cases} r(t_f)=r_f \\ v(t_f)=v_f \\ \omega(t_f)=0 \end{cases} \tag{5-65}$$

即终端约束为

$$\boldsymbol{G}[\boldsymbol{x}(t_f)]=\begin{bmatrix} r(t_f)-r_f \\ v(t_f)-v_f \\ \omega(t_f)-0 \end{bmatrix}=\boldsymbol{0} \tag{5-66}$$

并且控制量 $\boldsymbol{u}$ 有界。

根据极小（大）值原理构造哈密顿函数

$$\begin{aligned} H(\boldsymbol{x},\boldsymbol{u},\boldsymbol{\lambda}) &= F(\boldsymbol{x},\boldsymbol{u})+\boldsymbol{\lambda}^{\mathrm{T}}\boldsymbol{f}(\boldsymbol{x},\boldsymbol{u}) \\ &= \dot{m}+\boldsymbol{\lambda}^{\mathrm{T}}\boldsymbol{f}(\boldsymbol{x},\boldsymbol{u}) \\ &= \boldsymbol{\lambda}^{\mathrm{T}}\boldsymbol{f}(\boldsymbol{x},\boldsymbol{u})-F/I_{\mathrm{sp}} \end{aligned} \tag{5-67}$$

其中，$\lambda=[\lambda_r \quad \lambda_v \quad \lambda_\theta \quad \lambda_\omega \quad \lambda_m]^{\mathrm{T}}$ 是共轭状态。

将式(5-62) 代入式(5-67) 有

$$\begin{aligned} H(\boldsymbol{x},\boldsymbol{u},\boldsymbol{\lambda}) &= \boldsymbol{\lambda}^{\mathrm{T}}\boldsymbol{f}(\boldsymbol{x},\boldsymbol{u})-F/I_{\mathrm{sp}} \\ &= \lambda_r v+\lambda_v \frac{F}{m}\sin\psi-\lambda_v \frac{\mu}{r^2}+\lambda_v r\omega^2+\lambda_\theta\omega \\ &\quad -\lambda_\omega \frac{F}{mr}\cos\psi-\lambda_\omega \frac{2v\omega}{r}-\lambda_m \frac{F}{I_{\mathrm{sp}}}-\frac{F}{I_{\mathrm{sp}}} \\ &= \lambda_r v-\lambda_v \frac{\mu}{r^2}+\lambda_v r\omega^2+\lambda_\theta\omega-\lambda_\omega \frac{2v\omega}{r} \\ &\quad +F\left(\lambda_v \frac{\sin\psi}{m}-\lambda_\omega \frac{\cos\psi}{mr}-\lambda_m \frac{1}{I_{\mathrm{sp}}}-\frac{1}{I_{\mathrm{sp}}}\right) \end{aligned} \tag{5-68}$$

共轭状态满足协态方程

$$\dot{\boldsymbol{\lambda}}=-\frac{\partial H(\boldsymbol{x},\boldsymbol{u},\boldsymbol{\lambda})}{\partial \boldsymbol{x}} \tag{5-69}$$

由于

$$\frac{\partial H(\boldsymbol{x},\boldsymbol{u},\boldsymbol{\lambda})}{\partial \boldsymbol{x}}=\begin{bmatrix} 2\lambda_v \dfrac{\mu}{r^3}+\lambda_v\omega^2+2\lambda_\omega \dfrac{v\omega}{r^2}+F\lambda_\omega \dfrac{\cos\psi}{mr^2} \\ \lambda_r-2\lambda_\omega \dfrac{\omega}{r} \\ 0 \\ 2\lambda_v r\omega+\lambda_\theta-\lambda_\omega \dfrac{2v}{r} \\ -F\left(\lambda_v \sin\psi-\lambda_\omega \dfrac{\cos\psi}{r}\right)\dfrac{1}{m^2} \end{bmatrix} \tag{5-70}$$

所以协态方程为

$$\begin{cases} \dot{\lambda}_r=-\left(2\lambda_v \dfrac{\mu}{r^3}+\lambda_v\omega^2+2\lambda_\omega \dfrac{v\omega}{r^2}+\lambda_\omega \dfrac{F\cos\psi}{mr^2}\right) \\ \dot{\lambda}_v=-\left(\lambda_r-2\lambda_\omega \dfrac{\omega}{r}\right) \\ \dot{\lambda}_\theta=0 \\ \dot{\lambda}_\omega=-\left(2\lambda_v r\omega+\lambda_\theta-\lambda_\omega \dfrac{2v}{r}\right) \\ \dot{\lambda}_m=F\left(\lambda_v \sin\psi-\lambda_\omega \dfrac{\cos\psi}{r}\right)\dfrac{1}{m^2} \end{cases} \tag{5-71}$$

横截条件

$$\begin{aligned} \boldsymbol{\lambda}(t_\mathrm{f})&=\frac{\partial \Phi[\boldsymbol{x}(t_\mathrm{f})]}{\partial \boldsymbol{x}}+\left(\frac{\partial \boldsymbol{G}[\boldsymbol{x}(t_\mathrm{f})]}{\partial \boldsymbol{x}}\right)^\mathrm{T}\boldsymbol{\rho} \\ &=\left(\frac{\partial \boldsymbol{G}[\boldsymbol{x}(t_\mathrm{f})]}{\partial \boldsymbol{x}}\right)^\mathrm{T}\boldsymbol{\rho} \end{aligned} \tag{5-72}$$

其中，$\boldsymbol{\rho}$ 是拉格朗日乘子。根据横截条件，可以直接得到

$$\begin{cases} \lambda_\theta(t_\mathrm{f})=0 \\ \dot{\lambda}_m(t_\mathrm{f})=0 \end{cases}$$

再结合式(5-71)，可知 $\lambda_\theta=0$。

若控制输入最优，即 $\boldsymbol{u}(t)=\boldsymbol{u}^*(t),t\in[t_0,t_\mathrm{f}]$，则哈密顿函数取极大值，即

$$H(\boldsymbol{x}^*,\boldsymbol{u}^*,\boldsymbol{\lambda})=\max_{u(t)\in U} H(\boldsymbol{x}^*,\boldsymbol{u},\boldsymbol{\lambda}) \tag{5-73}$$

式中，$\boldsymbol{x}^*$是最优状态轨迹；U 是控制域。

令 $L(t)=\lambda_v \dfrac{\sin\psi}{m}-\lambda_\omega \dfrac{\cos\psi}{mr}-\lambda_m \dfrac{1}{I_\mathrm{sp}}-\dfrac{1}{I_\mathrm{sp}}$，可知最优控制律为

$$F=\begin{cases}F_{\max} & 若\ L(t)>0 \\ F_{\min} & 若\ L(t)<0 \\ 任意 & 若\ L(t)=0\end{cases} \tag{5-74}$$

$$\sin\psi=\frac{\lambda_v}{\sqrt{\lambda_v^2+\left(\frac{\lambda_\omega}{r}\right)^2}} \tag{5-75}$$

$$\cos\psi=-\frac{\frac{\lambda_\omega}{r}}{\sqrt{\lambda_v^2+\left(\frac{\lambda_\omega}{r}\right)^2}} \tag{5-76}$$

$$\psi=\arctan2(\lambda_v,-\lambda_\omega/r) \tag{5-77}$$

其中，arctan2 函数为

$$\arctan2(y,x)=\begin{cases}\arctan\left(\frac{y}{x}\right),(x>0) \\ \arctan\left(\frac{y}{x}\right)+\pi,(x<0,y\geqslant 0) \\ \arctan\left(\frac{y}{x}\right)-\pi,(x<0,y<0) \\ \pi/2,(x=0,y>0) \\ -\pi/2,(x=0,y<0) \\ 0,(x=0,y=0)\end{cases}$$

由此可见，只要在区间 $[t_0,t_f]$ 内不存在 $L(t)=0$ 的子区间，则 $F(t)$ 是开关函数。制动发动机要么以最大推力工作，要么以最小推力工作（如果最小推力是 0，则意味着关机）。

5.4.1.3 月表平面假设下的最优软着陆

在 5.4.1.1 节的分析中，将动力下降轨迹下的月面视为球面，且月球引力场选择二体引力场模型。如果下降轨迹航程较短，那么可以将月面视为平面，且将引力加速度取为常数，这样问题就能够得到简化。

根据式(5-6)，可以得到动力过程质量消耗的方程

$$\dot{m}=-\frac{F}{I_{sp}} \tag{5-78}$$

F 是推力矢量 $\boldsymbol{F}$ 的模，它表示推力的大小。

设推力和质量的比值为比推力 $\boldsymbol{\Gamma}$（物理意义是推力加速度），即

$$\boldsymbol{\Gamma}=\frac{\boldsymbol{F}}{m} \tag{5-79}$$

$\boldsymbol{\Gamma}$ 的大小用 Γ 表示。由于推力是有限的，所以比推力的大小也有着时变的上下界。

$$0\leqslant\Gamma_{\min}(t)\leqslant\Gamma(t)\leqslant\Gamma_{\max}(t) \tag{5-80}$$

定义特征速度 C：

$$\dot{C}=\Gamma \tag{5-81}$$

其初值 $C(t_0)=0$。C 的物理意义是制动推力在下降过程中产生的累计速度增量。

由式(5-78)、式(5-79) 和式(5-81) 可以得到质量 m 和特征速度 C 之间的关系（齐奥尔科夫斯基公式）为

$$m(t)=m(t_0)\exp[-C(t)/I_{sp}] \tag{5-82}$$

很明显，C 越小 m 越大，所以 m 可以用 C 替换，将 m 的极大值问题变为 C 的极小值问题。

定义直角坐标系如图 5-25 所示，原点位于月心，ζ 轴平行于初始时刻对月飞行方向在探测器星下点水平面内的投影，ξ 轴垂直向上，η 轴与 ζ 和 ξ 正交。在该坐标系下探测器的位置矢量为 $\boldsymbol{r}$，速度矢量为 $\mathbf{V}$，那么动力学方程为

$$\begin{aligned}\dot{\boldsymbol{r}}&=\mathbf{V}\\ \dot{\mathbf{V}}&=\boldsymbol{g}+\boldsymbol{\Gamma}\\ \dot{C}&=\Gamma\end{aligned} \tag{5-83}$$

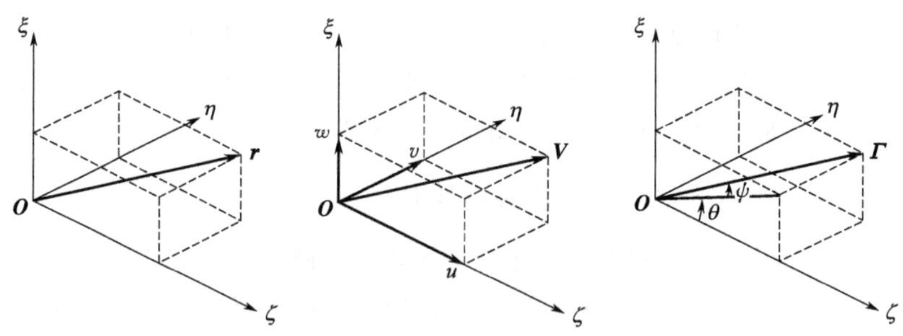

图 5-25 平面假设条件下的坐标系定义

设 $\boldsymbol{r}$ 可以用坐标（ζ,η,ξ）表示；$\mathbf{V}$ 在该坐标系下的三个分量分别是 u、v、w，比推力 $\boldsymbol{\Gamma}$ 的方向 $\boldsymbol{D}$（单位矢量）定义为

$$\boldsymbol{D}=\begin{bmatrix}D_{\zeta}\\ D_{\eta}\\ D_{\xi}\end{bmatrix} \tag{5-84}$$

那么动力学的分量形式为

$$\begin{cases}\dot{\zeta}=u\\ \dot{\eta}=v\\ \dot{\xi}=w\\ \dot{u}=\Gamma D_{\zeta}\\ \dot{v}=\Gamma D_{\eta}\\ \dot{w}=\Gamma D_{\xi}-g\\ \dot{C}=\Gamma\end{cases} \tag{5-85}$$

指标函数为

$$J=-C(t_{\mathrm{f}}) \tag{5-86}$$

取最大值。

哈密顿函数为

$$H=\boldsymbol{\lambda}_r^{\mathrm{T}}\boldsymbol{V}+\boldsymbol{\lambda}_V^{\mathrm{T}}(\boldsymbol{g}+\Gamma\boldsymbol{D})+\lambda_{\mathrm{C}}\Gamma \tag{5-87}$$

其中，$\boldsymbol{\lambda}_r=[\lambda_{\zeta},\lambda_{\eta},\lambda_{\xi}]^{\mathrm{T}}$，$\boldsymbol{\lambda}_V=[\lambda_u,\lambda_v,\lambda_w]^{\mathrm{T}}$，$\lambda_{\mathrm{C}}$ 是拉格朗日乘子。根据极大值原理（在第 3 章中称为极小值原理），最优控制应使得哈密顿函数取极大值。由于 Γ 非负，所以必然有 $\boldsymbol{D}$ 与 $\boldsymbol{\lambda}_V$ 同向，即 $\boldsymbol{D}=\boldsymbol{\lambda}_V/\lambda_V$（$\lambda_V$ 是 $\boldsymbol{\lambda}_V$ 的模）。于是，在给定推力方向后的哈密顿函数变为

$$H=(\lambda_V+\lambda_{\mathrm{C}})\Gamma+\boldsymbol{\lambda}_r^{\mathrm{T}}\boldsymbol{V}+\boldsymbol{\lambda}_V^{\mathrm{T}}\boldsymbol{g} \tag{5-88}$$

最优推力大小的解为

$$\Gamma=\begin{cases}\Gamma_{\max},\lambda_V+\lambda_{\mathrm{C}}>0\\ \Gamma_{\min},\lambda_V+\lambda_{\mathrm{C}}<0\end{cases} \tag{5-89}$$

由式(5-87) 可以得到协态方程为

$$\begin{aligned}\dot{\boldsymbol{\lambda}}_r&=\boldsymbol{0}\\ \dot{\boldsymbol{\lambda}}_V&=-\boldsymbol{\lambda}_r\\ \dot{\lambda}_{\mathrm{C}}&=0\end{aligned} \tag{5-90}$$

很显然，$\boldsymbol{\lambda}_r$ 和 λ_{C} 是常数，$\boldsymbol{\lambda}_V$ 具有如下解形式：

$$\boldsymbol{\lambda}_V=-\boldsymbol{\lambda}_r(t-t_{\mathrm{f}})+\boldsymbol{\lambda}_{V\mathrm{f}} \tag{5-91}$$

由于终端 $C(t_{\mathrm{f}})$ 自由，所以根据横截条件，可以求出

$$\lambda_{\mathrm{C}}(t_{\mathrm{f}})=\frac{\partial J}{\partial C(t_{\mathrm{f}})}=-1 \tag{5-92}$$

前面已知 λ_{C} 是常数，故 $\lambda_{\mathrm{C}}\equiv-1$。

由式(5-91)，可以得到 $\boldsymbol{\lambda}_V$ 的模为

$$\lambda_V=\sqrt{\lambda_r^2(t-t_f)^2-2\boldsymbol{\lambda}_r^{\mathrm{T}}\cdot\boldsymbol{\lambda}_{Vf}(t-t_f)+\lambda_{Vf}^2} \tag{5-93}$$

式中，λ_r 是 $\boldsymbol{\lambda}_r$ 的模，λ_{Vf} 是 $\boldsymbol{\lambda}_{Vf}$ 的模。

在 t-λ_V 平面内，式(5-93)是一个双曲线方程，其中心点坐标为 $\left(t_f+\frac{\boldsymbol{\lambda}_r^{\mathrm{T}}\cdot\boldsymbol{\lambda}_{Vf}}{\lambda_r^2},\ 0\right)$，主轴垂直，并且曲线非负，如图 5-26 所示。由于 λ_C 是常数−1，所以在 t-λ_V 平面内，$\lambda_C+\lambda_V$ 相对 λ_V 向下平移 1。由此，根据 $\lambda_C+\lambda_V$ 确定的最优比推力大小最多切换两次，为最大-最小-最大模式。

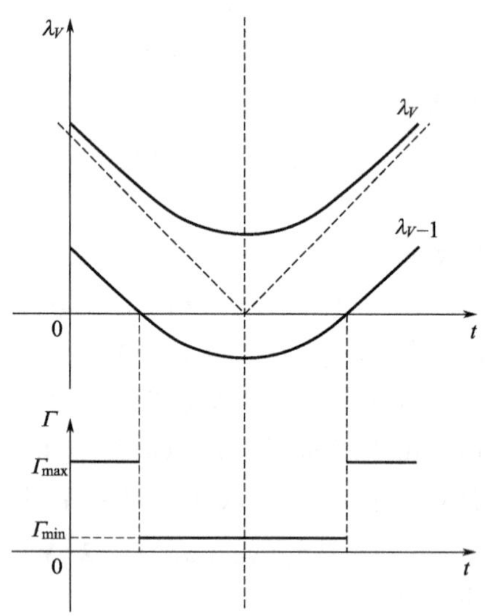

图 5-26 平面假设下的软着陆最优控制解

之前已经提到，最优推力方向 $\boldsymbol{D}=\boldsymbol{\lambda}_V/\lambda_V$，写成分量形式为

$$
\begin{aligned}
D_\zeta&=\frac{\lambda_u}{\sqrt{\lambda_u^2+\lambda_v^2+\lambda_w^2}}\\
D_\eta&=\frac{\lambda_v}{\sqrt{\lambda_u^2+\lambda_v^2+\lambda_w^2}}\\
D_\xi&=\frac{\lambda_w}{\sqrt{\lambda_u^2+\lambda_v^2+\lambda_w^2}}
\end{aligned} \tag{5-94}
$$

根据图 5-25，推力方向可以用角度（ψ,θ）表示，即

$$
\begin{aligned}
D_\zeta&=\cos\psi\cos\theta\\
D_\eta&=\sin\psi\\
D_\xi&=\cos\psi\sin\theta
\end{aligned} \tag{5-95}
$$

所以

$$\tan\theta=\frac{D_{\xi}}{D_{\zeta}}$$
$$\tan\psi=\pm\frac{D_{\eta}}{\sqrt{D_{\zeta}^{2}+D_{\xi}^{2}}} \tag{5-96}$$

将式(5-91) 写成分量形式：

$$\begin{aligned}\lambda_{u}&=-\lambda_{\zeta}(t-t_{\mathrm{f}})+\lambda_{u\mathrm{f}}\\\lambda_{v}&=-\lambda_{\eta}(t-t_{\mathrm{f}})+\lambda_{v\mathrm{f}}\\\lambda_{w}&=-\lambda_{\xi}(t-t_{\mathrm{f}})+\lambda_{w\mathrm{f}}\end{aligned} \tag{5-97}$$

则

$$\tan\theta=\frac{\lambda_{w}}{\lambda_{u}}=\frac{\lambda_{\xi}(t_{\mathrm{f}}-t)+\lambda_{w\mathrm{f}}}{\lambda_{\zeta}(t_{\mathrm{f}}-t)+\lambda_{u\mathrm{f}}} \tag{5-98}$$

由前面的推导可知，式中 λ_{ζ}、λ_{ξ}、$\lambda_{u\mathrm{f}}$ 和 $\lambda_{w\mathrm{f}}$ 均是常数。

式(5-98) 是个重要的公式，它表明最优控制下的纵向平面内推力的高度角（与水平面夹角）具有如下形式：

$$\tan\theta=\frac{c_{1}t+c_{2}}{d_{1}t+d_{2}} \tag{5-99}$$

它是一类重要的显式制导方法（双线性正切显式制导）的基础，详见5.4.4.2。而且从前面的推导过程来看，即使对于终端位置和速度 6 个分量全部进行约束，其最优推力方向角也具有式(5-99) 的形式。

5.4.2 标称轨迹法

5.4.1 节只是给出了动力下降过程最优控制下推力的解形式，但并没有给出共轭状态的初值。实际上求解共轭状态初值需要复杂的数值计算。常用的方法包括两类：一类是使用初值猜测加打靶法来解决，思想是给出协态初值的猜测结果，然后使用打靶法进行迭代修正，直到误差足够小；另一类，则将最优控制问题转换为参数优化问题，使用非线性规划方法进行求解。无论哪种方法都需要复杂的数值解算，这使得直接使用最优控制结果作为制导律难以在探测器器载计算机中自主实现。解决的措施就是，地面按照最优控制方法离线生成标称轨迹，然后实际飞行中以该轨迹为目标实施跟踪控制。

5.4.2.1 标称轨迹的生成

最优下降轨迹的求解本质上是解一个两点边值问题。解两点边值问题的方法有很多，主要有插值法、变量法、配置法、伪线性化法和打靶法。其中，打靶法由于原理简单，易于编程且能保证局部收敛性，因此应用较多。但是，应用打靶法解两点边值问题时需要首先猜测未知状态变量的初值，当猜测值与真值相差较大时，计算过程往往会陷入局部极值点，或者计算过程变得发散。

本节将在 5.4.1.2 节的基础上介绍一种基于初值猜测技术的打靶法来解决这种关于月球软着陆最优控制的两点边值问题。具体做法是[15]：将最优控制伴随方程中的共轭方程在初始时刻附近作一阶泰勒展开，组成一个关于位置共轭状态初值的方程组，这样就将对共轭变量初值的猜测问题转变为有物理意义的量。通过解方程组得到一组初值，用打靶法经迭代计算可以得到初始共轭状态的迭代真值，再经过积分就得到最优着陆轨迹。打靶迭代过程是，首先将着陆非线性方程在着陆轨迹线附近取一阶增量进行线性化，得到一个关于着陆方程状态变量增量的线性时变微分方程组，因为解关于线性方程的两点边值问题不需要迭代计算，这样最优着陆问题的解题过程就成为用上一次计算的初值加上它的增量作为本次计算初值的迭代过程。

(1) 初值猜测

状态初值已知，因此初值猜测主要是解决共轭状态（协态）的初值。在初始时刻 t_0 的某些领域内，将共轭状态分别进行一阶泰勒展开，可以得到如下一组方程：

$$\boldsymbol{\lambda}(t_n)\cong\boldsymbol{\lambda}(t_0)+\dot{\boldsymbol{\lambda}}\big|_{t_0}(t_n-t_0),n=1,2,\cdots,N \tag{5-100}$$

其中，t_n 是 t_0 领域内的某一时刻；N 是不小于未知初值共轭状态个数的常数。

由 5.4.1.2 节的式(5-62) 可见，软着陆制导系统 $\dot{\boldsymbol{x}}=\boldsymbol{f}(\boldsymbol{x},\boldsymbol{u})$ 是一个非线性自治系统，哈密顿函数在最优控制下是常值，即

$$H(\boldsymbol{x}^*(t),\boldsymbol{u}^*(t),\boldsymbol{\lambda}(t))=c,t\in[t_0,t_{\mathrm{f}}] \tag{5-101}$$

将协态方程 (5-69) 代入式(5-101)，有

$$\boldsymbol{\lambda}(t_n)\cong\boldsymbol{\lambda}(t_0)-\frac{\partial H(\boldsymbol{x},\boldsymbol{u},\boldsymbol{\lambda})}{\partial\boldsymbol{x}}\bigg|_{t_0}(t_n-t_0),n=1,2,\cdots,N \tag{5-102}$$

而根据哈密顿函数的定义 $H(\boldsymbol{x},\boldsymbol{u},\boldsymbol{\lambda})=F(\boldsymbol{x},\boldsymbol{u})+\boldsymbol{\lambda}^{\mathrm{T}}\boldsymbol{f}(\boldsymbol{x},\boldsymbol{u})$，则

$$\begin{aligned}&F(\boldsymbol{x}^*(t_n),\boldsymbol{u}^*(t_n))\\&\quad+\left[\boldsymbol{\lambda}(t_0)-\frac{\partial H(\boldsymbol{x},\boldsymbol{u},\boldsymbol{\lambda})}{\partial\boldsymbol{x}}\bigg|_{t_0}(t_n-t_0)\right]^{\mathrm{T}}\boldsymbol{f}(\boldsymbol{x}^*(t_n),\boldsymbol{u}^*(t_n))=c\end{aligned} \tag{5-103}$$

如果控制变量 $u(t)$ 在初始时刻的值可大致估算出来，则根据初始条件 $\boldsymbol{f}(\boldsymbol{x}^*(t_n),\boldsymbol{u}^*(t_n))$ 和 $F(\boldsymbol{x}^*(t_n),\boldsymbol{u}^*(t_n))$ 就可通过对系统在初始时刻的邻域内进行积分获得。当在 t_0 的邻域内选定时间点 $t_1,t_2,\cdots,t_N$ 后就能够得到一个 N 维线性方程组，如式(5-103) 所示。通过解这个方程组就可以得出位置共轭状态初值的一组估值。

(2) 打靶法

① 线性两点边值问题求解　考虑如下 n 维一阶线性微分方程组

$$\dot{\boldsymbol{y}}=\boldsymbol{A}(t)\boldsymbol{y}+\boldsymbol{b}(t) \tag{5-104}$$

其中，$\boldsymbol{A}(t)$ 是 $n\times n$ 矩阵，它的元素是 a_{ij}，$i=1,2,\cdots,n$，$j=1,2,\cdots,n$。$\boldsymbol{y}$ 和 $\boldsymbol{b}$ 都是 $n\times 1$ 向量，它的第 i 元记为 y_i 和 b_i。

初始条件为

$$y_i(t_0)=c_i,i=1,2,\cdots,r \tag{5-105}$$

终端条件为

$$y_{i_m}(t_f)=c_{i_m},m=1,2,\cdots,n-r \tag{5-106}$$

受限初始条件和终端条件的和是 n 维，这意味着自由初始状态和终端状态的维数和也是 n 维，这样就包含了解题所需要的全部信息。对于数值计算过程而言，无法直接利用这种形式给出的解题信息。因为数值积分只能用于初值问题或终值问题，因此引入一个辅助变量 $\boldsymbol{p}$，使其满足辅助微分方程

$$\dot{\boldsymbol{p}}=-\boldsymbol{A}^{\mathrm{T}}(t)\boldsymbol{p} \tag{5-107}$$

$\boldsymbol{p}$ 也是 $n\times 1$ 向量，它的第 i 元记为 p_i。这一辅助方程用于建立系统方程 (5-104) 初值和终值之间的某种联系，从而可以用来获得两点边值问题的数值解。

用 $p_i(t)$ 乘以式(5-104) 的第 i 个方程，得

$$p_i(t)\dot{y}_i=p_i(t)[a_{i1}(t)y_1(t)+a_{i2}(t)y_2(t)+\cdots+a_{in}(t)y_n(t)]+p_i(t)b_i(t) \tag{5-108}$$

求取 i 从 1 到 n 时上式的累加和

$$\sum_{i=1}^{n}p_i(t)\dot{y}_i=\sum_{i=1}^{n}p_i(t)[a_{i1}(t)y_1(t)+a_{i2}(t)y_2(t)+\cdots+a_{in}(t)y_n(t)]+\sum_{i=1}^{n}p_i(t)b_i(t) \tag{5-109}$$

同样，可以用 $y_i(t)$ 乘以式(5-107) 的第 i 个方程，并求对所有 n 个方程的累加和

$$\sum_{i=1}^{n} y_i(t)\dot{p}_i = -\sum_{i=1}^{n} y_i(t)[a_{1i}(t)p_1(t)+a_{2i}(t)p_2(t)+\cdots+a_{ni}(t)p_n(t)] \tag{5-110}$$

式(5-109) 和式(5-110) 相加，可得

$$\sum_{i=1}^{n}[p_i(t)\dot{y}_i + y_i(t)\dot{p}_i] = \sum_{i=1}^{n} p_i(t)b_i(t) \tag{5-111}$$

上式可写为

$$\frac{\mathrm{d}}{\mathrm{d}t}\sum_{i=1}^{n}[p_i(t)y_i(t)] = \sum_{i=1}^{n} p_i(t)b_i(t) \tag{5-112}$$

对式(5-112) 在区间 $[t_0, t_f]$ 上积分得

$$\sum_{i=1}^{n}[p_i(t_f)y_i(t_f)] - \sum_{i=1}^{n}[p_i(t_0)y_i(t_0)] = \int_{t_0}^{t_f}\left[\sum_{i=1}^{n} p_i(t)b_i(t)\right]\mathrm{d}t \tag{5-113}$$

式(5-113) 给出了系统方程状态变量 y_i 和辅助变量 p_i 在初值和终值之间的关系。这个关系式可以看成是关于未知 $y_i(t_0), i=r+1,\cdots,n$ 的代数方程。

取 $n-r$ 种不同的辅助变量终端条件 $\boldsymbol{p}^{(m)}(t_f)(m=1,2,\cdots,n-r)$，并分别对辅助方程进行反向积分，可以获得对应的辅助变量初值 $\boldsymbol{p}^{(m)}(t_0)$。第 m 个辅助变量终端各元素取值为

$$p_i^{(m)}(t_f) = \begin{cases} 1, i=i_m \\ 0, i\neq i_m \end{cases}, i=1,2,\cdots,n \tag{5-114}$$

这里，上标 (m) 表示第 m 个辅助变量的取值。很明显，这 $n-r$ 个终端辅助向量 $\boldsymbol{p}^{(m)}(t_f)$ 是相互独立的。对于线性微分方程组，如果其一组终值向量是线性独立的，那么相应的初值向量也是线性独立的。

根据式(5-114)，关系式(5-113) 可以改写为

$$\begin{aligned}&\sum_{i=r+1}^{n}[p_i^{(m)}(t_0)y_i(t_0)] \\ &= y_{i_m}(t_f) - \sum_{i=1}^{r}[p_i^{(m)}(t_0)y_i(t_0)] - \int_{t_0}^{t_f}\left[\sum_{i=1}^{n} p_i^{(m)}(t)b_i(t)\right]\mathrm{d}t\end{aligned} \tag{5-115}$$

其中，$y_i(t_0), i=1,2,\cdots,r$ 由初始条件给出；$y_{i_m}(t_f), m=1,2,\cdots,n-r$ 由终值条件给出；$p_i^{(m)}(t)$ 和 $p_i^{(m)}(t_0)$ 由 $\boldsymbol{p}^{(m)}(t_f)$ 根据式(5-107) 反向积分获得；$b_i(t)$ 已知。所以上式右端可以计算出来；上式左端的未知量即是 $y_i(t_0), i=r+1,r+2,\cdots,n$。

由于式(5-114) 确定的辅助终端条件有 $n-r$ 个，这样就可以建立 $n-r$ 维方程组，如下所示：

$$\begin{bmatrix} p_{r+1}^{(1)}(t_0) & p_{r+2}^{(1)}(t_0) & \cdots & p_{n}^{(1)}(t_0) \\ p_{r+1}^{(2)}(t_0) & p_{r+2}^{(2)}(t_0) & \cdots & p_{n}^{(2)}(t_0) \\ \vdots & \vdots & \ddots & \vdots \\ p_{r+1}^{(n-r)}(t_0) & p_{r+2}^{(n-r)}(t_0) & \cdots & p_{n}^{(n-r)}(t_0) \end{bmatrix} \begin{bmatrix} y_{r+1}(t_0) \\ y_{r+2}(t_0) \\ \vdots \\ y_n(t_0) \end{bmatrix}$$

$$= \begin{bmatrix} y_{i_1}(t_{\mathrm{f}}) - \sum_{i=1}^{r}[p_i^{(1)}(t_0)y_i(t_0)] - \int_{t_0}^{t_{\mathrm{f}}}\left[\sum_{i=1}^{n} p_i^{(1)}(t)b_i(t)\right]\mathrm{d}t \\ y_{i_2}(t_{\mathrm{f}}) - \sum_{i=1}^{r}[p_i^{(2)}(t_0)y_i(t_0)] - \int_{t_0}^{t_{\mathrm{f}}}\left[\sum_{i=1}^{n} p_i^{(2)}(t)b_i(t)\right]\mathrm{d}t \\ \vdots \\ y_{i_{n-r}}(t_{\mathrm{f}}) - \sum_{i=1}^{r}[p_i^{(n-r)}(t_0)y_i(t_0)] - \int_{t_0}^{t_{\mathrm{f}}}\left[\sum_{i=1}^{n} p_i^{(n-r)}(t)b_i(t)\right]\mathrm{d}t \end{bmatrix} \tag{5-116}$$

如果上式左边的矩阵可逆，则可以直接求出 $n-r$ 个未知状态初值。

② 非线性两点边值问题求解　假如有个 n 维非线性矢量方程：

$$\dot{\boldsymbol{y}} = \boldsymbol{g}(\boldsymbol{y}, t) \tag{5-117}$$

第 i 元用下标 i 表示，则式(5-117) 可以写成分量形式

$$\dot{y}_i = g_i(y_1, y_2, \cdots, y_n, t), i=1,2,\cdots,n \tag{5-118}$$

初始条件为

$$y_i(t_0) = c_i, i=1,2,\cdots,r \tag{5-119}$$

终端条件为

$$y_{i_m}(t_{\mathrm{f}}) = c_{i_m}, m=1,2,\cdots,n-r \tag{5-120}$$

如果 $\boldsymbol{y}(t)$，$t_0 \leqslant t \leqslant t_{\mathrm{f}}$ 是方程的一个解，而对它的修正解为 $\boldsymbol{y}(t) + \delta\boldsymbol{y}(t)$，该修正解是满足边值问题的真实解。$\delta\boldsymbol{y}(t) = [\delta y_1(t), \delta y_2(t), \cdots, \delta y_n(t)]^{\mathrm{T}}$，其中 $\delta y_i(t), i=1,2,\cdots,n$ 是变分。

将修正解代入方程 (5-117) 中，并用分量形式表示为

$$\dot{y}_i + \delta\dot{y}_i = g_i(y_1+\delta y_1, y_2+\delta y_2, \cdots, y_n+\delta y_n, t), i=1,2,\cdots,n \tag{5-121}$$

对式(5-121) 右端进行泰勒展开，仅保留一阶项，则有

$$\dot{y}_i + \delta\dot{y}_i = g_i(y_1, y_2, \cdots, y_n, t) + \sum_{j=1}^{n}\frac{\partial g_i}{\partial y_j}\delta y_j, i=1,2,\cdots,n \tag{5-122}$$

式(5-122)减去式(5-118) 有

$$\delta \dot{y}_i = \sum_{j=1}^{n} \frac{\partial g_i}{\partial y_j} \delta y_j, i = 1, 2, \cdots, n \tag{5-123}$$

该方程是线性时变微分方程，称为变分方程。将它写成向量形式

$$\delta \dot{\boldsymbol{y}} = \left(\frac{\partial \boldsymbol{g}}{\partial \boldsymbol{y}}\right) \delta \boldsymbol{y} \tag{5-124}$$

其中

$$\left(\frac{\partial \boldsymbol{g}}{\partial \boldsymbol{y}}\right) = \begin{bmatrix} \partial g_1/\partial y_1 & \partial g_1/\partial y_2 & \cdots & \partial g_1/\partial y_n \\ \partial g_2/\partial y_1 & \partial g_2/\partial y_2 & \cdots & \partial g_2/\partial y_n \\ \vdots & \vdots & \ddots & \vdots \\ \partial g_n/\partial y_1 & \partial g_n/\partial y_2 & \cdots & \partial g_n/\partial y_n \end{bmatrix}$$

那么就可以根据解线性两点边值问题的结论，对变分方程构造辅助方程，并求解 $\delta \boldsymbol{y}$ 的未知初值。但是变分 $\delta \boldsymbol{y}$ 只是对 $\boldsymbol{y}(t)$ 的一阶修正，所以求解真实值的过程需要进行迭代计算，制导修正量 $\delta \boldsymbol{y}$ 足够小。

用上标 k 表示第 k 次迭代过程。在首次迭代（$k=1$）开始时，需要给出 $\boldsymbol{y}^{(k)}(t_0)$ 的初始值。显然有

$$y_i^{(k)}(t_0) = c_i, i = 1, 2, \cdots, r \tag{5-125}$$

而 $y_i^{(k)}(t_0), i=r+1, \cdots, n$ 在 $k=1$ 时的初值则需要猜测给出，$k>1$ 后则可以用前一次的修正值，即

$$y_i^{(k)}(t_0) = y_i^{(k-1)}(t_0) + \delta y_i^{(k-1)}(t_0), i = r+1, \cdots, n \tag{5-126}$$

由于 $\boldsymbol{y}^{(k)}(t_0)$ 前 r 个状态就是初始条件，所以变分方程的初始条件为

$$\delta y_i^{(k)}(t_0) = 0, i = 1, 2, \cdots, r \tag{5-127}$$

通过非线性方程式(5-117)，可以由 $\boldsymbol{y}^{(k)}(t_0)$ 积分获得 $\boldsymbol{y}^{(k)}(t_\mathrm{f})$，这样就可以计算出变分方程的终端条件

$$\delta y_{i_m}^{(k)}(t_\mathrm{f}) = c_{i_m} - y_{i_m}^{(k)}(t_\mathrm{f}), m = 1, 2, \cdots, n-r \tag{5-128}$$

那么按照线性方程两点边值问题的求解方法，引入辅助变量 $\boldsymbol{p}$，使其满足辅助微分方程

$$\dot{\boldsymbol{p}} = -\left(\frac{\partial \boldsymbol{g}}{\partial \boldsymbol{y}}\right)^\mathrm{T} \boldsymbol{p} \tag{5-129}$$

它的分量形式为

$$\dot{p}_i = -\sum_{j=1}^{n} \frac{\partial g_j}{\partial y_i} p_j, i = 1, 2, \cdots, n \tag{5-130}$$

确定 $n-r$ 个辅助变量终端 $\boldsymbol{p}^{(m)}(t_\mathrm{f}), m=1, 2, \cdots, n-r$，其元素为

$$p_i^{(m)}(t_f)=\begin{cases}1, i=i_m\\0, i\neq i_m\end{cases}, i=1,2,\cdots,n \tag{5-131}$$

并对辅助方程（5-129）进行反向积分，则可以根据式(5-116）建立 $n-r$ 维关于未知修正量 $\delta y_i^{(k)}(t_0), i=r+1,\cdots,n$ 的方程组，如下所示：

$$\begin{bmatrix} p_{r+1}^{(1)}(t_0) & p_{r+2}^{(1)}(t_0) & \cdots & p_n^{(1)}(t_0) \\ p_{r+1}^{(2)}(t_0) & p_{r+2}^{(2)}(t_0) & \cdots & p_n^{(2)}(t_0) \\ \vdots & \vdots & & \vdots \\ p_{r+1}^{(n-r)}(t_0) & p_{r+2}^{(n-r)}(t_0) & \cdots & p_n^{(n-r)}(t_0) \end{bmatrix} \begin{bmatrix} \delta y_{r+1}^{(k)}(t_0) \\ \delta y_{r+2}^{(k)}(t_0) \\ \vdots \\ \delta y_n^{(k)}(t_0) \end{bmatrix} = \begin{bmatrix} \delta y_{i_1}^{(k)}(t_f) \\ \delta y_{i_2}^{(k)}(t_f) \\ \vdots \\ \delta y_{i_{n-r}}^{(k)}(t_f) \end{bmatrix} \tag{5-132}$$

在对辅助方程（5-129）进行反向积分时要用到矩阵$\left(\frac{\partial \boldsymbol{g}}{\partial \boldsymbol{y}}\right)$，它一般是时变的，需要由方程（5-117）写出解析形式后，再根据积分获得的 $\boldsymbol{y}^{(k)}(t)$ 的运动轨迹进行计算。

③ 计算步骤

a. 确定偏微分项$\partial g_i/\partial y_j, i,j=1,2,\cdots,n$ 的解析表达式。

b. 初始化迭代计数器，设 $k=0$。

c. 已知状态初始 $y_i^{(k)}(t_0)=c_i, i=1,2,\cdots,r$。

d. 对于 $k=0$，猜测未知初值 $y_i^{(k)}(t_0), i=r+1,\cdots,n$。

e. 根据状态初值 $y_i^{(k)}(t_0), i=1,\cdots,n$，对式(5-117）进行积分，保存状态变量 $y_i^{(k)}(t), i=1,\cdots,n, t_0\leqslant t\leqslant t_f$。

f. 按照式(5-131）确定辅助变量终端 $\boldsymbol{p}^{(m)}(t_f), m=1,\cdots,n-r$；根据保存的状态变量轨迹 $y_i^{(k)}(t)$，计算各时间点上$\partial g_i/\partial y_j, i,j=1,2,\cdots,n$ 的值，由终端条件，对辅助方程（5-129），从 t_f 反向积分到 t_0，获得 $\boldsymbol{p}^{(m)}(t_0)$，计算出式(5-132）左边的矩阵。

g. 按照式(5-128）计算出式(5-132）右边的向量。

h. 根据式(5-132）求解出修正量 $\delta y_i^{(k)}(t_0), i=r+1,\cdots,n$。

i. 修正迭代状态初值 $y_i^{(k+1)}(t_0)=y_i^{(k)}(t_0)+\delta y_i^{(k)}(t_0), i=r+1,\cdots,n$。

j. 若 $\delta y_i^{(k)}(t_0), i=r+1,\cdots,n$ 的绝对值小于某一设定值，或者 k 大于某一最大迭代值，则终止计算；否则返回步骤 e。

除了打靶法以外，国内外还有很多学者使用不同的数值优化方法求解这一问题，包括非线性规划方法[16,17]、遗传算法[18]、模拟退火算法[19]、蚁群算法[20] 等。有兴趣的读者可以参见相关文献。

下面用一个例子对上述过程进行说明。设探测器初始质量为 3100kg，动力下降起始点从 100km×15km 环月轨道近月点开始，发动机推力 7500N，比冲 310s，终端目标高度为 30m，垂直速度为−2m/s。那么优化出来的参数取值为

$$\begin{cases}\lambda_r(t_0)=-5.5048\times10^{-4}\\ \lambda_v(t_0)=0.0077\\ \lambda_\omega(t_0)=-3.6030\times10^{5}\\ \lambda_m(t_0)=-0.1917\\ t_f=564.235\mathrm{s}\end{cases}$$

生成的标称下降轨迹如图 5-27 和图 5-28 所示。

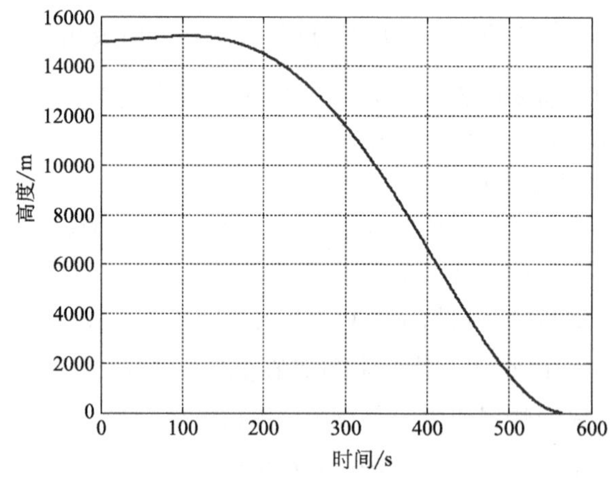

图 5-27 标称轨迹高度变化曲线

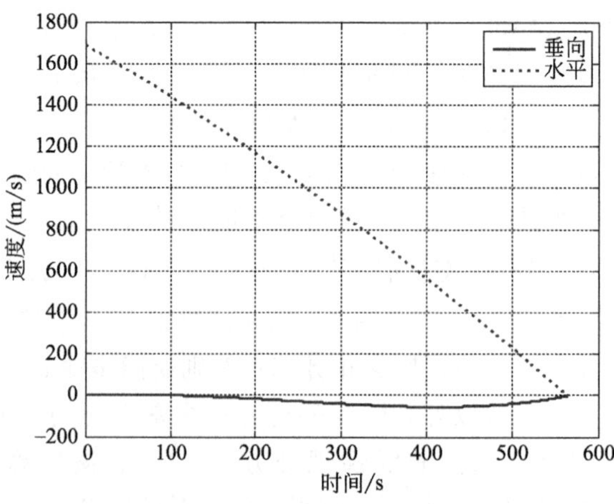

图 5-28 标称轨迹速度变化曲线

在这条轨迹中，标称的发动机推力方向和推力大小见图 5-29 和图 5-30。推力的方向角从最开始的接近零度，逐渐增大到约 34°；这一过程中推力保持最大值。

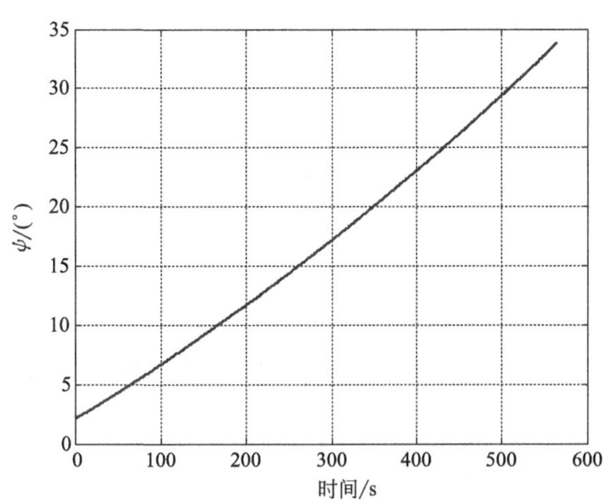

图 5-29 标称轨迹推力方向角

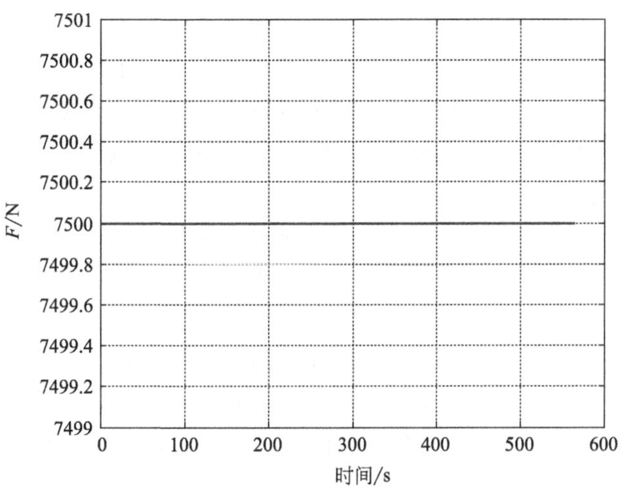

图 5-30 标称轨迹推力大小

标称轨迹对应的推进剂消耗见图 5-31。标称情况下的推进剂消耗量为 1393kg。对比 5.3.2 节的例子可见，在相同的初始状态和终端高度速度条件下，按照最优控制生成的标称轨迹推进剂消耗明显小于四次多项式制导。

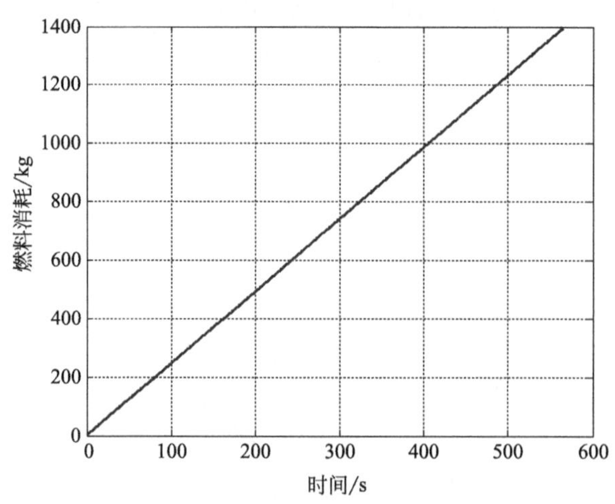

图 5-31　标称轨迹对应的推进剂消耗

5.4.2.2 标称轨迹的跟踪

标称轨迹设计完成后，为了克服下降过程的各种误差，需要设计一种跟踪制导控制律，既对各种干扰和不确定性具有较强的鲁棒性，又能与制导相匹配，具有较好的实时性。鲁棒控制是解决这一问题的主流手段。目前，退步法是一种应用较为广泛的设计方法，其主要思想是在每一步骤，通过选取适当的状态变量作为子系统的虚拟控制输入，设计虚拟控制律达到降低整个系统维数的目的，最后得到真正的反馈控制律，从而实现最终的控制目标。退步法虽然具有很多优点，但是存在"计算复杂性膨胀"的缺陷，特别是对于系统阶数较高的情况尤其显著。由于每一步递推设计中都要对虚拟控制律进行重复求导，导致虚拟控制量所含项随系统阶数的增加以指数形式增长，使得计算量增加，控制律变得高度非线性和复杂。本节所介绍的方法对退步法进行了一定程度的改进，通过滤波的方法避免求解导数，从而简化了计算。

针对 5.4.1.2 节介绍的系统，令 $u=r\omega$，表示水平速度，则式(5-62)可以改写成

$$\begin{cases}\dot{r}=v\\ \dot{\theta}=u/r\\ \dot{u}=-(F/m)\cos\psi-uv/r\\ \dot{v}=(F/m)\sin\psi-\mu/r^2+u^2/r\\ \dot{m}=-F/I_{sp}\end{cases}\tag{5-133}$$

令状态量 $\boldsymbol{x}_1=[r,\theta]^{\mathrm{T}},\boldsymbol{x}_1=[u,v]^{\mathrm{T}}$，控制输入量 $\boldsymbol{U}=[-(F/m)\cos\psi,(F/m)\sin\psi]^{\mathrm{T}}$，那么式(5-133) 可以写成如下 MIMO 不确定非自治系统形式：

$$
\begin{aligned}
\dot{\boldsymbol{x}}_1&=\boldsymbol{f}_1(\boldsymbol{x}_1,\boldsymbol{x}_2)+\boldsymbol{\Delta}_1(t,\boldsymbol{x}_1,\boldsymbol{x}_2)\\
&=\boldsymbol{D}(\boldsymbol{x}_1)\boldsymbol{x}_2+\boldsymbol{\Delta}_1(t,\boldsymbol{x}_1,\boldsymbol{x}_2)\\
\dot{\boldsymbol{x}}_2&=\boldsymbol{U}+\boldsymbol{f}_2(\boldsymbol{x}_1,\boldsymbol{x}_2)+\boldsymbol{\Delta}_2(t,\boldsymbol{x}_1,\boldsymbol{x}_2)
\end{aligned}
\tag{5-134}
$$

其中

$$
\boldsymbol{D}(\boldsymbol{x}_1)=\begin{bmatrix}0 & 1\\ 1/r & 0\end{bmatrix} \tag{5-135}
$$

$$
\boldsymbol{f}_2(\boldsymbol{x}_1,\boldsymbol{x}_2)=\begin{bmatrix}-uv/r\\ -\mu/r^2+u^2/r\end{bmatrix} \tag{5-136}
$$

$\boldsymbol{\Delta}_1(t,\boldsymbol{x}_1,\boldsymbol{x}_2)$和 $\boldsymbol{\Delta}_2(t,\boldsymbol{x}_1,\boldsymbol{x}_2)$ 是未知外界干扰、建模误差及未建模动态的合成。

轨迹跟踪的目标就是以着陆器位置和速度标称轨迹为参考输入信号(状态 $\boldsymbol{x}_1$、$\boldsymbol{x}_2$ 的参考值，用下标 r 表示) 设计控制器，通过调整推力的大小 F 和方向 ψ 对参考值实施跟踪。对于动力下降过程，模型 (5-133) 的参考输入和不确定性扰动项满足如下条件。

条件 1：对于 $\forall t\geqslant 0$，参考输入信号 $\boldsymbol{x}_{ir},\dot{\boldsymbol{x}}_{ir},\ddot{\boldsymbol{x}}_{ir}(i=1,2)$ 均有界。

条件 2：$\|\boldsymbol{\Delta}_i(t,\boldsymbol{x}_1,\boldsymbol{x}_2)\|\leqslant\delta_i,i=1,2$，其中 δ_i 为已知正常数。

函数 $\boldsymbol{D}(\boldsymbol{x}_1)$ 满足如下假设条件。

条件 3：$\boldsymbol{D}(\boldsymbol{x}_1)$ 有界，即存在常数 $d_1\geqslant d_0>0$，使得 $d_0\leqslant\boldsymbol{D}(x_1)\leqslant d_1$。

条件 4：$\boldsymbol{D}(\boldsymbol{x}_1)$ 可逆。

控制器的设计方法如下。

步骤 1，考虑闭环系统 (5-133) 的第一个子系统

$$
\dot{\boldsymbol{x}}_1=\boldsymbol{D}(\boldsymbol{x}_1)\boldsymbol{x}_2+\boldsymbol{\Delta}_1(t,\boldsymbol{x}_1,\boldsymbol{x}_2) \tag{5-137}
$$

定义误差状态向量 $\boldsymbol{S}_1=\boldsymbol{x}_1-\boldsymbol{x}_{1r}$，并对其进行求导得

$$
\dot{\boldsymbol{S}}_1=\boldsymbol{D}(\boldsymbol{x}_1)\boldsymbol{x}_2+\boldsymbol{\Delta}_1(t,\boldsymbol{x}_1,\boldsymbol{x}_2)-\dot{\boldsymbol{x}}_{1r} \tag{5-138}
$$

其中，$\boldsymbol{x}_{1r}$ 是位置参考信号。

取虚拟控制

$$
\boldsymbol{x}_{2\mathrm{d}}=\boldsymbol{D}(\boldsymbol{x}_1)^{-1}(-\boldsymbol{k}_1\boldsymbol{S}_1+\dot{\boldsymbol{x}}_{1r}) \tag{5-139}
$$

其中，$\boldsymbol{k}_1$ 是设计的常值参数对角矩阵。

引入新的状态变量 $\boldsymbol{z}_2$，它是由 $\boldsymbol{x}_{2\mathrm{d}}$ 通过时间常数为 τ_{d} 的一阶滤波器得到的估计值，即

$$\tau_d \dot{\boldsymbol{z}}_2 + \boldsymbol{z}_2 = \boldsymbol{x}_{2d}, \boldsymbol{z}_2(0) = \boldsymbol{x}_{2d}(0) \tag{5-140}$$

这样处理的好处是避免了对 $\boldsymbol{x}_{2d}$ 的非线性项求导，避免了计算膨胀问题，简化了控制律运算。

步骤 2，定义第二个误差平面为

$$\boldsymbol{S}_2 = \boldsymbol{x}_2 - \boldsymbol{z}_2 \tag{5-141}$$

对式(5-141) 等号两端进行求导，并将系统 (5-133) 第二个方程代入得

$$\dot{\boldsymbol{S}}_2 = \boldsymbol{U} + \boldsymbol{f}_2(\boldsymbol{x}_1, \boldsymbol{x}_2) + \boldsymbol{\Delta}_2(t, \boldsymbol{x}_1, \boldsymbol{x}_2) - \dot{\boldsymbol{z}}_2 \tag{5-142}$$

于是，轨迹跟踪系统最终的真正控制律为

$$\boldsymbol{U} = -\boldsymbol{f}_2(\boldsymbol{x}_1, \boldsymbol{x}_2) + \dot{\boldsymbol{z}}_2 - \boldsymbol{k}_2 \boldsymbol{S}_2 \tag{5-143}$$

从上述推导过程可以发现，虽然最终的真正控制器是由系统最后一个方程导出的，但其中包含了第一个子系统的反馈信息，因此可以实现对第一个状态向量 $\boldsymbol{x}_1$ 的跟踪控制。在软着陆的实际过程中，受到的干扰和不确定性及其对应的状态或状态导数相比，影响比较小，即 δ_i 数量级远远小于 $\dot{\boldsymbol{x}}_i$，这样通过系统方程可以看出，所涉及的控制器可以实现位置和速度的全状态跟踪。

月球摄动、测量误差和推力误差相对较小是标称轨迹跟踪法的前提。如果下降过程中扰动对整个系统影响较大，则需要针对新的系统模型重新进行最优标称轨迹的规划。这也正是标称轨迹方法的局限性。

这里所给出的标称轨迹跟踪方法是 Lyapunov 稳定的，有兴趣的读者可以参见文献 [21]。

5.4.3 重力转弯最优制导方法

5.4.3.1 开环方法

5.3.1 节介绍的各种重力转弯闭环轨迹跟踪制导律本身是没有考虑推进剂消耗的。5.4.1 节提出了推进剂约束下的最优制导问题。借鉴类似思路，国内学者也提出了在重力转弯制导设计中考虑推进剂消耗最优的方法。通过最优控制理论分析表明，最优的重力转弯制导律是一种 Bang-Bang 控制，只需要控制发动机开关，不需要调节推力大小，而且开关次数最多进行一次。在此基础上，设计了切换函数，并通过该函数实现重力转弯过程推力大小切换的方式[22]。

考虑最终着陆段，可假设探测器纵轴与天向的夹角 ψ 为小角度（如图 5-9 所示），则可将动力学方程（5-9）简化为

$$\begin{cases}\dot{h}=-v\\ \dot{v}=-\dfrac{F}{m}+g\\ \dot{\psi}=-\dfrac{g\psi}{v}\\ \dot{m}=-\dfrac{F}{I_{sp}}\end{cases}\tag{5-144}$$

其中，$0\leqslant F_{\min}\leqslant F\leqslant F_{\max}$。

为了使得重力转弯过程推进剂消耗最优，那么有如下性能指标函数取极大。

$$J=\int_{t_0}^{t_f}\dot{m}(t)\mathrm{d}t=m(t_f)-m(t_0)\tag{5-145}$$

对于这种软着陆问题，燃料最优问题等价于着陆时间最优问题[23]，性能指标函数为

$$J=-\int_{t_0}^{t_f}\mathrm{d}t=-t_f+t_0\tag{5-146}$$

根据极大值原理构造哈密顿函数

$$\begin{aligned}H&=-\lambda_h v+\lambda_v\left(-\frac{F}{m}+g\right)-\lambda_\psi\frac{g\psi}{v}-\lambda_m\frac{F}{I_{sp}}-1\\&=-\lambda_h v+\lambda_v g-\lambda_\psi\frac{g\psi}{v}-\left(\frac{\lambda_v}{m}+\frac{\lambda_m}{I_{sp}}\right)F-1\end{aligned}\tag{5-147}$$

其中，λ_h、λ_v、λ_ψ、λ_m 是共轭状态。根据式(5-147) 可以得到

$$\frac{\partial H}{\partial F}=-\left(\frac{\lambda_v}{m}+\frac{\lambda_m}{I_{sp}}\right)\tag{5-148}$$

所以式(5-147) 又可以变为

$$H=-\lambda_h v+\lambda_v g-\lambda_\psi\frac{g\psi}{v}+\frac{\partial H}{\partial F}F\tag{5-149}$$

协态方程为

$$\begin{cases}\dot{\lambda}_h=0\\ \dot{\lambda}_v=\lambda_h-\lambda_\psi\dfrac{g\psi}{v^2}\\ \dot{\lambda}_\psi=\lambda_\psi\dfrac{g}{v}\\ \dot{\lambda}_m=-\dfrac{\lambda_v F}{m^2}\end{cases}\tag{5-150}$$

使哈密顿函数为最大的控制就是最优控制，即

$$F(t)=\begin{cases}F_{\max}, \dfrac{\lambda_v}{m}+\dfrac{\lambda_m}{I_{sp}}<0\\ F_{\min}, \dfrac{\lambda_v}{m}+\dfrac{\lambda_m}{I_{sp}}>0\end{cases} \tag{5-151}$$

如果存在一个有限区间 $[t_1,t_2]\subset[0,t_f]$ 使得

$$\frac{\partial H}{\partial F}=-\left(\frac{\lambda_v}{m}+\frac{\lambda_m}{I_{sp}}\right)=0 \tag{5-152}$$

则最优控制 $F(t)$ 取值不能由哈密顿函数确定。此时，如果最优解存在，则称为奇异解，式(5-152) 称为奇异条件。

对于本节的最优制导问题，有以下几个性质。

① 式(5-144) 是自治系统，沿最优控制轨迹的哈密顿函数满足 $H(t)\equiv 0$。

② 令 $T(t)=\lambda_\psi(t)\psi(t)$，可以证明 $T(t)\equiv 0$。

对 $T(t)$ 求导，并将状态方程和协态方程中的 $\dot{\psi}\dot{\lambda}_\psi$ 代入其中，则有

$$\dot{T}(t)=\dot{\lambda}_\psi(t)\psi(t)+\lambda_\psi(t)\dot{\psi}(t)=0 \tag{5-153}$$

由于 $\psi(t_f)$ 自由，根据横截条件有 $\lambda_\psi(t_f)=0$，所以 $T(t_f)=0$。式(5-153) 已证明 $\dot{T}(t)=0$，所以 $T(t)\equiv 0$。

③ λ_h 在 $[0,t_f]$ 上为常数 [式(5-150) 中 $\dot{\lambda}_h=0$]。

④ 切换函数对时间的导数为

$$\begin{aligned}\frac{\mathrm{d}}{\mathrm{d}t}\left(\frac{\partial H}{\partial F}\right)&=-\frac{m\dot{\lambda}_v-\lambda_v\dot{m}}{m^2}-\frac{\dot{\lambda}_m}{I_{sp}}\\&=-\frac{m\left(\lambda_h-\lambda_\psi\dfrac{g\psi}{v^2}\right)+\lambda_v\dfrac{F}{I_{sp}}}{m^2}+\frac{\dfrac{\lambda_vF}{m^2}}{I_{sp}}\\&=-\frac{\lambda_h}{m}+\frac{g}{mv^2}\lambda_\psi\psi\\&=-\frac{\lambda_h}{m}\end{aligned} \tag{5-154}$$

利用这几个性质可以得到如下两个定理[22]。

定理 1 月球重力转弯软着陆系统（5144）的燃料最优制导或时间最优制导问题不存在奇异条件。

定理 2 对于月球重力转弯软着陆过程，其开关控制器的最优推力程序（5-151）最多进行一次切换。

根据这两个定理，可以发现着陆过程的可能工作方式只有 4 种：①最大；②最小；③最大-最小；④最小-最大。通常发动机的最小推力小

于探测器重力，以保证探测器能够向下加速。在此基础上讨论这四种方式的可行性。方式①下软着陆起始点就是最大推力点；方式②和③不可能实现软着陆；方式④是通常情况下的最优着陆方式，即探测器先作最小推力加速下降，然后发动机调到最大进行减速，并软着陆到月面。

由于开关函数$\frac{\lambda_v}{m}+\frac{\lambda_m}{I_{sp}}$中含有协态，它是一个关于状态的隐式表达式。为了实现实时制导，需要求出关于状态的切换函数。

设开机时间为 $t_0=0$，发动机开机后到关机的时间为 $t_{go}=t_f-t_0$，对动力学方程（5-144）进行积分，并考虑到 $h(t_0)=h_0$，$v(t_0)=v_0$，$m(t_0)=m_0$，$h(t_f)=h_f$，$v(t_f)=v_f$，则有

$$\begin{cases}h_f=h_0-v_0t_{go}-\frac{1}{2}gt_{go}^2+I_{sp}\left(\frac{m_0I_{sp}}{F}-t_{go}\right)\ln\left(1-\frac{F}{m_0I_{sp}}t_{go}\right)\\ v_f=v_0+gt_{go}+I_{sp}\ln\left(1-\frac{F}{m_0I_{sp}}t_{go}\right)\end{cases}\tag{5-155}$$

对上式进行变换，有

$$\begin{cases}h_0=h_f+v_ft_{go}-\frac{1}{2}gt_{go}^2-\frac{m_0I_{sp}^2}{F}\ln\left(1-\frac{F}{m_0I_{sp}}t_{go}\right)\\ v_0=v_f-gt_{go}-I_{sp}\ln\left(1-\frac{F}{m_0I_{sp}}t_{go}\right)\end{cases}\tag{5-156}$$

如果能从上式中消去 t_{go}，就可以得到一个关于 h_0 和 v_0 的方程 $f(h_0,v_0)=0$，称为切换方程。探测器首先处于最小推力下降状态，如果当前的高度 h_0 和速度 v_0 满足该切换方程，就将发动机推力调到最大进行制动。但是直接从方程（5-156）得到切换方程的解析形式很困难，一种方法是数值求解，比如根据当前 v_0 和目标 v_f，使用方程（5-156）的第二式，用数值迭代方法求出 t_{go}，再判断方程（5-156）的第一式是否成立。另一种方法是进行近似，对式(5-156）中的对数进行二阶泰勒展开：

$$\ln\left(1-\frac{F}{m_0I_{sp}}t_{go}\right)\approx-\frac{F}{m_0I_{sp}}t_{go}-\frac{1}{2}\left(\frac{F}{m_0I_{sp}}\right)^2t_{go}^2\tag{5-157}$$

代入式(5-156）后，有

$$\begin{cases}h_0=h_f+(v_f+I_{sp})t_{go}+\frac{1}{2}\left(\frac{F}{m_0}-g\right)t_{go}^2\\ v_0=v_f+\left(\frac{F}{m_0}-g\right)t_{go}+\frac{1}{2}I_{sp}\left(\frac{F}{m_0I_{sp}}\right)^2t_{go}^2\end{cases}\tag{5-158}$$

这是两个关于 t_{go} 的一元二次方程组，很容易消去 t_{go}，得到关于 h_0 和

v_0 的方程。

应该看到，这种 Bang-Bang 控制方法对参数非常敏感，速度、位置的误差以及发动机推力的误差都会影响着陆效果。一种方法是将终端高度向上提高，在该阶段之后增加一段垂直下降闭环控制轨迹；另一种方法是将重力转弯最大推力段改为闭环控制，这就是下一节将要介绍的内容。

5.4.3.2 闭环方法

考虑到在最终着陆段重力转弯 Bang-Bang 控制时，最大推力下降段持续时间不长，这段时间探测器自身消耗的推进剂相对较少，最大推力下产生的加速度接近常加速度，所以将最大推力段变为常加速度过程，并在推力从小切到大之后以常值加速度生成目标轨迹，之后实施连续闭环控制[24]。

预先设定重力转弯闭环阶段高度方向的参考轨迹为匀减速下降轨迹，加速度为 a_{ref}，其大小可取为

$$a_{ref}=\frac{F_{max}}{m_{ref}}-g \tag{5-159}$$

其中，m_{ref} 是探测器的参考质量，它应该小于动力下降初始质量，并大于落月质量，使得参考加速度在制动发动机的能力范围内。

(1) 时间-高度跟踪法

这种方法的基本思想是在发动机大推力工作阶段跟踪匀减速下降轨迹。如果该匀减速下降轨迹用时间的高度函数描述时，就需要首先确定小推力与大推力的切换时刻，然后从该时刻开始跟踪设计的匀减速下降轨迹。

切换函数为

$$f(h,v)=h-h_f-\frac{v^2}{a_{ref}} \tag{5-160}$$

如果 $f(h,v)>0$，则重力转弯处于第一阶段，发动机输出最小推力 $F=F_{min}$；否则重力转弯转入第二阶段，记录此时的探测器高度和时间，分别记为 h_{switch} 和时间 t_{switch}。接下来就可以计算当前时刻 t 的参考轨迹。

$$\begin{cases} h_{ref}=h_{switch}-\sqrt{2a_{ref}(h_{switch}-h_f)}\,(t-t_{switch})+\dfrac{1}{2}a_{ref}(t-t_{switch})^2 \\ \dot{h}_{ref}=-\sqrt{2a_{ref}(h_{switch}-h_f)}+a_{ref}(t-t_{switch}) \\ \ddot{h}_{ref}=a_{ref} \end{cases} \tag{5-161}$$

根据 5.3.1 节的时间-高度跟踪方式控制方法，由式(5-26) 有

$$F=\frac{m}{\cos\psi}\left[g\left(1-\frac{\tau\sin^2\psi}{v+\tau}\right)+\ddot{h}_{\text{ref}}-c_2(\dot{h}-\dot{h}_{\text{ref}})-c_1(h-h_{\text{ref}})\right] \quad (5\text{-}162)$$

其中，τ 是一个小常数，以避免速度 v 为 0 时式(5-162) 出现分母为 0 的情况。c_1 和 c_2 是正数，它们的选取应当使得如下方程稳定：

$$(\ddot{h}-\ddot{h}_{\text{ref}})+c_2(\dot{h}-\dot{h}_{\text{ref}})+c_1(h-h_{\text{ref}})=0 \quad (5\text{-}163)$$

下面以与 5.3.1 节案例相同的条件对重力转弯闭环最优制导方法进行验证。初始高度 $h_0=2000\text{m}$，初始速度 $v_0=20\text{m/s}$，速度方向与重力方向的夹角的初值 $\psi_0=60°$，初始质量为 1400kg，终端高度为 $h_f=100\text{m}$，终端速度为 $v_f=0.2\text{m/s}$。发动机推力范围限制在 1500～7500N 之间，比冲 310s。

本节采用时间-高度跟踪方式，闭环过程时的参考加速度 $a_{\text{ref}}=3.7371\text{m/s}^2$，控制器参数 $c_1=8$，$c_2=6$，$\tau=0.1$。

重力转弯闭环最优制导全过程时间-高度曲线和时间-速度曲线见图 5-32 和图 5-33。与 5.3.1 节的情况相似，高度单调下降，但速度大小是先增大再减小，其中速度增大的一段就是探测器以最小推力开环加速下降的过程。发动机输出的推力如图 5-34 所示。当系统判断出需要转入闭环轨迹跟踪后，发动机输出推力增大到最大值附近，并实施针对参考轨迹的连续控制。整个重力转弯过程速度与重力方向的夹角如图 5-35 所示，很明显探测器纵轴逐渐转为垂直。下降过程探测器的质量变化如图 5-36 所示，消耗推进剂 58.3kg，比 5.3.1 节的结果节省推进剂约 13kg。其中最为重要的原因是，本制导律中发动机从最小推力状态切出以后始终保持在近似最大推力状态，非常接近“最小-最大”的最优控制效果。

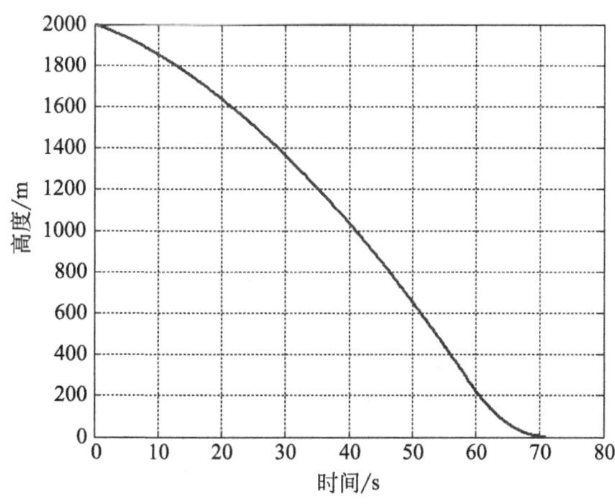

图 5-32 重力转弯闭环最优制导（时间-高度跟踪）时间-高度曲线

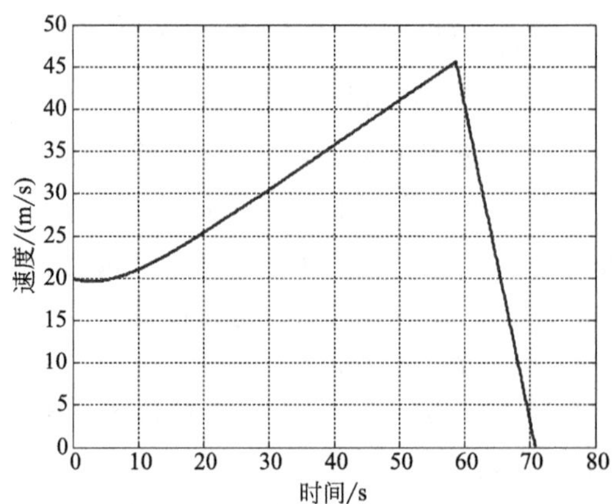

图 5-33 重力转弯闭环最优制导（时间-高度跟踪）时间-速度曲线

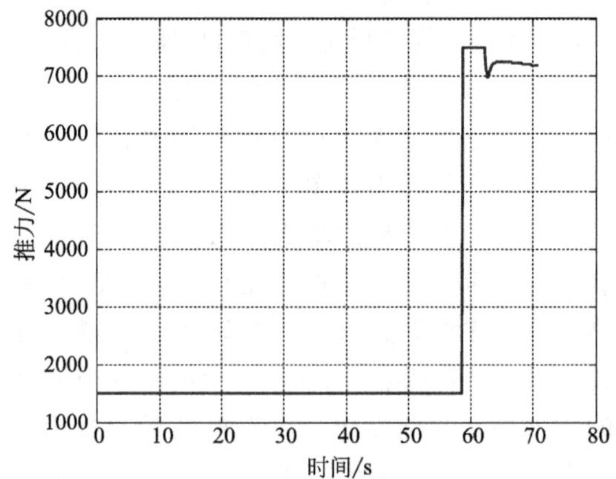

图 5-34 重力转弯闭环最优制导（时间-高度跟踪）时间-推力曲线

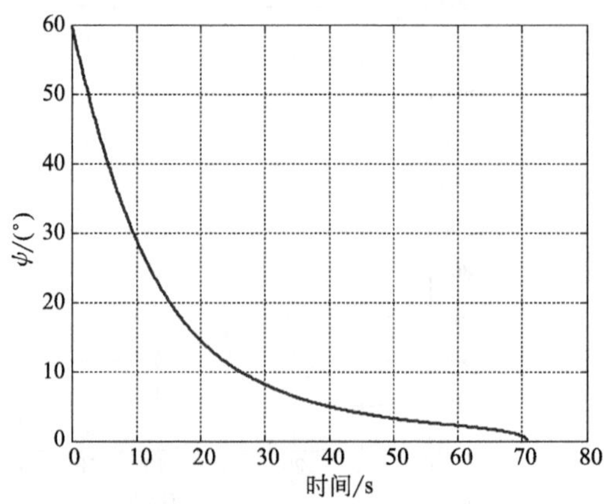

图 5-35 重力转弯闭环最优制导（时间-高度跟踪）速度方向与重力方向的夹角

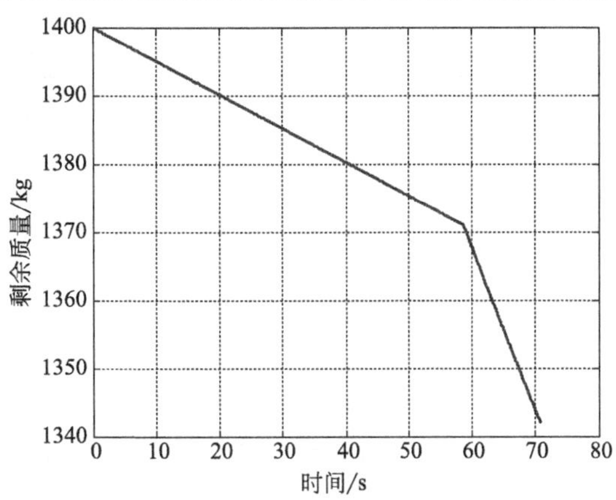

图 5-36 重力转弯闭环最优制导（时间-高度跟踪）过程探测器剩余质量

（2）速度-高度跟踪

对于匀减速下降轨迹，还可以将高度写成速度的二次函数，即

$$\tilde{h}=f(v)=\frac{v^2}{2a_{\mathrm{ref}}}+h_{\mathrm{f}}$$

$$f'(v)=\frac{v}{a_{\mathrm{ref}}}$$

于是也可以使用 5.3.1 节的速度-高度跟踪法。针对与之前仿真相同的初始条件，设 $a_{\mathrm{ref}}=3.7371\mathrm{m/s^2}$，用速度-高度跟踪时的下降过程曲线如图 5-37～图 5-41 所示。对比图 5-32～图 5-36，不难发现整个过程与时间-高度跟踪方法非常接近，而且发动机输出更为平滑。另外，采用这种方法也无需计算推力切换函数。

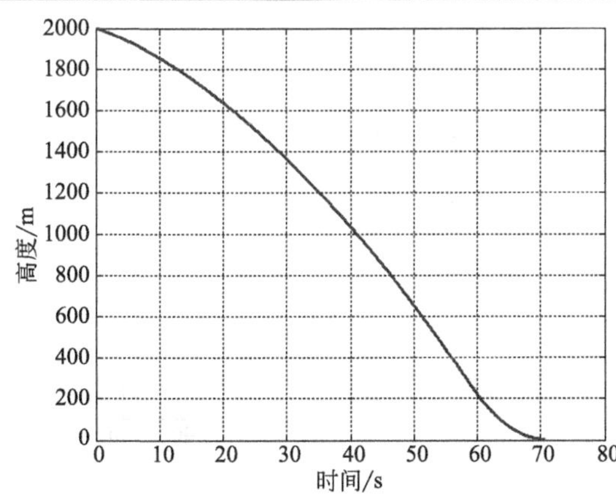

图 5-37 重力转弯闭环最优制导（速度-高度跟踪）时间-高度曲线

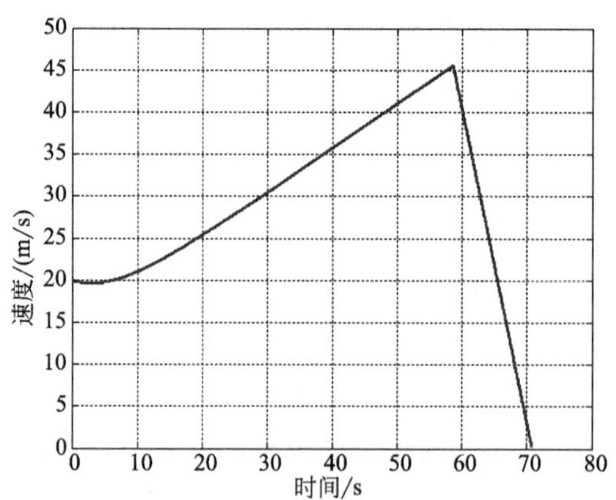

图 5-38 重力转弯闭环最优制导（速度-高度跟踪）时间-速度曲线

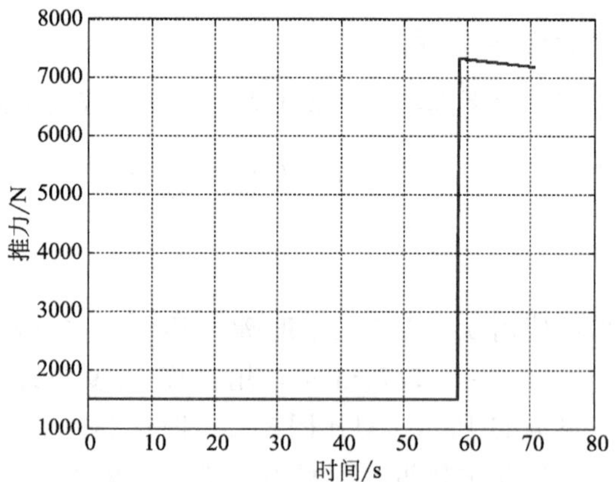

图 5-39 重力转弯闭环最优制导（速度-高度跟踪）时间-推力曲线

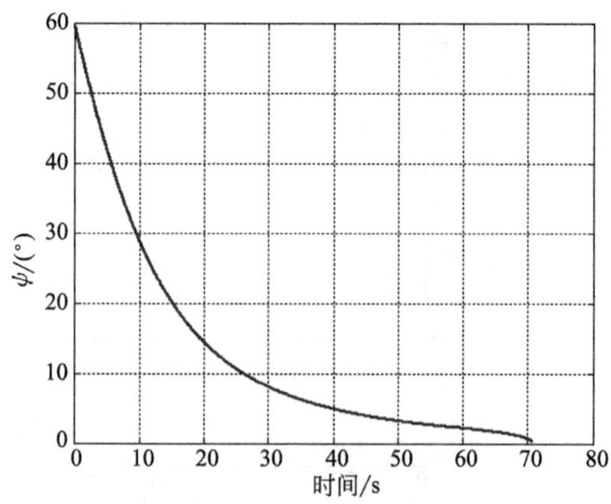

图 5-40 重力转弯闭环最优制导（速度-高度跟踪）速度方向与重力方向的夹角

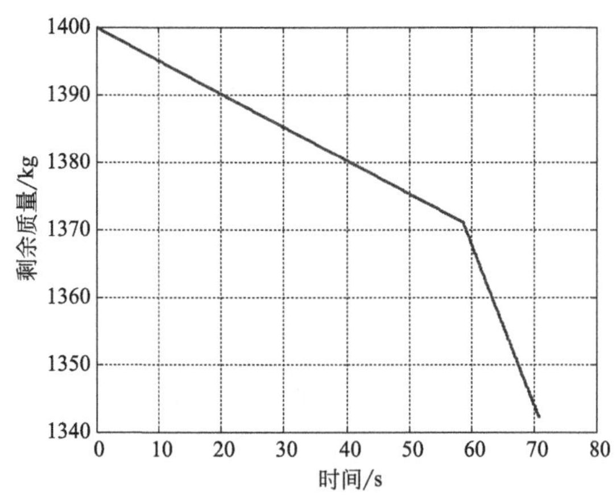

图 5-41 重力转弯闭环最优制导（速度-高度跟踪）过程探测器剩余质量

5.4.4 显式制导方法

5.4.4.1 终端四状态约束的显式制导方法

终端四个状态约束包括高度和三维速度。根据 5.4.1.3 节的内容，假设后续下降轨迹下的月表为平面，重力场为常数，那么

初始条件是

$$\begin{cases} \zeta(t_0)=\zeta_0 \\ \eta(t_0)=\eta_0 \\ \xi(t_0)=\xi_0 \\ u(t_0)=u_0 \\ v(t_0)=v_0 \\ w(t_0)=w_0 \end{cases} \tag{5-164}$$

终端目标是

$$\begin{cases} \xi(t_f)=\xi_f \\ u(t_f)=u_f \\ v(t_f)=v_f \\ w(t_f)=w_f \end{cases} \tag{5-165}$$

在本节中，将推力的方向角进行重新定义，如图 5-42 所示。

$$
\begin{aligned}
D_\zeta &= \cos\psi\cos\theta \\
D_\eta &= \sin\psi\cos\theta \\
D_\xi &= \sin\theta
\end{aligned}
\tag{5-166}
$$

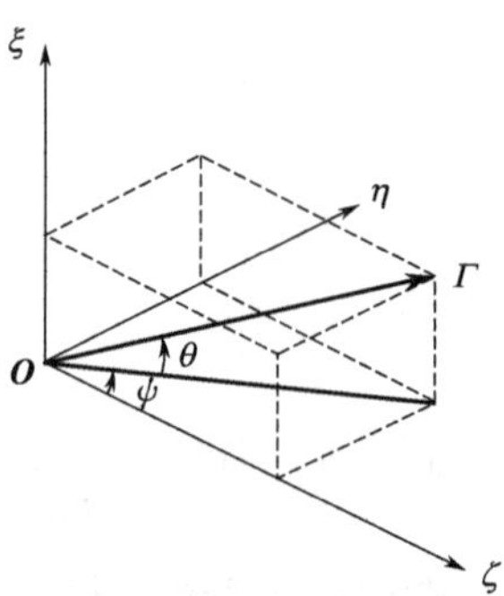

图 5-42　终端四状态约束显式制导中推力方向角定义

可以算出推力方向角为

$$
\begin{aligned}
\tan\theta &= \pm\frac{D_\xi}{\sqrt{D_\zeta^2+D_\eta^2}} \\
\tan\psi &= \frac{D_\eta}{D_\zeta}
\end{aligned}
\tag{5-167}
$$

根据式(5-94)，上式可以变化为

$$
\begin{aligned}
\tan\theta &= \pm\frac{\lambda_w}{\sqrt{\lambda_u^2+\lambda_v^2}} \\
\tan\psi &= \frac{\lambda_v}{\lambda_u}
\end{aligned}
\tag{5-168}
$$

由于落点水平位置不受约束，即 $\zeta(t_f)$ 和 $\eta(t_f)$ 自由，那么根据极大值原理的横截条件可得 $\lambda_\zeta(t_f)=0$ 和 $\lambda_\eta(t_f)=0$；再加上由式(5-90) 可知 $\boldsymbol{\lambda}_r=[\lambda_\zeta,\lambda_\eta,\lambda_\xi]^T$ 是常数，所以 $\lambda_\zeta\equiv 0$，$\lambda_\eta\equiv 0$，结合式(5-97) 还可以进一步推出

$$
\begin{aligned}
\lambda_u &= \lambda_{uf} \\
\lambda_v &= \lambda_{vf} \\
\lambda_w &= -\lambda_\xi(t-t_f)+\lambda_{wf}
\end{aligned}
\tag{5-169}
$$

这表明 λ_u 和 λ_v 是常数，λ_w 是时间的一次函数。

将式(5-169) 代入式(5-168) 可以看到，在落点水平位置不作约束的前提下，满足燃料最优的姿态角 θ 和 ψ，具有如下形式：

$$\begin{aligned}\tan\psi&=\tan\psi_0\\ \tan\theta&=\kappa_1+\kappa_2 t\end{aligned} \tag{5-170}$$

其中，ψ_0、κ_1、κ_2 是常数。

对于着陆任务来说，除了着陆的最后阶段，发动机的推力主要用于减速，因此姿态角 θ 通常比较小[25]，由此，可以近似认为

$$\begin{aligned}\cos\theta&\approx 1\\ \sin\theta&\approx\kappa_1+\kappa_2 t\end{aligned} \tag{5-171}$$

忽略推进剂消耗带来的质量变化，认为由发动机产生的推力加速度大小（用 a_{N} 表示）为常值（这种假设是不准确的，但随着探测器逐渐接近最终目标，这种假设带来的误差也逐渐减小），那么探测器的运动方程可以表示为

$$\begin{aligned}\dot{\zeta}&=w\\ \dot{u}&=a_{\mathrm{N}}\cos\psi_0\\ \dot{v}&=a_{\mathrm{N}}\sin\psi_0\\ \dot{w}&=a_{\mathrm{N}}(\kappa_1+\kappa_2 t)-g\end{aligned} \tag{5-172}$$

对式(5-172) 进行积分就可以获得从初始条件到终端约束之间的转换关系，由此可以解出四个待求的参数 ψ_0、κ_1、κ_2 以及 t_{go}[26]。最终得到的参数计算结果如下：

$$\psi=\arctan\frac{v_{\mathrm{f}}-v_0}{u_{\mathrm{f}}-u_0} \tag{5-173}$$

$$\theta=\arcsin\left[\frac{a_{\mathrm{V}}-(u_0^2+v_0^2)/\xi_0+g}{a_{\mathrm{N}}}\right] \tag{5-174}$$

其中

$$t_{\mathrm{go}}=\frac{\sqrt{(u_{\mathrm{f}}-u_0)^2+(v_{\mathrm{f}}-v_0)^2}}{a_{\mathrm{H}}} \tag{5-175}$$

$$a_{\mathrm{V}}=\frac{[6(\xi_{\mathrm{f}}-\xi_0)-2(w_{\mathrm{f}}+2w_0)t_{\mathrm{go}}]}{t_{\mathrm{go}}^2} \tag{5-176}$$

a_{H} 是 a_{N} 的水平分量。

这种制导律可以用于着陆的前期，但不适合将制导目标直接设为着陆月面，这是由制导律的假设前提决定的。此外该制导律对终端的飞行姿态也没有约束，所以不能保证垂直着陆。

下面用一个例子来进行说明。假设探测器的动力下降起始点位于

15km×100km 椭圆环月轨道近月点，初值质量 3100kg，发动机推力 7500N，比冲 310s。制动段采用本节介绍的显式制导方法，终端目标为 $\xi_f=3000m+R_m$，$u_f=70\text{m/s}$，$v_f=-2\text{m/s}$，$w_f=-20\text{m/s}$。这个例子中终端高度、前向水平速度 u_f 和垂向速度 w_f 均不为零，目的是便于与后续飞行阶段进行衔接，横向水平速度 v_f（速度在轨道面外的分量）也不为零，这主要是考虑探测器需要跟上月球自转引起的线速度。

制动过程的高度变化曲线和速度变化曲线分别如图 5-43 和图 5-44 所示，图中圆圈表示制导目标，可见终端目标均能达到。终端水平位置并不约束，对应的探测器制动过程的航程和横程变化曲线如图 5-45 所示。所谓航程，是指终端位置在初始轨道平面内的投影与动力下降起始点之间的月球标准球大圆弧长。所谓横程，是指终端位置与初始轨道面形成的夹角所对应的月球标准球大圆弧长。这个过程中发动机推力的方向角（定义见图 5-42）如图 5-46 所示，推力偏航角 ψ 约为 180°并比 180°稍大，这主要的原因是发动机推力需要降低下降的水平速度，并要产生终端垂直飞行方向且取值为－2m/s 的水平速度（$v_f=-2\text{m/s}$）。推力的俯仰角 θ 在最开始时为负，表明发动机推力方向向上，目的是克服轨道速度产生的离心加速度。之后逐渐增大到 30°，这样推力加速度具有向上的垂向分量，可以在一定程度克服月球重力的影响，避免下降速度过快。

整个制动过程飞行时长 542.7s，消耗推进剂 1339.9kg，如图 5-47 所示。

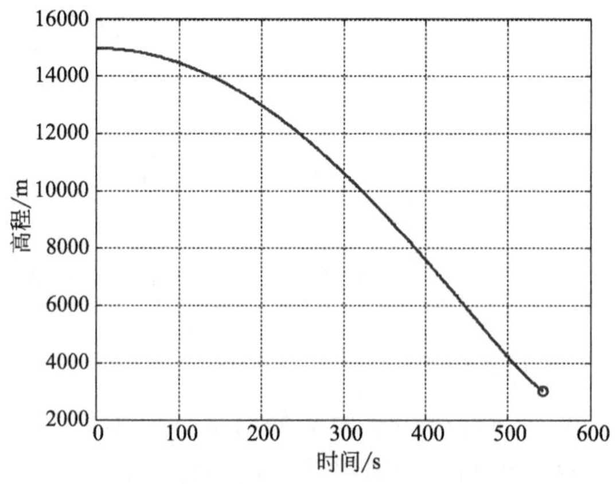

图 5-43 次优显式制导的高度变化曲线

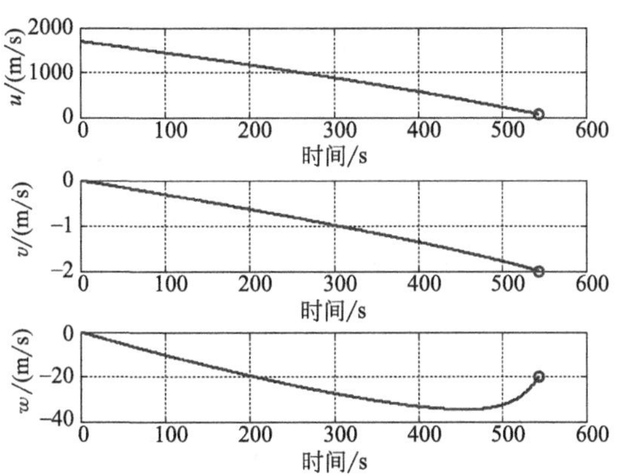

图 5-44 次优显式制导的速度曲线

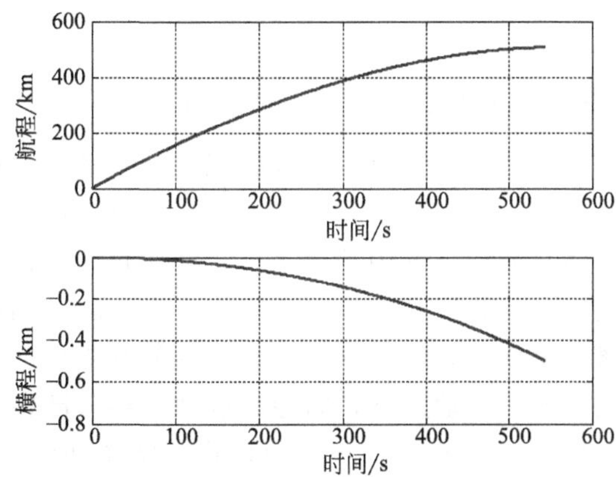

图 5-45 次优显式制导的航程和横程曲线

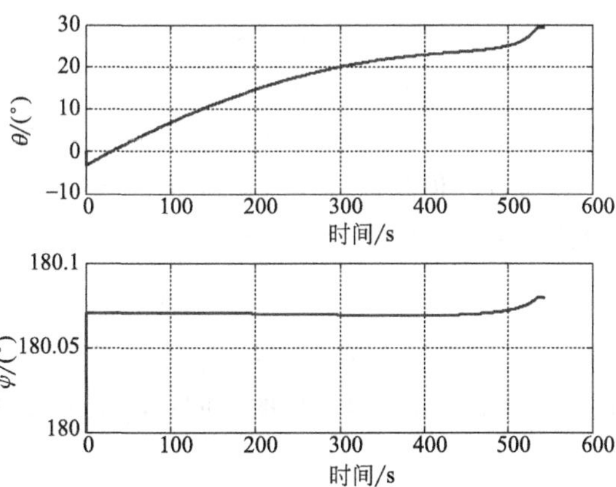

图 5-46 次优显式制导的推力方向角曲线

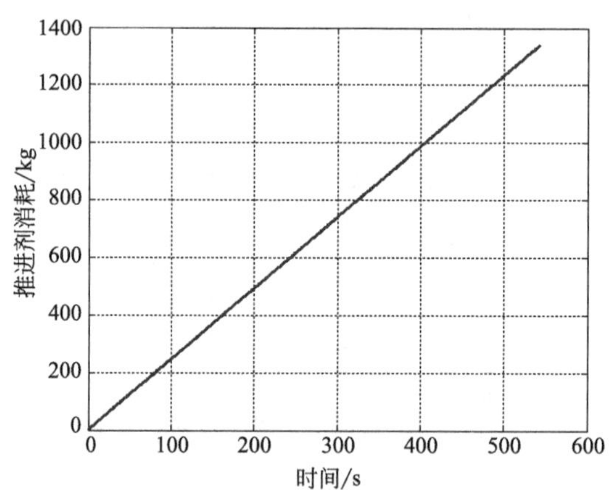

图 5-47 次优显式制导的推进剂消耗

5.4.4.2 终端五状态约束的显式制导方法

终端六个状态约束包括位置的三个分量和速度的三个分量。当发动机不使用 Bang-Bang 控制，始终保持最大状态时，这六个分量不能同时达到，最多只能控制其中的五个。将终端位置用高度、航程、横程三个分量描述时，从着陆安全的角度出发，通常不对航程进行控制。

能够满足终端五约束的常推力显式制导具体算法有多种，本节只介绍其中的代表——动力显式制导。这种制导律已在国内外多个月球着陆探测项目中得到应用[27,28]。动力显式制导（PEG）最早是针对航天飞机上升段设计的[29]，研究表明它也适用于各种不同的大气层外动力飞行过程。

在 5.4.1.3 节得到了一个重要结论，在平面假设条件下，动力下降最优推力方向满足双线性正切关系，详见式(5-99)。动力显式制导就是一种双线性正切制导律。虽然动力显式制导本身是针对球面模型的，即取消了平面假设，但是双线性正切制导律仍然是燃料最优问题的近似解。因此，推力方向强制满足如下关系：

$$\boldsymbol{\lambda}_F=\boldsymbol{\lambda}_v+\dot{\boldsymbol{\lambda}}(t-t_\lambda) \tag{5-177}$$

其中，$\boldsymbol{\lambda}_F$ 代表推力的方向；$\boldsymbol{\lambda}_v$ 代表需要的速度增量的方向；$\dot{\boldsymbol{\lambda}}$ 代表 $\boldsymbol{\lambda}_F$ 的变化率；t 是连续变化的时间；t_λ 是一个参考时间。这三个量都是常数。

直接使用 5.2.1 节定义的制导坐标系，将该坐标系视为一个瞬时惯性系，并将 ζ、η、ξ 轴分别用符号 x、y、z 替代，则式(5-177) 在 z 向

（高度）和 x 向（航程）分别有

$$\lambda_{F_z}=\lambda_{v_z}+\dot{\lambda}_z(t-t_\lambda) \tag{5-178}$$

$$\lambda_{F_x}=\lambda_{v_x}+\dot{\lambda}_x(t-t_\lambda) \tag{5-179}$$

将 z 分量与 x 分量相除，于是有

$$\tan\theta=\frac{\lambda_{v_z}+\dot{\lambda}_z(t-t_\lambda)}{\lambda_{v_x}+\dot{\lambda}_x(t-t_\lambda)} \tag{5-180}$$

用 t_c 表示当前时间，用 t_{go} 表示剩余点火时间，那么 $\boldsymbol{\lambda}_F$、$\boldsymbol{\lambda}_v$ 和 $\dot{\boldsymbol{\lambda}}$ 的几何关系可以图 5-48 表示。

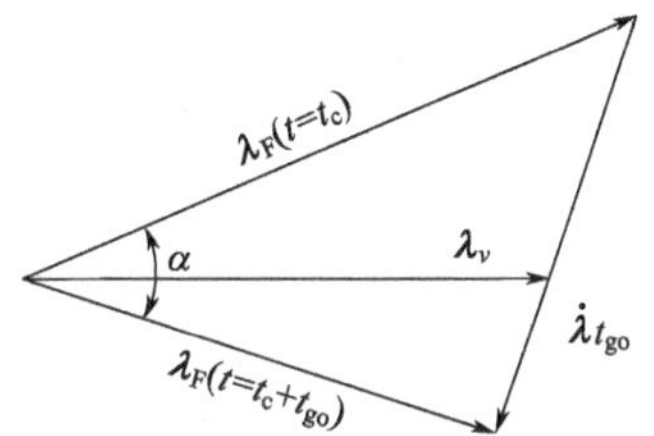

图 5-48 双线性正切制导律的几何关系

令 $\boldsymbol{\lambda}_v$ 为单位矢量，并且假定剩余点火时间内推力方向的变化角度 α 足够小，那么由式(5-177) 计算出的 $\boldsymbol{\lambda}_F$ 近似单位矢量，因此根据动力学方程（5-8）有

$$\ddot{\boldsymbol{r}}-\boldsymbol{g}=\frac{F}{m}[\boldsymbol{\lambda}_v+\dot{\boldsymbol{\lambda}}(t-t_\lambda)] \tag{5-181}$$

如果 t_{go} 已知，那么就可以对式(5-181) 进行积分。定义如下积分变量：

$$L=\int_0^{t_{go}}\frac{F}{m}\mathrm{d}t=I_{sp}\ln\frac{\tau}{\tau-t_{go}} \tag{5-182}$$

$$J=\int_0^{t_{go}}\frac{F}{m}t\,\mathrm{d}t=\tau L-I_{sp}t_{go} \tag{5-183}$$

$$S=\int_0^{t_{go}}\int_0^{t}\frac{F}{m}\mathrm{d}s\,\mathrm{d}t=Lt_{go}-J \tag{5-184}$$

$$Q=\int_0^{t_{go}}\int_0^{t}\frac{F}{m}t\,\mathrm{d}s\,\mathrm{d}t=\tau S-t_{go}^2I_{sp}/2 \tag{5-185}$$

$$\boldsymbol{v}_{grav}=\int_0^{t_{go}}\boldsymbol{g}\,\mathrm{d}t \tag{5-186}$$

$$\boldsymbol{r}_{grav}=\int_0^{t_{go}}\int_0^{t}\boldsymbol{g}\,\mathrm{d}s\,\mathrm{d}t \tag{5-187}$$

其中，I_{sp} 是比冲，且

$$\tau = I_{sp} m/F \tag{5-188}$$

则对式(5-181) 在 $[0, t_{go}]$ 上积分，有

$$\boldsymbol{v}_d - \boldsymbol{v} - \boldsymbol{v}_{grav} = L\boldsymbol{\lambda}_v + (J - Lt_\lambda)\dot{\boldsymbol{\lambda}} \tag{5-189}$$

$$\boldsymbol{r}_d - \boldsymbol{r} - \boldsymbol{v}t_{go} - \boldsymbol{r}_{grav} = S\boldsymbol{\lambda}_v + (Q - St_\lambda)\dot{\boldsymbol{\lambda}} \tag{5-190}$$

其中，$\boldsymbol{r}_d$ 和 $\boldsymbol{v}_d$ 是关机时刻期望的位置和速度。以上两式的右侧代表推力引起的速度和位置变化，将它们分别定义为 $\boldsymbol{v}_{go}$ 和 $\boldsymbol{r}_{go}$，即

$$\boldsymbol{v}_{go} = L\boldsymbol{\lambda}_v + (J - Lt_\lambda)\dot{\boldsymbol{\lambda}} \tag{5-191}$$

$$\boldsymbol{r}_{go} = S\boldsymbol{\lambda}_v + (Q - St_\lambda)\dot{\boldsymbol{\lambda}} \tag{5-192}$$

取

$$J - Lt_\lambda = 0 \tag{5-193}$$

则

$$t_\lambda = \frac{J}{L} \tag{5-194}$$

因此式(5-191) 和式(5-192) 这两个矢量方程包含 5 个标量方程（航程不控）和 7 个未知参数（t_{go}、$\boldsymbol{\lambda}_v$ 和 $\dot{\boldsymbol{\lambda}}$ 各有 3 个分量），为了求解，还必须引入一个约束方程。

$$\boldsymbol{\lambda}_v \cdot \dot{\boldsymbol{\lambda}} = \boldsymbol{0} \tag{5-195}$$

在这个正交约束下，动力显式制导变成由 $\boldsymbol{\lambda}_v$ 和 $\dot{\boldsymbol{\lambda}}$ 定义的直角坐标系下的线性正切制导律。

制导律需要的 7 个未知参数的求解方法比较复杂，需要使用到迭代求解，具体参见文献 [29]。

接下来用与 5.4.4.1 节相同的例子对动力显式制导进行验证。探测器的动力下降起始点位于 15km×100km 椭圆环月轨道近月点，初值质量 3100kg，发动机推力 7500N，比冲 310s。制动段采用动力显式制导方法，终端目标为 $r_d = 3000\text{m} + R_m$，$v_{du} = 70\text{m/s}$（x 向速度分量），$v_{dv} = -2\text{m/s}$（y 向速度分量），$v_{dw} = -20\text{m/s}$（z 向速度分量）。注意，相比 5.4.4.1 节的次优显式制导，PEG 制导律中隐含着终端横程为 0 这一约束，这会导致水平面内的飞行轨迹出现变化。

制动过程的高度变化曲线和速度变化曲线分别如图 5-49 和图 5-50 所示，图中圆圈表示制导目标，可见终端目标均能达到。探测器制动过程的航程和横程变化曲线如图 5-51 所示，明显可见横向终端位置是受约束的。为了与次优显式制导相比较，将发动机推力的方向按图 5-42 的定义

描述，那么动力显式制导下推力方向角的变化如图 5-52 所示。与图 5-46 类似，推力偏航角 ψ 也约为 180°，但在开始阶段比 180°略小，以产生沿轨道法线方向的水平速度，并使得水平面内的飞行轨迹向轨道正法线方向偏移。这么做的原因是，终端速度在轨道负法线方向有分量，但又不允许终端有横向位置偏差。推力的俯仰角 θ 也是由小变大的，但与图 5-46 不同，θ 一开始就为正，这意味着发动机推力方向始终向上。动力显式制导推力方向的这一特点表明制导律并不急于克服轨道速度产生的离心加速度，因此造成了飞行高度先上升再下降（图 5-53）。

推进剂消耗如图 5-54 所示。PEG 制导律下整个制动过程飞行时长 542s，消耗推进剂 1338.1kg，相比次优显式制导飞行时长缩短 0.7s，推进剂消耗减少 1.8kg。

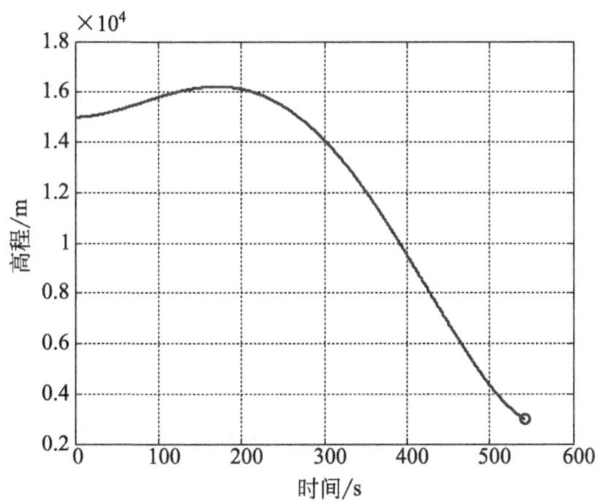

图 5-49　动力显式制导的高度变化曲线

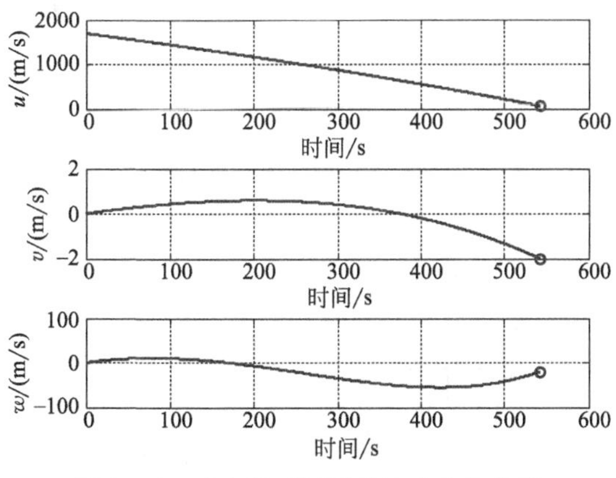

图 5-50　动力显式制导的速度变化曲线

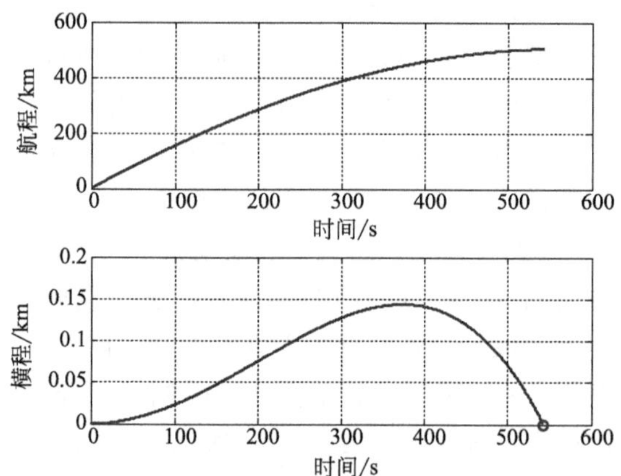

图 5-51 动力显式制导的航程和横程变化曲线

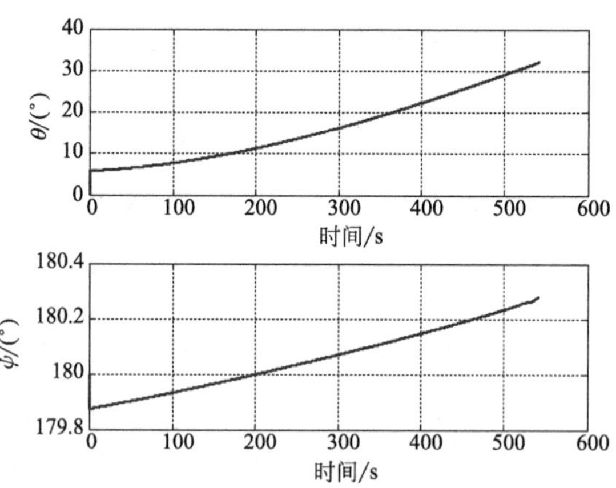

图 5-52 动力显式制导的推力方向角曲线

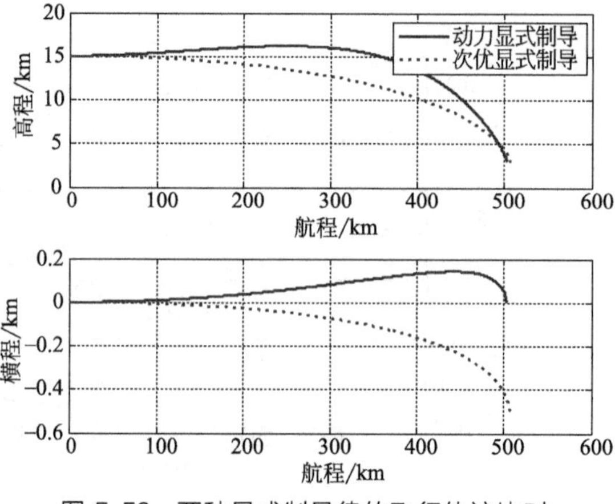

图 5-53 两种显式制导律的飞行轨迹比对

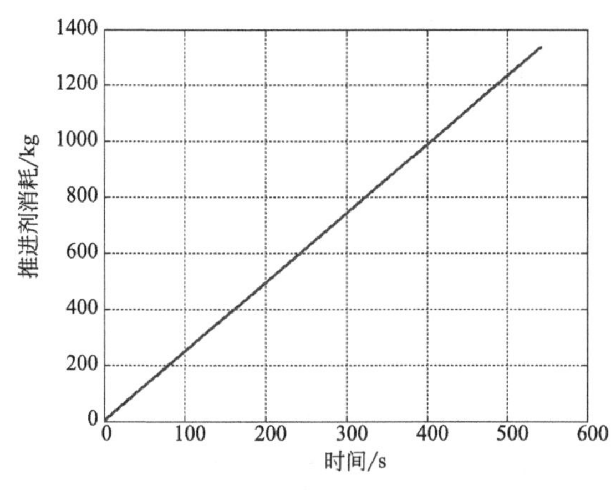

图 5-54 动力显式制导的推进剂消耗

5.5 定点着陆的最优制导方法

5.5.1 定点着陆的最优控制问题

定点着陆的任务目标是指除了关机的高度和三维速度满足任务要求以外，关机点的水平位置还必须位于预先设定的地点。这样对于制导来说，终端约束就包括了位置和速度一共六个分量。

5.4.1.1 节中实际已经给出了定点着陆最优控制问题的数学描述，它的终端约束方程为式(5-59)，相对来说比较复杂。为了使得数学表达式尽可能简单，这里对 5.2.1 节的惯性坐标系和制导坐标系作适当变化，定义两个新的坐标系，并将动力学方程描述在这两个坐标系下。

月心惯性系 $OXYZ$：原点位于月球中心，OX 轴指向动力下降起始点，OY 轴位于环月轨道平面内指向飞行方向，OZ 轴按照右手定则确定。着陆器在该坐标系的位置可以用极坐标（r,α,β）表示。如果将 XOZ 平面视为该惯性系坐标系的赤道面，那么 α 和 β 的物理意义就是经度和纬度。

轨道坐标系 $O\zeta\eta\xi$：原点位于着陆器星下点，$O\xi$ 由星下点指向着陆器，$O\zeta$ 沿月心惯性系 $OXYZ$ 的经线指向飞行方向，$O\eta$ 平行于月心惯性系 $OXYZ$ 的纬线圈方向。

在轨道坐标系下，着陆器的速度矢量用（u,v,w）表示；推力的大小为 F，推力的方向用航向角 ψ 和俯仰角 θ 表示。

具体如图 5-55 所示。

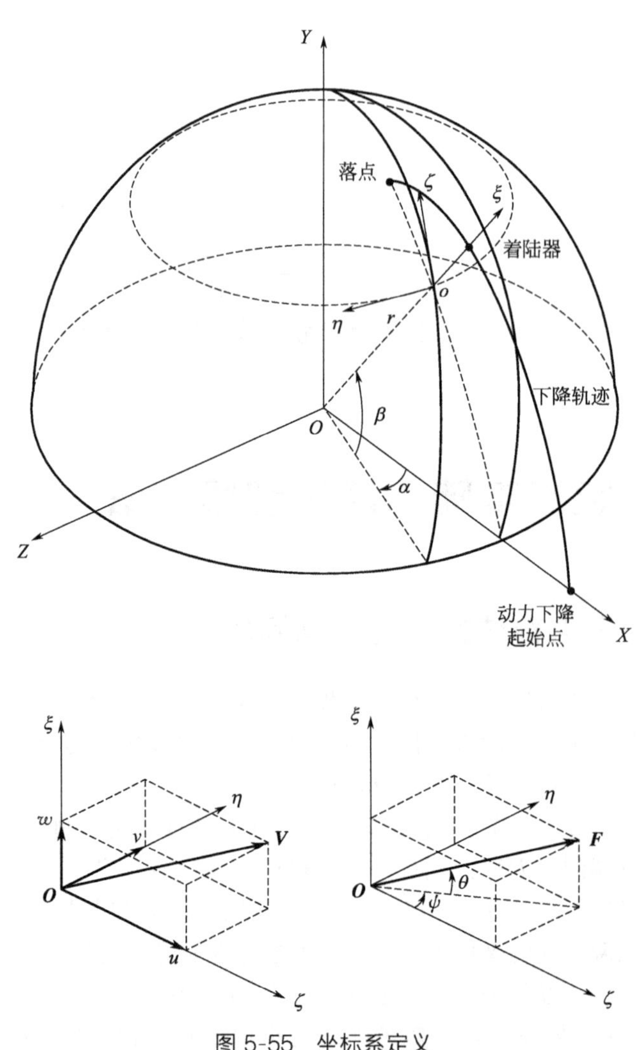

图 5-55 坐标系定义

忽略月球自转和非球引力摄动，着陆器的质心动力学方程如式(5-196)所示。注意，由于轨道坐标系是动坐标系，所以着陆器相对轨道系的速度应该是着陆器相对惯性系的速度减去轨道系相对惯性系的旋转角速度与着陆器相对轨道系速度的叉乘。

$$\begin{cases}\dot{r}=w\\ \dot{\alpha}=\dfrac{v}{r\cos\beta}\\ \dot{\beta}=\dfrac{u}{r}\\ \dot{u}=\dfrac{F\cos\theta\cos\psi}{m}-\dfrac{uw}{r}-\dfrac{v^2}{r}\tan\beta\\ \dot{v}=\dfrac{F\cos\theta\sin\psi}{m}-\dfrac{vw}{r}+\dfrac{uv}{r}\tan\beta\\ \dot{w}=\dfrac{F\sin\theta}{m}-\dfrac{GM}{r^2}+\dfrac{u^2+v^2}{r}\\ \dot{m}=-\dfrac{F}{I_{sp}}\end{cases} \tag{5-196}$$

如此定点着陆的最优控制问题为

① 控制输入有界，即

$$0\leqslant F_{min}\leqslant F\leqslant F_{max} \tag{5-197}$$

F_{min} 是允许的最小推力，F_{max} 是允许的最大推力。

② 初始状态边界条件

$$\begin{cases}r(t_0)=r_0\\ \alpha(t_0)=\alpha_0\\ \beta(t_0)=\beta_0\\ u(t_0)=u_0\\ v(t_0)=v_0\\ w(t_0)=w_0\\ m(t_0)=m_0\end{cases} \tag{5-198}$$

③ 终端状态约束条件为

$$\begin{cases}r(t_f)=r_f\\ \alpha(t_f)=\alpha_f\\ \beta(t_f)=\beta_f\\ u(t_f)=u_f\\ v(t_f)=v_f\\ w(t_f)=w_f\end{cases} \tag{5-199}$$

④ 燃料最优的指标函数为

$$J=\int_{t_0}^{t_f}\dot{m}(t)\mathrm{d}t=m(t_f)-m(t_0) \tag{5-200}$$

取极大值。

取哈密顿函数为

$$\begin{aligned}
H(\boldsymbol{x},\boldsymbol{u},\boldsymbol{\lambda})=&\lambda_r w+\lambda_\alpha\frac{v}{r\cos\beta}+\lambda_\beta\frac{u}{r}\\
&+\lambda_u\left(\frac{F\cos\theta\cos\psi}{m}-\frac{uw}{r}-\frac{v^2}{r}\tan\beta\right)\\
&+\lambda_v\left(\frac{F\cos\theta\sin\psi}{m}-\frac{vw}{r}+\frac{uv}{r}\tan\beta\right)\\
&+\lambda_w\left(\frac{F\sin\theta}{m}-\frac{GM}{r^2}+\frac{u^2+v^2}{r}\right)-\lambda_m\frac{F}{I_{sp}}-\frac{F}{I_{sp}}\\
=&\lambda_r w+\lambda_\alpha\frac{v}{r\cos\beta}+\lambda_\beta\frac{u}{r}-\lambda_u\left(\frac{uw}{r}+\frac{v^2}{r}\tan\beta\right)\\
&+\lambda_v\left(-\frac{vw}{r}+\frac{uv}{r}\tan\beta\right)+\lambda_w\left(-\frac{GM}{r^2}+\frac{u^2+v^2}{r}\right)\\
&+F\left(\lambda_u\frac{\cos\theta\cos\psi}{m}+\lambda_v\frac{\cos\theta\sin\psi}{m}+\lambda_w\frac{\sin\theta}{m}-\lambda_m\frac{1}{I_{sp}}-\frac{1}{I_{sp}}\right)
\end{aligned} \tag{5-201}$$

其中，$\boldsymbol{\lambda}=[\lambda_r,\lambda_\alpha,\lambda_\beta,\lambda_u,\lambda_v,\lambda_w,\lambda_m]^{\mathrm{T}}$ 是共轭状态。

令 $L(t)=\lambda_u\frac{\cos\theta\cos\psi}{m}+\lambda_v\frac{\cos\theta\sin\psi}{m}+\lambda_w\frac{\sin\theta}{m}-\lambda_m\frac{1}{I_{sp}}-\frac{1}{I_{sp}}$，可知使得哈密顿函数取极值的最优控制律为

$$F=\begin{cases}F_{\max},L(t)>0\\F_{\min},L(t)<0\\\text{任意},L(t)=0\end{cases} \tag{5-202}$$

且

$$\begin{aligned}
&\psi=\arctan2(\lambda_v,\lambda_u)\\
&\theta=\arcsin\frac{\lambda_w}{\sqrt{\lambda_u^2+\lambda_v^2+\lambda_w^2}}
\end{aligned} \tag{5-203}$$

显然，定点着陆的最优控制仍然是 Bang-Bang 控制。

对于这种定点着陆的最优控制问题，求解非常困难，更多的是依靠数值方法。目前，最好的解决方案依然是将最优控制问题转化为非

线性规划问题，然后利用序列二次规划方法进行标称轨迹求解[29,30]。与之配套，当实际实施下降时，GNC 计算机跟踪标称轨迹进行控制，例如 H_{∞} 控制。

如果将下降轨迹下的月表视为平面，并设引力加速度为常数，则不难发现 5.4.1.3 的结论仍然成立。发动机推力的俯仰角仍然具有双线性正切的形式。这表明，5.4.4.2 节介绍的显式制导方法具备用于定点着陆的可能，关键是找到合适的推力切换点。

5.5.2 基于显式制导的定点着陆制导

直接根据最优控制结论设计位置、速度约束的显式制导方法比较困难。回顾一下 5.4.4.2 节，我们知道在常值推力（始终最大推力）下，用显式制导最多能够实现终端五状态约束。对于一般着陆问题，放弃了航程控制。反过来说，如果要实现定点着陆，那么必须在 5.4.4.2 节的基础上增加航程控制，也就是说制导律必须可调，而且根据最优控制的结论，推力调节必须是最大和最小推力之间的 Bang-Bang 控制模式。

(1) 基于连续变推力的定点着陆显式制导

这个制导律从 5.4.4.2 节的动力显式制导基础上发展而来。基本思想是根据预报落点与目标落点之间的航程偏差，反馈调整发动机推力，使得在之后的飞行过程中始终保持该推力时终端航程恰好达到目标[31]。

假设当前动力显式制导预测的飞行器终端位置为 $\boldsymbol{r}_{\mathrm{pd}}$，原定的终端位置为 $\boldsymbol{r}_{\mathrm{d0}}$，且定义由 $\boldsymbol{r}_{\mathrm{pd}}$ 到 $\boldsymbol{r}_{\mathrm{d0}}$ 的矢量角（沿飞行方向旋转为正）为 $\Delta\Phi$。

近似有

$$\frac{\partial \Phi}{\partial t_{\mathrm{go}}}=\frac{v_{\mathrm{h}}}{r} \tag{5-204}$$

其中，v_{h} 是当前的水平速度；r 是当前的矢径。

根据式(5-182) 和 $\|\boldsymbol{v}_{\mathrm{go}}\|=L$ 有

$$t_{\mathrm{go}}=\frac{I_{\mathrm{sp}} m_0}{F}\left[1-\exp\left(-\frac{v_{\mathrm{go}}}{I_{\mathrm{sp}}}\right)\right] \tag{5-205}$$

所以

$$\frac{\partial t_{\mathrm{go}}}{\partial F}=-\frac{I_{\mathrm{sp}} m_0}{F^2}\left[1-\exp\left(-\frac{v_{\mathrm{go}}}{I_{\mathrm{sp}}}\right)\right] \tag{5-206}$$

因此有

$$\frac{\partial \Phi}{\partial F}=\frac{\partial \Phi}{\partial t_{go}}\times\frac{\partial t_{go}}{\partial F}=-\frac{v_h I_{sp} m_0}{rF^2}\left[1-\exp\left(-\frac{v_{go}}{I_{sp}}\right)\right] \tag{5-207}$$

由此，可以根据预报的落点误差修正推力大小

$$\Delta F=\frac{\partial F}{\partial \Phi}\Delta\Phi=-\frac{rF^2}{v_h I_{sp} m_0\left[1-\exp\left(-\frac{v_{go}}{I_{sp}}\right)\right]}\Delta\Phi \tag{5-208}$$

$$F=F+\Delta F \tag{5-209}$$

算法流程如图 5-56 所示。

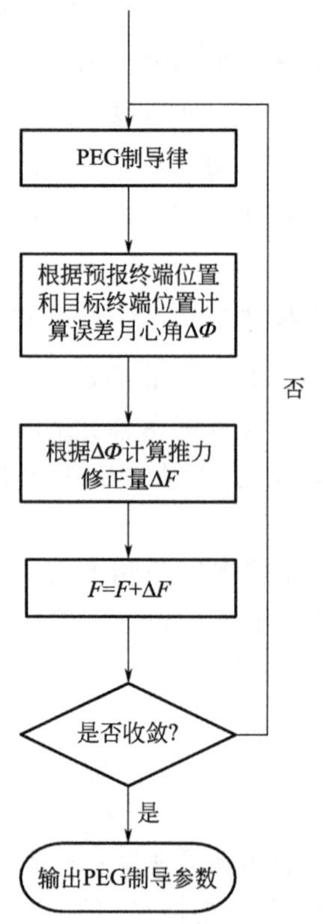

图 5-56 航程约束的动力显式制导算法流程

假设着陆器从 15km×180km 轨道近月点开始下降，目标终端位置在轨道平面内距离下降起始点航程 400km，采用连续变推力显式制导的航程控制结果以及发动机推力大小如图 5-57 和图 5-58 所示。

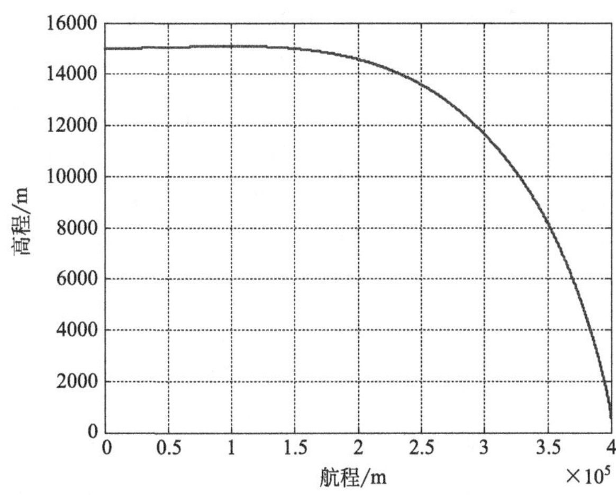

图 5-57 连续变推力显式制导下的飞行轨迹

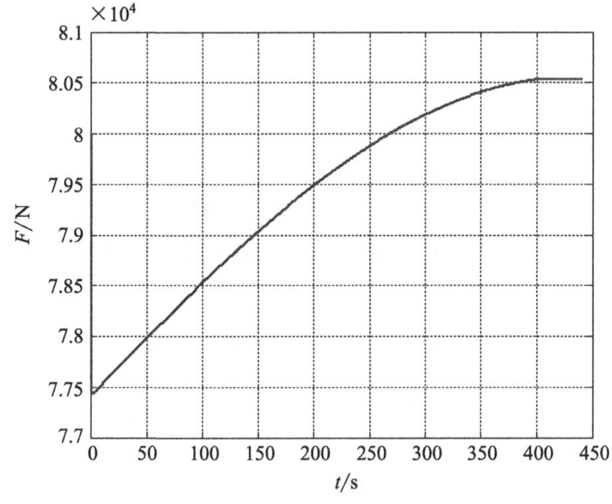

图 5-58 连续变推力显式制导的推力输出

(2) 增加推力切换逻辑的定点着陆显式制导

根据最优控制的分析结果，最优推力曲线应是 Bang-Bang 控制模式。为了尽可能逼近这一结果，可以在连续变推力显式制导的基础上设计一个“滞环”，即在动力下降开始后首先使用最大推力制动（这意味着按照最大推力制动所取得的落点一定比目标着陆点近），只有制导律计算出的发动机推力需求低于某一数值后，才改为变推力工作。这样就形成了一段常推力加一段连续变推力的工作形式。

针对之前的输入条件，可以设计如下推力切换逻辑：

① 若指令推力＞最大推力下的某个阈值，则输出最大推力；

② 否则，切换为连续变推力。

同样以 400km 航程为标称值，飞行轨迹如图 5-59 所示，对应的发动机推力变化如图 5-60 所示。很明显，在经过一段常推力飞行过程后，转入连续变推力工作阶段。由于发动机推力连续变化调节，因此制导律自身产生的终端位置误差几乎为 0。

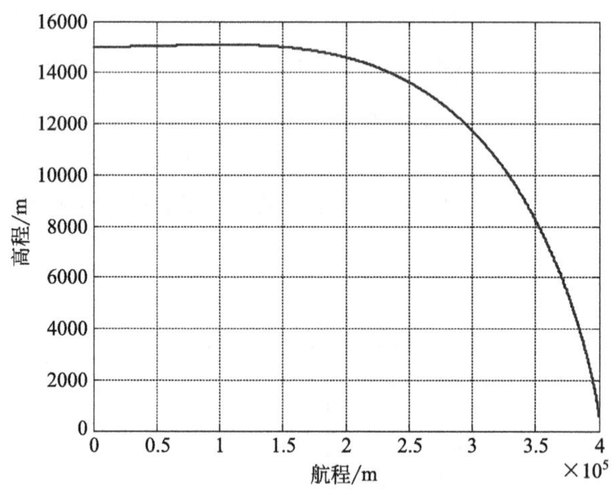

图 5-59 增加推力调节逻辑后的动力下降飞行轨迹

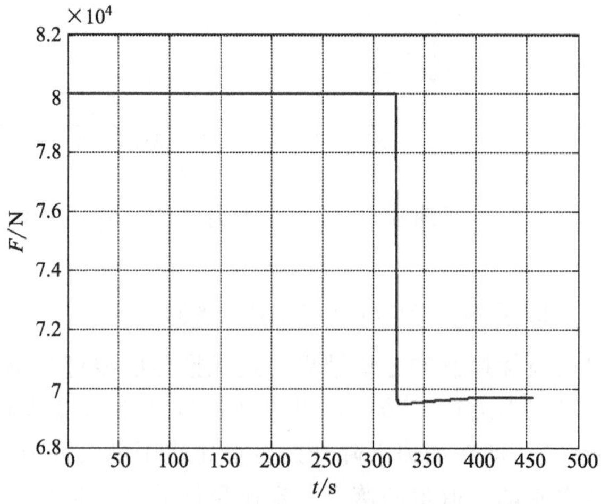

图 5-60 增加推力调节逻辑后的发动机输出

从结果看，这样处理就可以利用现有的常推力显式制导实现定点着陆。虽然从理论上说，它并不是真正意义上的最优显式制导，只是一种为了实现定点着陆任务在现有技术基础上的改进，但它不失为一种可行的解决方案。

5.6 应用实例

以美国重返月球项目的 Altair 着陆器为例，对月球软着陆制导过程进行仿真验证。设计中的 Altair 着陆器从 100km×15.24km 环月轨道近月点开始动力下降。动力下降的初始质量为 32t，主发动机推力为 82900N，比冲 450.1s。动力下降过程分为制动段、PitchUp 段、接近段和最终下降段，对应的飞行轨迹如图 5-61 所示[32]。

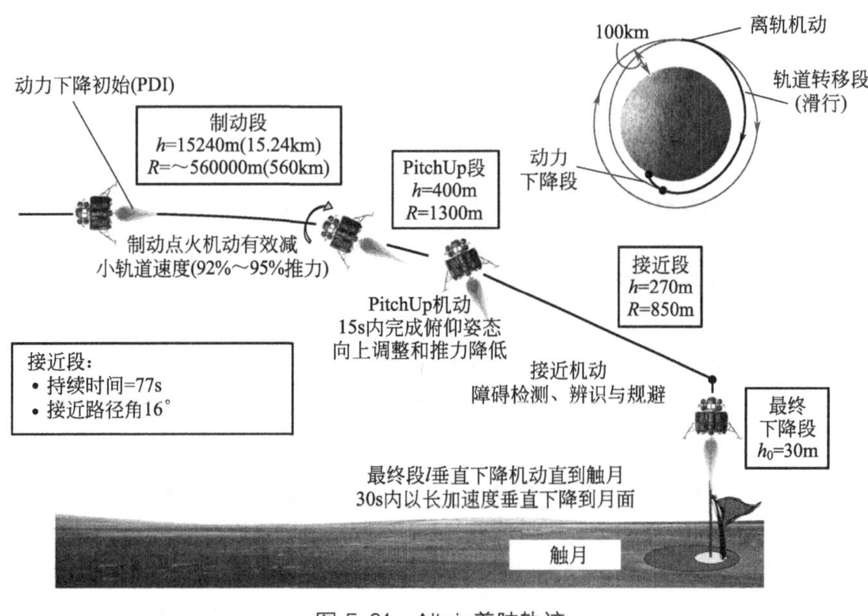

图 5-61　Altair 着陆轨迹

制动过程的主要目标是以最高的效率降低轨道飞行的能量。标称情况下使用发动机推力最大值的 92%。留有的余量是为了消除制动过程中各种偏差带来的位置散布。制动过程主要是减速，所以飞行姿态倾斜较大。

PitchUp 段的主要目标是将飞行姿态（俯仰角）向上调节到着陆器

纵轴接近垂直，方便敏感器和宇航员观测月面。PitchUp 段从飞行高度 400m 开始，距最终着陆点约 1300m，调节时间为 15s。

接近段从 270m 高度开始，以约 16°的飞行路径角向最终着陆点上方 30m 处飞行，飞行距离约 850m，持续时间约 77s。在这一阶段，着陆器可以利用安装的地形敏感器或者宇航员肉眼实施月面障碍检测、识别以及规避。接近段的推力在最大推力的 40％～60％之间。

最终下降段从 30m 高度开始，以－1m/s 的速度垂直向下，到距离月面 1m 高度时关闭主发动机实施软着陆。

按照这样一条飞行轨迹确定制导律和制导参数如下。

（1）制动段

制动段采用 5.4.4.2 节的常推力动力显式制导（PEG），终端目标为月心距 $r_d=411.6\text{m}+R_m$（R_m 是月球参考半径 1737400m），终端目标速度为 $v_{du}=44.10\text{m/s}$，$v_{dv}=0\text{m/s}$，$v_{dw}=-13.62\text{m/s}$。

（2）PitchUp 段

PitchUp 段是开环过程，俯仰角按照 3(°)/s 的速度匀速旋转到 9°，发动机产生的推力加速度匀速调整到 1.725m/s^2。

（3）接近段

接近段采用 5.3.2 节的多项式制导，在如图 5-16 定义的制导坐标系下的制导参数为 $\boldsymbol{r}_t=\begin{bmatrix}30\\0\\0\end{bmatrix}\text{m}$，$\boldsymbol{v}_t=\begin{bmatrix}0\\0\\0\end{bmatrix}\text{m/s}$，$\boldsymbol{a}_t=\begin{bmatrix}0.0810\\-0.2867\\0\end{bmatrix}\text{m/s}^2$。

最终下降过程为垂直下降轨迹，标称速度为－1m/s，这一阶段可以采用速度跟踪控制，即速度的 PD 控制。比例-积分-微分（PID）控制的方法是经典控制理论的常用方法，本书不再介绍。

使用上述制导律和制导参数仿真得到的动力下降过程飞行轨迹，包括时间-高度曲线、时间-航程曲线和时间-速度曲线，分别如图 5-62～图 5-64 所示。下降过程的飞行姿态，即着陆器纵轴与铅垂线的夹角（与飞行方向相反为正）如图 5-65 所示。发动机输出的推力与最大值的比值如图 5-66 所示。图中的“**o**”表示阶段切换点。

制动段是持续时间最长的飞行阶段，飞行时间 617s。这个阶段飞行姿态倾斜度比较大，主要原因是发动机推力在降低水平速度的同时，还要克服月球重力的影响。倾斜角逐渐减小，但到制动段结束时，着陆器纵轴与铅垂线的夹角仍有 50°。制动段发动机推力始终为最大推力的 92％。

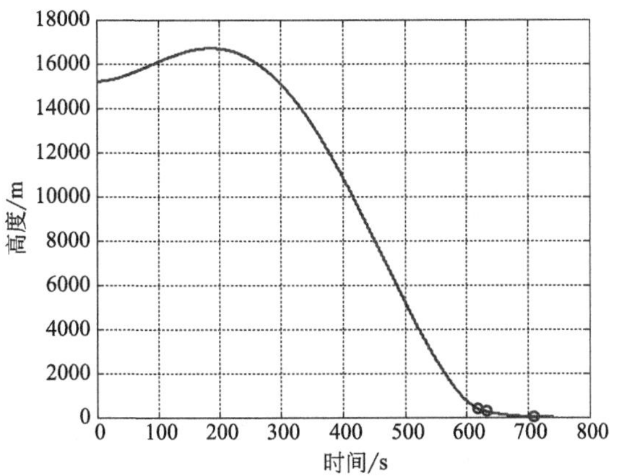

图 5-62 动力下降过程时间-高度曲线

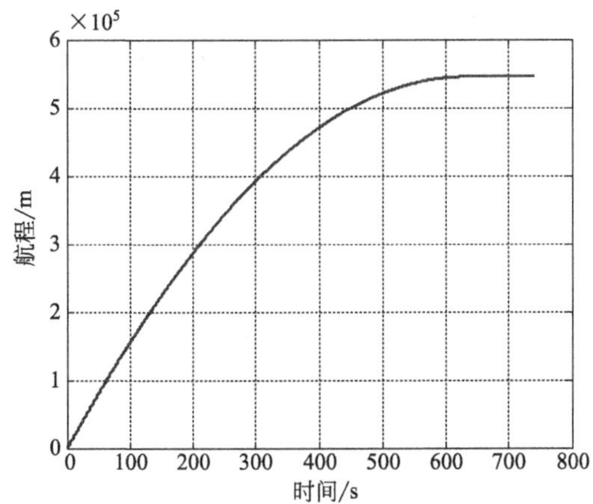

图 5-63 动力下降过程时间-航程曲线

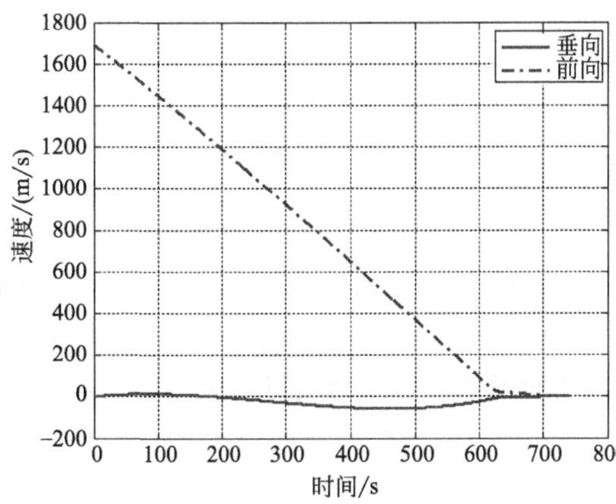

图 5-64 动力下降过程时间-速度曲线

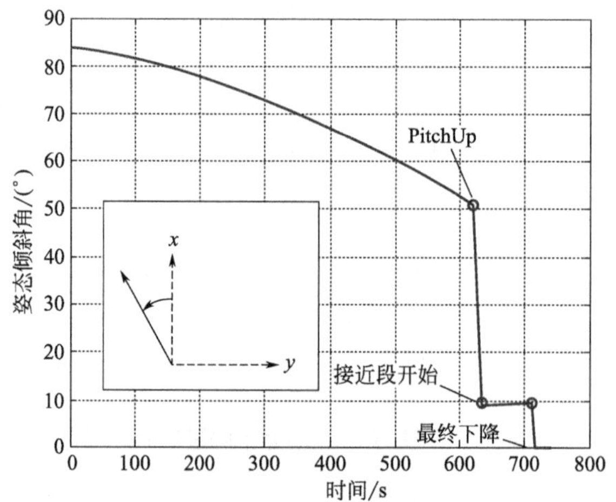

图 5-65 动力下降过程时间-姿态倾斜角（俯仰角）

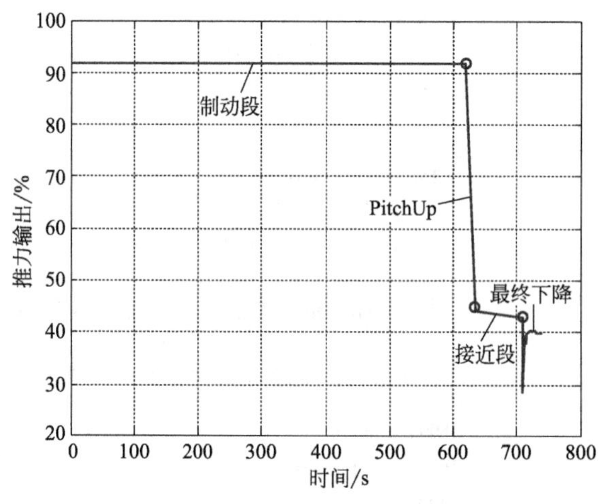

图 5-66 推力调节比值

PitchUp 段同时进行飞行姿态调整和推力调整。

切换到接近段以后，着陆器以近似 16°的下降角度斜向下直线飞行（如图 5-67 所示）。这一阶段飞行姿态和发动机推力加速度都近似恒定（由于推进剂的消耗，着陆器质量减少，输出推力的大小逐渐降低）。

到达 30m 高度后飞行轨迹转为垂直向下，直到关机。

整个下降过程的质量变化如图 5-68 所示，消耗的推进剂等效速度增量为 2011.3m/s。

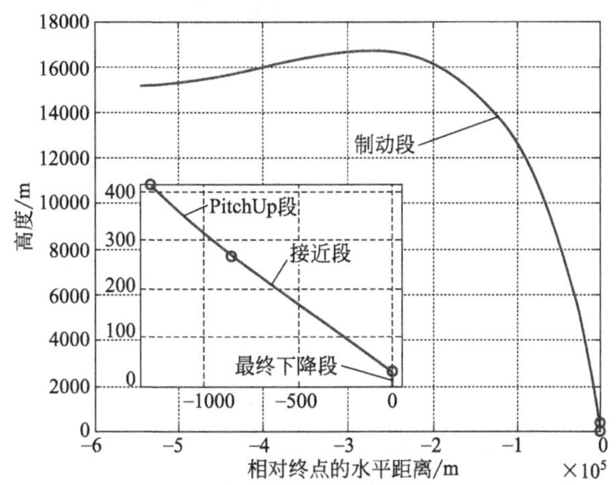

图 5-67 动力下降过程相对着陆点的水平距离-高度曲线

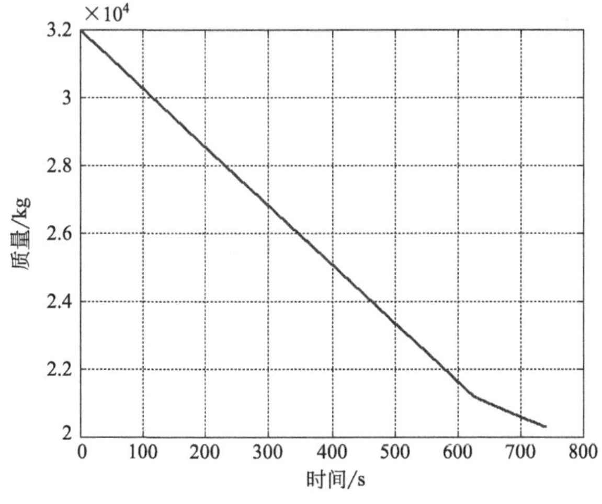

图 5-68 着陆器质量变化

根据前面章节的介绍，我们知道制动段采用的动力显式制导是一种近似燃料最优的制导律，它的最大优势就是减速的效率最高，但是这种制导律终端飞行姿态并不约束，所以它不能直接用于着陆到月面。接近段采用的多项式制导并不是燃料最优的，但它的优势是能够实现终端位置、速度六个分量的控制，且计算简单，所以它很适用于在接近段进行避障，即重置着陆点的任务要求。虽然它增加了推进剂消耗，但对于避开障碍实现安全着陆来说，这些额外的推进剂消耗是必要的。而最终着陆段采用垂直下降轨迹是为了给导航、制导和控制的各种偏差留有适当余量，以满足最终着陆时的速度和姿态要求。这样通过设计不同的飞行阶段，并在各个阶段制定不同的任务目标和选择不同的制导律，就可以实现在推进剂、落点状态、避障等问题间的平衡，达到着陆任务的整体优化。

5.7 小结

本章以月球为对象，介绍了无大气天体软着陆的制导和控制方法。首先介绍了月球软着陆任务的特点和动力学模型。接下来按照月球着陆探测制导发展的历程和难易程度由低到高的顺序，分别介绍了不含燃料约束的制导方法、考虑燃料最优的制导方法以及未来进一步满足落点位置约束的定点着陆制导方法。最后以美国的 Altair 月球着陆器为例，按照其公布的月球着陆过程飞行阶段划分，采用本书所介绍的制导方法设计了各阶段的制导参数，还原了动力下降飞行过程探测器的位置、速度、姿态和推进剂变化情况。

参考文献

[1] 王大轶，关轶峰. 月球软着陆制导、导航与控制技术研究，中国宇航学会深空探测技术专业委员会第二届学术会议，北京，2005.

[2] 张洪华，关轶峰，黄翔宇，等. 嫦娥三号着陆器动力下降的制导导航与控制. 中国科学：技术科学，2014.

[3] 刘林，王歆. 月球探测器轨道力学，北京：国防工业出版社，2006.

[4] Cheng R K，Meredith C M，Conrad D A. Design consideration for surveyor guidance. Journal of Spacecraft and Rockets，1996，3(11)：1569-1576.

[5] Klumpp A R. Apollo lunar descent guidance. Automatica，1974，10：133-146.

[6] Cheng R K. Lunar terminal guidance. Lunar Mission and Exploration. New York：Wiley，1964.

[7] Ingoldby R N，Guidance and control system design of the Viking Planetary Lander. Journal of Guidance，Control，and Dynamics，1978，1(3)：189-196.

[8] McInnes C R. Nonlinear transformation methods for gravity-turn descent. Journal of Guidance，Control，and Dynamics，1996，19(1)：247-248.

[9] 王大轶. 月球软着陆的制导控制研究. 哈尔滨：哈尔滨工业大学，2000.

[10] 张洪华，梁俊，黄翔宇，等. 嫦娥三号自主避障软着陆控制技术. 中国科学：技术科学，2014.

[11] 王大轶，李骥，黄翔宇，等. 月球软着陆过程高精度自主导航避障方法. 深空探测学报，2014，1(1)：44-51.

[12] 黄翔宇，张洪华，王大轶，等. “嫦娥三

号”探测器软着陆自主导航与制导技术. 深空探测学报，2014，1(1)：52-59.

[13] Sostaric R R, Rea J R. Powered descent guidance methods for the Moon and Mars//AIAA Guidance, Navigation, and Control Conference and Exhibit. San Francisco, California: AIAA, 2005.

[14] Wong E C, Singh G, Masciarelli J P. Autonomous guidance and control design for hazard avoidance and safe landing on Mars//AIAA Atmospheric Flight Mechanics Conference and Exhibit. Monterey, California: AIAA, 2002.

[15] 王大轶，李铁寿，马兴瑞. 月球最优软着陆两点边值问题的数值解法. 航天控制，2000，3：44-49.

[16] 王劼，崔乃刚，刘暾，等. 定常推力登月飞行器最优软着陆轨道研究. 高技术通讯，2003，13(4)：39-42.

[17] 单永正，段广仁. 应用非线性规划求解月球探测器软着陆最优控制问题//第26届中国控制会议. 张家界：自动化协会，2007.

[18] 王劼，李俊峰，崔乃刚，等. 登月飞行器软着陆轨道的遗传算法优化. 清华大学学报(自然科学版)，2003，43(8)：1056-1059.

[19] 朱建丰，徐世杰. 基于自适应模拟退火遗传算法的月球软着陆轨道优化. 航空学报，2007，28(4)：806-812.

[20] 段佳佳，徐世杰，朱建丰. 基于蚁群算法的月球软着陆轨迹优化. 宇航学报，2008，29(2)：476-481.

[21] 梁栋，何英姿，刘良栋. 月球精确软着陆制导轨迹在轨鲁棒跟踪. 空间控制技术与应用，2011，37(5)：8-13.

[22] 王大轶，李铁寿，马兴瑞. 月球探测器重力转弯软着陆的最优制导. 自动化学报，2002，28(3)：385-390.

[23] Meditch J S. On the problem of optimal thrust programming for a lunar soft landing. IEEE Transactions on Automatic Control, 1964, AC-9(4): 477-484.

[24] 李骥，王大轶，黄翔宇，等. 一种在重力转弯时开闭环结合的输出推力大小控制方法：ZL200910120173.6.

[25] Ueno S, Yoshitake Y. 3-dimensional near-minimum fuel guidance law of a lunar landing module[C]//AIAA Guidance, Navigation, and ControlConference and Exhibit. Portland, OR: AIAA, 1999.

[26] 王大轶，李铁寿，严辉，等. 月球软着陆的一种燃料次优制导方法. 宇航学报，2000，21(4)：55-63.

[27] Fill T. Lunar landing and ascent trajectory guidance design for the autonomous landing and hazard avoidance technology (ALHAT) program[C]//AAS/AIAA Space Flight Mechanics Meeting. San Diego, CA, United States: EI, 2010. AAS 10-257.

[28] 张洪华，关铁峰，黄翔宇，等. 嫦娥三号着陆器动力下降的制导导航与控制. 中国科学：技术科学. 2014.

[29] 梁栋，刘良栋，何英姿. 月球精确软着陆最优标称轨迹在轨制导方法. 中国空间科学技术，2011，6：27-35.

[30] Topcu U, Casoliva J, Mease K D. Fuel efficient powered descent guidance for Mars landing//AIAA Guidance, Navigation, and Control Conference and Exhibit. San Francisco, California: AIAA, 2005.

[31] Philip N Springmann. Lunar Descent Using Sequential Engine Shutdown. Massachasetts: Massachusetts Institute of Technology, 2006.

[32] Kos L D, Polsgrove T P. Altair descent and ascent reference trajectory design and initial dispersion analyses//AIAA GN&C Conference. Toronto, Ontario, Canada: AIAA, 2010.

第6章

火星进入过程的制导和控制技术

6.1 火星进入任务特点分析

6.1.1 火星进入环境特性分析

火星大气进入过程是指着陆器从距离火星表面约 120km 处，火星大气层的上边界开始，至开伞点前的大气飞行过程，该过程一般持续 4～5min。火星大气进入过程中，与任务设计相关的火星大气环境参数主要包括：大气的密度、温度、压强、风场、尘暴、火星尘等。

火星大气层非常稀薄，主要成分为：二氧化碳（95.3%），氮气（2.7%），氩（1.6%）以及极少量的氧（1.5%）和水（0.03%）。密度大小约为地球大气密度的 1/100，对比情况如图 6-1 所示。火星大气密度受季节的影响，随火星年变化很大，且不同纬度地区大气密度也有很大的不同。火星表面的平均气压大约为 640Pa，小于地球气压的 1%，随着海拔高度的改变，可在 100～900Pa 之间变化。火星稀薄的大气层产生的温室效应较弱，仅能使其表面的温度上升 5K，这要小于金星的 500K 和地球的 33K。但火星各处气温差异较大，风速较大，最低风速为 1.1m/s，平均风速为 4.3m/s，且方向随机性大。此处，火星表面经常有风暴，其平均风速达到 50m/s，最大风速可达 150m/s。可见火星大气环境恶劣，不确知性较大，非常不利于进入过程的气动减速和精准落点控制。

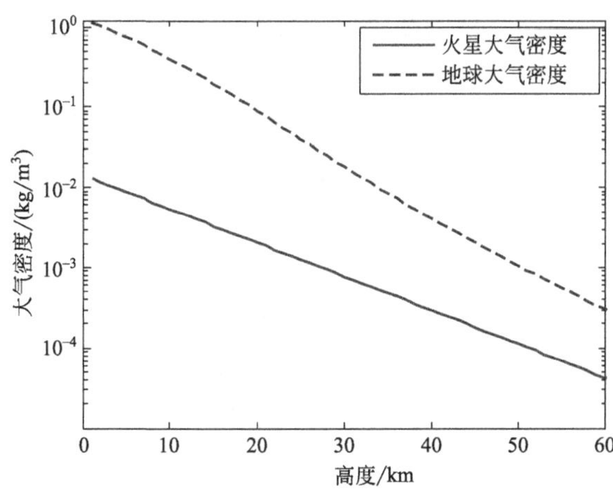

图 6-1 地球与火星大气密度对比

目前国际上可获得的最新火星大气模型有美国 Mars-GRAM2010 模型和欧洲 MCD5.2 模型，两个模型均在各自主导的火星着陆探测任务中有工程应用。分析可得，由于大气的运动带来的火星大气密度、温度的标称及摄动模型，如图 6-2～图 6-4 所示，其中 MOLA 高度基准是基于 NASA 的戈达德火星重力模型中，等势面建立的高度基准面，其功能与地球的海准面类似。

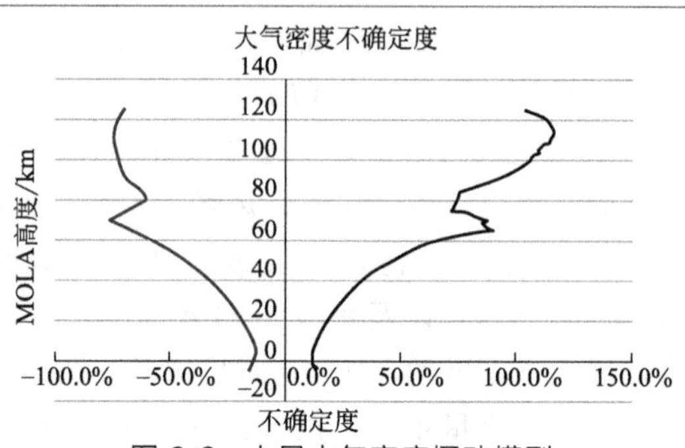

图 6-2 火星大气密度摄动模型

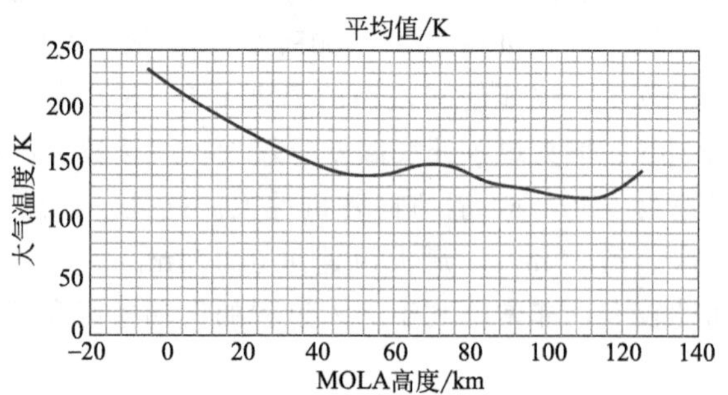

图 6-3 大气温度随 MOLA 高度变化的平均值

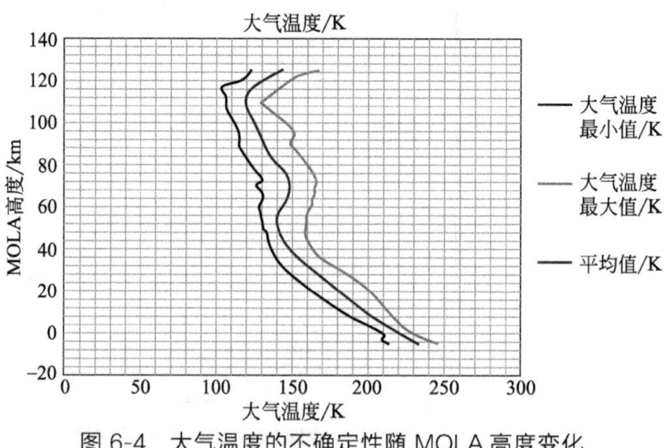

图 6-4 大气温度的不确定性随 MOLA 高度变化

6.1.2 火星进入舱气动力学特性分析

气动减速是火星着陆器EDL过程的重要减速方式之一，其承担着将着陆器的速度从约4.8km/s降低到几百米每秒的任务要求。由于火星大气稀薄以及气体组分与地球大气存在较大差异等特点，火星着陆器采用的气动外形、在不同进入区域所呈现的气动特征等均与地球再入过程不同。原因在于火星大气密度仅为地球的1%，引力却相对较高，导致相同弹道系数的着陆器自由下降到相同开伞高度时，火星的终端速度会比地球高几倍。为了提高减速效率，着陆器需要具备更大直径、更大阻力系数的外形结构、承受更小的载荷，来获得更小的弹道系数。为了应对火星进入环境的大不确定性，获得更高的着陆精度，着陆器需要尽可能提高升阻比来增强轨迹控制能力。

以下为进入舱所受气动力的求解过程。设空气作用力为$\boldsymbol{F}_{\mathrm{R}}$，有$\boldsymbol{F}_{\mathrm{R}}=\boldsymbol{F}_{\mathrm{A}}+\boldsymbol{F}_{\mathrm{N}}^{\eta}$，其中，$\boldsymbol{F}_{\mathrm{A}}$、$\boldsymbol{F}_{\mathrm{N}}^{\eta}$分别为气动轴向力和总法向力。两者的大小计算如下：

$$
\begin{aligned}
F_{\mathrm{A}}&=C_{\mathrm{A}}q_{\infty}S_{\mathrm{ref}}\\
F_{\mathrm{N}}^{\eta}&=C_{\mathrm{N}}^{\eta}q_{\infty}S_{\mathrm{ref}}
\end{aligned}
\tag{6-1}
$$

式中，C_{A}、C_{N}^{η}分别为轴向力系数和总法向力系数；S_{ref}为着陆巡视器的参考面积；$q_{\infty}=\rho v_{\mathrm{r}}^{2}/2$为动压，$\rho$为大气密度，$v_{\mathrm{r}}$为空速$\boldsymbol{v}_{\mathrm{r}}$大小。空速的计算公式为$\boldsymbol{v}_{\mathrm{r}}=\boldsymbol{v}_{\mathrm{e}}-\boldsymbol{v}_{\mathrm{w}}$，$\boldsymbol{v}_{\mathrm{w}}$为风速，$\boldsymbol{v}_{\mathrm{e}}$为地速。

轴向力和总法向力的方向可表示如下：设体轴的x轴方向为$\boldsymbol{i}_{x\mathrm{B}}$，空速方向为$\boldsymbol{i}_{\mathrm{vr}}$，则轴向力$\boldsymbol{F}_{\mathrm{A}}$、总法向力$\boldsymbol{F}_{\mathrm{N}}^{\eta}$的方向dir(·)为[1]

$$
\begin{aligned}
\mathrm{dir}(\boldsymbol{F}_{\mathrm{A}})&=-\boldsymbol{i}_{x\mathrm{B}}\\
\mathrm{dir}(\boldsymbol{F}_{\mathrm{N}}^{\eta})&=\boldsymbol{i}_{x\mathrm{B}}\times(\boldsymbol{i}_{x\mathrm{B}}\times\boldsymbol{i}_{\mathrm{vr}})
\end{aligned}
\tag{6-2}
$$

根据本体系和半速度坐标系的转换关系，可得到法向力、横向力和总法向力之间的关系为[1]

$$
\begin{aligned}
F_{\mathrm{N}}&=F_{\mathrm{N}}^{\eta}\frac{\sin\alpha\cos\beta}{\sin\eta}\\
F_{Z}&=-F_{\mathrm{N}}^{\eta}\frac{\sin\beta}{\sin\eta}
\end{aligned}
\tag{6-3}
$$

式中，α为攻角；β为侧滑角；η为总攻角即本体x轴与速度方向的夹角。攻角和侧滑角的定义详见7.1.2节。

6.1.3 火星进入制导方法特点分析

火星大气进入过程的减速控制主要通过实时调整倾侧角大小以改变

升力方向，进而调整着陆器飞行轨迹。该过程中，升力控制进入相比弹道式进入可优化降落伞的开伞条件，缩小落点的散布。但由于大气环境、气动特性、进入状态以及推力器喷流效率和羽流等均存在较大的不确知性，且开伞状态约束强、着陆器升阻比小、控制能力弱、飞行时间短，可见升力制导与控制存在较多的技术难点需要解决。

影响大气进入段制导性能的主要因素有[2] 着陆器的构型参数和火星大气条件。着陆器的构型参数主要包括弹道系数和升阻比。在弹道系数方面，当大气条件相同的情况下，弹道系数越大，阻力越小，着陆器减速效率越低。假设按固定高度开伞，则开伞点处的动压较大。过大的弹道系数，会导致着陆器开伞时无法满足约束条件，从而无法顺利展开降落伞。在升阻比方面，升阻比的大小体现了着陆器制导控制能力的强弱。为了保证着陆器具有足够的制导控制能力，升阻比不能过小。在进入过程中，大气密度偏差以及初始状态偏差越大，则需要越大的升阻比来完成偏差的修正，但升阻比过大，在倾侧角反转时又会带来不期望的横程偏差。

目前为止成功着陆火星表面的火星探测器，除火星科学实验室（MSL）采用了升力制导技术外，其他探测器包括海盗号在内均采用的是对再入轨迹不进行任何控制的进入方式，着陆点的散布一般达数百公里。MSL 为小升阻比探测器，在大气进入过程中通过调节倾侧角来控制飞行轨迹，着陆精度相比其他火星探测器有很大提高。MSL 采用的是由 Apollo 最终再入段制导算法推导得到的终端点控制方法[3,4] （ETPC，the Entry Terminal Point Controller guidance algorithm）。与 Apollo 算法的相同之处为：通过调整倾侧角来控制航程偏差，倾侧角的调整量由航程、高度速率和阻力加速度相对标称轨迹的偏差量反馈得到。对 Apollo 最终再入段算法的改进包括[4] 以下方面。

① 变化的倾侧角参考剖面。在 Apollo 算法里采用的是常值倾侧角参考剖面，MSL 着陆过程则采用随速度变化的参考倾侧角剖面，这样可增加参考轨迹设计的灵活性，在满足航程精度要求的同时，提高开伞点的高度。

② 增加了对升阻比垂直平面分量的极限值的限制，即增加了对倾侧角幅值变化范围的限制，以应对实际火星再入过程中巨大的环境变化，保障开伞的安全。

尽管该算法的着陆精度（实指至开伞点处的精度）达到了 10km 量级，但仍然无法满足未来精确着陆任务的需求，国外多篇文献中提出实现火星探测器小于 0.1km 的要求，被称为 Mars Pinpiont Landing。

理论方法上，火星大气进入段制导方法的相关研究内容很多，包括标准轨道法、解析预测校正算法、能量控制算法和数值预测校正算法等，这些算法均以倾侧角为控制量。文献［1］将上述进入制导方法主要分为两类，一类是预测制导法，另一类是标准轨道法。文献［5］将倾侧角调整方法分为理论 EDL（Entry，Descent and Landing）制导、解析预测校正制导和数值预测校正制导三类。Hamel 也类似地将制导方法分为标准轨道法、解析算法和数值算法三类。标准轨道法[6]，是通过离线设计最优参考轨迹并进行存储，在制导过程中试图在每个时刻都保持这种最优性能使着陆器按着标称轨迹飞行。解析预测校正算法和能量控制算法都属于解析算法[7]，这类算法主要通过某些假设来得到解析制导律。数值预测校正算法[8] 是根据当前状态积分剩余轨迹来预测目标点的状态，从而利用偏差来实时校正倾侧角的指令值。其中，数值预测校正方法能实现在每个制导周期重新规划参考轨迹，但它需要依赖精确的动力学模型来进行终端状态预测，而目前已知的火星大气参数以及地理环境参数都很有限，严重限制了数值预测校正方法用于火星大气进入段的制导设计。

综上，基于标称轨迹的方法成为现阶段火星大气进入过程制导方法的主要研究方向，但是这类方法需要进一步改善自身的自适应能力以提高火星着陆的精度，比如从几十公里提高到 100m 量级。此外火星着陆过程，对有效载荷质量的需求不断增大，从几百公斤到几千公斤，着陆器的弹道系数也将随之增大，对于大气环境稀薄的火星进入问题，带来的挑战越来越严峻。

6.2 基于标称轨迹设计的解析预测校正制导方法

6.2.1 标称轨迹设计

6.2.1.1 进入角优化设计

进入角的优化设计，包括对进入走廊的分析和在进入走廊内选择最优进入角两部分工作。进入走廊这里定义为使着陆器成功进入火星大气所确定的初始进入角范围。成功进入火星大气，是指着陆器所承受的最大过载、最大热流和总吸热量均满足一定的约束，且终端状态满足开伞条件的要求。这些过程量及终端状态量均主要受进入角的影响。进入角过大时，轨道过陡，过载峰值过大，开伞高度易过低；进入角过小时，飞行时间较长，会使总吸热量超过允许值，也有可能使着陆器在稠密大气层的边缘掠过而不能深入大气层，使之不能成功进入。为此，在倾侧角参考剖面设计之前，应首先确定进入角的合理范围。在该范围内，可以有效地保证进入轨迹的动力学约束，同时避免着陆器跳出大气层。之后，结合倾侧角参考剖面设计，根据设计需求，如开伞高度最高，在进入走廊内选取最优的标称进入角。具体设计过程如下。

在给定任务下，遍历不同的初始进入角和倾侧角，通过积分动力学方程得到相应的进入过程量及终端状态量，并根据约束，判断进入角的选择是否可行，从而确定出进入走廊的范围。

值得注意的是，动力学积分过程中，当过载小于 0.2g 时，着陆器攻角通过姿控保持在配平状态；在过载大于 0.2g 后，认为着陆器姿态自稳定在配平攻角飞行，俯仰和偏航方向姿控只进行角速率阻尼，同时气动升力和阻力系数可根据攻角、侧滑角、高度、马赫数等状态量插值求解，然后根据 6.1.2 节描述求解气动力的方法，以获取着陆器的质心运动情况。

以火星科学实验室 MSL 为例，考虑探测器质量为 922kg，最大横截面积为 16m^2，升阻比为 0.18，弹道系数为 115kg/m^2。倾侧角为制导指令，在遍历过程中设定为固定常值，其取值范围为［0°，90°］，进入角遍历范围为［−17°，−10°］。倾侧角每隔 2°取一个值，进入角每隔 0.1°取一个值，通过遍历仿真后，对进入走廊的分析主要包括以下几个方面：

① 依据成功进入并满足开伞条件的约束条件，确定初始进入角可选范围；

② 分析不同进入角对航程的影响；

③ 分析不同进入角对终端开伞高度的影响；

④ 分析不同进入角对终端动压的影响；

⑤ 获得给定航程和过载约束下的进入角宽度。

各不同倾侧角下，分别统计出考虑过载和航程约束且满足开伞条件约束[3]（开伞动压［250Pa，800Pa］，开伞高度大于 4.5km，马赫数小于 1.8）的进入走廊范围为［−17°，−10.8°］，如图 6-5 所示。

进一步在进入走廊内选择最优进入角。确定气动外形的火星着陆器，标称状态下终端开伞高度主要受初始进入角和倾侧角影响。固定倾侧角，随着初始进入角幅值的增加，开伞高度会随之先减小再增加而后又减小，在这个过程中，会出现一个峰值点，即对应每个倾侧角，存在使开伞高度最高的初始进入角幅值。该幅值随着倾侧角的减小而增大，且该最高开伞高度也随着倾侧角的减小而增大，如图 6-6 所示。考虑鲁棒性和总体约束，标称轨迹设计的倾侧角剖面选择范围为（55°，90°），又通过以上分析可知倾侧角越小，垂直平面的升阻比越大，可实现的开伞高度越高。因此标称轨迹选取55°倾侧角的设计，在初始进入角为−14.4°时，开伞高度最高为10.3km。

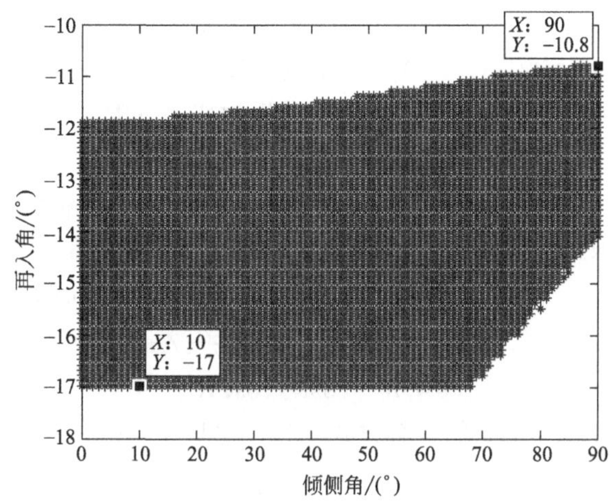

图 6-5 各固定倾侧角时，无约束下可行初始进入角范围

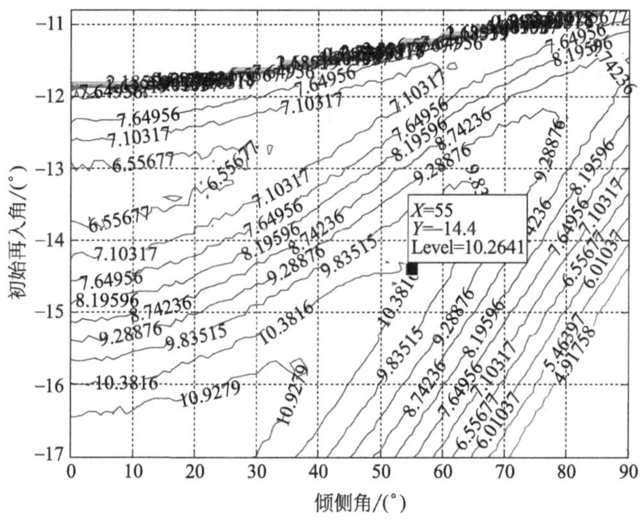

图 6-6 不同倾侧角、初始进入角下开伞高度等高线

6.2.1.2 航程飞行能力分析

这里着陆器的飞行航程 R、纵程 DR 和横程 CR 的定义如图 6-7 所示。

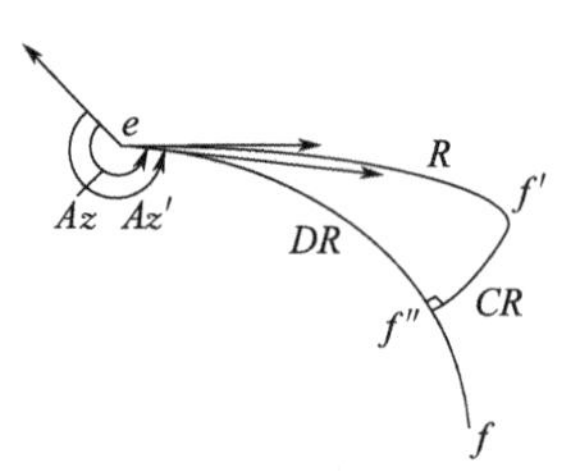

图 6-7 航程横程示意图

设进入时刻着陆器质心与火心的连线，与火星表面交点为 e，而理想的着陆点为 f（这里实际指开伞点高度处，e 点也指与该高度处的火心同心球面的交点，下同），而实际的着陆点为 f'，相应的 e 点、f 点、f' 点的经纬度分别为 $e(\lambda_0,\phi_0)$、$f(\lambda_f,\phi_f)$、$f'(\lambda_f',\phi_f')$。这里定义过 e、f' 点的大圆弧 ef' 为总航程，ef'' 段圆弧为纵程 DR，$f'f''$ 段圆弧为横程 CR。Az，Az' 分别为两段圆弧的方位角，即圆弧切线方向与正北方向的夹角。ef' 弧长为总航程 R，可由初始进入点和实际着陆点的经纬度求得。

根据球面三角形，航程 R、纵程 DR 和横程 CR 的计算公式如下：

$$\begin{aligned}&\cos R=\sin\phi\sin\phi_f'+\cos\phi\cos\phi_f'\cos(\theta_f'-\theta)\\&\sin CR=\sin R\sin(Az-Az')\\&\cos DR=\cos R/\cos CR\end{aligned}\tag{6-4}$$

其中，Az、Az' 的求解方式一致，这里以 Az' 为例，给出具体公式如下：

$$\begin{aligned}&\sin Az'=\frac{\sin(\theta_f'-\theta_0)\cos\phi_f'}{\sin R}\\&\cos Az'=\frac{\sin\phi_f'\cos\phi_0-\cos\phi_f'\sin\phi_0\cos(\theta_f'-\theta_0)}{\sin R}\end{aligned}\tag{6-5}$$

着陆器的飞行航程在标称状态下，主要受初始进入角和倾侧角的影响。当进入角一定时，着陆器的飞行纵程和横程随着倾侧角的变化而变化，选择不同的常值倾侧角剖面积分动力学，即可根据初始经纬度和落点经纬度计算出着陆器飞行的航程、纵程和横程，从而评估着陆器的纵向和横向机动能力。以 MSL 为例，分析可知，当倾侧角为 0°飞行时，着陆器有最长飞行距离，倾侧角为 90°时飞行距离最短，约 60°时横向飞行距离最远。

6.2.1.3 具体设计步骤

标称轨迹的设计输入一般包括着陆器结构的基本参数，气动参数，大气进入的初始速度大小、速度方位角、高度，理想开伞点的经纬度等状态量，待确定的量包括初始进入角、倾侧角剖面以及初始进入点处的经纬度等。

① 已知初始速度、高度，根据开伞高度最高的需求，确定最优初始进入角并根据着陆器的飞行能力确定倾侧角剖面，如图 6-8 所示。这里以 MSL 为例来说明，首先 V_1、V_2 初步设定为 3500m/s、2000m/s，倾侧角终端值 σ_f 由飞行能力确定，即当着陆器以该倾侧角值飞行时，飞行纵程约为

最大最小飞行纵程之和的一半，从而保证着陆器通过调整倾侧角，具备增大和缩短相同飞行纵程偏差的能力。在大气进入的初始段，为使升力在垂直平面分量较小，倾侧角初始值宜选择 70°或 80°。当速度小于某个阈值后，如 1100m/s，切换为航向校正方法计算倾侧角制导指令，并对该指令进行最大 30°的限幅，这样可以很好地平衡开伞高度和开伞位置。

② 开环积分计算至开伞条件的参考轨迹。

③ 根据参考轨迹和 6.2.2.3 中描述算法计算反馈增益。

④ 通过闭环制导的打靶仿真，根据终端开伞点约束、航程精度、制导律的饱和程度等条件，评估并最终确定参考轨迹关键参数的选择，确定飞行纵程和进入点经纬度。

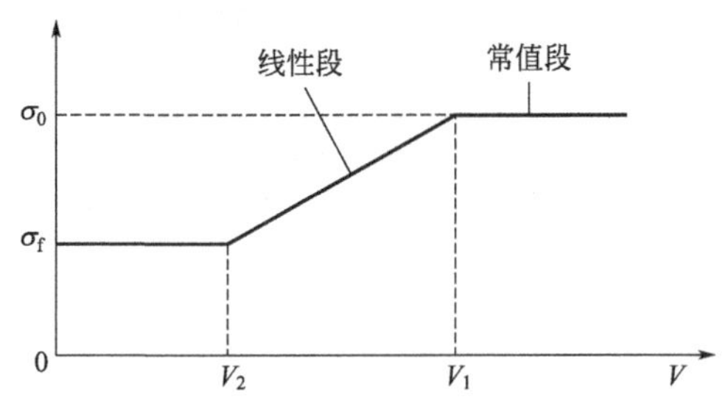

图 6-8 轨迹规划采用的倾侧角剖面

由此生成的典型参考轨迹曲线如图 6-9 所示。

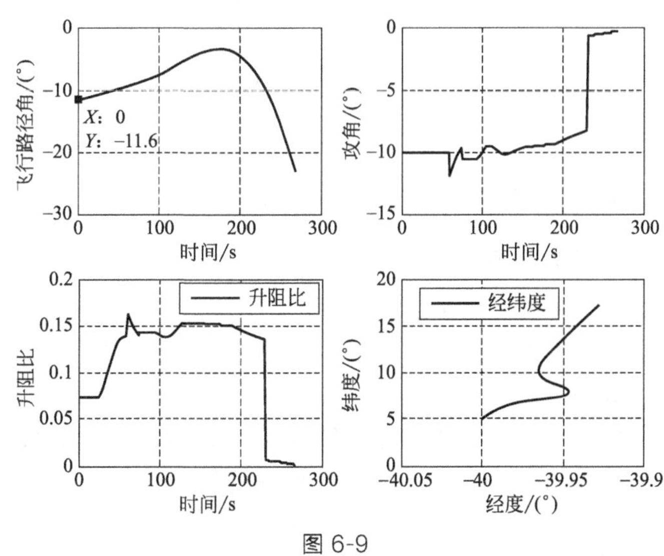

图 6-9

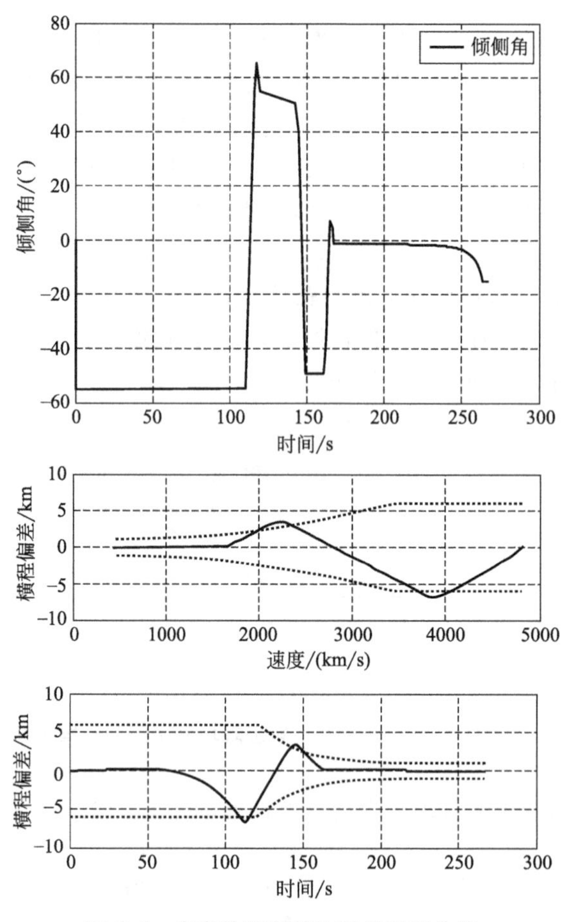

图 6-9 参考轨迹各状态及控制量曲线

6.2.2 解析预测校正制导方法

6.2.2.1 制导方法概述

解析预测校正制导方法的主要任务是通过改变倾侧角的大小对着陆器的飞行纵程进行调节，同时改变倾侧角的符号，从而实现对横程的控制。倾侧角大小的确定主要是在完成参考轨迹设计的基础上，根据当前实际的飞行状态，如地速、阻力加速度、高度变化率以及飞行纵程等，预测待飞纵程，并进一步得到待飞纵程的偏差以及补偿纵程偏差所需要的控制量，再根据横程偏差确定倾侧角符号，最终给出倾侧角制导指令，具体流程参见图 6-10。

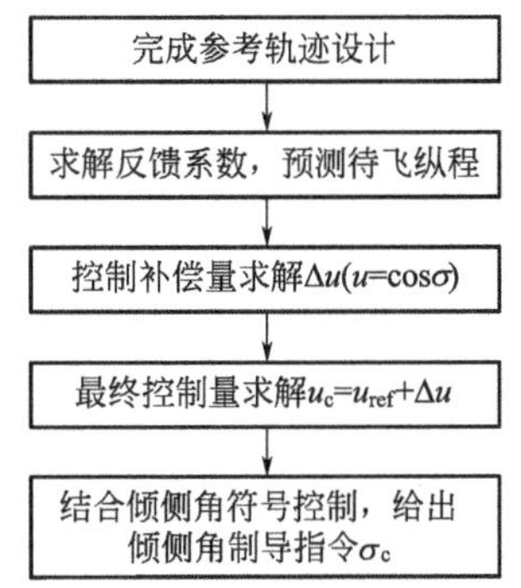

图 6-10 解析预测校正制导方法流程

具体计算方法描述如下。

① 预测待飞纵程 R_{togo_p}。由当前阻力 D 和高度变化率 $\dot{h}$ 相对标称量 D_{ref}、$\dot{h}_{ref}$的偏差以及当前速度对应的标称待飞纵程 R_{togo_ref}，预测当前的待飞纵程。

$$R_{togo\_p}=R_{togo\_ref}+\frac{\partial R}{\partial \dot{h}}(\dot{h}-\dot{h}_{ref})+\frac{\partial R}{\partial D}(D-D_{ref}) \tag{6-6}$$

预测的待飞纵程受当前状态量影响，灵敏度由偏导数$\frac{\partial R}{\partial \dot{h}}$、$\frac{\partial R}{\partial D}$描述，$R$ 为由当前状态确定的所能飞行的纵程。

② 求解控制补偿量 Δu，以消除预测的待飞纵程 R_{togo_p} 与飞抵理想着陆点所需的待飞纵程 R_{togo} 的偏差：

$$\Delta u=\frac{K(R_{togo}-R_{togo\_p})}{\partial R/\partial u} \tag{6-7}$$

其中控制量定义为 $u=\frac{L}{D}\cos\sigma$，K 为过控系数，为经验参数，用以改善控制的鲁棒性。阻力 D 及升阻比 L/D 均通过 IMU 输出数据计算并经过滤波处理后得到。反馈系数$\frac{\partial R}{\partial D}$、$\frac{\partial R}{\partial \dot{h}}$、$\partial R/\partial u$ 的计算后面详细给出。

③ 最终控制量求解。

$$\begin{aligned}u_c&=u_{ref}+\Delta u\\&=u_{ref}+\frac{K}{\partial R/\partial u}\left[(R_{togo}-R_{togo\_ref})-\frac{\partial R}{\partial \dot{h}}(\dot{h}-\dot{h}_{ref})-\frac{\partial R}{\partial D}(D-D_{ref})\right]\end{aligned} \tag{6-8}$$

其中 $R_{togo}=R_{total}-s$，$R_{togo\_ref}=R_{total}-s_{ref}$，$s$ 为已飞行纵程，可整理得

$$
\begin{aligned}
u_c &= u_{ref}+\Delta u \\
&= u_{ref}+\frac{K}{\partial R/\partial u}\left[-(s-s_{ref})-\frac{\partial R}{\partial \dot{h}}(\dot{h}-\dot{h}_{ref})-\frac{\partial R}{\partial D}(D-D_{ref})\right]
\end{aligned}
\tag{6-9}
$$

制导指令可简单描述为

$$
\begin{aligned}
\left(\frac{L}{D}\right)_{VC} &= K_{ld\_R}\left(\frac{L}{D}\right)_{Vref} \\
&\quad +\frac{K}{F_3(V)}[-(s-s_{ref})-F_2(V)(\dot{h}-\dot{h}_{ref})-F_1(V)(D-D_{ref})]
\end{aligned}
\tag{6-10}
$$

式中，$\left(\frac{L}{D}\right)_{Vref}=\frac{L_{ref}(V)}{D_{ref}(V)}\cos(\sigma_{ref}(V))$，$F_1(V)=\partial R/\partial D$，$F_2(V)=\partial R/\partial \dot{h}$，$F_3(V)=\partial R/\partial u$，$K_{ld\_R}$ 为升阻比估计修正系数，通过 IMU 输出数据计算出实际升阻比，此数据与参考升阻比的比值，再经过一阶滤波得到。$F_1(V)$、$F_2(V)$、$F_3(V)$ 均为偏差反馈增益系数，其中偏差包括纵程偏差、高度变化率偏差和阻力偏差。K 为过控制系数。反馈系数的详细求解过程可见 6.2.2.3 小节。

④ 结合倾侧角符号控制，具体过程见 6.2.2.4 小节，给出倾侧角制导指令。

6.2.2.2 制导律求解

解析预测校正制导方法中倾侧角大小的具体求解过程描述如下。

① 简化得到纵向平面内质心动力学方程 $\dot{x}=f(x,u)$，简化模型的具体建立过程参见 7.1 节。

$$
\begin{aligned}
\frac{ds}{dt} &= V\cos\gamma \\
\frac{dV}{dt} &= -D-\frac{\mu}{r^2}\sin\gamma \\
\frac{d\gamma}{dt} &= \frac{1}{V}\left(L\cos\sigma-\frac{\mu}{r^2}\cos\gamma+\frac{V^2\cos\gamma}{r}\right) \\
\frac{dh}{dt} &= V\sin\gamma \\
D &= \frac{C_D\rho V^2 S_{ref}}{2m},L=\frac{C_L\rho V^2 S_{ref}}{2m}
\end{aligned}
\tag{6-11}
$$

其中，h 为飞行高度；$r=r_{\mathrm{m}}+h$ 为着陆器质心与火星中心的距离，r_{m} 为火星半径；s 为飞行纵程；V 为着陆器相对于火星的速度大小；γ 为着陆器相对于火星的飞行路径角；σ 为着陆器倾侧角，用于描述着陆器相对于火星的速度矢量与纵向平面的夹角，控制升力在纵向平面和横向平面内的分量；μ 为火星的引力常数；L 和 D 为着陆器的阻力和升力加速度；m 为着陆器质量；C_L 和 C_D 分别为升力和阻力加速度系数；S_{ref} 为气动特征面积；ρ 为火星大气密度；$u=\dfrac{L}{D}\cos\sigma$。

② 将简化动力学方程在参考轨迹 $x^*(t)=[s^*(t),V^*(t),\gamma^*(t),h^*(t)]^{\mathrm{T}}$ 附近线性化：

$$\frac{\mathrm{d}(\delta x)}{\mathrm{d}t}=\left(\frac{\partial f}{\partial x}\right)_{x^*,u^*}\delta x+\left(\frac{\partial f}{\partial u}\right)_{x^*,u^*}\delta u \tag{6-12}$$

即

$$\delta\dot{x}=A(t)\delta x+B(t)\delta u \tag{6-13}$$

其中

$$\boldsymbol{A}(t)=\left(\frac{\partial f}{\partial x}\right)_{x^*,u^*}$$

$$=\left.\begin{pmatrix} 0 & \dfrac{r_{\mathrm{m}}\cos\gamma}{r} & -\dfrac{r_{\mathrm{m}}V\sin\gamma}{r} & -\dfrac{r_{\mathrm{m}}V\cos\gamma}{r^2} \\ 0 & -\dfrac{C_D S_{\mathrm{ref}}V\rho}{m} & -\dfrac{\mu\cos\gamma}{r^2} & \dfrac{2\mu\sin\gamma}{r^3}+\dfrac{C_D S_{\mathrm{ref}}V^2\rho}{2h_s m} \\ 0 & \dfrac{\cos\gamma}{r}\left(1+\dfrac{\mu}{rV^2}\right)+\dfrac{C_D u S_{\mathrm{ref}}\rho}{2m} & -\dfrac{\sin\gamma}{r}\left(V-\dfrac{\mu}{rV}\right) & -\dfrac{\cos\gamma}{r^2}\left(V-\dfrac{2\mu}{rV}\right)-\dfrac{C_D u S_{\mathrm{ref}}V\rho}{2h_s m} \\ 0 & \sin\gamma & V\cos\gamma & 0 \end{pmatrix}\right|_{x^*,u^*}$$

$$\boldsymbol{B}(t)=\left(\frac{\partial f}{\partial u}\right)_{x^*,u^*}=\left.\begin{pmatrix} 0 \\ 0 \\ \dfrac{C_D S_{\mathrm{ref}}\rho V}{2m} \\ 0 \end{pmatrix}\right|_{x^*,u^*}$$

③ 获得该线性时变系统的伴随系统：

$$\begin{aligned} &\frac{\mathrm{d}\lambda}{\mathrm{d}t}=-\left(\frac{\partial f}{\partial x}\right)^{\mathrm{T}}_{x^*,u^*}\lambda(t) \\ &\frac{\mathrm{d}\lambda_u}{\mathrm{d}t}=-B(t)\lambda(t)=\frac{-D^*}{V^*}\lambda_\gamma(t) \end{aligned} \tag{6-14}$$

详细公式如下：

$$\frac{d\lambda_s}{dt}=0$$

$$\frac{d\lambda_V}{dt}=-\frac{r_m}{r_m+h^*}\cos\gamma^*\lambda_s(t)+\frac{2D^*}{V^*}\lambda_V(t)$$
$$-\left[\frac{L^*\cos\sigma}{(V^*)^2}+\frac{\cos\gamma^*}{r_m+h^*}+\frac{\mu\cos\gamma^*}{(r_m+h^*)^2(V^*)^2}\right]\lambda_\gamma(t)-\sin\gamma^*\lambda_h(t)$$

$$\frac{d\lambda_\gamma}{dt}=\frac{r_m}{r_m+h^*}V^*\sin\gamma^*\lambda_s(t)+\frac{\mu}{(r_m+h^*)^2}\cos\gamma^*\lambda_V(t)$$
$$+\frac{\sin\gamma^*}{r_m+h^*}\left[V^*-\frac{\mu}{(r_m+h^*)V^*}\right]\lambda_\gamma(t)-V^*\cos\gamma^*\lambda_h(t)$$

$$\frac{d\lambda_h}{dt}=\frac{r_m}{(r_m+h^*)^2}V^*\cos\gamma^*\lambda_s(t)-\left[\frac{D^*}{h_s}+\frac{2\mu\sin\gamma^*}{(r_m+h^*)^3}\right]\lambda_V(t)$$
$$+\left[\frac{L^*\cos\sigma^*}{h_sV^*}+\frac{\cos\gamma^*}{(r_m+h^*)^2}\left(V^*-\frac{2\mu}{(r_m+h^*)V^*}\right)\right]\lambda_\gamma(t)$$

$$\frac{d\lambda_u}{dt}=\frac{-D^*}{V^*}\lambda_\gamma(t)$$

其边界条件为

$$\lambda_s(t_f)=1,\lambda_V(t_f)=0,\lambda_u(t_f)=0,\lambda_\gamma(t_f)=0,\lambda_h(t_f)=-\cot(\gamma_f^*) \tag{6-15}$$

④ 求反馈增益系数：通过反向积分求解 $\lambda(t)$ 后代入下面公式：

$$\begin{aligned}F_1(V)&=-\frac{h_s^*(V)}{D^*(V)}\lambda_h(V)\\F_2(V)&=\frac{\lambda_\gamma(V)}{V\cos\gamma^*(V)}\\F_3(V)&=\lambda_u(V)\end{aligned} \tag{6-16}$$

⑤ 求控制量为

$$(L/D)\cos\sigma=(L/D)^*\cos\sigma^*+\frac{K}{F_3(V)}\left[-(s-s^*)-F_2(V)(\dot{h}-\dot{h}^*(V))-F_1(V)(D-D^*(V))\right] \tag{6-17}$$

这里 K 为过控系数，一般设置为 5。过控系数 K 的选取影响着制导过程的动态响应，以及应对各参数偏差的鲁棒性。引起纵程偏差的因素包括弹道系数偏差、大气密度偏差、初始状态偏差等“静态”偏差，也包括由于倾侧角符号变化时大角度机动引起的“动态”响应偏差。这些偏差均可通过过控制实现快速补偿。成倍增加过控系数，则成倍增加制导指令的修正量，产生过激励量，可实现快速校正解析预测出的纵程偏差，确保在终端纵程控制结束之前尽早地完成纵程偏差的修正。

6.2.2.3 反馈增益系数推导

式(6-16) 为反馈增益系数的求解，其具体推导过程描述如下。

不考虑控制量偏差，则在任意时刻状态偏差对末端航程偏差的影响可表示为

$$\delta R_{\mathrm{f}}=\boldsymbol{\lambda}^{\mathrm{T}}(t)\delta x(t)=\lambda_{s}(t)\delta s(t)+\lambda_{V}(t)\delta V(t)+\lambda_{\gamma}(t)\delta\gamma(t)+\lambda_{h}(t)\delta h(t) \tag{6-18}$$

因为

$$\begin{aligned}(\boldsymbol{\lambda}^{\mathrm{T}}\delta x)'&=\dot{\boldsymbol{\lambda}}^{\mathrm{T}}\delta x+\boldsymbol{\lambda}^{\mathrm{T}}\delta\dot{x}\\&=-\boldsymbol{\lambda}^{\mathrm{T}}A\delta x+\boldsymbol{\lambda}^{\mathrm{T}}A\delta x+\boldsymbol{\lambda}^{\mathrm{T}}B\delta u\\&=\boldsymbol{\lambda}^{\mathrm{T}}B\delta u\end{aligned} \tag{6-19}$$

当 $\delta u=0$ 时，则 $(\boldsymbol{\lambda}^{\mathrm{T}}\delta x)'=0$，即有 $\delta R_{\mathrm{f}}=\boldsymbol{\lambda}_{\mathrm{f}}^{\mathrm{T}}\delta x_{\mathrm{f}}=\boldsymbol{\lambda}^{\mathrm{T}}(t)\delta x(t)$。为使着陆器在理想的开伞高度处到达指定航程位置，即有受扰情况下末端航程的计算方法如下（见图 6-11）。

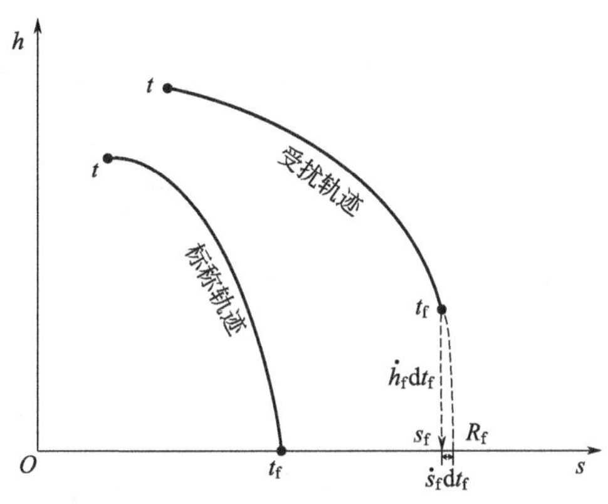

图 6-11 受扰情况下末端航程计算示意图

终端 R_{f} 计算可表达为

$$\begin{aligned}\delta R_{\mathrm{f}}&=\delta s_{\mathrm{f}}+\frac{\dot{s}_{\mathrm{f}}}{|\dot{h}_{\mathrm{f}}|}\delta h_{\mathrm{f}}\\&=\delta s_{\mathrm{f}}-\cot\gamma_{\mathrm{f}}\delta h_{\mathrm{f}}\end{aligned} \tag{6-20}$$

可得 $\boldsymbol{\lambda}_{\mathrm{f}}=\begin{bmatrix}1 & 0 & 0 & -\cot\gamma_{\mathrm{f}}^{*}\end{bmatrix}^{\mathrm{T}}$，因此通过末端条件和伴随系统方程可反

向积分得到其他各时刻的协态变量值 $\lambda(t)$。

考虑到实际飞行过程中可通过导航系统测得的精确变量为阻力加速度和高度变化率、航程，而高度和飞行路径角较难测得，因此需要将高度和飞行路径角的反馈量进行转化。根据 $D=\dfrac{C_D\rho V^2 S_{\text{ref}}}{2m}$ 和 $\dot{h}=V\sin\gamma$ 可推导：

$$
\begin{aligned}
&\delta D=\left.\frac{\partial D}{\partial h}\right|_{\text{ref}}\delta h+\left.\frac{\partial D}{\partial V}\right|_{\text{ref}}\delta V \\
&\delta \dot{h}=\left.\frac{\partial \dot{h}}{\partial \gamma}\right|_{\text{ref}}\delta \gamma+\left.\frac{\partial \dot{r}}{\partial V}\right|_{\text{ref}}\delta V \\
&\left.\frac{\partial D}{\partial h}\right|_{\text{ref}}=-\left.\frac{D}{h_s}\right|_{\text{ref}},\left.\frac{\partial \dot{h}}{\partial \gamma}\right|_{\text{ref}}=V\cos\gamma\,|_{\text{ref}}
\end{aligned}
\tag{6-21}
$$

而以速度为自变量时有 $\delta V=0$，因此可获得

$$
\delta h=\frac{\delta D}{\left.\dfrac{\partial D}{\partial h}\right|_{\text{ref}}},\delta\gamma=\frac{\delta\dot{h}}{\left.\dfrac{\partial \dot{h}}{\partial \gamma}\right|_{\text{ref}}}
\tag{6-22}
$$

整理可得

$$
\delta R_{\text{f}}=\lambda_s(t)\delta s(t)-\frac{h_s\lambda_h(t)}{D\,|_{\text{ref}}}\delta D(t)+\frac{\lambda_\gamma(t)}{V\cos\gamma\,|_{\text{ref}}}\delta\dot{h}(t)
\tag{6-23}
$$

进一步考虑利用控制补偿量来抵消由于状态偏差引起的航程偏差，因此有

$$
\delta u=-\frac{\delta R_{\text{f}}}{\lambda_u(t)}
\tag{6-24}
$$

求解 $\lambda_u(t)$ 可根据：当控制摄动量 δu 为常值时，小扰动线性化方程有解如下：

$$
\delta x_{\text{f}}=\boldsymbol{\Phi}(t_{\text{f}},t)x(t)+\left[\int_t^{t_{\text{f}}}\boldsymbol{\Phi}(t_{\text{f}},t)B(\tau)\mathrm{d}\tau\right]\delta u
\tag{6-25}
$$

式中，$\boldsymbol{\Phi}(t_{\text{f}},t)$ 为状态转移矩阵，上式左右两边同时乘以 $\lambda_{\text{f}}^{\text{T}}$，有

$$
\delta R_{\text{f}}=\boldsymbol{\lambda}_{\text{f}}^{\text{T}}\delta x_{\text{f}}=\boldsymbol{\lambda}^{\text{T}}(t)x(t)+\left[\int_t^{t_{\text{f}}}\boldsymbol{\lambda}^{\text{T}}(t)B(\tau)\mathrm{d}\tau\right]\delta u
\tag{6-26}
$$

因此有

$$
\begin{aligned}
&\lambda_u(t)=\frac{\partial\delta R_{\text{f}}}{\partial\delta u}=\int_t^{t_{\text{f}}}\boldsymbol{\lambda}^{\text{T}}(t)B(\tau)\mathrm{d}\tau \\
&\frac{\mathrm{d}\lambda_u(t)}{\mathrm{d}t}=-\boldsymbol{B}^{\text{T}}(\tau)\lambda(t)=-\frac{D^*}{V^*}\lambda_\gamma(t)
\end{aligned}
\tag{6-27}
$$

显然 $\lambda_u(t_{\text{f}})=0$，则可求得 $\lambda_u(t)$。

因此整理可得

$$
\begin{aligned}
&u=u_{\mathrm{ref}}+\delta u=u_{\mathrm{ref}}-\frac{1}{\lambda_u(t)}\left[\lambda_s(t)\delta s(t)+\frac{\lambda_\gamma(t)}{V\cos\gamma\,|_{\mathrm{ref}}}\delta\dot{h}(t)-\frac{h_s\lambda_h(t)}{D\,|_{\mathrm{ref}}}\delta D(t)\right]\\
&\lambda_s(t)=1
\end{aligned}
\tag{6-28}
$$

对比以下的公式：

$$
\begin{aligned}
&u_{\mathrm{c}}=u_{\mathrm{ref}}+\Delta u=u_{\mathrm{ref}}+\frac{K}{\partial R/\partial u}\left[-(s-s_{\mathrm{ref}})-\frac{\partial R}{\partial\dot{h}}(\dot{h}-\dot{h}_{\mathrm{ref}})-\frac{\partial R}{\partial D}(D-D_{\mathrm{ref}})\right]\\
&(L/D)\cos\sigma=(L/D)^*\cos\sigma^*\\
&\qquad+\frac{K}{F_3(V)}\begin{bmatrix}-(R-R^*)\\-F_2(V)(\dot{h}-\dot{h}^*(V))-F_1(V)(D-D^*(V))\end{bmatrix}
\end{aligned}
$$

可得

$$
\begin{aligned}
&F_1(V)=-\frac{h_s^*(V)}{D^*(V)}\lambda_h(V)=\partial R/\partial D\\
&F_2(V)=\frac{\lambda_\gamma(V)}{V\cos\gamma^*(V)}=\partial R/\partial\dot{h}\\
&F_3(V)=\lambda_u(V)=\partial R/\partial u
\end{aligned}
\tag{6-29}
$$

根据 MSL 数据设置仿真情况，可得反馈系数标称工况下的仿真结果如图 6-12 和图 6-13 所示。

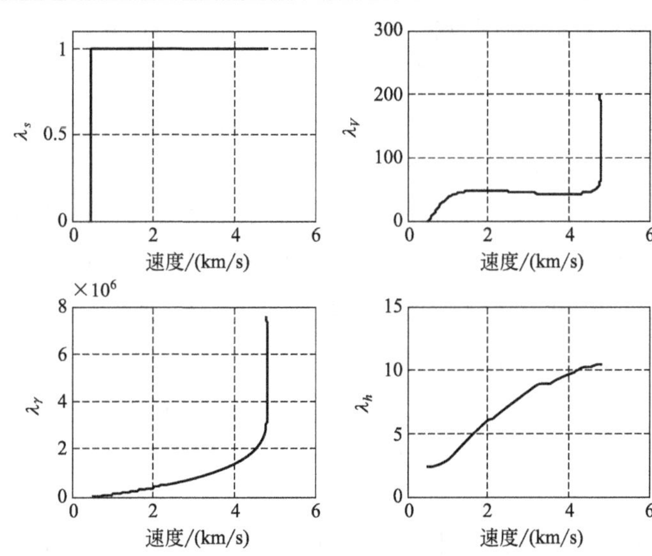

图 6-12 协态变量

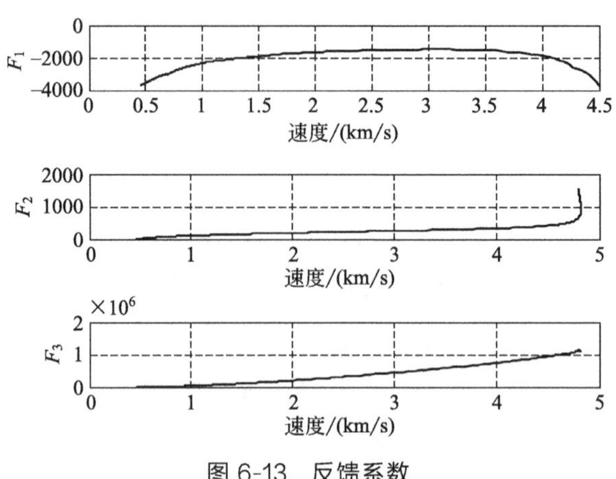

图 6-13 反馈系数

可见 $F_1<0, F_2>0, F_3>0$，即 $\partial R/\partial D<0, \partial R/\partial \dot{h}>0, \partial R/\partial u>0$，因此待飞纵程受当前状态量影响可描述为：阻力相对参考值偏小则待飞纵程偏远；高度变化率相对参考值偏大时，则待飞纵程偏远；u 越小待飞纵程越远。

6.2.2.4 倾侧角符号控制策略

倾侧角符号控制主要是为了完成对飞行横程的控制，使横程偏差尽量减小以逼近着陆点。根据 6.2.1.2 小节的描述，已明确航程、纵程和横程的定义和计算方法，接下来介绍横程边界的设计。

(1) 横程边界设计——边界与速度成线性关系

此时对横程偏差的限制采用速度的线性函数。如 $\chi_c=c_1V+c_0$，这里，c_1、c_0 的选取应针对不同的着陆巡视器，根据横程偏差的精度要求以及倾侧角反转次数的限制进行调整得到，如图 6-14 所示。

(2) 横程边界设计——边界与速度分段成二次函数关系

如图 6-15 所示，横程边界描述为

$$\chi_c=\begin{cases}c_{22}((V-V_{11})/V_{\text{scale}})^2+c_{20}, V_{11}\leqslant V\leqslant V_{21}\\ c_{21}, \text{其他}\end{cases} \tag{6-30}$$

其中，$V_{\text{scale}}=\sqrt{\mu/r_m}$，$V_{11}$、$V_{21}$、$c_{20}$、$c_{21}$、$c_{22}$ 根据在线情况调节选取，r_m 为火星半径，详细设计过程见 6.2.2.5 小节。

当预测的横程偏差逐渐增大，直至大于边界时，倾侧角反号。

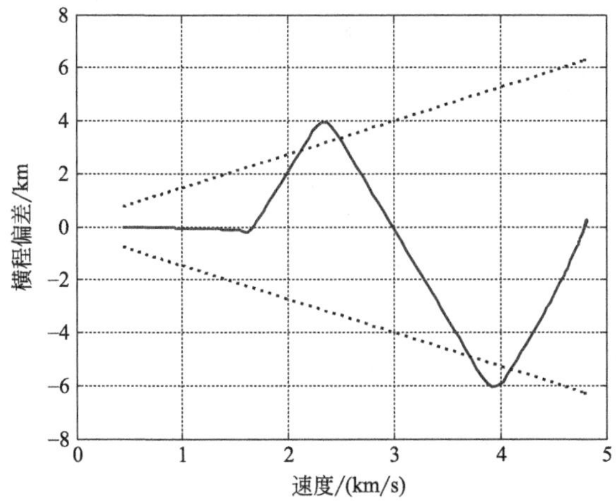

图 6-14 横程边界随速度的一次函数变化

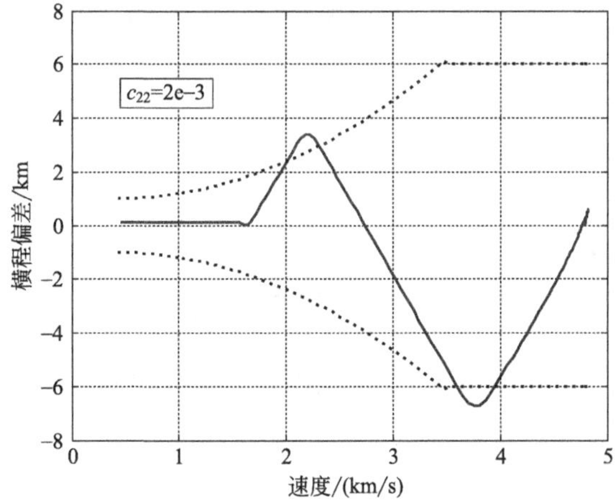

图 6-15 横程边界随速度的二次函数变化

6.2.2.5 重要参数分析设计

(1) 解析预测校正制导律执行的起始和终止条件

解析预测校正制导律的执行开始于阻力加速度大于 $0.2g$ 时，该时刻标志着着陆器已进入显著大气层内，能够产生足够的升力进行航程控制，此时相对火星表面的高度约为 60km。

解析预测校正制导律的执行终止于飞行地速小于某个临界速度。当速度小于该临界速度后，纵程控制的能力将大大降低。如果继续采用解析预测校正制导律进行纵程的控制，效果不显著且易导致控制量饱和，但若采用航向校正控制，仍可以有效地减小横程偏差。

切换为航向校正控制的转换点为临界速度：着陆器在超音速段飞行，随着高度的下降，最终会在某个时刻升力无法完全平衡重力的影响，此后即使全升力向上，飞行路径角变化速率也开始小于 0。该转换点的意义在于：它界定了气动升力用于纵程控制的效率，超过该时刻后，即使全升力向上也无法增大飞行路径角以扩展纵程，对纵程的调节能力变得有限。图 6-16 为某工况下不同倾侧角对应的纵程变化，图 6-17 为某工况下不同倾侧角对应的高度变化。可见全升力向上和全升力向下对纵程的调节远不如对高度的调节有意义。

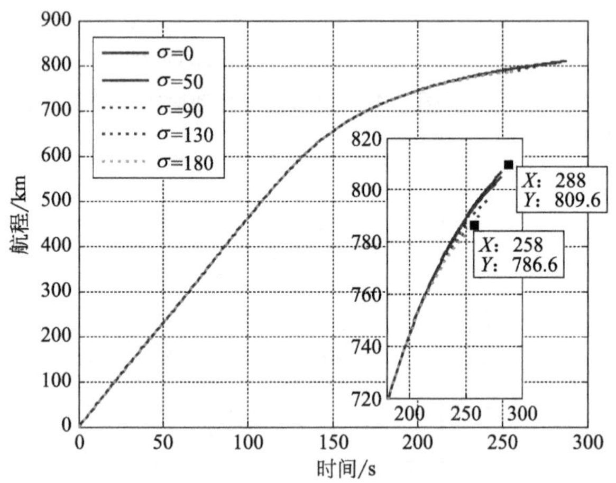

图 6-16　速度小于临界速度后不同倾侧角对应的纵程变化

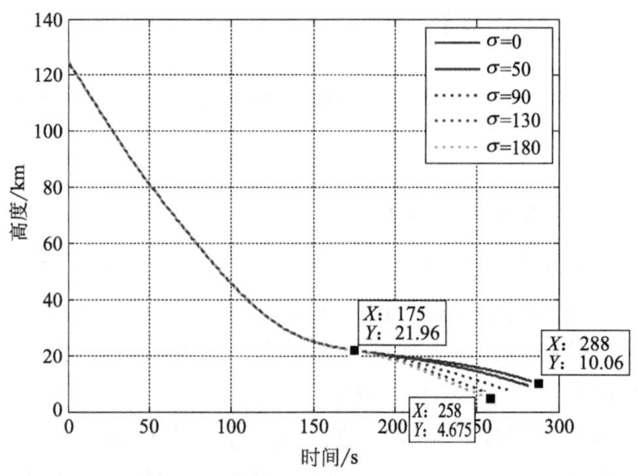

图 6-17　速度小于临界速度后不同倾侧角对应的高度变化

临界速度可以通过下述方式确定：由动力学方程推导出保证飞行路径角变化率为 0 的高度速度曲线，并与参考轨迹的高度速度曲线相交，该交点处的速度即为临界速度。由动力学方程 $V\dot{\gamma}=L\cos\sigma+\left(\frac{V^2}{r}-\frac{\mu}{r^2}\right)\cos\gamma$ 推导，考虑当 $\dot{\gamma}=0$ 时，有

$$V=\sqrt{\frac{\mu/r^2}{0.5\rho/\beta L/D\cos(50)+1/r}} \tag{6-31}$$

其中，$r=r_m+h$ 为着陆器质心与火星质心的距离，r_m 为火星半径，μ 为火星的引力常数；L 和 D 为着陆器的阻力和升力加速度；V 为着陆器相对于火星的速度大小；β 为着陆器的弹道系数；ρ 为火星大气密度。

根据文献《Mars Exploration Entry，Descent and Landing Challenges》中好奇号的相关参数：升阻比 0.18，弹道系数 115kg/m^2，初始速度 6750m/s，飞行路径角为$-15.5°$，可以求得该临界速度近似为 1100m/s，如图 6-18 所示，该结果与文献中的设计值一致。

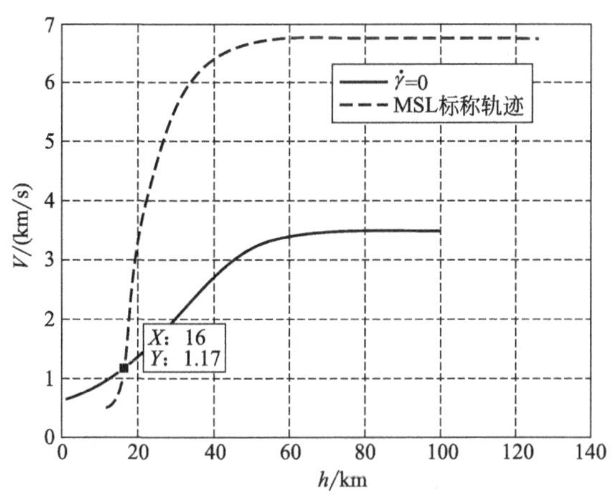

图 6-18 图解法求解 MSL 满足 $\dot{\gamma}=0$ 的高度与速度

（2）横向制导参数设计

着陆器进入的整个过程，横程修正能力随速度发生着变化，因此横程偏差边界条件选择为速度的函数，参数的具体设计过程如下。

首先考虑目前着陆器横向的机动能力，主要受气动力影响。它的横向机动能力由速度方位角速率表征。在全升力向左或右时，MSL 的速度方位角速率能达到 0.4(°)/s。与之相比，可进行着陆器实际机动能力的

评估，并综合考虑倾侧角翻转的次数，以 2 次为宜，据此设计横程偏差的边界条件参数。

倾侧角反转处的横程偏差，不应大于从该点之后，倾侧角反转所能修正的横程偏差的能力极限。其中高速段的常值边界值 c_{21}、低速段边界值 c_{20} 所确定的曲线应尽量被最小横向机动能力曲线所包络，如图 6-19 所示。横程边界转换的速度点 V_{21} 近似为第一次倾侧角翻转时刻的速度，V_{11} 应约等于开伞点高度附近 2.0Ma 时对应的速度。

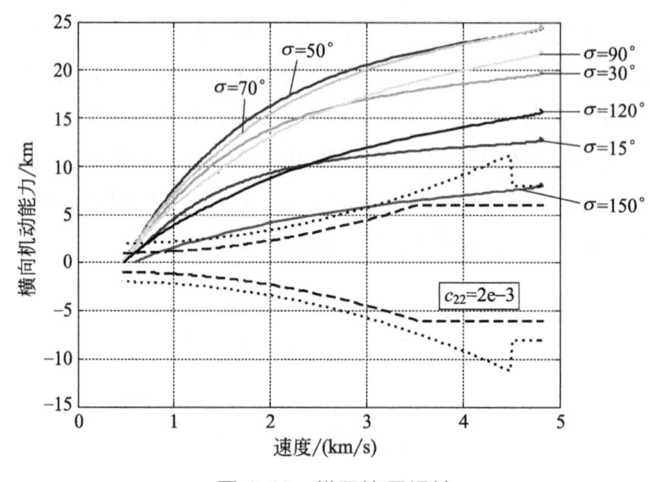

图 6-19 横程边界设计

最后，可通过调节 c_{22} 来调整第二次倾侧角反转的时刻，确定 c_{22} 取值。这里通过一组标称情况下的仿真来对比选择。c_{22} 分别选取不同值为 1×10^{-3}、1.5×10^{-3}、2×10^{-3}、2.5×10^{-3}，横程偏差的仿真结果见图 6-20。由图可见 c_{22} 等于 2×10^{-3} 时，倾侧角第二次反转的时机与后续的机动能力匹配较好。

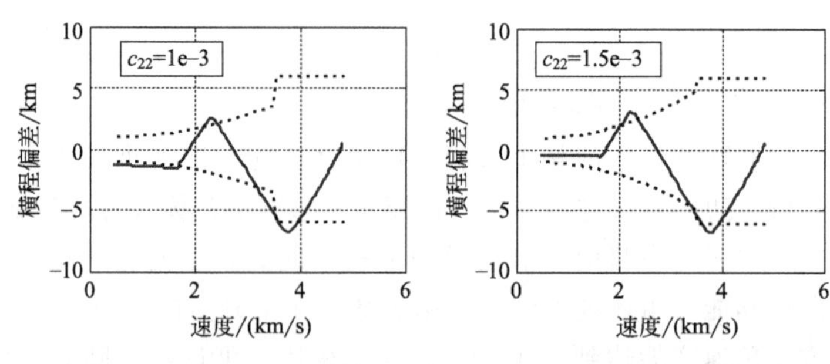

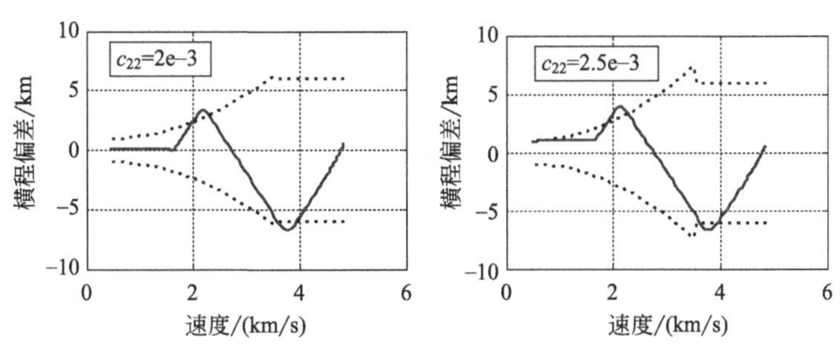

图 6-20 c_{22} 设计不同值对横程偏差修正过程的影响

6.2.3 航向校正制导方法

研究表明，当相对速度减小至一定程度后，航程控制的能力将大大降低，却仍可以通过调整倾侧角有效地减小横向偏差。因此当速度减小至某临界速度时，应将制导系统切换为航向校正制导律。通过描述着陆器进入的 6 维质心动力学方程（具体参见 7.1.4 小节）以及横程计算方法可知，横程偏差的产生源自速度方向偏离纵向剖面，即速度方位角与着陆器当前点坐标方位角（当前点与开伞点相连的大圆弧与正北方向的夹角）存在偏差，为使在剩余航程的飞行过程中能够消除横程偏差，指令倾侧角应正比于当前点相对目标点的方位误差。

$$
\begin{aligned}
&|\sigma| = K_1 \arctan\left(\frac{CR}{R_{\text{togo}}}\right) \\
&R_{\text{togo}} = R_{\text{total}} - DR \\
&\text{sign}(\sigma) = -\text{sign}(CR)
\end{aligned}
\tag{6-32}
$$

这里 CR、DR 分别为飞行横程和纵程，R_{total} 为总纵程，R_{togo} 为待飞纵程，sign(·) 表示取变量的符号，|·|表示变量的大小。其中 K_1 为控制参数，可根据仿真结果进行调节设置。值得注意的是，在小于临界速度后，需对倾侧角进行限幅，其目的在于：一是为了提升开伞高度，将该阶段倾侧角的幅值减小，从而提升开伞高度；二是确保具有一定的横向机动能力，并限制其机动能力，因为在横程控制末端的偏差约束边界值较小，过大的横向机动能力容易导致倾侧角出现没必要的反转，姿态机动消耗过多的燃料。

综上各节的描述，可得到基于标称轨迹设计的解析预测校正制导方法总设计思路，如图 6-21 所示。

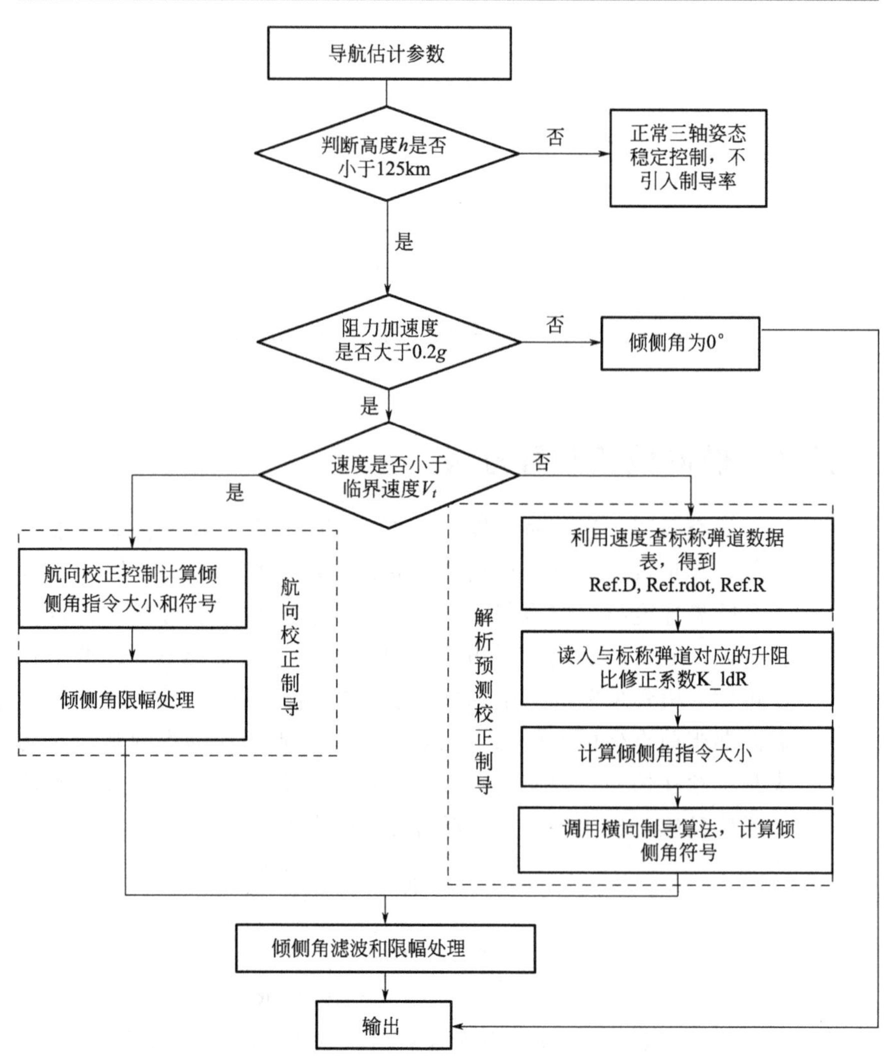

图 6-21　基于标称轨迹设计的解析预测校正制导算法总流程图

6.2.4 应用实例

6.2.4.1 参数设置

以火星科学实验室[9] 为例，数值仿真以验证该制导算法的有效性。考虑着陆器质量为 922kg，最大横截面积为 16m^2，升阻比为 0.18，弹道系数为 115kg/m^2，其他参数设置同表 6-1、表 6-2。

表 6-1 进入过程初始和终端条件约束

参数	初始进入点	开伞点
高度/km	126.1	10
速度/(m/s)	6750	—
经度/(°)	0	12.2
纬度/(°)	0	0
飞行路径角/(°)	−14.4	—

表 6-2 蒙特卡洛仿真参数设置

参数	分布类型	3σ
质量偏差	均匀	5%
大气密度偏差	均匀	30%
气动参数(C_L)偏差	均匀	10%
气动参数(C_D)偏差	均匀	10%

6.2.4.2 仿真结果与分析

为验证该算法的鲁棒性，完成在 1000 种情况下的蒙特卡洛仿真，这 1000 种散布情况仿真分为 100 组进行，每组 10 种散布情况，相应的仿真结果统计值见表 6-3。可见航程偏差均值为 0.7233km，标准差为 0.8444km，可知 99.7%的航程偏差落在 3.2565km 范围内，该制导律有较高的着陆精度。开伞点处的高度偏差均值为 1.6174km，标准差为 1.1727km，可知 99.7%的开伞高度偏差在 5.1355km 的范围内，即 99.7%的开伞高度在 4.8645～15.1355km 之间。

表 6-3 航程和高度偏差数据统计

参数	航程偏差/km	高度偏差/km
最小值	0.0005	0.0044
最大值	5.9641	6.5165
平均值	0.7233	1.6174
标准差	0.8444	1.1727

6.3 基于阻力剖面跟踪的鲁棒制导方法

基于阻力剖面跟踪的制导方法，其标称轨迹主要是以阻力加速度以及阻力加速度导数的形式给出，通过对阻力加速度跟踪控制来实现飞行轨迹的调整。

目前，已有很多控制算法被用于阻力剖面跟踪制导，以不断提高制导算法的鲁棒性和探测器的着陆精度。例如文献［10］同时考虑自适应与鲁棒问题，将反馈线性化、自适应及 H^{∞} 鲁棒控制算法应用于阻力剖面跟踪；文献［11］考虑采用模型参考自适应控制方法（Model Reference Adaptive Control，MRAC）实现鲁棒再入制导跟踪，并采用蒙特卡洛仿真在多参数正态随机波动情况下进行制导敏感度分析；文献［12］应用微分平坦原理设计了鲁棒跟踪制导律，引入神经网络及辅助自适应策略提升自适应能力并补偿扰动影响。文献［13］采用模型预测控制（Model Predictive Control，MPC）与反馈线性化（Feedback Linearization，FBL）结合的方法实现鲁棒制导跟踪。但在阻力剖面跟踪算法中，以上鲁棒制导律设计均未考虑二阶阻力动力学模型输入系数存在不确定性的问题。这个问题在以往跟踪制导律设计以及稳定性分析时被忽略。Mease[14]，Roenneke[15] 等在设计阻力加速度跟踪制导律时也未对参数偏差情况下的二阶阻力动力学方程进行分析，而是直接利用输入系数设计误差反馈，形成制导律，而未考虑模型输入系数存在偏差项的影响。

本节主要针对火星大气进入存在较大参数不确定性的情况，研究阻力剖面跟踪鲁棒制导律。首先建立了考虑参数不确定性的二阶阻力动力学方程，分析了以往设计跟踪制导律常忽略的一个问题——动力学模型输入系数中存在不确定项。针对该问题，设计鲁棒制导律并完成稳定性证明。最后通过蒙特卡洛仿真，验证了该制导律具有较强的鲁棒性。

6.3.1 考虑不确定性的二阶阻力动力学模型

不考虑地球自转且假设着陆器为无动力的质点，再入纵向剖面的动力学方程同式(6-11)。为设计阻力剖面跟踪制导律，选择新的状态变量

$$\boldsymbol{z}=\begin{bmatrix}D & \dot{D} & V\end{bmatrix}^{\mathrm{T}} \tag{6-33}$$

控制变量为

$$u=\cos\sigma \tag{6-34}$$

大气密度模型采用指数模型

$$\rho_{\text{nominal}}=\rho_0\mathrm{e}^{-(r-r_{\mathrm{m}})/H_{\mathrm{S}}} \tag{6-35}$$

其中，H_{S} 为密度尺度高；ρ_0 为参考高度 r_{m} 处的大气密度值。

在实际的再入过程中，着陆器再入大气层界面时必然存在状态偏差，该偏差称为初始状态偏差。而且大气密度偏差、气动参数偏差的存在都将影响制导律的效果。这里分析气动系数偏差为

$$C_L = C_L^{\sim}(1+\Delta_{C_L}) = C_L^{\sim} + \Delta C_L$$
$$C_D = C_D^{\sim}(1+\Delta_{C_D}) = C_D^{\sim} + \Delta C_D \tag{6-36}$$

其中，$C^{\sim}$表示气动系数的标称值；ΔC_L，ΔC_D 分别表示升力系数和阻力系数偏差。含偏差项 $\Delta\rho$ 的大气密度模型可改写为

$$\rho = \rho_{\text{nominal}} + \Delta\rho = \rho_0 \mathrm{e}^{-(r-r_{\mathrm{m}})/H_{\mathrm{S}}} + \Delta\rho \tag{6-37}$$

根据动力学方程中阻力 D 的定义，可知其一阶导数为

$$\dot{D} = \frac{-D\dot{\rho}}{\rho} + \frac{2D\dot{V}}{V} + \frac{D\dot{C}_D}{C_D} \tag{6-38}$$

需进一步求解$\dfrac{\dot{\rho}}{\rho}$和$\dfrac{\dot{C}_D}{C_D}$。由式(6-37)，有

$$\frac{\dot{\rho} - \Delta\dot{\rho}}{\rho - \Delta\rho} = -\frac{1}{H_{\mathrm{S}}}\dot{r} \tag{6-39}$$

因此有$\dfrac{\dot{\rho}}{\rho} = -\dfrac{1}{H_{\mathrm{S}}}\dot{r} + \delta_\rho$，其中 $\delta_\rho = \dfrac{\rho\Delta\dot{\rho} - \dot{\rho}\,\Delta\rho}{\rho\,(\rho - \Delta\rho)}$。阻力系数偏差项同理可表示为

$$\frac{\dot{C}_D}{C_D} = C + \delta_{C_D} \tag{6-40}$$

其中，$C = \dfrac{\dot{C}_D^{\sim}}{C_D^{\sim}}$，$\delta_{C_D} = \dfrac{\Delta\dot{C}_D C_D^{\sim} - \Delta C_D \dot{C}_D^{\sim}}{(C_D^{\sim} + \Delta C_D)C_D^{\sim}}$。

那么阻力的一阶导数经推导为

$$\frac{\dot{D}}{D} = -\frac{1}{H_{\mathrm{S}}}\dot{r} + \frac{2\dot{V}}{V} + C + \delta_{C_D} + \delta_\rho \tag{6-41}$$

然后将上式两边同时微分可得

$$\ddot{D} = \frac{\dot{D}^2}{D} - \frac{D\ddot{r}}{H_{\mathrm{S}}} + \frac{2D\ddot{V}}{V} - \frac{2D\dot{V}^2}{V^2} + D\dot{C} + D\dot{\delta}_{C_D} + D\dot{\delta}_\rho \tag{6-42}$$

为进一步求解阻力的二阶导数形式，根据动力学方程可得

$$\dot{V} = -D - \overline{g}\,\frac{\dot{r}}{V} \tag{6-43}$$

$$\ddot{V} = -\dot{D} - \frac{\overline{g}L}{V}\cos\gamma u - \left(\frac{V^2}{\overline{r}} - \overline{g}\right)\frac{\overline{g}}{V}\cos^2\gamma \tag{6-44}$$

$$\ddot{r} = -D\,\frac{\dot{r}}{V} + L\cos\gamma u + \frac{V^2}{\overline{r}}\cos^2\gamma - \overline{g} \tag{6-45}$$

其中，$\overline{g}$、$\overline{r}$ 分别为重力加速度以及火心距的等效均值常数，且上面三式

中 $\dot{r}$ 的表达式可通过式(6-41) 得到:

$$\left(1+\frac{2\bar{g}H}{V^2}\right)\dot{r}=-H\left(\frac{\dot{D}}{D}+2\frac{D}{V}-C-\delta_{C_D}-\delta_{\rho}\right) \tag{6-46}$$

最后将式(6-43)～式(6-46) 代入式(6-42),得到偏差二阶阻力动力学方程为

$$\ddot{D}(t)=a(t)+b(t)u=\hat{a}(z)+\Delta a+[\hat{b}(z)+\Delta b]u \tag{6-47}$$

其中

$$\hat{b}(z)=-\frac{D^2}{H_S}\left(1+\frac{2\bar{g}H_S}{V^2}\right)\frac{L}{D}\cos\gamma \tag{6-48}$$

$$\begin{aligned}&\hat{a}(z)+\Delta a+\Delta bu\\&=\frac{\dot{D}^2}{D}-\frac{4D^3}{V^2}-\frac{3D\dot{D}}{V}-\frac{D}{H_S}\left(1+\frac{2\bar{g}H_S}{V^2}\right)\left(\frac{V^2}{r}-\bar{g}\right)\\&\quad+\frac{6D^2\bar{g}H_S}{V^3}\left(1+\frac{2\bar{g}H_S}{V^2}\right)^{-1}\left(\frac{\dot{D}}{D}+\frac{2D}{V}\right)+\left(\frac{\bar{g}D}{H_S}-\frac{2\bar{g}^2D}{V^2}\right)\sin^2\gamma\\&\quad+\frac{D^2}{V}(C+\delta_{C_D}+\delta_{\rho})+D\dot{C}+D\dot{\delta}_{C_D}+D\dot{\delta}_{\rho}\end{aligned} \tag{6-49}$$

为了进一步对 Δb 进行分析,假设对于小升阻比着陆器,气动阻力系数标称值为常值,即 $C_{\tilde{D}}$ 为常值,且偏差系数 Δ_{C_D} 为正态分布的随机常数,则有 $C=0$;$\delta_{C_D}=0$。式(6-42) 中 $\dot{\delta}_{\rho}$ 所含 $\ddot{\rho}$ 、$\Delta\ddot{\rho}$ 项将出现控制量 u,经计算得

$$\begin{aligned}\dot{\delta}_{\rho}&=-\frac{\Delta\rho}{\rho}\times\frac{\ddot{\rho}_{\text{nominal}}}{\rho_{\text{nominal}}}+\frac{\Delta\ddot{\rho}}{\rho}+\kappa_1(z,\Delta\dot{\rho},\Delta\rho,\dot{\rho},\rho)\\&=\frac{DL\cos\gamma}{H_S}\times\frac{\Delta\rho}{\rho}u+\frac{\Delta\ddot{\rho}}{\rho}+\kappa_2(z,\Delta\dot{\rho},\Delta\rho,\dot{\rho},\rho)\end{aligned} \tag{6-50}$$

其中,$\kappa_1(z,\Delta\dot{\rho},\Delta\rho,\dot{\rho},\rho)$、$\kappa_2(z,\Delta\dot{\rho},\Delta\rho,\dot{\rho},\rho)$ 中不含控制量 u。本章考虑大气密度偏差模型[16] 为

$$\rho=\rho_{\text{nominal}}\left[1+\delta+A\sin\left(\frac{2\pi h}{h_{\text{ref}}}+\phi_{\text{atm}}\right)\right] \tag{6-51}$$

其中,$h=r-r_m$,而 δ、A、h_{ref}、ϕ_{atm} 均为常量,令 $\phi_{\text{atm}}=0$。通过将上式模型代入式(6-50),经计算可得式 $\dot{\delta}_{\rho}$ 中 $\Delta b\cdot u$ 为

$$\Delta b\cdot u=\frac{A\dfrac{2\pi}{h_{\text{ref}}}\cos\left(\dfrac{2\pi h}{h_{\text{ref}}}\right)DL\cos\gamma}{1+\delta+A\sin\left(\dfrac{2\pi h}{h_{\text{ref}}}\right)}u \tag{6-52}$$

为简化处理，这里不列出 Δa 的具体表达形式，且能保证 $b(t)$ 为负值。

6.3.2 阻力剖面跟踪鲁棒制导方法

由式(6-42)、式(6-52) 可知，系统二阶阻力动力学方程输入系数存在参数不确定性。为了设计鲁棒制导律，这里首先将方程 (6-42) 两边同时除以输入系数 $b(x)$：

$$\frac{1}{b}\ddot{D}-\frac{a}{b}=u \tag{6-53}$$

因此，上式可写为

$$b^{*}\ddot{D}-a^{*}=u \tag{6-54}$$

其中 $b^{*}=1/b$，$a^{*}=a/b$。

定义

$$\dot{D}_{\mathrm{r}}=\dot{D}_{\mathrm{d}}-\alpha_{1}\widetilde{D}-\alpha_{2}\int_{0}^{t}\widetilde{D}\mathrm{d}\tau,\ddot{D}_{\mathrm{r}}=\ddot{D}_{\mathrm{d}}-\alpha_{1}\dot{\widetilde{D}}-\alpha_{2}\widetilde{D} \tag{6-55}$$

其中 $\widetilde{D}=D-D_{\mathrm{d}}$，$D_{\mathrm{d}}$ 为预先存储的气动阻力参考轨迹剖面，α_1、α_2 为正常数增益。

进一步，定义

$$s=\dot{\widetilde{D}}+\alpha_{1}\widetilde{D}+\alpha_{2}\int_{0}^{t}\widetilde{D}\mathrm{d}\tau \tag{6-56}$$

计算有 $\dot{s}=\ddot{\widetilde{D}}+\alpha_{1}\dot{\widetilde{D}}+\alpha_{2}\widetilde{D}$。因此，可得

$$-b^{*}\dot{s}=-u+b^{*}\ddot{D}_{\mathrm{r}}-a^{*} \tag{6-57}$$

假设一含不确定性的向量为 $\boldsymbol{\theta}=\left[b^{*}\quad a^{*}\quad \dot{b}^{*}\right]^{\mathrm{T}}$，然后计算

$$\begin{aligned}-b^{*}\dot{s}-\frac{1}{2}\dot{b}^{*}s+ks&=-u+b^{*}\ddot{D}_{\mathrm{r}}-a^{*}-\frac{1}{2}\dot{b}^{*}s+ks\\&=-u+ks+\boldsymbol{Y\theta}\end{aligned} \tag{6-58}$$

其中 $\boldsymbol{Y}=\left[\ddot{D}_{\mathrm{r}}\quad -1\quad -0.5s\right]$，$k$ 为正常数。

定义 $\widehat{\boldsymbol{\theta}}$ 为与 $\boldsymbol{\theta}$ 对应的不含不确定性的确知项：

$$\widehat{\boldsymbol{\theta}}=\left[\frac{1}{\widehat{b}}\quad \frac{\widehat{a}}{\widehat{b}}\quad \left(\frac{1}{\widehat{b}}\right)'\right]^{\mathrm{T}} \tag{6-59}$$

其中，$(\cdot)'$表示（·）的一阶导数。同时可定义向量 $\widetilde{\boldsymbol{\theta}}=\boldsymbol{\theta}-\widehat{\boldsymbol{\theta}}$ 为系统参数不确定性引起的偏差项，假设 $\widetilde{\boldsymbol{\theta}}$ 有界，满足$\|\widetilde{\boldsymbol{\theta}}\|\leqslant\eta$，$\eta>0$。

设计 $u=u_0-\boldsymbol{Y}\tilde{\boldsymbol{u}}$，其中 $u_0=\boldsymbol{Y}\hat{\boldsymbol{\theta}}+ks$，则式(6-58) 变为

$$\begin{aligned}-b^*\dot{s}-\frac{1}{2}\dot{b}^*s+ks&=-u_0+\boldsymbol{Y}\tilde{\boldsymbol{u}}+\boldsymbol{Y}(\hat{\boldsymbol{\theta}}+\tilde{\boldsymbol{\theta}})+ks\\&=\boldsymbol{Y}\tilde{\boldsymbol{u}}+\boldsymbol{Y}\tilde{\boldsymbol{\theta}}\end{aligned} \tag{6-60}$$

下面采用类似 Spong 的鲁棒控制方法[17] 设计 $\tilde{\boldsymbol{u}}$。

定理： 令 $\varepsilon>0$，设计控制量 $\tilde{\boldsymbol{u}}$ 如下：

$$\tilde{\boldsymbol{u}}=\begin{cases}-\eta\dfrac{\boldsymbol{Y}^{\mathrm{T}}s}{\|\boldsymbol{Y}^{\mathrm{T}}s\|}, & \|\boldsymbol{Y}^{\mathrm{T}}s\|>\varepsilon\\ -\eta\dfrac{\boldsymbol{Y}^{\mathrm{T}}s}{\varepsilon}, & \|\boldsymbol{Y}^{\mathrm{T}}s\|\leqslant\varepsilon\end{cases} \tag{6-61}$$

则制导律 u 为

$$u=u_0-\boldsymbol{Y}\tilde{\boldsymbol{u}} \tag{6-62}$$

其中 $\boldsymbol{Y}=\begin{bmatrix}\ddot{D}_{\mathrm{r}} & -1 & -0.5s\end{bmatrix}$，$u_0=\boldsymbol{Y}\hat{\boldsymbol{\theta}}+ks$，该制导律 u 连续且闭环系统一致最终有界稳定。

证明： 针对系统（6-53）选择李雅普诺夫函数如下：

$$\overline{V}=-\frac{1}{2}b^*s^2+k\alpha_1\alpha_2\left(\int_0^t\tilde{D}\mathrm{d}\tau\right)^2+k\left(\tilde{D}+\alpha_2\int_0^t\tilde{D}\mathrm{d}\tau\right)^2 \tag{6-63}$$

这里 b^* 为负，保证 $\overline{V}>0$，可计算 $\overline{V}$ 的一阶导数为

$$\begin{aligned}\dot{\overline{V}}&=-\frac{1}{2}\dot{b}^*s^2-b^*s\dot{s}+2k\alpha_1\alpha_2\tilde{D}\int_0^t\tilde{D}\mathrm{d}\tau+2k\left(\tilde{D}+\alpha_2\int_0^t\tilde{D}\mathrm{d}\tau\right)(\dot{\tilde{D}}+\alpha_2\tilde{D})\\&=-\frac{1}{2}\dot{b}^*s^2-b^*s\dot{s}+ks^2-ks^2\\&\quad+2k\alpha_1\alpha_2\tilde{D}\int_0^t\tilde{D}\mathrm{d}\tau+2k\left(\tilde{D}+\alpha_2\int_0^t\tilde{D}\mathrm{d}\tau\right)(\dot{\tilde{D}}+\alpha_2\tilde{D})\\&=s\boldsymbol{Y}(\tilde{\boldsymbol{u}}+\tilde{\boldsymbol{\theta}})-k\left(\dot{\tilde{D}}+\alpha_1\tilde{D}+\alpha_2\int_0^t\tilde{D}\mathrm{d}\tau\right)^2\\&\quad+2k\alpha_1\alpha_2\tilde{D}\int_0^t\tilde{D}\mathrm{d}\tau+2k\left(\tilde{D}+\alpha_2\int_0^t\tilde{D}\mathrm{d}\tau\right)(\dot{\tilde{D}}+\alpha_2\tilde{D})\\&=-\boldsymbol{y}^{\mathrm{T}}\boldsymbol{Q}\boldsymbol{y}+s\boldsymbol{Y}(\tilde{\boldsymbol{u}}+\tilde{\boldsymbol{\theta}})\end{aligned} \tag{6-64}$$

其中 $y=\begin{bmatrix}\dot{\tilde{D}} & \tilde{D} & \int_0^t\tilde{D}\mathrm{d}\tau\end{bmatrix}^{\mathrm{T}}$，$\boldsymbol{Q}=\begin{bmatrix}k & k(\alpha_1-1) & 0\\ k(\alpha_1-1) & k(\alpha_1^2-2\alpha_2) & -k\alpha_2^2\\ 0 & -k\alpha_2^2 & k\alpha_2^2\end{bmatrix}$，

经计算可知通过合理地选取参数 α_1、α_2，可保证 $\boldsymbol{Q}$ 为正定矩阵。

则有当$\|\boldsymbol{y}\|>\omega$，能保证$\dot{\overline{V}}<0$，其中$\omega$为

$$\omega^2=\frac{\varepsilon\eta}{4\lambda_{\min}(\boldsymbol{Q})} \tag{6-65}$$

因为当$\|\boldsymbol{Y}^{\mathrm{T}}s\|>\varepsilon$，有

$$\begin{aligned}\dot{\overline{V}}&=-\boldsymbol{y}^{\mathrm{T}}\boldsymbol{Q}\boldsymbol{y}+s\boldsymbol{Y}(\widetilde{\boldsymbol{u}}+\widetilde{\boldsymbol{\theta}})=-\boldsymbol{y}^{\mathrm{T}}\boldsymbol{Q}\boldsymbol{y}+s\boldsymbol{Y}\left(-\eta\frac{\boldsymbol{Y}^{\mathrm{T}}s}{\|\boldsymbol{Y}^{\mathrm{T}}s\|}+\widetilde{\boldsymbol{\theta}}\right)\\&\leqslant-\boldsymbol{y}^{\mathrm{T}}\boldsymbol{Q}\boldsymbol{y}+\|s\boldsymbol{Y}\|(\|\widetilde{\boldsymbol{\theta}}\|-\eta)<0\end{aligned} \tag{6-66}$$

当$\|\boldsymbol{Y}^{\mathrm{T}}s\|\leqslant\varepsilon$时，则有

$$\begin{aligned}\dot{\overline{V}}&=-\boldsymbol{y}^{\mathrm{T}}\boldsymbol{Q}\boldsymbol{y}+s\boldsymbol{Y}(\widetilde{\boldsymbol{u}}+\widetilde{\boldsymbol{\theta}})\leqslant-\boldsymbol{y}^{\mathrm{T}}\boldsymbol{Q}\boldsymbol{y}+s\boldsymbol{Y}\left(\widetilde{\boldsymbol{u}}+\eta\frac{\boldsymbol{Y}^{\mathrm{T}}s}{\|\boldsymbol{Y}^{\mathrm{T}}s\|}\right)\\&=-\boldsymbol{y}^{\mathrm{T}}\boldsymbol{Q}\boldsymbol{y}+s\boldsymbol{Y}\left(-\eta\frac{\boldsymbol{Y}^{\mathrm{T}}s}{\varepsilon}+\eta\frac{\boldsymbol{Y}^{\mathrm{T}}s}{\|\boldsymbol{Y}^{\mathrm{T}}s\|}\right)\\&=-\boldsymbol{y}^{\mathrm{T}}\boldsymbol{Q}\boldsymbol{y}+\left(\eta\frac{\|\boldsymbol{Y}^{\mathrm{T}}s\|^2}{\|\boldsymbol{Y}^{\mathrm{T}}s\|}-\frac{\eta}{\varepsilon}\|\boldsymbol{Y}^{\mathrm{T}}s\|^2\right)\end{aligned} \tag{6-67}$$

根据 Cauchy-Schwartz 不等式，当$\|\boldsymbol{Y}^{\mathrm{T}}s\|=\varepsilon/2$，$\dot{\overline{V}}$中的第二项获得最大值为$\eta\varepsilon/4$。则有

$$\dot{\overline{V}}\leqslant-\boldsymbol{y}^{\mathrm{T}}\boldsymbol{Q}\boldsymbol{y}+\frac{\eta\varepsilon}{4} \tag{6-68}$$

因此，当$\|\boldsymbol{y}\|>\omega$时，有$\dot{\overline{V}}<0$。

又因为存在两个K类函数$\kappa_3(\cdot)$和$\kappa_4(\cdot)$，使$\overline{V}(\boldsymbol{y})$满足

$$\kappa_3(\|\boldsymbol{y}\|)\leqslant\overline{V}(\boldsymbol{y})\leqslant\kappa_4(\|\boldsymbol{y}\|) \tag{6-69}$$

且式(6-68)可整理为

$$\dot{\overline{V}}(\boldsymbol{y})\leqslant-\mu\|\boldsymbol{y}\|^2+\frac{\varepsilon\eta}{4} \tag{6-70}$$

其中$\mu=\lambda_{\min}(\boldsymbol{Q})>0$。根据文献[18]定理可知闭环系统最终一致有界稳定。

6.3.3 改进鲁棒制导方法

上述制导律(6-62)中，只有唯一常数η来衡量三维向量$\widetilde{\boldsymbol{\theta}}$的界值。为了降低该鲁棒制导律的保守性，改进制导律，将不确定参数向量$\widetilde{\boldsymbol{\theta}}$范数的界值按每个元素相应给出，即假设不确定参数向量$\widetilde{\boldsymbol{\theta}}$中每个元素$\widetilde{\theta}_i$有

$$|\widetilde{\theta}_i| \leqslant \eta_i, i=1,2,3 \tag{6-71}$$

相对应，令向量 $\boldsymbol{Y}^{\mathrm{T}} s=\boldsymbol{\xi}^{\mathrm{T}}$，其中每个元素用 ξ_i 表示，控制器 $\widetilde{\boldsymbol{u}}$ 设计为

$$\widetilde{u}_i=\begin{cases}-\eta_i \xi_i /|\xi_i|, & |\xi_i|>\varepsilon_i \\ -\eta_i \xi_i / \varepsilon_i, & |\xi_i| \leqslant \varepsilon_i\end{cases} \tag{6-72}$$

因此要保证 $\dot{\bar{V}}<0$，$\|\boldsymbol{y}\|$需满足

$$\|\boldsymbol{y}\|>\left(\frac{1}{\lambda_{\min}(\boldsymbol{Q})} \sum_{i=1}^{3} \frac{\eta_i \varepsilon_i}{4}\right)^{1/2} \tag{6-73}$$

证明：选择同样的李雅普诺夫函数：

$$\bar{V}=-\frac{1}{2} b^* s^2+k \alpha_1 \alpha_2\left(\int_0^t \widetilde{D} \mathrm{d} \tau\right)^2+k\left(\widetilde{D}+\alpha_2 \int_0^t \widetilde{D} \mathrm{d} \tau\right)^2 \tag{6-74}$$

同理可计算得

$$\dot{\bar{V}}=-\boldsymbol{y}^{\mathrm{T}} \boldsymbol{Q} \boldsymbol{y}+s \boldsymbol{Y}(\widetilde{\boldsymbol{u}}+\widetilde{\boldsymbol{\theta}}) \tag{6-75}$$

当$|\xi_i|>\varepsilon_i$，$i=1$，2，3，可推导出 $\dot{\bar{V}}<0$

$$\begin{aligned}\dot{\bar{V}}=-\boldsymbol{y}^{\mathrm{T}} \boldsymbol{Q} \boldsymbol{y}+s \boldsymbol{Y}(\widetilde{\boldsymbol{u}}+\widetilde{\boldsymbol{\theta}})=-\boldsymbol{y}^{\mathrm{T}} \boldsymbol{Q} \boldsymbol{y}+\begin{bmatrix}\xi_1 & \xi_2 & \xi_3\end{bmatrix}\begin{bmatrix}-\eta_1 \xi_1 /|\xi_1|+\widetilde{\theta}_1 \\ -\eta_2 \xi_2 /|\xi_2|+\widetilde{\theta}_2 \\ -\eta_3 \xi_3 /|\xi_3|+\widetilde{\theta}_3\end{bmatrix} \\ \leqslant-\boldsymbol{y}^{\mathrm{T}} \boldsymbol{Q} \boldsymbol{y}+|\xi_1|(|\widetilde{\theta}_1|-\eta_1)+|\xi_2|(|\widetilde{\theta}_2|-\eta_2)+|\xi_3|(|\widetilde{\theta}_3|-\eta_3)<0\end{aligned} \tag{6-76}$$

当$|\xi_i| \leqslant \varepsilon_i$，$i=1$，2，3，可推导出

$$\begin{aligned}\dot{\bar{V}} & =-\boldsymbol{y}^{\mathrm{T}} \boldsymbol{Q} \boldsymbol{y}+s \boldsymbol{Y}(\widetilde{\boldsymbol{u}}+\widetilde{\boldsymbol{\theta}}) \leqslant-\boldsymbol{y}^{\mathrm{T}} \boldsymbol{Q} \boldsymbol{y}+\begin{bmatrix}\xi_1 & \xi_2 & \xi_3\end{bmatrix}\begin{bmatrix}-\eta_1 \xi_1 / \varepsilon_1+\widetilde{\theta}_1 \\ -\eta_2 \xi_2 / \varepsilon_2+\widetilde{\theta}_2 \\ -\eta_3 \xi_3 / \varepsilon_3+\widetilde{\theta}_3\end{bmatrix} \\ & =-\boldsymbol{y}^{\mathrm{T}} \boldsymbol{Q} \boldsymbol{y}+\eta_1\left(-\frac{|\xi_1|^2}{\varepsilon_1}+|\xi_1|\right) \\ & \quad+\eta_2\left(-\frac{|\xi_2|^2}{\varepsilon_2}+|\xi_2|\right)+\eta_3\left(-\frac{|\xi_3|^2}{\varepsilon_3}+|\xi_3|\right) \\ & \leqslant-\boldsymbol{y}^{\mathrm{T}} \boldsymbol{Q} \boldsymbol{y}+\frac{\eta_1 \varepsilon_1}{4}+\frac{\eta_2 \varepsilon_2}{4}+\frac{\eta_3 \varepsilon_3}{4}\end{aligned} \tag{6-77}$$

因此，要实现$\dot{\tilde{V}}<0$，$\|\boldsymbol{y}\|$需满足

$$\|\boldsymbol{y}\|>\left(\frac{1}{\lambda_{\min}(\boldsymbol{Q})}\sum_{i=1}^{3}\frac{\eta_i\varepsilon_i}{4}\right)^{1/2} \tag{6-78}$$

证毕。

6.3.4 应用实例

6.3.4.1 参数设置

以火星科学实验室[10] 为例进行数值仿真以验证该制导算法的有效性。进入过程初始和终端状态参数设置同 6.2.4.1，蒙特卡洛仿真参数设置如表 6-4。

表 6-4　蒙特卡洛仿真参数设置

参数	散布情况	$[\Delta^-,\Delta^+]$
质量偏差	均匀	[−5%,5%]
大气密度偏差常数 $\boldsymbol{\delta}$	均匀	[−0.2,0.2]
大气密度偏差常数 $\boldsymbol{A}$	均匀	[−0.2,0.2]
升力系数(C_L)偏差	均匀	[−30%,30%]
阻力系数(C_D)偏差	均匀	[−30%,30%]

6.3.4.2 仿真结果与分析

对鲁棒制导律进行仿真分析。在大气密度偏差为−10%时，控制参数选为$k=0.1$，$\alpha_1=0.1$，$\alpha_2=0.006$，$\boldsymbol{\varepsilon}=[0.042\quad 0.098\quad 0.042]$ 和 $\boldsymbol{\eta}=[0.06\quad 0.03\quad 0.12]$。由图 6-22 可见阻力剖面跟踪效果良好，纵向航程偏差仅有 0.9461km。倾侧角在初始再入 50s 内出现饱和，这是因为再入初始大气密度较小，控制能力较弱。从制导律可知，当气动力较小时，$\hat{b}$ 必然很小，控制器中分母为小量，很容易导致控制饱和。随着气动力的逐渐增大，阻力剖面的跟踪效果也得到改善。而在实际火星再入过程中，一般当过载加速度大于 0.2g 时才开始进行航程控制，所以再入初始发生饱和的现象将得到改善。

为验证算法的鲁棒性，进行 1000 种参数散布情况下的蒙特卡洛仿真研究。大气密度偏差模型中参考高度 $h_{\text{ref}}=20\text{km}$，其他参数分布情况见表 6-4 所示。控制器参数选择为 $k=8$，$\alpha_1=0.1$，$\alpha_2=0.006$，$\boldsymbol{\varepsilon}=[0.24\quad 0.8\quad 0.48]$ 和 $\boldsymbol{\eta}=[3\quad 10\quad 6]$，并将该鲁棒制导律与反馈线性化跟踪方法进行比较，在设置参数为相同偏差的情况下，仿真结果的数

据对比可见表 6-5。主要对比 1000 种蒙特卡洛仿真下航程偏差的均值和方差，以及开伞点高度偏差的均值和方差。在航程偏差方面，鲁棒制导律航程偏差方差较小，说明落点散布较小，制导律的鲁棒性较强；在高度偏差方面，鲁棒制导律同样在均值和方差方面均优于反馈线性化跟踪制导方法。可见本节设计的鲁棒制导律，具有更好的制导效果。

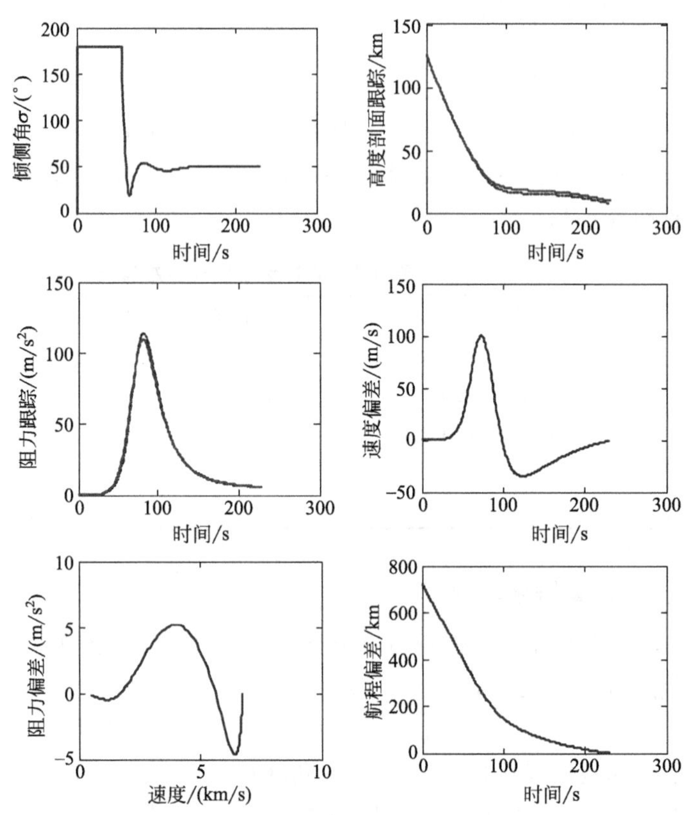

图 6-22 大气密度偏差为-10%时轨迹跟踪曲线

表 6-5 鲁棒制导律航程和高度偏差数据统计

参数	航程偏差/km		高度偏差/km	
	反馈线性化方法	本章方法	反馈线性化方法	本章方法
最小值	0.0045	0.0042	0.0011	0.0010
最大值	27.6235	20.7037	7.5412	5.9362
平均值	1.8512	1.3651	2.6523	2.4859
标准差	8.2315	6.3996	2.2152	1.5799

6.4 小结

本章主要研究了火星大气进入过程制导算法的设计。首先分析了火星大气进入阶段的任务特点，包括火星大气环境、着陆器的气动力学特性以及火星进入制导所面临的难点问题等。然后针对问题，详细地设计了两类制导方法，分别为基于标称轨迹设计的解析预测校正制导方法和基于阻力剖面跟踪的鲁棒制导方法。最后以火星科学实验室为应用实例，给出具体的仿真参数设置和仿真验证结果。

参考文献

[1] 赵汉元. 飞行器再入动力学和制导[M]. 长沙：国防科技大学出版社，1997.

[2] 王大轶，郭敏文. 航天器大气进入过程制导方法综述[J]. 宇航学报，2015，36（1）：1-8.

[3] Mendeck G F，Craig L. Mars Science Laboratory Entry Guidance：JSC-CN-22651[R]. 2011.

[4] Carman G L，Ives D G，Geller D K. Apollo-derived Mars Precision Lander Guidance [C]//AIAA Atmospheric Flight Mechanics Conference and Exhibit, Boston，MA：AIAA，1998.

[5] Davis J L，Cianciolo A D，Powell R W，et al. Guidance and Control Algorithms for the Mars Entry，Descent and Landing Systems Analysis：NF1676L-10124 [R]. 2010.

[6] Tu K Y，Munir M S，Mease K D，et al. Drag-based predictive tracking guidance for Mars precision landing[J]. Journal of Guidance，Control，and Dynamics，2000，23（4）：620-628.

[7] Kluever C A. Entry guidance performance for Mars precision landing[J]. Journal of Guidance，Control，and Dynamics，2008，31（6）：1537-1544.

[8] Kozynchenko A I. Predictive guidance algorithms for maximal downrange maneuvrability with application to low-lift reentry[J]. Acta Astronautica，2009，64：770-777.

[9] Shen H J，Seywald H，Powell R W. Desensitizing the pin-point landing trajectory on Mars[C]//AIAA/AAS Astrodynamics Specialist Conference and Exhibit. Honolulu，Hawaii：AIAA，2008.

[10] Lu W M，Bayard D S. Guidance and Control for Mars Atmospheric Entry：Adaptivity and Robustness [R]. AIAA Paper. 1999.

[11] Mooij E，Mease K D，Benito J. Robust

re-entry guidance and control system design and analysis [C]//AIAA Guidance, Navigation and Control Conference and Exhibit. 2007.

[12] Morio V, Cazaurang F, Falcoz A, et al. Robust terminal area energy management guidance using flatness approach [J]. Control Theory & Applications, IET, 2010, 4 (3): 472-486.

[13] Lu W, Mora-Camino F, Achaibou K. Differential flatness and flight guidance: a neural adaptive approach[C]//AIAA, Guidance Navigation and Control Conference, 2005.

[14] Mease K D, Chen D T, Teufel P, et al. Reduced-order entry trajectory planning for acceleration guidance[J]. Journal of Guidance, Control, and Dynamics, 2002, 25 (2): 257-266.

[15] Roenneke A J. adaptive on-board guidance for entry vehicles[C]//AIAA Guidance, Navigation, and Control Conference and Exhibit, Montreal, Canada: AIAA, 2001.

[16] Thorp N A, Pierson B L. Robust roll modulation guidance for aeroassisted Mars mission[J]. Journal of Guidance, Control, and Dynamics, 1995, 18 (2): 298-305.

[17] Spong M W. On the robust control of robot manipulators [J]. IEEE Transactions on Automatic Control, 1992, 37 (11): 1782-1786.

[18] Corless M, Leitmann G. Continuous state feedback guaranteeing uniform ultimate boundedness for uncertain dynamic systems [J]. IEEE Transactions on Automatic Control, 1981, AC-26: 1139-1144.

第7章

高速返回地球再入过程的制导和控制技术

7.1 高速返回再入动力学模型

7.1.1 坐标系的建立

（1）地心惯性坐标系 O_E-$X_I Y_I Z_I$，简记为 I

该坐标系的原点在地心 O_E 处，$O_E X_I$ 轴在赤道平面内指向平春分点方向，$O_E Z_I$ 轴垂直于赤道平面，与地球自转轴重合，指向北极。$O_E Y_I$ 轴的方向是使得该坐标系成为右手直角坐标系的方向。这里认为此坐标系是惯性坐标系。

（2）地心固联坐标系 O_E-$X_E Y_E Z_E$，简记为 E

该坐标系的原点在地心 O_E 处，$O_E X_E$ 轴在赤道平面内指向再入起始时刻航天器所在子午面对应的子午线，$O_E Z_E$ 轴垂直于赤道平面，与地球自转轴重合，指向北极。$O_E Y_E$ 轴的方向根据右手法则确定。

（3）地理坐标系，又称当地北天东坐标系 o-$x_T y_T z_T$，简记为 T

该坐标系的原点为当前时刻地心 O_E 与航天器质心 o_1 的连线与标准地球椭球体表面的交点 o。oy_T 轴在地心 O_E 与航天器质心 o_1 的连线上，指向质心方向。ox_T 轴在过 o 点的子午面内，指向北极方向。oz_T 轴由右手法则确定，指向东。

（4）再入坐标系 e-$x_e y_e z_e$，简记为 e

该坐标系的原点为再入时刻地心 O_E 与航天器质心 o_1 的连线与标准地球椭球体表面的交点 e。ey_e 轴在地心 O_E 与航天器质心 o_1 的连线上，指向质心方向为正。ex_e 轴在过 e 点垂直于 ey_e 的平面内，但其指向可以有不同的定义，定义 ex_e 在过 e 点的子午面内垂直于 ey_e。e-$x_e y_e z_e$ 构成右手直角坐标系。此时的再入坐标系就是再入时刻的地理坐标系。因为坐标原点随地球旋转，所以再入坐标系为一非惯性的坐标系。

（5）再入惯性坐标系 e_A-$x_A y_A z_A$，简记为 A_e

该坐标系的原点 e_A 与再入时刻的再入坐标系原点 e 重合，各坐标轴也同再入时刻再入坐标系各轴重合。但再入时刻以后，e_A-$x_A y_A z_A$ 不随地球旋转，不改变原点 e_A 的位置和各轴的方向，其方向在惯性空间保持不变。

（6）航天器体坐标系 o_1-$x_1y_1z_1$，简记为 B

该坐标系的原点为航天器的质心 o_1。o_1x_1 轴平行于返回舱的几何纵轴且指向大头方向。o_1y_1 轴在由几何纵轴和质心确定的主对称面内，垂直于 o_1x_1 轴且指向质心偏移的方向。o_1z_1 轴由右手法则确定。该坐标系用来描述返回舱的姿态和惯性器件的安装。

（7）速度坐标系 o_1-$x_vy_vz_v$，简记为 V

该坐标系的原点为航天器的质心 o_1。o_1x_v 轴沿航天器的飞行速度方向，o_1y_v 轴在航天器的主对称面内垂直于 o_1x_v，o_1z_v 轴由右手法则确定。沿着运动方向看去，o_1z_v 轴指向右方。

（8）半速度坐标系 o_1-$x_hy_hz_h$，简记为 H

该坐标系的原点为航天器的质心 o_1。o_1x_h 轴与速度坐标系 o_1x_v 轴重合，o_1y_h 轴在初始再入时刻飞行器运行的轨道平面（初始再入时 $\vec{r}$、$\vec{V}$ 所确定的平面）内垂直于 o_1x_h 轴，o_1z_h 轴由右手法则确定。沿着运动方向看去，o_1z_h 轴指向右方。

7.1.2 坐标系间的转换矩阵

（1）速度坐标系与航天器体坐标系的方向余弦阵 B_V

按定义速度坐标系的 o_1y_v 轴在再入飞行器主对称面 $o_1x_1y_1$ 内，因此这两个坐标系只存在着两个欧拉角为攻角 α 和侧滑角 β，如图 7-1 所示，图中所示的欧拉角为正值。而且只有一种转动次序。即将速度坐标系先绕 o_1y_v 轴转侧滑角 β，再绕 o_1z_1 轴转攻角 α，则两坐标系重合。

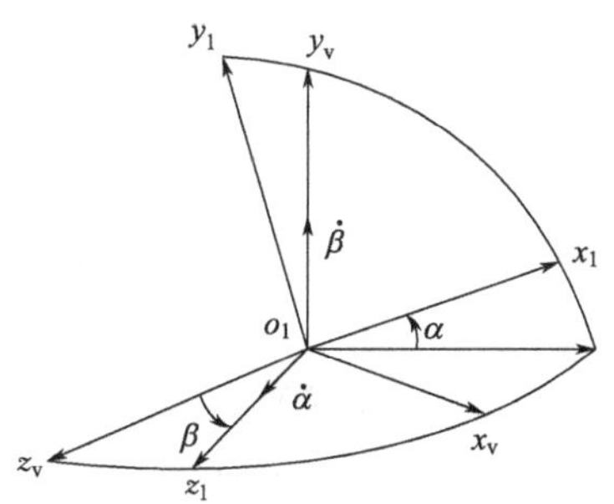

图 7-1 速度坐标系与航天器体坐标系间的欧拉角关系

两坐标系间的方向余弦阵为

$$
\begin{aligned}
\boldsymbol{B}_{\boldsymbol{V}} &= \boldsymbol{M}_3[\alpha]\boldsymbol{M}_2[\beta] \\
&= \begin{bmatrix} \cos\beta\cos\alpha & \sin\alpha & -\sin\beta\cos\alpha \\ -\cos\beta\sin\alpha & \cos\alpha & \sin\beta\sin\alpha \\ \sin\beta & 0 & \cos\beta \end{bmatrix}
\end{aligned} \tag{7-1}
$$

(2) 半速度坐标系与速度坐标系的方向余弦阵 V_H

两坐标系之间仅相差一个倾侧角 σ，故方向余弦阵为

$$
\boldsymbol{V}_{\boldsymbol{H}} = \boldsymbol{M}_1[\sigma] = \begin{bmatrix} 1 & 0 & 0 \\ 0 & \cos\sigma & \sin\sigma \\ 0 & -\sin\sigma & \cos\sigma \end{bmatrix} \tag{7-2}
$$

(3) 地理坐标系与半速度坐标系间的欧拉角及方向余弦阵 H_T

按半速度坐标系定义知地理坐标系的 oy_{T} 轴在半速度坐标系 $x_{\mathrm{h}}o_1y_{\mathrm{h}}$ 平面内，两坐标系之间仅有两个欧拉角 $-\Psi$、γ，如图 7-2 所示，转动次序为先绕 oy_{T} 轴转动 $-\Psi$，再绕 o_1z_{h} 轴转动 γ，使两坐标系重合。值得注意的是，这里 γ 为飞行路径角（FPA，Flight Path Angle），也称为再入角，指飞行速度矢量与当地水平方向的夹角；Ψ 为速度方位角，指当前时刻飞行速度矢量在当地水平面内的投影与当地正北方向的夹角，顺时针为正。

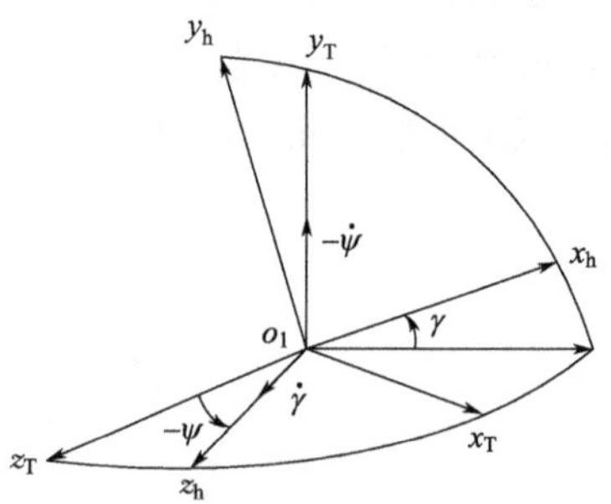

图 7-2 地理坐标系与半速度坐标系间的欧拉角关系

两坐标系之间的方向余弦阵为

$$
\boldsymbol{H}_{\boldsymbol{T}} = \begin{bmatrix} \cos\Psi\cos\gamma & \sin\gamma & \sin\Psi\cos\gamma \\ -\cos\Psi\sin\gamma & \cos\gamma & -\sin\Psi\sin\gamma \\ -\sin\Psi & 0 & \cos\Psi \end{bmatrix} \tag{7-3}
$$

(4) 地理坐标系与再入坐标系间的欧拉角及方向余弦阵 $\boldsymbol{T}_e$

将各坐标系的原点移至地心 O_E，如图 7-3 所示，先将再入坐标系 e-$x_e y_e z_e$ 绕 z_e 轴转 ϕ_0 角，再绕地轴转经度差角 $\Delta\lambda$，最后绕 z_T 轴反转 ϕ 角，便与坐标系 o-$x_T y_T z_T$ 重合，其中 ϕ_0 为再入点处的纬度，ϕ 为当前点处的纬度。

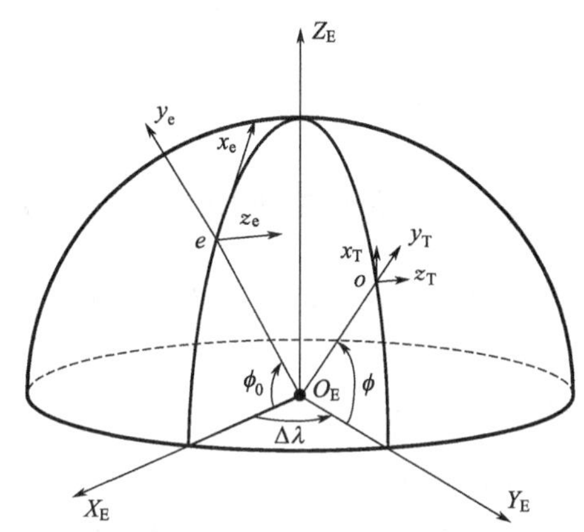

图 7-3 地理坐标系与再入坐标系间的欧拉角关系

两坐标系之间的方向余弦阵为

$$\boldsymbol{T}_e=\begin{bmatrix} \sin\phi\cos\Delta\lambda\sin\phi_0+\cos\phi\cos\phi_0 & -\sin\phi\cos\phi_0\cos\Delta\lambda+\cos\phi\sin\phi_0 & -\sin\phi\sin\Delta\lambda \\ -\cos\phi\cos\Delta\lambda\sin\phi_0+\sin\phi\cos\phi_0 & \cos\phi\cos\phi_0\cos\Delta\lambda+\sin\phi\sin\phi_0 & \cos\phi\sin\Delta\lambda \\ \sin\Delta\lambda\sin\phi_0 & -\sin\Delta\lambda\cos\phi_0 & \cos\Delta\lambda \end{bmatrix} \tag{7-4}$$

7.1.3 矢量形式的动力学方程

在地心惯性坐标系中，再入航天器矢量形式的质心动力学方程为

$$m\frac{\mathrm{d}^2\boldsymbol{r}}{\mathrm{d}t^2}=\boldsymbol{R}+m\boldsymbol{g} \tag{7-5}$$

式中，m 为航天器的质量；$\boldsymbol{r}$ 为航天器的地心矢径；$\boldsymbol{R}$ 为空气动力；$\boldsymbol{g}$ 为引力加速度。

为建立适用于再入段的动力学方程，取再入坐标为参考系，这里定义的再入坐标系为再入时刻的地理坐标系。由于再入坐标系为一动

参考系，其相对于惯性坐标系以角速度 $\boldsymbol{\omega}_e$ 转动，根据矢量的导数法则，有

$$m\frac{\mathrm{d}^2\boldsymbol{r}}{\mathrm{d}t^2}=m\frac{\delta^2\boldsymbol{r}}{\delta t^2}+2m\boldsymbol{\omega}_e\times\frac{\delta\boldsymbol{r}}{\delta t}+m\boldsymbol{\omega}_e\times(\boldsymbol{\omega}_e\times\boldsymbol{r}) \tag{7-6}$$

上式的后两项分别为科氏惯性力与离心惯性力。将上式代入式(7-5)，整理可得

$$\begin{aligned}m\frac{\delta^2\boldsymbol{r}}{\delta t^2}&=\boldsymbol{R}+m\boldsymbol{g}-2m\boldsymbol{\omega}_e\times\frac{\delta\boldsymbol{r}}{\delta t}-m\boldsymbol{\omega}_e\times(\boldsymbol{\omega}_e\times\boldsymbol{r})\\&=\boldsymbol{R}+m\boldsymbol{g}-m\boldsymbol{a}_e-m\boldsymbol{a}_k\end{aligned} \tag{7-7}$$

7.1.4 在半速度坐标系建立质心动力学方程

为在半速度坐标系建立质心动力学方程，需要将式(7-7) 中的各矢量投影到半速度坐标系中。

(1) 相对加速度 $\delta^2 r/\delta t^2$

设半速度坐标系 $o_1\text{-}x_h y_h z_h$ 相对于再入坐标系 $e\text{-}x_e y_e z_e$ 的角速度为 $\boldsymbol{\Omega}'$，半速度坐标系相对于地理坐标系的角速度为 $\boldsymbol{\Omega}$，而地理坐标系相对于再入坐标系的角速度为 $\boldsymbol{\Omega}_T$，则

$$\boldsymbol{\Omega}'=\boldsymbol{\Omega}+\boldsymbol{\Omega}_T \tag{7-8}$$

由图 7-2 知

$$\boldsymbol{\Omega}=-\dot{\boldsymbol{\Psi}}+\dot{\boldsymbol{\gamma}} \tag{7-9}$$

由图 7-3 知

$$\boldsymbol{\Omega}_T=\dot{\lambda}+\dot{\phi} \tag{7-10}$$

为了将 $\boldsymbol{\Omega}'$投影到半速度坐标系上，首先把 $\boldsymbol{\Omega}_T$ 投影到地理坐标系，由图 7-3 知

$$\boldsymbol{\Omega}_T=(\dot{\lambda}\cos\phi)\boldsymbol{x}_T^0+(\dot{\lambda}\sin\phi)\boldsymbol{y}_T^0+(-\dot{\phi})\boldsymbol{z}_T^0 \tag{7-11}$$

再利用地理坐标系与半速度坐标系间的方向余弦阵，可得 $\boldsymbol{\Omega}_T$ 在半速度坐标系下的投影为

$$\begin{bmatrix}\Omega_{Txh}\\\Omega_{Tyh}\\\Omega_{Tzh}\end{bmatrix}=\begin{bmatrix}\cos\Psi\cos\gamma & \sin\gamma & \sin\Psi\cos\gamma\\-\cos\Psi\sin\gamma & \cos\gamma & -\sin\Psi\sin\gamma\\-\sin\Psi & 0 & \cos\Psi\end{bmatrix}\begin{bmatrix}\dot{\lambda}\cos\phi\\\dot{\lambda}\sin\phi\\-\dot{\phi}\end{bmatrix} \tag{7-12}$$

而 $\boldsymbol{\Omega}$ 在半速度坐标系的投影，由图 7-2 可知

$$\begin{bmatrix}\Omega_{xh}\\ \Omega_{yh}\\ \Omega_{zh}\end{bmatrix}=\begin{bmatrix}-\dot{\Psi}\sin\gamma\\ -\dot{\Psi}\cos\gamma\\ \dot{\gamma}\end{bmatrix}\tag{7-13}$$

故半速度坐标系 $o_1\text{-}x_h y_h z_h$ 对再入坐标系的角速度 $\boldsymbol{\Omega}'$在半速度坐标系的投影为

$$\begin{bmatrix}\Omega'_{xh}\\ \Omega'_{yh}\\ \Omega'_{zh}\end{bmatrix}=\begin{bmatrix}\dot{\lambda}(\cos\Psi\cos\gamma\cos\phi+\sin\gamma\sin\phi)-\sin\Psi\cos\gamma\dot{\phi}-\dot{\Psi}\sin\gamma\\ \dot{\lambda}(-\cos\Psi\sin\gamma\cos\phi+\cos\gamma\sin\phi)+\sin\Psi\sin\gamma\dot{\phi}-\dot{\Psi}\cos\gamma\\ -\dot{\lambda}\sin\Psi\cos\phi-\cos\Psi\dot{\phi}+\dot{\gamma}\end{bmatrix}\tag{7-14}$$

注意到速度 $\mathbf{V}$ 在地理坐标系的投影为

$$\begin{cases}V_{xT}=V\cos\gamma\cos\Psi\\ V_{yT}=V\sin\gamma\\ V_{zT}=-V\cos\Psi\sin\gamma\end{cases}\tag{7-15}$$

$$\begin{cases}\dot{\phi}=V_{xT}/r=V\cos\gamma\cos\Psi/r\\ \dot{\lambda}=V_{zT}/(r\cos\phi)=-V\cos\Psi\sin\gamma/(r\cos\phi)\\ \dot{r}=V\sin\gamma\end{cases}\tag{7-16}$$

将式(7-16) 代入式(7-14) 可得

$$\begin{cases}\Omega'_{xh}=-\dot{\Psi}\sin\gamma+(V\tan\phi\sin\gamma\cos\gamma\sin\Psi)/r\\ \Omega'_{yh}=-\dot{\Psi}\cos\gamma+(V\tan\phi\cos^2\gamma\sin\Psi)/r\\ \Omega'_{zh}=\dot{\gamma}-(V\cos\gamma)/r\end{cases}\tag{7-17}$$

因 $\delta^2\boldsymbol{r}/\delta t^2$ 为相对加速度，而 $\delta\boldsymbol{r}/\delta t$ 为再入航天器质心相对于再入坐标系 $e\text{-}x_e y_e z_e$ 的相对速度，它在半速度坐标系 o_1x_h 轴方向，由于半速度坐标系相对再入坐标系有角速度，根据矢量微分法则，可以得

$$\frac{\delta^2\boldsymbol{r}}{\delta t^2}=\dot{\mathbf{V}}_{ox_h^0}+\boldsymbol{\Omega}'\times\mathbf{V}=\begin{bmatrix}\dot{V}\\ 0\\ 0\end{bmatrix}+\begin{bmatrix}0&-\Omega'_{zh}&\Omega'_{yh}\\ \Omega'_{zh}&0&-\Omega'_{xh}\\ -\Omega'_{yh}&\Omega'_{xh}&0\end{bmatrix}\begin{bmatrix}V\\ 0\\ 0\end{bmatrix}\tag{7-18}$$

故

$$\frac{\delta^2 \boldsymbol{r}}{\delta t^2}=\begin{bmatrix}\dot{V}\\ V\Omega'_{zh}\\ -V\Omega'_{yh}\end{bmatrix}=\begin{bmatrix}\dot{V}\\ V\left(\dot{\gamma}-\dfrac{V\cos\gamma}{r}\right)\\ V\left(\dot{\Psi}\cos\gamma-\dfrac{V\tan\phi\cos^2\gamma\sin\Psi}{r}\right)\end{bmatrix} \tag{7-19}$$

（2）地球引力 mg

可将地球引力分解到沿地心矢径 $\boldsymbol{r}$ 和地轴 $\boldsymbol{\omega}_e$ 方向

$$m\boldsymbol{g}=mg'_r\boldsymbol{r}^0+mg_{\omega_e}\boldsymbol{\omega}_e^0 \tag{7-20}$$

其中

$$\begin{cases}g'_r=-\dfrac{\mu}{r^2}\left[1+J\left(\dfrac{a_e}{r}\right)^2(1-5\sin^2\phi)\right]\\ g_{\omega_e}=-2\dfrac{\mu}{r^2}J\left(\dfrac{a_e}{r}\right)^2\sin\phi\end{cases} \tag{7-21}$$

g'_r方向在 oy_T 的反方向，故 g'_r在半速度坐标系上的投影为

$$\begin{bmatrix}g'_{rxh}\\ g'_{ryh}\\ g'_{rzh}\end{bmatrix}=\boldsymbol{H_T}\begin{bmatrix}0\\ -g'_r\\ 0\end{bmatrix}=\begin{bmatrix}-g'_r\sin\gamma\\ -g'_r\cos\gamma\\ 0\end{bmatrix} \tag{7-22}$$

引力加速度在 $\boldsymbol{\omega}_e$ 方向上的分量在地理坐标系的投影为$[g_{\omega_e}\cos\phi \quad g_{\omega_e}\sin\phi \quad 0]^{\mathrm{T}}$，再利用式(7-3) 方向余弦阵，可得 g_{ω_e} 在半速度坐标系的投影为

$$g_{\omega_e}=\boldsymbol{H_T}\begin{bmatrix}g_{\omega_e}\cos\phi\\ g_{\omega_e}\sin\phi\\ 0\end{bmatrix} \tag{7-23}$$

（3）空气动力 R

空气动力 $\boldsymbol{R}$ 在速度坐标系三轴分量分别为阻力 $\boldsymbol{X}$、升力 $\boldsymbol{Y}$ 和侧力 $\boldsymbol{Z}$，则在半速度坐标系上的投影为

$$\begin{bmatrix}R_{xh}\\ R_{yh}\\ R_{zh}\end{bmatrix}=\boldsymbol{H_V}\begin{bmatrix}-X\\ Y\\ Z\end{bmatrix}=\begin{bmatrix}-X\\ Y\cos\sigma-Z\sin\sigma\\ Z\cos\sigma+Y\sin\sigma\end{bmatrix} \tag{7-24}$$

（4）控制力

因控制力的计算与产生控制力的设备及其安装方式有关，设控制力

沿体坐标系 $o_1\text{-}x_1y_1z_1$ 分解，则在半速度坐标系上的投影为

$$\begin{bmatrix} F_{cxh} \\ F_{cyh} \\ F_{czh} \end{bmatrix} = \boldsymbol{H_V V_B} \begin{bmatrix} F_{cx1} \\ F_{cy1} \\ F_{cz1} \end{bmatrix} \tag{7-25}$$

(5) 离心惯性力 $\boldsymbol{F}_e = -m\boldsymbol{a}_e$

因 $-\boldsymbol{a}_e = -\boldsymbol{\omega}_e \times (\boldsymbol{\omega}_e \times \boldsymbol{r})$，$-\boldsymbol{a}_e$ 离心加速度在地理坐标系的投影为

$$-\boldsymbol{a}_e = \begin{bmatrix} -\omega_e^2 r\cos\phi\sin\phi \\ \omega_e^2 r\cos\phi\cos\phi \\ 0 \end{bmatrix} \tag{7-26}$$

则离心惯性力 $\boldsymbol{F}_e$ 在半速度坐标系下投影为

$$\boldsymbol{F}_e = -m\boldsymbol{a}_e = \begin{bmatrix} F_{exh} \\ F_{eyh} \\ F_{ezh} \end{bmatrix} = \boldsymbol{H_T} \begin{bmatrix} -\omega_e^2 r\cos\phi\sin\phi \\ \omega_e^2 r\cos\phi\cos\phi \\ 0 \end{bmatrix} \tag{7-27}$$

展开上式可得

$$\begin{cases} F_{exh} = -m\omega_e^2 r(\cos\phi\sin\phi\cos\Psi\cos\gamma - \cos^2\phi\sin\gamma) \\ F_{eyh} = m\omega_e^2 r(\cos\phi\sin\phi\cos\Psi\sin\gamma + \cos^2\phi\cos\gamma) \\ F_{ezh} = -m\omega_e^2 r\cos\phi\sin\phi\sin\gamma \end{cases} \tag{7-28}$$

(6) 科氏惯性力 $\boldsymbol{F}_k = -m\boldsymbol{a}_k$

因 $-\boldsymbol{a}_k = -2\boldsymbol{\omega}_e \times V$，其中 $\boldsymbol{\omega}_e$ 在半速度坐标系 $o_1\text{-}x_hy_hz_h$ 上的投影为

$$\boldsymbol{\omega}_e = \begin{bmatrix} \omega_{exh} \\ \omega_{eyh} \\ \omega_{ezh} \end{bmatrix} = \begin{bmatrix} \cos\Psi\cos\gamma\cos\phi + \sin\gamma\sin\phi \\ -\cos\Psi\sin\gamma\cos\phi + \cos\gamma\sin\phi \\ -\sin\Psi\cos\phi \end{bmatrix} \omega_e \tag{7-29}$$

则科式惯性力 $\boldsymbol{F}_k$ 在半速度坐标系下投影为

$$\boldsymbol{F}_k = \begin{bmatrix} F_{kxh} \\ F_{kyh} \\ F_{kzh} \end{bmatrix} = -2m\omega_e \times V = -2m \begin{bmatrix} 0 & -\omega_{ezh} & \omega_{eyh} \\ \omega_{ezh} & 0 & -\omega_{exh} \\ -\omega_{eyh} & \omega_{exh} & 0 \end{bmatrix} \begin{bmatrix} V \\ 0 \\ 0 \end{bmatrix} \tag{7-30}$$

展开上式可得

$$\boldsymbol{F}_{\mathrm{k}}=\begin{bmatrix}F_{\mathrm{k}x\mathrm{h}}\\F_{\mathrm{k}y\mathrm{h}}\\F_{\mathrm{k}z\mathrm{h}}\end{bmatrix}=\begin{bmatrix}0\\-2mV\omega_{\mathrm{e}z\mathrm{h}}\\2mV\omega_{\mathrm{e}y\mathrm{h}}\end{bmatrix}=\begin{bmatrix}0\\2mV\omega_{\mathrm{e}}\sin\Psi\cos\phi\\-2mV\omega_{\mathrm{e}}(\cos\Psi\sin\gamma\cos\phi-\cos\gamma\sin\phi)\end{bmatrix}\tag{7-31}$$

（7）在半速度坐标系中的质心动力学方程

将式(7-31)、式(7-28)、式(7-25)、式(7-24)、式(7-23)、式(7-22)和式(7-19)代入到式(7-7)，并将对应的方向余弦阵代入，且展开成便于积分的形式可得

$$\left\{\begin{aligned}\dot{V}=&\frac{P_{x\mathrm{h}}}{m}-\frac{X}{m}+\frac{F_{\mathrm{c}x\mathrm{h}}}{m}-\frac{\mu}{r^2}\left[1+J\left(\frac{a_{\mathrm{e}}}{r}\right)^2(1-5\sin^2\phi)\right]\sin\gamma-2\frac{\mu}{r^2}J\left(\frac{a_{\mathrm{e}}}{r}\right)^2\sin\phi\\&(\cos\Psi\cos\gamma\cos\phi+\sin\gamma\sin\phi)+\omega_{\mathrm{e}}^2r\cos\phi(\sin\gamma\cos\phi-\cos\gamma\sin\phi\cos\Psi)\\V\dot{\gamma}=&\frac{P_{y\mathrm{h}}}{m}+\frac{Y}{m}\cos\sigma-\frac{Z}{m}\sin\sigma+\frac{F_{\mathrm{c}y\mathrm{h}}}{m}-\frac{\mu}{r^2}\left[1+J\left(\frac{a_{\mathrm{e}}}{r}\right)^2(1-5\sin^2\phi)\right]\cos\gamma\\&+2\frac{\mu}{r^2}J\left(\frac{a_{\mathrm{e}}}{r}\right)^2\sin\phi(\cos\Psi\sin\gamma\cos\phi-\cos\gamma\sin\phi)+2\omega_{\mathrm{e}}V\cos\phi\sin\Psi\\&+\omega_{\mathrm{e}}^2r\cos\phi(\cos\gamma\cos\phi+\sin\gamma\cos\Psi\sin\phi)+\frac{V^2\cos\gamma}{r}\\V\cos\gamma\dot{\Psi}=&\frac{P_{z\mathrm{h}}}{m}+\frac{Y}{m}\sin\sigma+\frac{Z}{m}\cos\sigma+\frac{F_{\mathrm{c}z\mathrm{h}}}{m}+2\frac{\mu}{r^2}J\left(\frac{a_{\mathrm{e}}}{r}\right)^2\sin\phi\cos\phi\sin\Psi\\&+\frac{V^2}{r}\cos^2\gamma\sin\Psi\tan\phi-2\omega_{\mathrm{e}}V(\sin\gamma\cos\Psi\cos\phi-\sin\phi\cos\gamma)\\&+\omega_{\mathrm{e}}^2r\sin\Psi\sin\phi\cos\phi\end{aligned}\right.\tag{7-32}$$

而质心坐标运动学方程为

$$\begin{aligned}\dot{r}&=V\sin\gamma\\\dot{\lambda}&=\frac{V\cos\gamma\sin\psi}{r\cos\phi}\\\dot{\phi}&=\frac{V\cos\gamma\cos\psi}{r}\end{aligned}\tag{7-33}$$

为进一步得到简化运动模型，基于以下假设对式(7-32)进行简化：航天器始终以配平攻角飞行[1]；航天器为轴对称旋转体，侧力很小，其影响可忽略，即无侧力 Z，将速度方向气动力 X 表示为气动阻力 D，气

动升力在速度坐标系 o_1y_v 上的分量 Y 即总升力 L；航天器再入过程中由于热烧蚀和姿控燃料消耗产生的质量变化可忽略不计；地球万有引力仅考虑 μ/r^2 项的影响。根据大气层再入飞行过程中航天器的受力情况，不考虑推力和控制力，则航天器三自由度再入质心动力学方程如下（本书在后续章节中将因不同需求采用该模型及其简化模型或其无量纲化模型）。

$$
\begin{cases}
\dot{r}=V\sin\gamma \\
\dot{\lambda}=\dfrac{V\cos\gamma\sin\Psi}{r\cos\phi};\dot{\phi}=\dfrac{V\cos\gamma\cos\Psi}{r} \\
\dot{V}=-\dfrac{D}{m}-\left(\dfrac{\mu\sin\gamma}{r^2}\right)+\omega_e^2r\cos\phi(\sin\gamma\cos\phi-\cos\gamma\sin\phi\cos\Psi) \\
\dot{\gamma}=\dfrac{1}{V}\left[\dfrac{L}{m}\cos\sigma+\left(V^2-\dfrac{\mu}{r}\right)\left(\dfrac{\cos\gamma}{r}\right)+2\omega_eV\cos\phi\sin\Psi\right. \\
\qquad\left.+\omega_e^2r\cos\phi(\cos\gamma\cos\phi+\sin\gamma\cos\Psi\sin\phi)\right] \\
\dot{\Psi}=\dfrac{1}{V}\left[\dfrac{L\sin\sigma}{\cos\gamma}+\dfrac{V^2}{r}\cos\gamma\sin\Psi\tan\phi-2\omega_eV\right. \\
\qquad\left.(\tan\gamma\cos\Psi\cos\phi-\sin\phi)+\dfrac{\omega_e^2r}{\cos\gamma}\sin\Psi\sin\phi\cos\phi\right] \\
D=\rho V^2S_{ref}C_D/2,L=\rho V^2S_{ref}C_L/2
\end{cases}
\tag{7-34}
$$

上式中，ρ 为大气密度；r 为地心距；$r=h+R_e$；h 为跳跃高度；V 为航天器相对地球速度；地球平均半径 R_e 为 6378.135km；μ 为引力常数；ω_e 为地球自转角速度，$\omega_e=7.2722\times10^{-5}$rad/s；$\lambda$ 为经度；ϕ 为纬度；γ 为飞行路径角，指飞行速度矢量与当地水平方向的夹角；Ψ 为速度方位角，指某时刻飞行速度矢量与当地正北方向的夹角，顺时针为正；σ 为倾侧角，从航天器内部来看，右侧为正；D、L 分别为气动阻力和升力；C_D、C_L 分别为阻力系数和升力系数；航天器最大横截面积为 S_{ref}，质量为 m。

7.2 高速返回再入任务特点和轨迹特性分析

7.2.1 高速再入任务特点

人类渴望探索未知的世界，开拓神秘的宇宙。探月是深空探测的第一步，对人类具有重要意义，从 1961 年 5 月“阿波罗”登月工程开始，到我国于 2004 年启动的嫦娥工程，包括美国、俄罗斯、欧洲、日本、印度、中国在内的各国都将登月工程列入了未来十几年内航天发展规划。随着我国深空探测尤其是探月项目的深入开展，在解决绕月、月面着陆技术的基础上亟需突破月地返回再入地球技术，从而为后续有人、无人月球探测和采样返回任务打下良好的基础。我国探月三期任务计划要进行月面巡视勘察与采样返回，为保证探测器能够安全、准确地返回地面，再入方式将采用跳跃式形式。历史上，“探测器”6号是苏联发射的月面探测飞行器，也是首次采用跳跃式再入的飞行器，它采用弹道升力式再入，过载峰值和落点散布较“探测器”5号均有明显下降；美国的“阿波罗”返回器在完成月球任务后也以跳跃式再入轨道返回地球，其与“探测器”6号相比，区别在于Apollo返回器在飞行高度下降至55km左右时出现“跳跃”现象，但跳跃的最高点仅为67km，并未跳出大气层；美国“猎户星座”计划中的乘员探测飞行器（Orion Crew Exploration Vehicle，CEV），NASA要求其在任意时刻都能执行返回地球的任务，即探月航天器返回任务可以起始于月球轨道上的任意点和任意时刻，并最终保证航天器安全着陆于地球上的指定点，这就要求CEV必须具备覆盖长航程的能力，计划采用跳跃式返回技术。

跳跃式再入是指航天器以较小的再入角进入大气层后，依靠升力作用再次冲出大气层，做一段弹道式飞行，然后再一次进入大气层的返回过程。航天器也可以多次出入大气层，每再入一次大气层就利用大气进行一次减速。由于这种返回轨道的高度有较大的起伏变化，所以称为跳跃式再入，如图7-4所示。对于进入大气层后虽不再次跳出大气层，只是靠升力作用使得再入轨道有较大起伏变化的情况，也称为跳跃式再入。

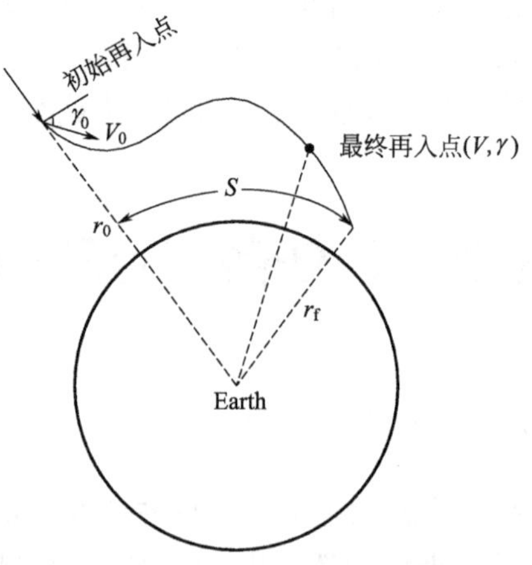

图7-4 探月航天器跳跃式再入轨迹示意图

以接近第二宇宙速度再入大气层的航天器多采用跳跃式形式再入，以减小再入过载并可以在较大范围内调整落点。表 7-1 对月球探测器跳跃式再入和一次再入两种再入方式的关键性能参数进行了对比，表中数据为典型数据，可见：对于探月航天器这类小升力体来说，跳跃式轨道在扩大航程、降低过载和热流密度峰值等方面有重要贡献。但由于跳跃式再入航程大、再入时间长，大气密度偏差、气动系数偏差、导航误差以及航天器烧蚀后带来的气动外形变形等引起的落点偏差都要比一次再入严重，因此对制导系统也提出了更高的要求。

表 7-1　跳跃式再入与一次再入关键性能参数比较

参数	跳跃式再入	一次再入	工程应用中的问题
再入点速度/(km/s)	11.03	11.03	
最大航程/km	>10000	3500	适应再入误差的能力
最大过载/g	5	12	航天员的承受能力
热流峰值/(MW/m^2)	3.0	4.0	防热材料耐高温性能
总吸热量/(MJ/m^2)	400	250	防热系统设计
再入时间/s	1200	500	导航与控制系统设计难度

7.2.2 高速再入轨迹特点与分段

航天器跳跃式再入时，经过大气层初次减速后将跳出大气层，然后在地心引力作用下再次进入地球大气，并最终着陆地面，轨迹如图 7-5 所示。首次再入段的飞行速度快，可以消耗掉航天器的部分能量，减速后再次进入大气层，再入条件将得到改善。根据跳跃式再入纵向剖面及飞行过程中各状态参数变化的特点，本章将典型跳跃式返回过程简单划分为：初始再入段、首次再入下降段、首次再入上升段、开普勒段和最终再入段。

初始再入段：该阶段航天器由初始再入点进入大气层，飞行至高度约为 90km 处，航天器到达大气层边界的速度约为 11km/s。

首次再入下降段：航天器向下飞行至最小爬出高度（minimum climb out altitude)，该高度处的飞行路径角为零，高度变化率为零。该段外力和飞行状态参数变化复杂，并将承受恶劣的热环境和气动过载冲击。

首次再入上升段：一旦到达最小爬出高度，航天器便开始向上飞行直至跳出点，该过程飞行路径角始终大于零，位于当地水平面上方。

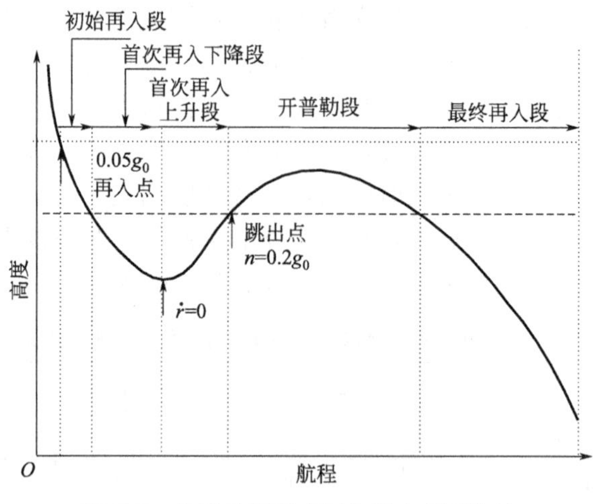

图 7-5 典型的跳跃式再入纵向剖面轨迹

开普勒段：该阶段从航天器所受气动过载降至 0.2g_0（海平面重力加速度 g_0 为 9.81m/s^2）以下开始，到再次增加至 0.2g_0 为止，气动力影响可忽略不计，只受引力作用，为一段弹道式飞行。

最终再入段：该阶段航天器从第二次再入大气层初始点飞行至开伞高度（10km）。虽然再入制导的目的是实现精确着陆，但是这里制导律的设计只考虑到飞行至开伞点。

初始再入点（EI）：又称为进入大气层的界点（Entry Interface，EI），要求航天器到达该点时的状态为某一确定值，这就意味着航天器在初始再入点的飞行速度、飞行路径角、升阻比等参数必须达到某些特定值以实现精确再入。

跳出点：即航天器跳出大气层的点。在轨道设计中，为满足二次再入初始点处的状态需求，跳出点处的速度和飞行路径角应达到特定的条件。

7.2.3 高速再入轨迹各段的动力学特点

根据达朗贝尔原理，动力学方程（7-34）中单位质量的惯性力 V^2/r、$2V\omega_e$ 和 $\omega_e^2 r$，分别表示离心力、自转引起的科氏惯性力和离心惯性力。下面分别对 7.2.2 节所述各段的动力学特点进行分析。

初始再入段：由方程（7-34）中第 4 个等式右边可知，速度方向受阻力、万有引力和地球自转离心惯性力作用，由图 7-6、图 7-7 知其中气动阻力和地球自转引起的离心惯性力约为 0.03m/s^2，假设量级为 1。在该段再入角 γ 约为$-6°$，万有引力在速度方向上的分量$-g\sin\gamma$ 大于零，近似为 0.1m/s^2，相对气动阻力较大，量级为 10，因此该段初始飞行速度有小量增加。方程（7-34）中第 5 个等式的右边表示速度法线方向所受力，包括气动升力、离心力、万有引力、科氏力以及地球自转引起的离心惯性力。其中离心力和万有引力量级相当，一般研究其合力作用；科氏力和气动力较小，与离心力-万有引力的合力相差 1～2 个数量级。该段的动力学特点可总结为：大气密度稀薄，气动力作用很小，可忽略不计，速度项由于受万有引力作用有小量增加，但基本保持不变。

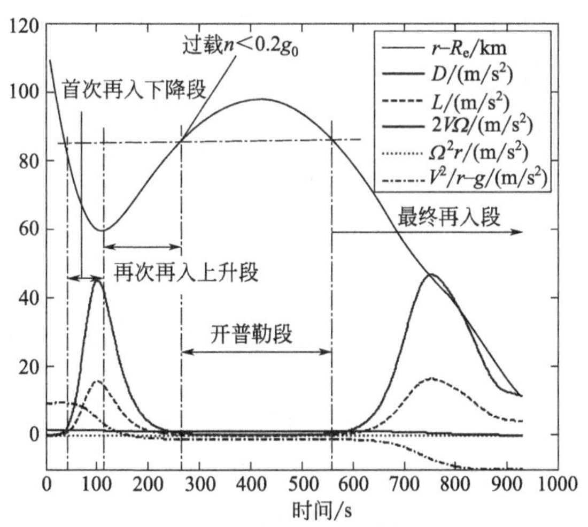

图 7-6 再入过程各种外力比较

首次再入下降段：该段航天器从 90km 高度飞行至高度变化率和飞行路径角为零处，此时对地高度约为 60km。随着高度的下降，大气密度呈现指数变化，气动阻力迅速增大，对速度的减小起决定性的作用。万有引力在速度方向的分量相对较小，甚至可以忽略。而速度法线方向，离心力和万有引力的合力减小，气动升力快速增加直至大于合力，成为影响飞行路径角变化的主导因素。在该阶段，飞行高度大约下降 30km 左右，飞行路径角增加至 0°，速度最终减小到第一宇宙速度附近，约 8km/s。由图 7-6 可见气动阻力和升力合成的气动过载在该段将达到首个峰值，避免气动过载过高是该段制导的重要任务。而且该阶段飞行的航天器具有较大的能量，气动力控制效率高，是最佳的航程调节期。该段的动力学特点总结为：气动力急剧增加，成为决定飞行航迹的主导因素，离心力-万有引力的合力在减小，但对航迹角也有一定影响，而科氏力和自转离心力很小，其影响可忽略不计。

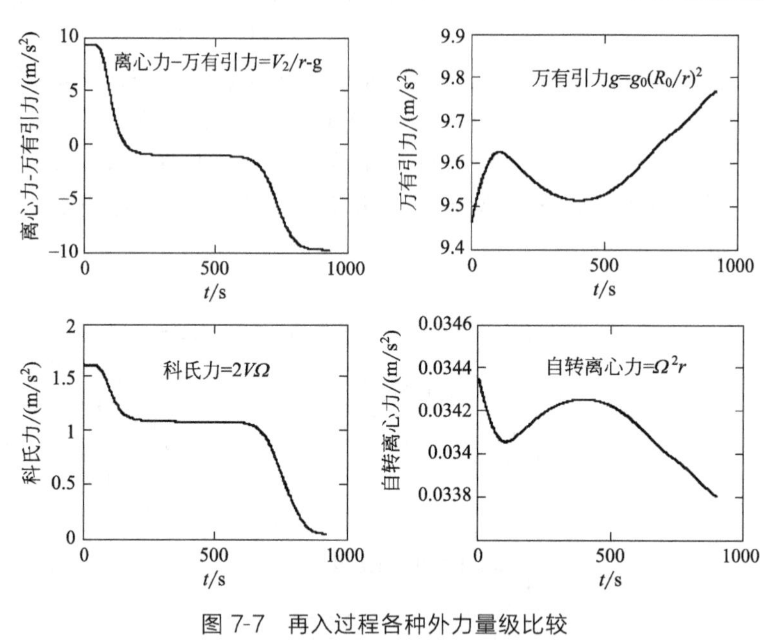

图 7-7 再入过程各种外力量级比较

首次再入上升段：该段飞行路径角一直保持大于零，并且随着高度的增加，大气密度减小，气动力也开始变小，直至气动过载小于 $0.2g_0$，航天器进入开普勒阶段。因该阶段速度降为第一宇宙速度以下，离心力-万有引力的合力略小于零。速度方向，气动阻力仍是使速度减小的主要因素；速度法线方向，初始气动升力大于离心力-万有引力的合力，飞行路径角增加，随着气动力的减小，离心力-万有引力的合力为负值，飞行路径角开始减小直至零。该段的飞行高度约为 60～85km，该段制导主要任务为控制跳出点处的速度和航迹角以确保安全返回，航迹角需控制在约 1°之内，速度要保证小于第一宇宙速度。动力学特性可总结为：离心力-万有引力合力近似为零，气动阻力和气动升力是飞行航迹的主要决定因素。

开普勒段：该段飞行的动力学特性为：气动力作用可以忽略，飞行轨迹可近似为开普勒椭圆轨道的一部分。

最终再入段：该段主要任务是在满足过载的约束下，最大程度地调节航程，保证落点精度。在速度方向，随着飞行路径角幅值的增大，重力分量对速度大小的影响变得明显；速度法线方向，在进入最终再入段的初始阶段，由于气动力和离心力-万有引力合力都较小，科氏力对飞行路径角的变化有一定的影响。主要动力学特点为：主要受气动力和万有引力作用，历时较长。

7.2.4 高速再入的弹道特性与再入走廊分析

航天器返回的安全问题是再入式航天器首先要解决的问题。安全返回要求航天器通过大气层的最大减速过载及其历经时间需限定在一定范围内，产生的热量不会损毁航天器，并能够在指定区域着陆。要满足以上要求，返回阶段的航天器必须保证在再入走廊内飞行。本小节对跳跃式再入首次再入段（包括首次再入下降段和首次再入上升段）进行弹道特性分析，为航天器初步设计升阻比和初始再入角提供参考依据。

对于月球返回舱，再入点高度、再入速度为确定的值，下面主要分析不同常值升阻比 L/D、不同的初始再入角 γ_0 对再入轨迹及过程量的影响。此时将三维的运动方程（7-34）简化，忽略横向过程，得到纵向平面内的运动方程为

$$
\begin{aligned}
&\frac{\mathrm{d}r}{\mathrm{d}t}=V\sin\gamma \\
&\frac{\mathrm{d}V}{\mathrm{d}t}=-D-\frac{\mu\sin\gamma}{r^2} \\
&\frac{\mathrm{d}\gamma}{\mathrm{d}t}=\frac{1}{V}\left(L\cos\sigma-\frac{\mu\cos\gamma}{r^2}+\frac{V^2\cos\gamma}{r}\right) \\
&D=\frac{C_D\rho V^2 S_{\mathrm{ref}}}{2m}\quad L=\frac{C_L\rho V^2 S_{\mathrm{ref}}}{2m}
\end{aligned}
\tag{7-35}
$$

仿真分析对象质量为 9500kg，最大横截面积为 23.8m^2，阻力系数 C_D 为 1.25，升阻比 L/D 分别取为 0.2、0.4、0.6、0.8 等不同常值。倾侧角取 0°即保持升力完全向上，分析跳出点速度 V_{exit}、最大气动阻力加速度 $a_{D\max}$、总吸热量 Q、驻点热流峰值 $Q'_{\max}$ 与初始再入角的关系，结果如图 7-8～图 7-11 所示。由于当初始再入角 $|\gamma_0|$ 小于等于 4°时，四种不同升阻比取值情况下航天器均无法深入大气层完成安全着陆，因此图中未显示再入角 $|\gamma_0|$ 较小的情况。对于升阻比 L/D 为 0.2 时，当初始再入角 $|\gamma_0|\geqslant 6.5°$，航天器将不再跃出大气层，而是在大气层内作跳跃式运动，因此图 7-8～图 7-11 只显示了再入角 $|\gamma_0|\leqslant 6.5°$时的弹道特性。

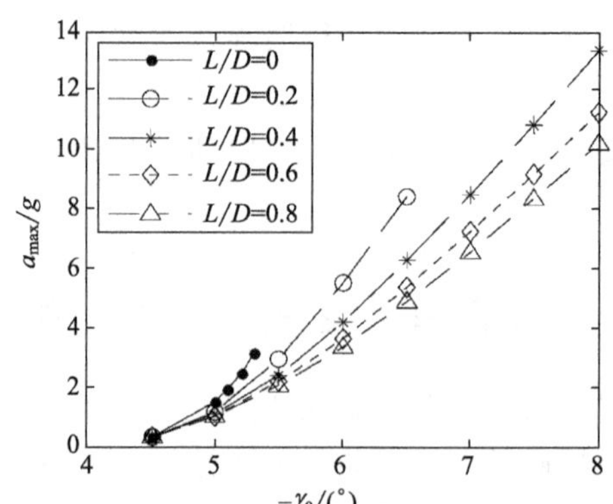

图 7-8 过载峰值 a_{max} 与 γ_0 的关系

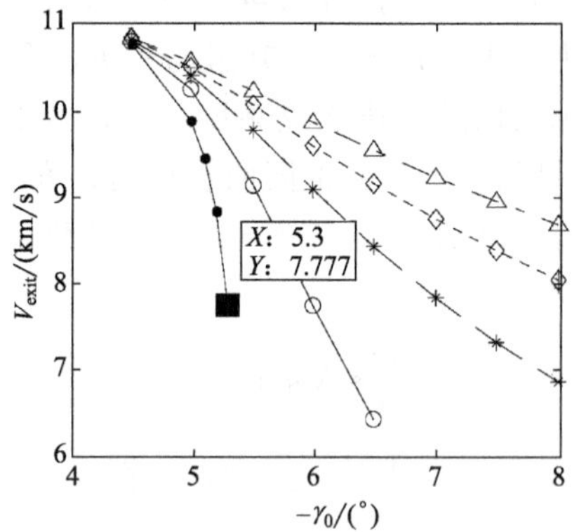

图 7-9 跳出点速度 V_{exit} 与 γ_0 的关系

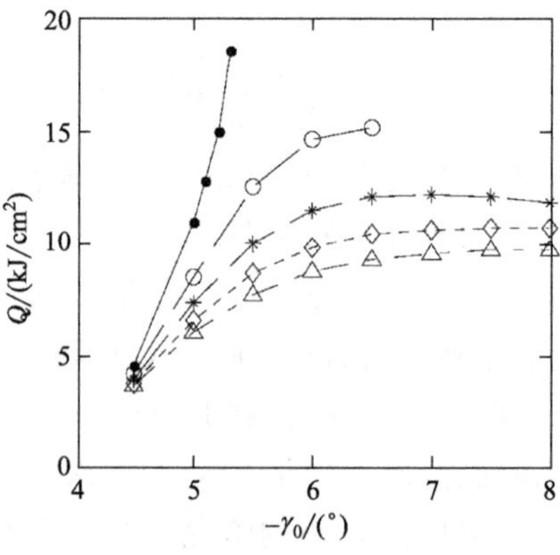

图 7-10 总吸热量 Q 与 γ_0 的关系

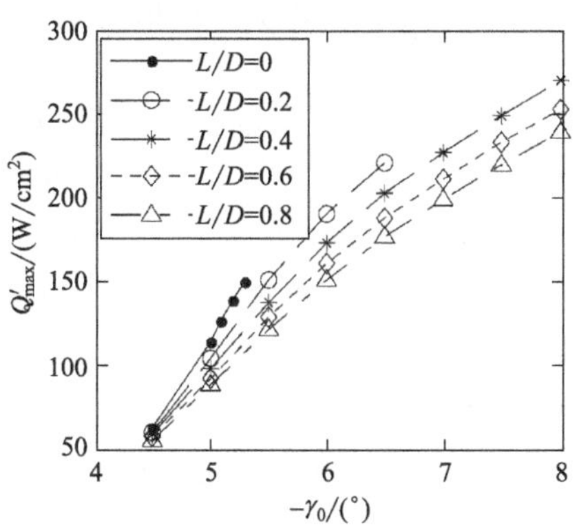

图 7-11 驻点热流峰值与 γ_0 的关系

由图 7-8～图 7-11 可见，升阻比固定，随着初始再入角减小，即 $|\gamma_0|$ 增大，过载峰值、驻点热流峰值及首次再入段的总吸热量都在增大，而跳出点处速度减小；初始再入角固定，随着升阻比的增大，过载峰值、驻点热流峰值及首次再入段的总吸热量均在减小，而跳出点处速度在增大。这是因为相同升阻比时，初始再入角越小，即幅值越大，航天器会越深入大气层，过载峰值和驻点热流峰值也会越大，同时飞行至跳出点处的能量损耗也相应更多，总的吸热量也越多，跳出点速度则会越小；而在初始再入角相同的情况下，当阻力系数不变，升阻比越小，航天器也会越深入大气层，因此，跳出点速度会越小，而总的吸热量增加，过载峰值和驻点热流峰值也会增大。

确定再入走廊的方法：航天器要安全再次进入大气层，需要跳出点的速度小于第一宇宙速度，同时航天器再入过程的过载峰值及驻点热流峰值都需要约束在一定的范围内。下面分析升阻比为 0.35 的航天器，过载需小于 $6g_0$ 时的再入走廊。显然再入走廊的下界应由过载约束 $6g_0$ 确定，由图 7-8 中升阻比为 0.2 与 0.4 的曲线可保守估计当升阻比为 0.35 时初始再入角不能小于 −6.4°；再入走廊的上界应由跳出点速度约束确定，因若初始再入角大于再入走廊上界值时，即使在最理想的制导控制情况下（升阻比垂直平面分量最小）也无法使得跳出点速度小于第一宇宙速度。当航天器升阻比的垂直平面内分量在 0～0.35 之间变化（倾侧角变化在 ±90°之间）时，升阻比垂直分量的最小值为零，通过分析图 7-9 中升阻比为 0 的曲线可知上界为 −5.3°，与文献［2］中的结论接近。再入走廊最终可确定约为［−6.4°，−5.3°］。

7.2.5 参数偏差对高速再入过程量和着陆精度的影响

为了分析无制导情况下参数偏差的影响，主要从两方面着手：一方面分析模型参数偏差的影响，另一方面分析初始状态偏差的影响。下面以航程为6000km，初始再入角为－6.2°为例，主要分析各种初始状态偏差、模型参数偏差与过程量峰值以及落点偏差之间的关系，并将偏差参数下的再入情况与标准参数下的再入情况进行比较，以分析各偏差对着陆精度和再入过程量的影响程度。

（1）初始速度大小偏差±100m/s

表 7-2　初始速度偏差情况下仿真结果

偏差情况	纵程偏差/km	横程偏差/km	过载峰值/g_0	热流峰值/(W/cm^2)
标准再入	1.6977	－0.2185	5.8446	187.86
初速＋100m/s	5012.8	－90.8078	5.6236	189.49
初速－100m/s	2027.0	91.0521	6.0736	186.22

（2）升力系数偏差±20%

表 7-3　升力系数偏差情况下仿真结果

偏差情况	纵程偏差/km	横程偏差/km	过载峰值/g_0	热流峰值/(W/cm^2)
标准再入	1.6977	－0.2185	5.8446	187.86
C_l＋20%	772.20	32.92	5.6616	185.42
C_l－20%	2768.1	92.2069	6.0906	190.47

（3）阻力系数偏差±20%

表 7-4　阻力系数偏差情况下仿真结果

偏差情况	纵程偏差/km	横程偏差/km	过载峰值/g_0	热流峰值/(W/cm^2)
标准再入	1.6977	－0.2185	5.8446	187.86
C_D＋20%	3129.2	－57.1857	6.5847	178.78
C_D－20%	1291.0	85.3316	5.0494	198.56

(4) 密度偏差±20%

表 7-5 密度偏差情况下仿真结果

偏差情况	纵程偏差/km	横程偏差/km	过载峰值/g_0	热流峰值/(W/cm^2)
标准再入	1.6977	−0.2185	5.8446	187.86
ρ+20%	1969.2	69.8393	6.3598	193.68
ρ−20%	2189.9	60.290	5.2347	180.58

(5) 质量偏差±5%

表 7-6 质量偏差情况下仿真结果

偏差情况	纵程偏差/km	横程偏差/km	过载峰值/g_0	热流峰值/(W/cm^2)
标准再入	1.6977	−0.2185	5.8446	187.86
mass+5%	1122.2	−80.41	5.7103	190.92
mass−5%	795.0502	35.4364	5.9873	184.72

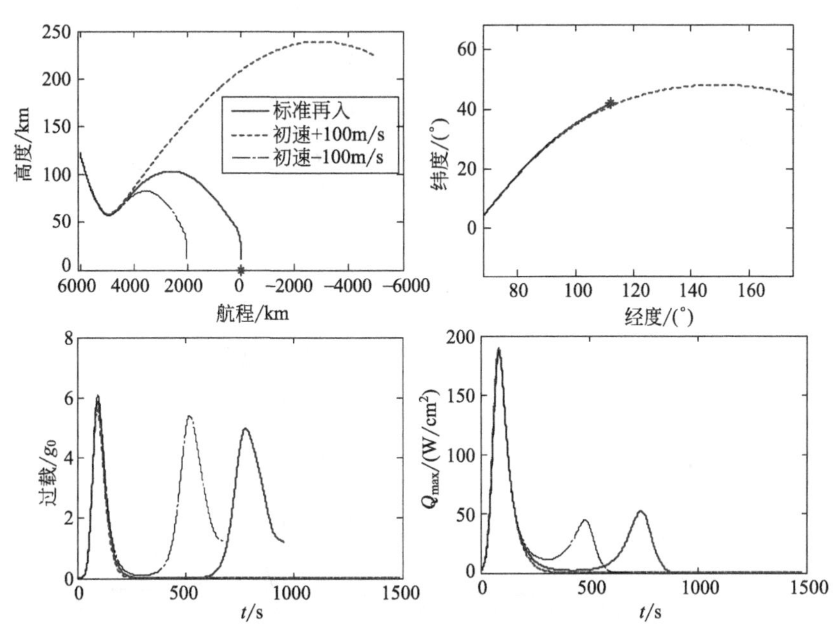

图 7-12 再入初始速度偏差对再入过程的影响

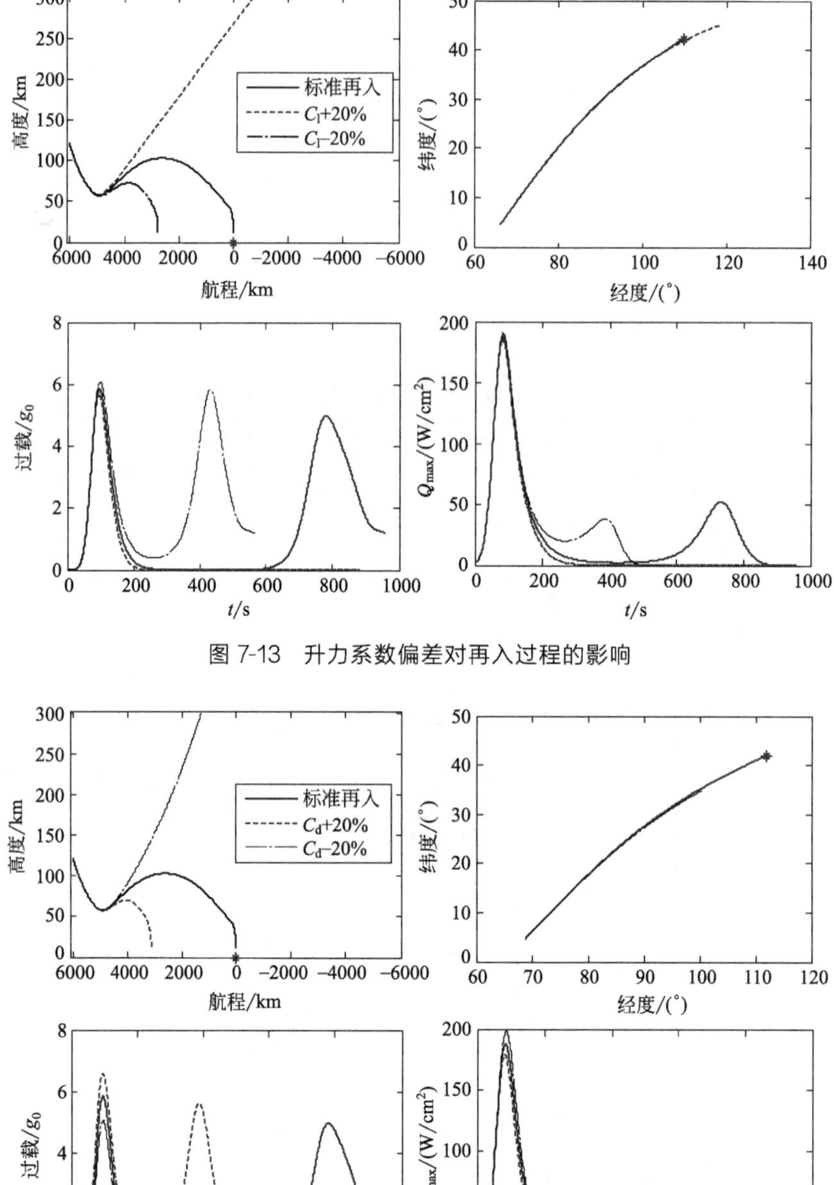

图 7-13 升力系数偏差对再入过程的影响

图 7-14 阻力系数偏差对再入过程的影响

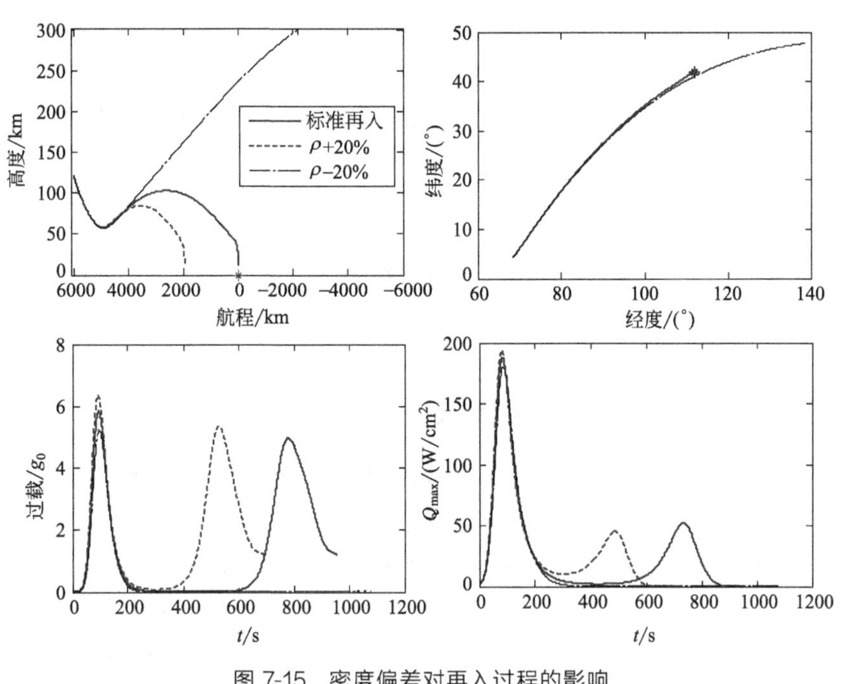

图 7-15 密度偏差对再入过程的影响

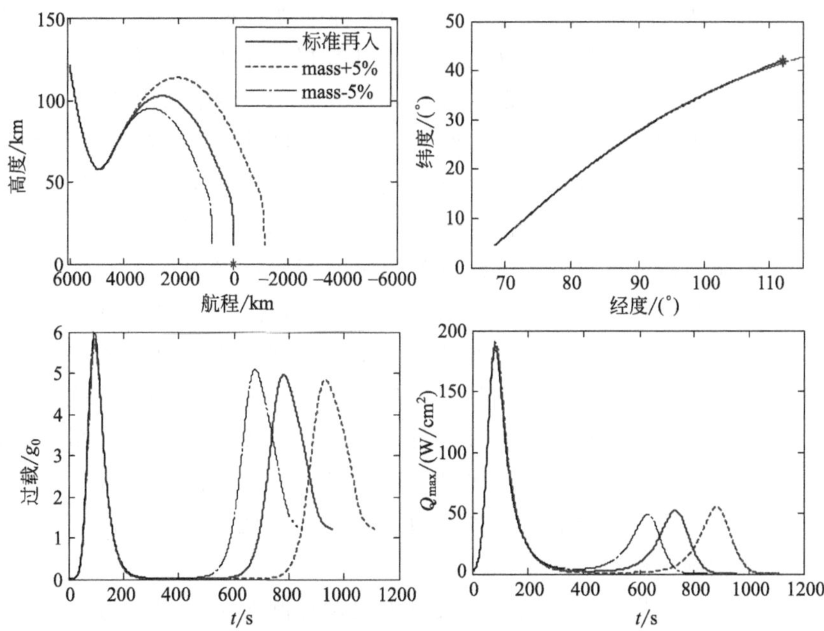

图 7-16 质量偏差对再入过程的影响

由图 7-12～图 7-16 以及表 7-2～表 7-6 可见，再入点速度大小偏差对再入过程影响很大，航程偏差可达 5000km，甚至可能导致捕获失败。其他再入初始状态偏差对再入航程及过程量产生一定的影响，但影响相对较小，这里不一一列出。由模型参数偏差影响的分析可见，质量偏差对航程的影响，较气动系数和大气密度偏差较小，其中气动阻力系数的影响最大。

7.3 标准轨道再入制导方法

7.3.1 标准轨道制导方法概述

小升阻比航天器再入制导问题是单变量的控制问题，即只改变倾侧角来实现控制。航天器质量、惯量、外形等特殊设计决定了其再入姿态保持在配平攻角附近，总升力的大小也维持稳定。再入过程控制系统按一定的控制逻辑改变滚动角，即改变倾侧角以调整升力在水平和垂直方向的分量，从而达到在一定范围内控制航天器过载、热流密度和着陆点位置的目的。

再入制导方法分两类[1]：一类是对落点航程进行预测，称为预测落点法（或称航程预测法）；另一类是对标准轨道进行跟踪，称为标准轨道法。

标准轨道制导方法对航天器计算机要求不高，但对许多突发事件的处理能力有限。该方法是在再入航天器的计算机中预先装订几组标准再入轨道参数，它们可以是时间、速度等的函数。当航天器再入大气层后，由于受初始条件误差、大气密度的变化以及气动力特性等因素的影响而偏离设计的标准轨道。此时导航系统测出再入航天器的姿态参数和速度增量，由计算机计算得到位置和速度等轨道参数。将实测参数和标准轨道参数进行比较，产生误差信号。以误差信号为输入通过制导方程算出所需的姿态角和姿态角速度，向姿态控制系统发出控制指令，调整航天器的姿态角，从而改变升力的方向，实现再入轨道的制导控制。

在相应的技术水平和条件限制下，历史上航天器大都采用标准轨道制导方法，如美国的水星号、航天飞机[3]和阿波罗[4]等。标准轨道法关键在于规划一条满足各种约束的标准再入轨迹，并在再入过程中对其进行精确跟踪。

轨迹规划：再入标准轨道优化设计问题可以考虑为不同性能指标下带约束的最优控制问题，求解方法主要可分为两类：直接法和间接法。间接法将最优控制问题最终转化为一个两点边值问题，根据庞特里亚金极小值原理列写出必要条件方程，即正则方程、横截条件方程和控制方程，然后利用如梯度法、共轭梯度法、临近极值法、边值打靶法、代数函数法和牛顿法等数值解法进行求解。针对航天器的大气飞行过程，较多文献成功地运用间接法设计了最优飞行轨迹。Vinh 在文献［5］中针对简化的航天器运动方程，深入分析了基于间接法的轨迹优化问题，求解时用等式约束替代协态方程，极大减少了计算量，给出了多种假设条件下的优化轨迹解析解。南英在文献［6］中采用共轭梯度法求解边值问题，设计了满足过程约束的最优大气再入轨迹。Istratie 在文献［7］中优化设计了满足控制量限制，总吸热量最小的跳跃式再入首次再入段轨迹。间接法虽能较好地分析和解决无约束的最优控制问题，但再入过程中存在的各种约束使间接法求解的推导过程过于复杂，且其求解过程对协态变量的初值高度敏感，很难收敛。相对间接法，直接法在收敛的鲁棒性和解决实际问题的适用性上具有优势。

直接法将最优控制问题转化成一个非线性规划问题，利用多种数值解法克服了用间接法很难找到解析解的缺点，取得了重要进展。直接配点法一般采用多项式，如 Chebyshev 和 Cubic 多项式来近似状态和控制变量的时间历程，但该方法的设计变量数目庞大。最近发展起来的一种求解最优控制问题的方法是改进 Gauss 伪谱方法[8]，这种方法是一种基于全局和局部插值多项式混合的直接配点法，它相对于一般直接配点法的优势是可以用尽量少的节点获得较高的精度。

轨迹跟踪：轨迹跟踪的算法设计取决于标称轨迹的形式。标称轨迹可由状态变量如阻力加速度、高度变化率、航程等[9]构成，也可为阻力加速度-速度剖面[10]构成，针对不同形式的参考轨迹，构建相应状态量的线性化系统，再设计相应的反馈增益系数，实现轨迹跟踪制导。文献［11］应用常值反馈增益的方法实现对标准轨迹的跟踪，详细地给出了增益的设计方法并就增益的选择对跟踪精度的影响问题进行了分析。Dukeman[12]利用线性二次型状态调节器实现了反馈增益系数的设计。文献［13］通过反馈线性化方法把航天器在纵平面内的非线性动力学模型变换为阻力空间的线性模型，然后在线性模型的基础上设计了一个常增益系数的线性控制器，该控制器能指数跟踪阻力剖面参考轨迹。

其实在新一代可重复使用运载器需求的牵引下，NASA Marshall 航天中心于 1999 年开启了先进制导与控制技术研究项目（advanced guidance and control project）。再入制导与控制技术是这一项目的主要内容，自主、自适应且鲁棒的跟踪制导方法层出不穷，例如模型参考自适应方法[14,15]、神经网络自适应制导律[16]、模糊自适应制导律[17]等。

7.3.2 标称轨道制导方法跳跃式再入问题分析

7.3.2.1 跳跃式再入轨迹优化设计问题

针对跳跃式再入轨迹设计问题，从二十世纪六七十年代至今不少学者提出了解析的方法，这些方法主要可分为两类，其中一类主要用匹配渐近展开方法描述跳跃式再入轨迹。其中，Kuo 和 Vinh[18]利用改进的匹配渐近展开方法得到跳跃式再入轨迹较高精度的二阶近似表达式。另一类是以阻力剖面为参考轨迹的设计方法。文献［19］将再入阻力剖面考虑为二次函数，而 Garcia-Llama[20]将跳跃式再入轨迹第一次再入段（初始再入点到跳出点）的阻力剖面设计为四阶多项式，并应用反馈线性化方法跟踪其设计的阻力剖面。

应该指出，上述两类解析算法并没有实现轨迹设计的最优化，而跳跃式再入轨迹的优化设计有其新的特点，如强约束、多约束等，有必要对这方面进行深入的研究。目前该研究方向的文献相对较少。南英[6]对单次再入飞行、二次再入轨迹、多次再入轨迹在过载和热流方面进行了比较研究，并得出二次再入飞行为最优返回轨迹的结论。针对跳跃式轨迹的优化设计，Istratie[7]也提出了使得多种不同性能指标最小的优化方案，但均未给出完整的最优跳跃式再入轨迹，只是针对第一次再入段的飞行轨迹进行了优化设计。最近发展起来的改进 Gauss 伪谱法[21]，是一种基于全局和局部插值多项式混合的直接配点法，其优点在于可以用尽量少的节点获得较高的拟合精度。

7.3.2.2 初始状态偏差较大时参考轨迹在线设计问题

传统标准轨道法的缺点，主要是缺乏对初始状态偏差不确定性的自适应能力。标准轨道法多基于标称状态附近的线性化模型设计轨迹跟踪制导律，若初始状态偏差较大，会严重影响跟踪性能，尤其针对高速再入任务，轨迹飞行时间长，受初始状态偏差影响更为明显，能够在线快速优化出新的参考轨迹是改进传统算法的有效途径。类似 7.3.2.1 小节所描述，大气进入轨迹设计方法主要可分为解析设计方法和数值优化设计方法。在解析设计参考轨迹方面，目前常见的方法有匹配渐进展开方法以及基于气动阻力剖面的设计方法。要实现轨迹在线更新，更新算法必须简单且用时短，例如通过插值方法[22]在满足各约束条件的同时更新阻力剖面参考轨迹。在数值优化设计参考轨迹方面，对于带有各种过程约束的大气进入标称轨迹设计问题可以考虑为带约束的最优控制问题。近来许多学者提出了针对最优控制问题的多种数值解法，取得了重要进展，算法的快速性得到提高，数值方法也将成为在线快速生成参考轨迹的有力手段。

7.3.2.3 考虑有限控制能力的高精度轨迹跟踪问题

标准轨道法中设计并跟踪气动阻力剖面的方法被用于 Apollo 首次再入过程制导和航天飞机制导。由于阻力为可测量量，且与航天器再入纵程有明确的运动学关系[20]，采用阻力剖面作为参考轨迹，并进行精确跟踪，能保证制导律获得较高的着陆精度。然而，关于航天飞机返回制导的文献［19］中在推导二阶阻力动力学方程时多次假设飞行路径角 γ 为小角度，简化处理 $\sin\gamma=0$ 和 $\cos\gamma=1$，使得该方法不适用于飞行路径角变化较大的小升力体再入情况。针对小升力体再入情况，为了提高阻力剖面的跟踪效果和航天器着陆精度，Roenneke[10] 在制导律设计过程中改进了对 $\sin\gamma$ 角的处理方式，却仍假设 $\cos\gamma=1$。针对小升力体大航程、跳跃式再入的情况，若继续假设 $\cos\gamma=1$，采用阻力剖面跟踪制导律必然会影响航天器的着陆精度。为了设计可用于完整跳跃式再入轨迹的跟踪制导律，需要进一步改进二阶阻力动力学模型。

跟踪制导律设计方面，反馈线性化方法被广泛用于再入过程气动阻力剖面的跟踪制导。然而，小升阻比航天器控制能力有限且再入系统存在大量的参数不确定性导致控制量饱和，需要进一步考虑实际再入过程中控制量饱和的问题，在制导律设计时需加入饱和限制。一旦控制饱和，反馈线性化方法将不能保证误差动力学方程被完全线性化，亦不能保证闭环系统的稳定性。非线性预测控制在工业过程控制领域发展成为一种有效的控制方法。文献［23］将非线性预测控制方法用于再入制导律的设计，并给出了当系统输入输出变量个数相等情况下的轨迹跟踪特性和鲁棒性分析。

7.3.3 基于 Gauss 伪谱法的参考轨迹优化设计

7.3.3.1 Gauss 伪谱法介绍

高斯伪谱法将再入动力学微分方程转化为代数约束方程，将轨迹设计问题转化为不需要积分弹道的最优规划问题。伪谱方法的一个显著特征为谱收敛，即收敛速度大于 N^{-m}，其中 N 是配点个数，m 是任意有限数值，显然 N 越大收敛越快。

伪谱法的求解步骤如下。

① 不失一般性，将最优控制问题转化为 Bolza 形式，即求控制量 u 使如下形式的性能指标函数最小。

$$J=\Phi(\boldsymbol{x}(-1),t_0,\boldsymbol{x}(1),t_f)+\frac{t_f-t_0}{2}\int_{-1}^{1}g(\boldsymbol{x}(\tau),\boldsymbol{u}(\tau),\tau;t_0,t_f)\mathrm{d}\tau \tag{7-36}$$

且满足动力学约束、等式边值条件约束和不等式路径约束等，具体形式如下：

$$\begin{cases}\dfrac{\mathrm{d}\boldsymbol{x}}{\mathrm{d}t}=\boldsymbol{f}(\boldsymbol{x}(\tau),\boldsymbol{u}(\tau),\tau;t_0,t_f)\\ \dfrac{\mathrm{d}\boldsymbol{x}}{\mathrm{d}\tau}=\dfrac{t_f-t_0}{2}\boldsymbol{f}(\boldsymbol{x}(\tau),\boldsymbol{u}(\tau),\tau;t_0,t_f)\\ \boldsymbol{\varphi}(\boldsymbol{x}(-1),t_0,\boldsymbol{x}(1),t_f)=0\\ \boldsymbol{C}(\boldsymbol{x}(\tau),\boldsymbol{u}(\tau),\tau;t_0,t_f)\leqslant 0\end{cases} \tag{7-37}$$

这里 t 和 τ 之间的映射关系为

$$t=\frac{t_f-t_0}{2}\tau+\frac{t_f+t_0}{2}$$
$$\tau\in[-1,1];t\in[t_0,t_f] \tag{7-38}$$

② 基于 Gauss 伪谱方法的 Bolza 问题离散化。

Gauss 伪谱法中，状态变量 $\boldsymbol{x}(\tau)$ 和控制变量 $\boldsymbol{u}(\tau)$ 分别取 $N+1$ 个和 N 个 Lagrange 插值多项式 $L_i(\tau)$、$L_i^*(\tau)$ 为基函数来拟合其变化规律：

$$\begin{cases}\boldsymbol{x}(\tau)\approx\boldsymbol{X}(\tau)=\sum\limits_{i=0}^{N}\boldsymbol{X}(\tau_i)L_i(\tau)\\ \boldsymbol{u}(\tau)\approx\boldsymbol{U}(\tau)=\sum\limits_{i=1}^{N}\boldsymbol{U}(\tau_i)L_i^*(\tau)\end{cases} \tag{7-39}$$

其中 $L_i(\tau)(i=0,\cdots,N)$ 各式取 N 阶 Legendre-Gauss(LG) 点 $(\tau_1,\tau_2,\cdots,\tau_N)$ 以及起始点 $\tau_0=-1$ 作为节点，$L_i^*(\tau)(i=1,\cdots,N)$ 各多项式只取 N 阶 LG 点作为节点，分别定义为

$$\begin{cases}L_i(\tau)=\prod\limits_{j=0,j\neq i}^{N}\dfrac{\tau-\tau_j}{\tau_i-\tau_j}\quad(i=0,\cdots,N)\\ L_i^*(\tau)=\prod\limits_{j=1,j\neq i}^{N}\dfrac{\tau-\tau_j}{\tau_i-\tau_j}\quad(i=1,\cdots,N)\end{cases} \tag{7-40}$$

上式中，$L_i(\tau)$ 和 $L_i^*(\tau)$ 满足以下性质：

$$\begin{cases}L_i(\tau_j)=\begin{cases}1,i=j\\0,i\neq j\end{cases}\\ L_i^*(\tau_j)=\begin{cases}1,i=j\\0,i\neq j\end{cases}\end{cases} \tag{7-41}$$

对状态变量表达式进行微分得到

$$\dot{x} \approx \dot{X}(\tau) = \sum_{i=0}^{N} X(\tau_i)\dot{L}_i(\tau) \tag{7-42}$$

其中，$\dot{L}_i(\tau)$可通过下式离线得到：

$$D_{ki} = \dot{L}_i(\tau_k) = \sum_{l=0}^{N} \frac{\prod_{j=0,j\neq i,l}^{N}(\tau_k - \tau_j)}{\prod_{j=0,j\neq i}^{N}(\tau_i - \tau_j)} \tag{7-43}$$

其中，$k=1,\cdots,N;i=0,\cdots,N$。从而动力学微分方程约束转化为如下的代数约束：

$$\sum_{i=0}^{N} D_{ki}\boldsymbol{X}_i - \frac{t_f - t_0}{2}\boldsymbol{f}(\boldsymbol{X}_k,\boldsymbol{U}_k,\tau_k;t_0,t_f) = 0 \quad (k=1,\cdots,N) \tag{7-44}$$

其中，$\boldsymbol{X}_k \equiv \boldsymbol{X}(\tau_k) \in R^n, \boldsymbol{U}_k \equiv \boldsymbol{U}(\tau_k) \in R^m$。离散化后的动力学方程约束只在 LG 点被满足，离散状态初值 $\boldsymbol{X}(\tau_0)$为 $\boldsymbol{X}_0$，末端时刻状态值可通过 Gauss 积分近似得到：

$$\boldsymbol{X}_f = \boldsymbol{X}_0 + \frac{t_f - t_0}{2}\sum_{k=1}^{N} w_k \boldsymbol{f}(\boldsymbol{X}_k,\boldsymbol{U}_k,\tau_k;t_0,t_f) \tag{7-45}$$

同样性能指标也可通过高斯积分近似得到：

$$J = \Phi(\boldsymbol{X}_0,t_0,\boldsymbol{X}_f,t_f) + \frac{t_f - t_0}{2}\sum_{k=1}^{N} w_k g(\boldsymbol{X}_k,\boldsymbol{U}_k,\tau_k;t_0,t_f) \tag{7-46}$$

其中，w_k 为高斯权值。同时将式(7-37) 中的边值约束以及路径约束分别离散化为

$$\begin{cases} \boldsymbol{\varphi}(\boldsymbol{X}_0,t_0,\boldsymbol{X}_f,t_f) = 0 \\ \boldsymbol{C}(\boldsymbol{X}_k,\boldsymbol{U}_k,\tau_k;t_0,t_f) \leqslant 0 \quad (k=1,\cdots,N) \end{cases} \tag{7-47}$$

性能指标函数 (7-46) 及代数约束方程 (7-44)、(7-45) 和 (7-47) 定义了一个非线性规划问题，该问题的求解过程详见参考文献 [24]，其解就是上述连续 Bolza 问题的近似解。

以上所描述的 Gauss 伪谱法是全局配点法，若要提高拟合精度，则需要增加拟合多项式的阶次。然而随着多项式阶次的增加，配点数也相应增加，这就使得收敛速度减慢，非线性规划问题的计算变得难以处理。

本节采用改进的 Gauss 伪谱法，将全局配点法和局部配点法混合使用来提高拟合精度，即并不只是一味地提高拟合多项式的阶次，而是考虑将轨迹分成 s 个小段，然后分别对各小段选择合适阶次的多项式进行拟合。每段编号设为 $s\in[1,\cdots,S]$，假定第 s 小段用 N_s 阶的多项式进行拟合，其状态拟合多项式 $X_s(\tau)$如式(7-39) 所示。为达到提高拟合精度的目的，有两个方法可以考虑：将每一特定小段再继续分段，或者增加

该小段拟合多项式的阶次。而改进算法的关键在于如何对两种策略折中选择。算法改进的基本思路描述如下。

针对某一特定 s 小段，分别用 k 和 $k+1$ 个配点数的多项式 $X_s^{(k)}(\tau)$ 和 $X_s^{(k+1)}(\tau)$进行拟合，然后分析这两个多项式的拟合偏差。这里定义偏差及偏差的平均值分别为

$$\begin{cases} e_s(\tau) = \left| X_s^{(k)}(\tau) - X_s^{(k+1)}(\tau) \right| \\ \bar{e}_s = \dfrac{\int_a^b e_s(\tau)\mathrm{d}\tau}{b-a} \end{cases} \tag{7-48}$$

然后选出在 s 段内拟合偏差 $e_s(\tau)$的局部偏差最大点，假设为第 i 点，该点处偏差记为 $e_s^{(i)}$。如果对所有 $i\in[1,\cdots,I]$，I 表示 s 小段内所考察的局部区域个数，满足

$$\frac{e_s^{(i)}}{\bar{e}_s}\leqslant\lambda \tag{7-49}$$

则认为小段 s 拟合偏差一致，此时通过增加该小段多项式阶次 N_s 来提高拟合精度。否则，如果存在任何一个局部偏差最大点不满足不等式(7-49)的约束，则将 s 小段在该点处再进行分段。这里，λ 值的选取体现了局部和全局配点策略的一个权衡。当 λ 值较小时，局部偏差最大点与偏差均值的比值则较易超过 λ 值而在某点处再进行分段；当 λ 值较大时，算法类似采用了全局配点方法。本小节仿真时采用文献［25］中所描述的 GPOPS 优化软件，其具体分段数取决于拟合精度及 λ 值的大小，λ 值一般取为 3.5。

当确定某一特定段内偏差一致时，需要采用增加拟合多项式的阶次的策略。假设前两次配点数分别为 N_{k-1}、N_k，且拟合误差为 $o(10^{-m_{k-1}})$、$o(10^{-m_k})$，而允许误差为 $o(\varepsilon)$。假定 $m_k>m_{k-1}$，则估计应增加的配点数为

$$N_{k+1}=N_k+\frac{N_k-N_{k-1}}{m_k-m_{k-1}}(\left|\lg(\varepsilon)\right|-m_k) \tag{7-50}$$

该算法能自适应地更新轨迹的分段数和各段拟合的配点数，从而在设计尽量少的配点数的情况下，达到需要的拟合精度。

7.3.3.2 开普勒段对航程的影响分析

探月航天器需实现大航程再入时，轨迹将会出现“弹跳”的现象，这种轨迹形式的再入过程被称为跳跃式再入。当跳起的高度超过敏感大气层边界，过载小于 $0.2g_0$ 时，可认为航天器进入弹道式飞行阶段，称之为开普勒段。该阶段扩展了纵程，帮助航天器实现了长距离的飞行需求。本小节利用 Gauss 伪谱优化方法计算，对航天器在相同初始再入条

件下不发生跳跃（指无论大气层内或大气层外均不发生跳跃）和发生跳跃（跳跃高度为120km）时的最远飞行距离进行了比较，并对航天器在不发生跳跃时的飞行能力进行分析，以求出对于小升阻比航天器在不发生跳跃时可达的最远飞行航程。

(1) 跳跃式轨迹扩大航程能力分析

忽略地球自转的影响，纵向平面内相对着陆点的航程 s 即纵程可以由下式得到：

$$\dot{s}=\frac{r_{\mathrm{f}}V\cos\gamma}{r} \tag{7-51}$$

将上式增加为系统描述的第7个方程，即将纵程 s 考虑为一个新的变量 x_7，其中 r_{f} 为再入开伞点的高度。

由状态方程（7-34）可看出，其中状态变量 r、V、γ 和 s 的变化规律与另三项状态变量 λ、ϕ、Ψ 解耦。这里通过单独分析这四个量的运动规律，优化计算在不同初始再入角时发生跳跃和不发生跳跃的最大航程，进而比较分析跳跃式再入轨迹在实现长纵程飞行方面的优势。因此优化性能指标取为新变量 x_7 的末状态量，即

$$J=-x_{7\mathrm{f}} \tag{7-52}$$

这里，发生跳跃和不发生跳跃时的状态约束如下，其中不发生跳跃的再入过程飞行路径角保持小于零，即无上升飞行阶段。

发生跳跃：

状态量 r 和 γ 在整个飞行过程中被约束为

$$\begin{gathered}-90^{\circ}\leqslant\gamma\leqslant10^{\circ}\\ r_{\mathrm{f}}\leqslant r\leqslant r_0\end{gathered} \tag{7-53}$$

不发生跳跃：

状态量 r 和 γ 在整个飞行过程中被约束为

$$\begin{gathered}-90^{\circ}\leqslant\gamma\leqslant0^{\circ}\\ r_{\mathrm{f}}\leqslant r\leqslant r_0\end{gathered} \tag{7-54}$$

(2) 不发生跳跃时飞行能力分析

考虑升阻比偏差及大气密度偏差影响，利用Gauss伪谱法计算航天器不发生跳跃时的最大航程和过载峰值，并对这些表征其飞行能力的数据进行分析，以确定当再入航程要求大于多少公里时需采用跳跃式轨迹再入。气动系数偏差采用如下表达式：

$$\begin{cases}C_D=\tilde{C_D}(1+\Delta_{C_D})\\ C_L=(C_L/C_D)^{\sim}C_D(1+\Delta_{C_L/C_D})\end{cases} \tag{7-55}$$

式中，Δ_{C_L/C_D} 为升阻比偏差，标准阻力系数 $C_D^{\sim}$ 为 1.25，标准升阻比$(C_L/C_D)^{\sim}$为 0.3520，这里给出阻力系数和升阻比的偏差，由此求得升力系数的偏差。由于在马赫数较大的情况下阻力系数变化较小，升力系数变化较大，且在实际问题分析中更需要考虑在气动系数上施加常值偏置所产生的影响，因此这里假设阻力系数不发生变化，升阻比采用固定常值偏差，Δ_{C_L/C_D} 的变化范围为［−20%，+20%］。

由于高层大气变化极为复杂，从人造地球卫星上天以来，各国学者一直在致力于开发高精度的标准大气模型及其扰动模型，采用了多个指标（考虑经纬度、季风、大气成分以及太阳活动等多种因素的影响）来描述大气的扰动。期间形成了诸多不同的大气摄动模型，简单的有固定值偏差模型，复杂的如美国开发的 GRAM（Global Reference Atmosphere Model）模型。本节取大气摄动模型为固定值偏差模型来分析不发生跳跃时再入轨迹的最大航程，其变化范围取为［−30%，+30%］。

7.3.3.3 探月返回跳跃式再入轨迹优化设计

假设探月返回器处于配平飞行状态，且地球是一个均匀球体，不考虑地球扁率、地球公转及地球自转，大气模型采用美国 1976 标准大气模型，这里将式(7-34) 进行无量纲化得到如下的质心动力学方程。

$$
\begin{cases}
\dot{r}=V\sin\gamma \\
\dot{V}=-D-\dfrac{\sin\gamma}{r^2} \\
\dot{\lambda}=\dfrac{V\cos\gamma\sin\Psi}{r\cos\phi} \\
\dot{\phi}=\dfrac{V\cos\gamma\cos\Psi}{r} \\
\dot{\Psi}=\dfrac{1}{V}\left(\dfrac{L\sin\sigma}{\cos\gamma}+\dfrac{V^2}{r}\cos\gamma\sin\Psi\tan\phi\right) \\
\dot{\gamma}=\dfrac{1}{V}\left[L\cos\sigma+\left(V^2-\dfrac{1}{r}\right)\dfrac{\cos\gamma}{r}\right] \\
D=\rho\left(\sqrt{R_e g_0}V\right)^2 S_{ref}C_D/(2mg_0) \\
L=\rho\left(\sqrt{R_e g_0}V\right)^2 S_{ref}C_L/(2mg_0)
\end{cases}
\tag{7-56}
$$

上式中地心距 r、飞行相对地球速度 V 及时间 t 的无量纲化参数分别为 R_e、$\sqrt{g_0R_e}$和 $\tau=t/\sqrt{R_e/g_0}$。

因探月航天器高速再入的特点，过载和热流约束变得十分苛刻。为了保证再入过程的安全，需要严格满足以下约束条件。

（1）气动加热约束

为减小气动加热，要求驻点热流不超过给定的最大值，即

$$\begin{cases}\dot{Q}(\rho,V)\leqslant\dot{Q}_{\max}\\ \dot{Q}=k_{s}\rho^{n}V^{m}\end{cases} \tag{7-57}$$

其中，k_s 取为 1.0387×10^{-4}。通常 n、m 取为 0.5 和 3，$\dot{Q}_{\max}$ 为驻点热流峰值的最大允许值。

（2）过载约束

为了减小再入时的过载，要求瞬时过载小于最大允许过载，即

$$n=\frac{\sqrt{L^{2}+D^{2}}}{g_{0}}\leqslant n_{\max} \tag{7-58}$$

其中，$n_{\max}$ 为最大允许过载值。

（3）终端状态约束

考虑经度、纬度、高度满足终端约束条件：

$$\begin{cases}\lambda(t_{f})=\lambda_{f}\\ \phi(t_{f})=\phi_{f}\\ r(t_{f})=r_{f}\end{cases} \tag{7-59}$$

（4）控制量约束

考虑到实际倾侧角机动不可能瞬时完成，需要对倾侧角进行限幅，即

$$|\sigma|\leqslant\sigma_{\max} \tag{7-60}$$

在高速再入过程中，为了减小防热系统的重量，性能指标一般取为再入过程的总吸热量：

$$J=\int_{t_0}^{t_f}\dot{Q}\mathrm{d}t \tag{7-61}$$

7.3.3.4 应用实例

本章以探月返回器为仿真对象，质量为 9500kg，最大横截面积为 23.8m^2。

（1）跳跃式再入轨迹优化

具体仿真参数设置见表 7-7，控制量 σ 约束在 [−70°，70°] 之间变化，升阻比为 0.35，升力系数 C_L 为 0.44，阻力系数 C_D 为 1.25。经优化得到的轨迹状态量、过载、热流和控制量变化曲线如图 7-17～图 7-20 所示。由图 7-18 和图 7-19 可见，设计的再入轨迹满足过载和热流约束。

表 7-7 初末状态设置和过程约束

参数	初始条件	终端条件	过载和热流约束
r/km	$120+R_e$	$10+R_e$	—
θ/(°)	42.28	112	—
ϕ/(°)	4.38	42	—
V/(km/s)	11.032	—	—
ψ/(°)	47.407	—	—
γ/(°)	−5.638	—	—
n_{max}	—	—	5
$\dot{Q}_{max}$/(kW/m^2)	—	—	1800

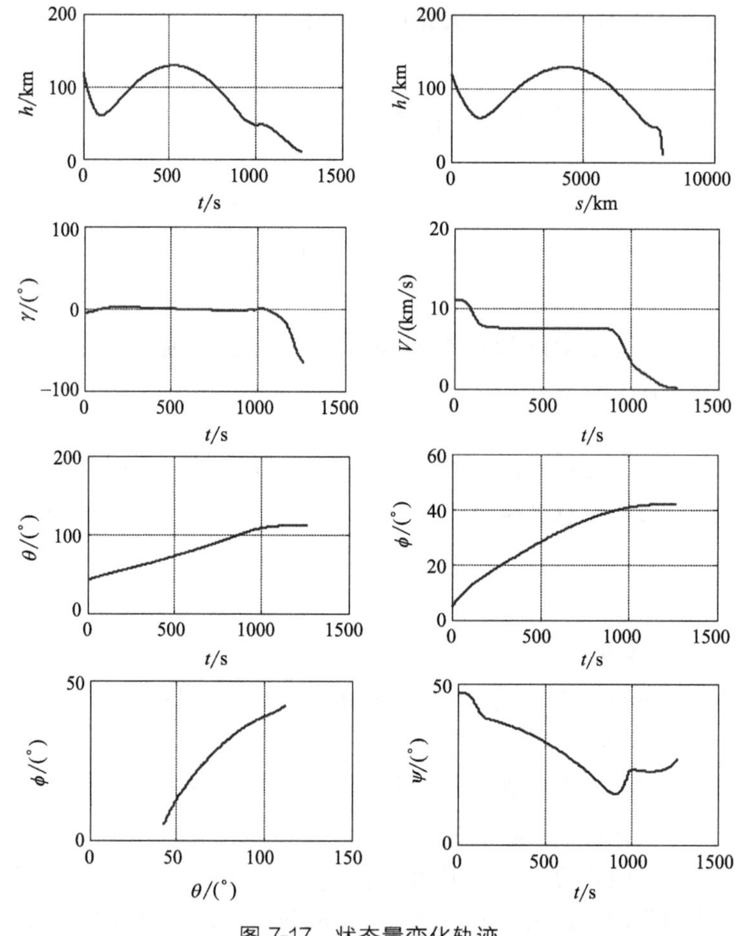

图 7-17 状态量变化轨迹

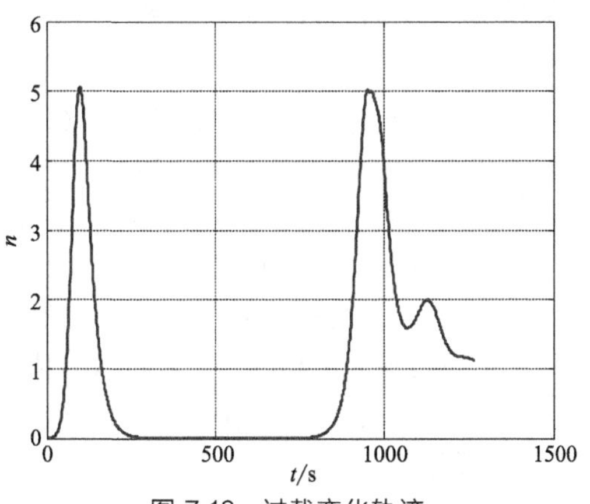

图 7-18 过载变化轨迹

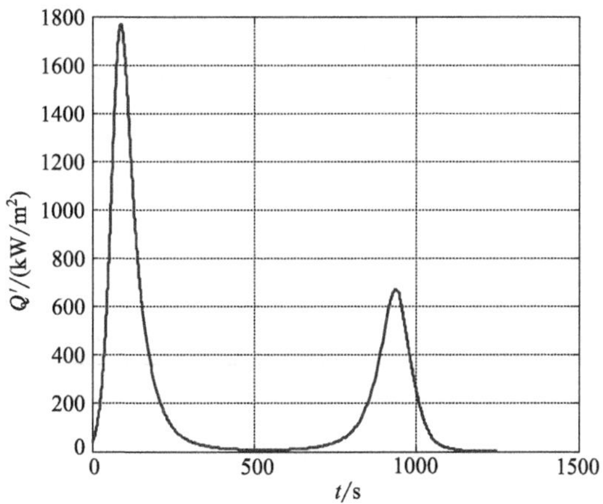

图 7-19 驻点热流变化轨迹

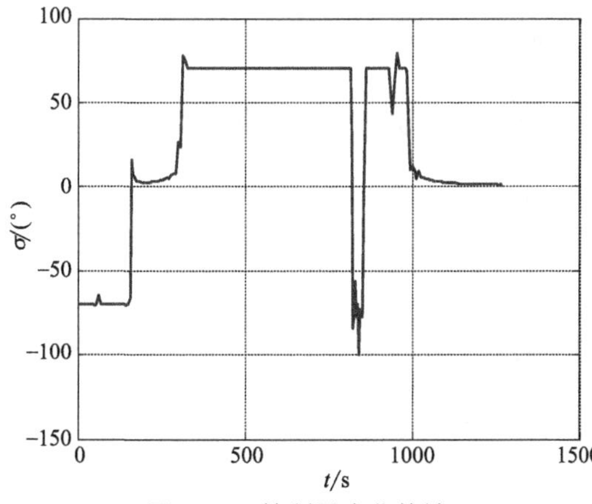

图 7-20 控制量变化轨迹

(2) 跳跃式再入轨迹航程仿真分析

根据 7.2.4 节再入走廊分析结果，这里在 [−6.4°，−5.3°] 之间均匀选择六个初始再入角值进行仿真，分别得到发生跳跃和不发生跳跃情况下的最大航程，见表 7-8。为了对比清晰，给出初始再入角为−6.0°时发生跳跃和不发生跳跃两种情况下的再入轨迹比较，如图 7-21 所示。同时由图 7-22 比较了初始再入角分别为−5.6°、−6.0°、−6.4°时，跳跃高度 h 为 120km 的飞行情况，可知初始再入角幅值越大，利用 Gauss 伪谱法优化得到的飞行最大距离越小，且过载峰值越大。

表 7-8 两种情况下最大航程比较

发生跳跃		不发生跳跃	
γ_0/(°)	s_{max}/km	γ_0/(°)	s_{max}/km
−5.4	12549	−5.4	
−5.6	12451	−5.6	3046
−5.8	12232	−5.8	2963
−6.0	11835	−6.0	2841.3
−6.2	11173	−6.2	2690.2
−6.4	10245	−6.4	2523.6

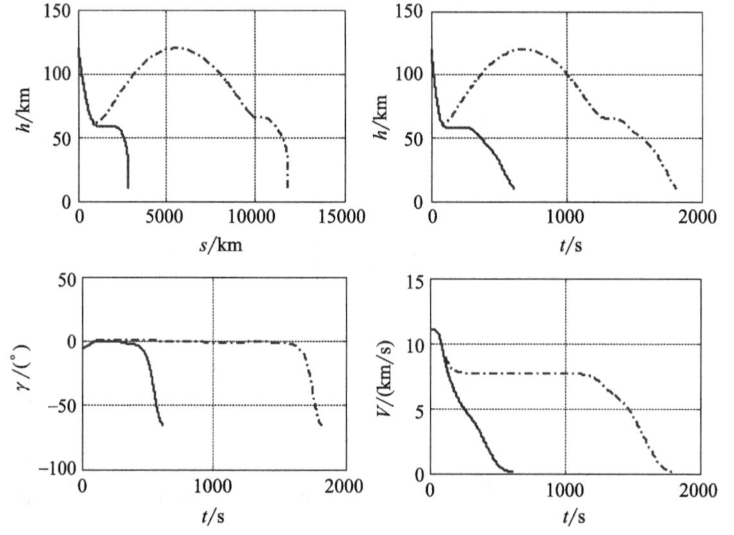

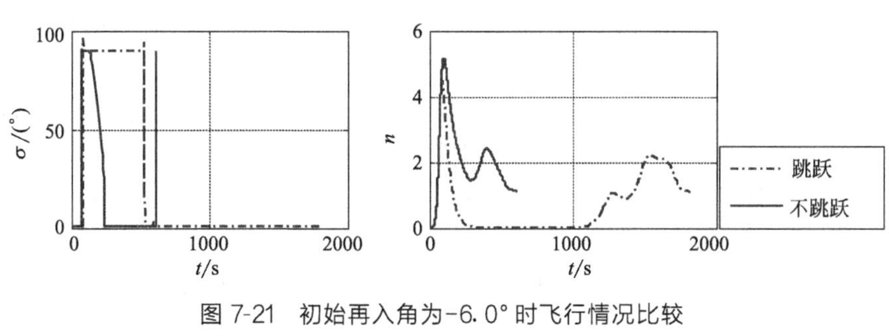

图 7-21 初始再入角为-6.0°时飞行情况比较

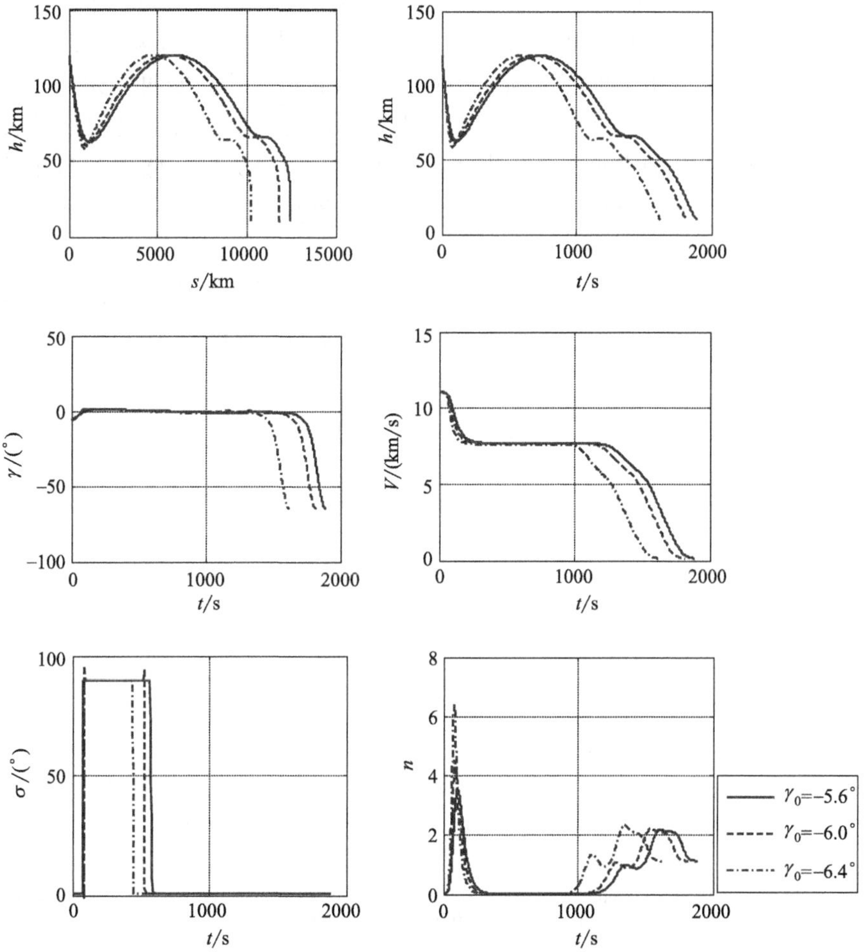

图 7-22 跳跃高度为 120km 各不同再入角时飞行情况比较

由表 7-8 中数据可见，再入轨迹不发生跳跃时的最大航程仅有 3000 多千米，由图 7-21 中的曲线对比发现当跳跃高度为 120km 时再入轨迹最大航程远远大于不发生跳跃时的最大再入航程。

为得出长距离飞行是否必须采用跳跃式再入的结论，下面进一步利用 Gauss 伪谱法分析在不同升阻比和存在不同程度大气密度偏差时不发生跳跃的最大再入航程。最大航程随升阻比和再入角变化情况如图 7-23 所示。由于航程随着再入角幅值的减小而增大，选择四组再入角中最小值−5.6°，进行不同升阻比和不同大气密度下的最大航程仿真，并将数据绘制曲线，如图 7-24 所示。同时得到各情况下的过载峰值变化情况，如图 7-25 和图 7-26 所示。由图 7-23～图 7-26 可看出：再入飞行的最大航程，随着初始再入角幅值的增大而减小，随着升阻比的增大而增加，随着大气密度的变大而减小；过载峰值则随着初始再入角幅值的增大而增大，随着密度的增加减小较快。而过载峰值与升阻比之间的关系与初始再入角的大小有关：当初始再入角幅值较大时，随着升阻比的增大过载峰值减小较快，当初始再入角幅值较小时，过载峰值反而随着升阻比的增大而缓慢增大。

综上可得，针对该仿真对象，不发生跳跃的再入轨迹的最大航程不会超过 3500km，当再入航程要求大于 3500km 时需采用跳跃式轨迹再

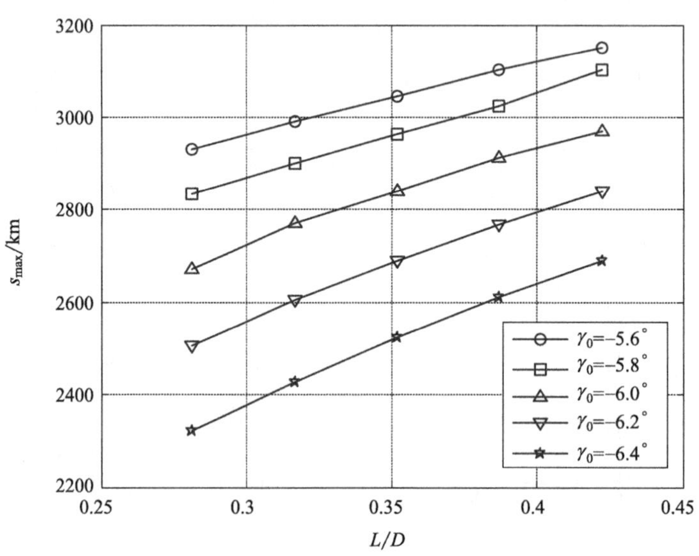

图 7-23　最大航程随升阻比和再入角变化

入。当航程要求继续增大时，航天器轨迹将发生跳跃，可见跳跃式轨迹对扩展航程起着重要作用。

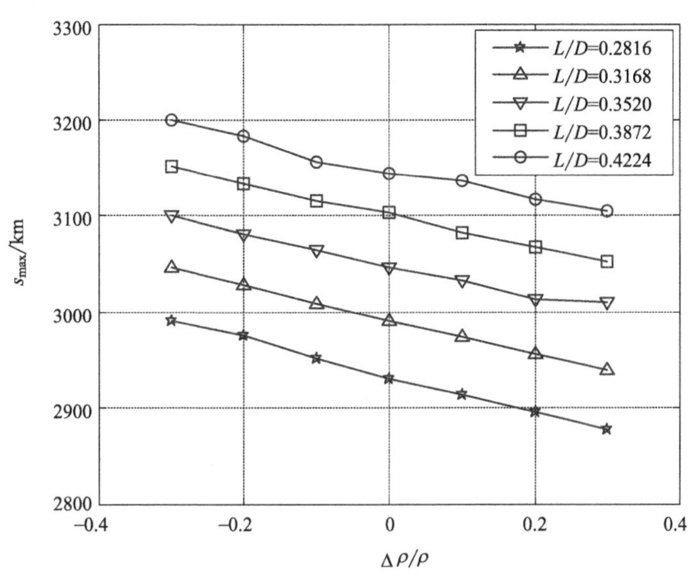

图 7-24 最大航程随大气密度和升阻比变化

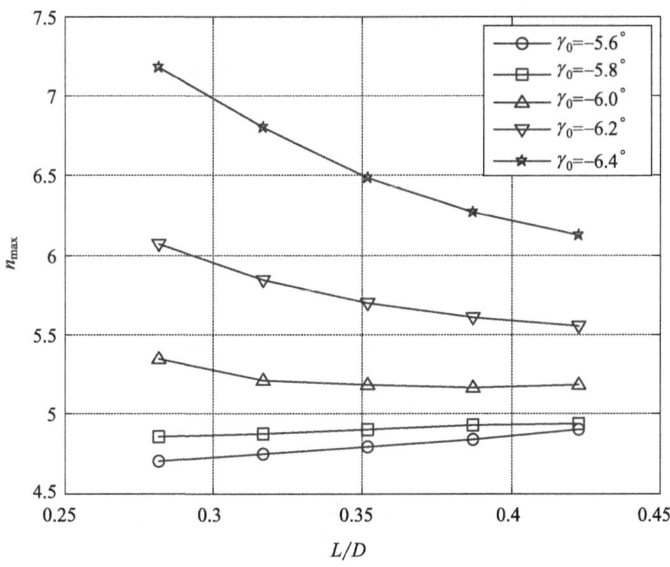

图 7-25 过载峰值随升阻比和再入角变化

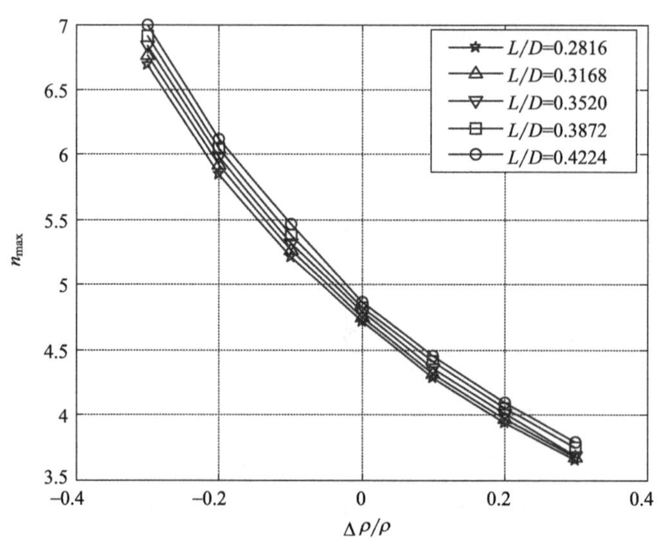

图 7-26 过载峰值随大气密度和升阻比变化

7.3.4 基于数值预测校正方法的参考轨迹在线设计

7.3.4.1 参考轨迹设计约束条件

将动力学方程（7-34）简化为如下纵向剖面动力学方程，且变量定义保持一致：

$$\begin{aligned}
&\frac{\mathrm{d}r}{\mathrm{d}t}=V\sin\gamma\\
&\frac{\mathrm{d}V}{\mathrm{d}t}=-D-\frac{\mu}{r^2}\sin\gamma\\
&\frac{\mathrm{d}\gamma}{\mathrm{d}t}=\frac{1}{V}\left(L\cos\sigma-\frac{\mu}{r^2}\cos\gamma+\frac{V^2\cos\gamma}{r}\right)\\
&\frac{\mathrm{d}s}{\mathrm{d}t}=V\cos\gamma\\
&D=\frac{C_D\rho V^2 S_{\mathrm{ref}}}{2m},L=\frac{C_L\rho V^2 S_{\mathrm{ref}}}{2m}
\end{aligned} \tag{7-62}$$

假设返回器在再入过程中始终保持配平攻角飞行，单一控制变量为倾侧角 σ，也称为速度滚动角，反映了升力对再入航天器运行轨道平面的倾斜。s 为飞行纵程，从动力学方程（7-62）可以看出，倾侧角大小的变

化可改变总升力 L 的方向，使总升力 L 在纵程平面内的投影 $L\cos\sigma$ 发生变化，从而影响再入纵程。

为了保证再入过程的安全，参考轨迹的设计需要严格满足动力学方程的约束，其他约束条件与 7.3.3.3 节描述一致。

7.3.4.2 数值预测校正方法设计参考轨迹

返回器再入过程中，需在过载的约束下，设计合理的倾侧角剖面满足终端落点要求。由于返回器飞行过程通过控制倾侧角来进行引导，可控变量单一，所以倾侧角剖面应相对简单，工程上倾侧角剖面通常采用分段常值或分段线性化等简化方式进行设计。

本章轨迹设计所采用的倾侧角剖面为“线性+常值”的形式[26]，如图 7-27 所示。这种大倾侧角再入，并逐渐递减的剖面，有利于返回器在初次再入过程中耗散过剩的能量，在跳起后顺利被大气所捕获。该倾侧角剖面的数学表达式为

$$\begin{cases} |\sigma| = \dfrac{(\sigma_0 - \sigma_f)(s_{togo} - s_{thres})}{s_{togo}^0 - s_{thres}} + \sigma_f, s_{togo} \geqslant s_{thres} \\ |\sigma| = \sigma_f, s_{togo} < s_{thres} \end{cases} \tag{7-63}$$

其中，s_{togo}^0 为总航程，s_{togo} 为当前点的剩余航程，剖面构型比较简单，σ_0、σ_f、s_{thres} 的具体含义如图 7-27 所示，这里 σ_f 取为 70°，s_{thres} 取为 2000km。初始倾侧角 σ_0 可以在航程约束下采用牛顿迭代方法进行求解，即

$$x_{n+1} = x_n - \frac{x_n - x_{n-1}}{f(x_n) - f(x_{n-1})} f(x_n) \tag{7-64}$$

其中，$x_n = \cos\sigma_n$，$f(x_n)$为落点偏差量，即预测落点与实际落点的偏差航程，通过数值积分动力学方程求得。

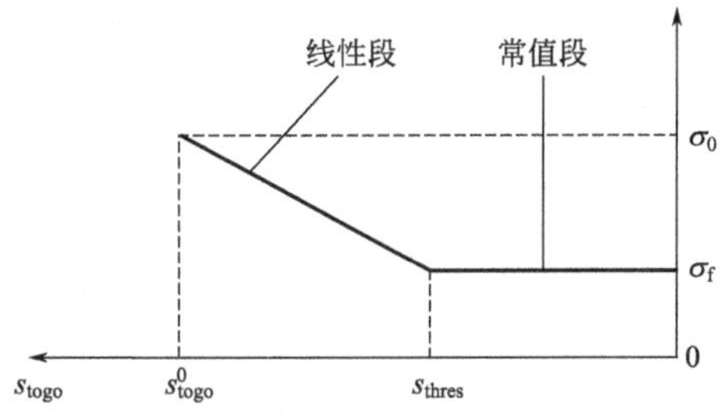

图 7-27 线性加常值倾侧角剖面

在参考轨迹设计时，借鉴上述预测校正算法的思想，初始倾侧角 σ_0 可以在航程约束下采用牛顿迭代方法进行求解，直至航程偏差满足再入落点精度要求，则完成参考轨迹的设计。

7.3.4.3 参考轨迹在线轨迹规划制导律设计

针对跳跃式再入飞行时间长，初始偏差对弹道影响较大的情况，在再入的初始阶段，阻力加速度小于 0.2g 时，利用数值预测校正方法根据当前的再入初始状态在线设计参考轨迹。跳跃式再入轨迹的开普勒段大气密度稀薄，气动力很小，对跟踪偏差的修正能力几乎为零，且开普勒段飞行时间较长，长时间偏差状态飞行将导致航程偏差大于着陆精度的要求。本节在类似开环制导的开普勒段，同样利用数值预测校正方法根据跳出点状态在线重新设计参考轨迹，以提高着陆精度。具体的实现流程如图 7-28 所示。

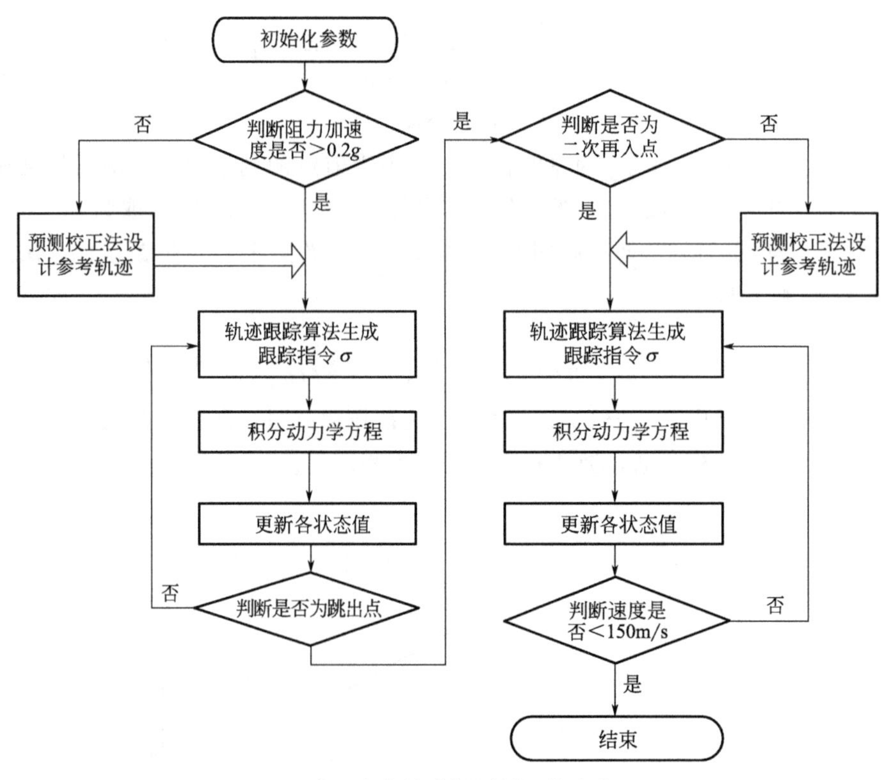

图 7-28 在线轨迹规划制导算法流程

7.3.5 基于非线性预测控制方法的轨迹跟踪算法设计

7.3.5.1 改进阻力剖面动力学模型

这里首先给出两个定义。

定义 1[27]：(向量相对阶) 仿射型 m 维输入 m 维输出非线性系统

$$\dot{\boldsymbol{x}}=\boldsymbol{f}(\boldsymbol{x})+\boldsymbol{g}(\boldsymbol{x})\boldsymbol{u}$$
$$\boldsymbol{y}=\boldsymbol{h}(\boldsymbol{x}) \tag{7-65}$$

在 $\boldsymbol{x}_0$ 处具有关于输入 $\boldsymbol{u}$ 的向量相对阶$\{r_1,r_2,\cdots,r_m\}$，如果同时满足：

① 存在 $\boldsymbol{x}_0$ 的一个邻域 U，对其中所有 $\boldsymbol{x}$ 有：$L_{g_j}L_f^k h_i(\boldsymbol{x})=0$，对 $\forall\, 0\leqslant i\leqslant m$，$1\leqslant j\leqslant m$，$k<r_i-1$，其中

$$L_f^k h_i(\boldsymbol{x})=\frac{\partial(L_f^{k-1}h_i(\boldsymbol{x}))}{\partial \boldsymbol{x}}\boldsymbol{f}(\boldsymbol{x})$$
$$L_g L_f h_i(\boldsymbol{x})=\frac{\partial(L_f h_i(\boldsymbol{x}))}{\partial \boldsymbol{x}}\boldsymbol{g}(\boldsymbol{x}) \tag{7-66}$$

这里 L 为 Lie 导数。

② $m\times m$ 维矩阵

$$\boldsymbol{A}=\begin{bmatrix} L_{g_1}L_f^{r_1-1}h_1(\boldsymbol{x}) & \cdots & L_{g_m}L_f^{r_1-1}h_1(\boldsymbol{x}) \\ L_{g_1}L_f^{r_2-1}h_2(\boldsymbol{x}) & \cdots & L_{g_m}L_f^{r_2-1}h_2(\boldsymbol{x}) \\ \vdots & \ddots & \vdots \\ L_{g_1}L_f^{r_m-1}h_m(\boldsymbol{x}) & \cdots & L_{g_m}L_f^{r_m-1}h_m(\boldsymbol{x}) \end{bmatrix} \tag{7-67}$$

在 $\boldsymbol{x}=\boldsymbol{x}_0$ 处是非奇异的。定义 $r=\sum_{i=1}^{m}r_i$ 为系统（7-65）的总相对阶。

定义 2[27]：(微分同胚映射) 若存在一个连续可微的映射 $\phi(\boldsymbol{x})$，且对于所有的 $\boldsymbol{x}\in U$，其逆映射 $\phi^{-1}(\phi(\boldsymbol{x}))=\boldsymbol{x}$ 存在且光滑（也是连续可微的)，则称 ϕ：$U\rightarrow\Re^n$ 为 U 和 $\Re^n$ 之间的一个微分同胚映射。

为实现阻力剖面的跟踪控制律设计，选择阻力 D 为系统（7-62）的输出，即 $y=h(x)=D$，单输入单输出系统（7-62）的独立状态变量数为 3，由定义 1 可知系统相对阶为 2，那么要实现原状态方程的微分同胚变换 $\boldsymbol{T}$（如定义 2 描述)，需选择一个内动态变量[28]使得雅克比矩阵$[\partial \boldsymbol{T}/\partial \boldsymbol{x}]$在状态量 $\boldsymbol{x}\in N$ 内均为非奇异，其中 N 定义了状态量在整个再入过程的变化范围。这里选择内动态 $\eta_3=V$，经求解知要保证雅克比矩阵

非奇异只需飞行路径角 $\gamma<\pi/2$。

建立阻力剖面动力学模型的新状态量如下：

$$\boldsymbol{z}=[z_1 \quad z_2 \quad \eta_3]^{\mathrm{T}}=\left[D \quad \frac{\mathrm{d}D}{\mathrm{d}t} \quad V\right]^{\mathrm{T}};z_1=L_f^0h(x)=D;z_2=L_f^1h(x)=\dot{D} \tag{7-68}$$

控制量为

$$u=\cos\sigma \tag{7-69}$$

大气密度模型近似为

$$\rho(h)=\rho_0\mathrm{e}^{-h/H_s} \tag{7-70}$$

其中，H_s 为密度尺度高。

根据原动力学方程（7-62），可推导

$$\frac{\mathrm{d}D}{\mathrm{d}t}=\frac{-D}{H_s}\left(\frac{\mathrm{d}r}{\mathrm{d}t}\right)+\frac{2D}{V}\left(\frac{\mathrm{d}V}{\mathrm{d}t}\right) \tag{7-71}$$

$$\begin{aligned}\left(\frac{\mathrm{d}^2D}{\mathrm{d}t^2}\right)&=\frac{1}{D}\cdot\frac{\mathrm{d}D}{\mathrm{d}t}\left(\frac{-D}{H_s}\cdot\frac{\mathrm{d}r}{\mathrm{d}t}+\frac{2D}{V}\cdot\frac{\mathrm{d}V}{\mathrm{d}t}\right)\\&\quad+\frac{-D}{H_s}\cdot\frac{\mathrm{d}^2r}{\mathrm{d}t^2}+\frac{2D}{V}\cdot\frac{\mathrm{d}^2V}{\mathrm{d}t^2}-\frac{2D}{V^2}\left(\frac{\mathrm{d}V}{\mathrm{d}t}\right)^2\\&=\frac{1}{D}\left(\frac{\mathrm{d}D}{\mathrm{d}t}\right)^2+\frac{-D}{H_s}\cdot\frac{\mathrm{d}^2r}{\mathrm{d}t^2}+\frac{2D}{V}\cdot\frac{\mathrm{d}^2V}{\mathrm{d}t^2}-\frac{2D}{V^2}\left(\frac{\mathrm{d}V}{\mathrm{d}t}\right)^2\end{aligned} \tag{7-72}$$

下面将上式中$\dfrac{\mathrm{d}^2r}{\mathrm{d}t^2}$、$\dfrac{\mathrm{d}^2V}{\mathrm{d}t^2}$和$\dfrac{\mathrm{d}V}{\mathrm{d}t}$各项表示为式(7-68）中的状态变量 $\boldsymbol{z}$ 的函数。

对于高速返回的小升阻比飞行器，要实现跳跃式再入，初始再入角 γ 一般小于 $-5°$，但在最终再入段后期飞行路径角会小于 $-60°$，可见再入角变化范围较大。为了得到再入全过程可用的线性化模型，最关键点在于不能做任何飞行路径角近似为零的假设，即不近似处理动力学方程（7-62）中的 $\sin\gamma$ 和 $\cos\gamma$ 项，本节对模型的改进主要体现在将 $\sin\gamma$ 和 $\cos\gamma$ 等效为

$$\begin{aligned}\sin\gamma&=\frac{1}{V}\cdot\frac{\mathrm{d}r}{\mathrm{d}t}\\\cos\gamma&=\sqrt{1-\left(\frac{1}{V}\cdot\frac{\mathrm{d}r}{\mathrm{d}t}\right)^2}\end{aligned} \tag{7-73}$$

其中 $\mathrm{d}r/\mathrm{d}t$ 可由式(7-71）求得

$$\frac{\mathrm{d}r}{\mathrm{d}t}=\frac{2H_s}{V}\left(\frac{\mathrm{d}V}{\mathrm{d}t}\right)-\frac{H_s}{D}\cdot\frac{\mathrm{d}D}{\mathrm{d}t} \tag{7-74}$$

矢径与重力加速度的平均值为 $\bar{r}$，$\bar{g}=\frac{\mu}{\bar{r}}$，由式(7-62) 可得到

$$\frac{\mathrm{d}V}{\mathrm{d}t}=-D-\bar{g}\sin\gamma=-D+\frac{\bar{g}}{V}\cdot\frac{\mathrm{d}r}{\mathrm{d}t} \tag{7-75}$$

将式(7-74) 代入式(7-75)，得

$$\frac{\mathrm{d}V}{\mathrm{d}t}=\left(-D+\frac{\bar{g}H_s}{DV}\cdot\frac{\mathrm{d}D}{\mathrm{d}t}\right)\left(1+\frac{2\bar{g}H_s}{V^2}\right)^{-1} \tag{7-76}$$

进一步得

$$\frac{\mathrm{d}^2V}{\mathrm{d}t^2}=-\frac{\mathrm{d}D}{\mathrm{d}t}-\frac{\bar{g}\cos^2\gamma}{V}\left(\frac{V^2}{\bar{r}}-\mathrm{g}\right)-\frac{D\bar{g}\cos\gamma}{V}\cdot\frac{L}{D}u \tag{7-77}$$

$$\begin{aligned}\frac{\mathrm{d}^2r}{\mathrm{d}t^2}&=\frac{\mathrm{d}V}{\mathrm{d}t}\sin\gamma+V\cos\gamma\frac{\mathrm{d}\gamma}{\mathrm{d}t}\\&=\frac{H_s}{V}\left(\frac{2}{V}\cdot\frac{\mathrm{d}V}{\mathrm{d}t}-\frac{1}{D}\cdot\frac{\mathrm{d}D}{\mathrm{d}t}\right)\frac{\mathrm{d}V}{\mathrm{d}t}+Lu\cos\gamma+\left(\frac{V^2}{\bar{r}}-\bar{g}\right)\cos\gamma\end{aligned} \tag{7-78}$$

将式(7-74)、式(7-75) 代入式(7-73) 可得 $\cos\gamma$ 的新状态量 z 的表达式 $A(z)$，将式(7-75)、式(7-77) 和式(7-78) 代入式(7-72)，整理得到系统线性化后的状态方程为

$$\dot{z}_1=z_2$$

$$\dot{z}_2=\alpha(z)+\beta(z)u$$

$$\dot{\eta}_3=\frac{-z_1+\bar{g}H_sz_2/z_1\eta_3}{1+2\bar{g}H_s/\eta_3^2}$$

$$\beta(z)=L_gL_fh(z)=-\frac{D^2A(z)}{H_s}\left(1+\frac{2\bar{g}H_s}{V^2}\right)\frac{L}{D}$$

$$\begin{aligned}\alpha(z)&=L_f^2h(z)\\&=\frac{\dot{D}^2}{D}-\frac{4D}{V^2}\left(\frac{\mathrm{d}V}{\mathrm{d}\tau}\right)^2+\frac{\dot{D}}{V}\cdot\frac{\mathrm{d}V}{\mathrm{d}\tau}-\frac{2D\dot{D}}{V}-\frac{DA^2(z)}{H_s}\left(1+\frac{2\bar{g}H_s}{V^2}\right)\left(\frac{V^2}{\bar{R}}-\bar{g}\right)\end{aligned} \tag{7-79}$$

7.3.5.2 非线性预测控制方法

考虑如下一仿射非线性系统

$$\begin{aligned}\dot{\boldsymbol{x}}&=\boldsymbol{f}(\boldsymbol{x})+\boldsymbol{G}(\boldsymbol{x})\boldsymbol{u}\\\boldsymbol{y}&=\boldsymbol{c}(\boldsymbol{x})\end{aligned} \tag{7-80}$$

其中，$\boldsymbol{x}\subset\Re^n$ 为系统的状态量，$\boldsymbol{u}=[u_1 \quad u_2 \quad \cdots \quad u_m]^{\mathrm{T}}\subset\Re^m$ 为控制量，$\boldsymbol{y}\subset\Re^l$ 为系统的输出变量且输出函数 $\boldsymbol{c}: \Re^n\rightarrow\Re^l$ 连续可微。令 $\boldsymbol{q}(t)$，$0\leqslant t\leqslant t_f$ 表示参考输出轨迹，则控制的目标为跟踪理想参考轨迹以使性能指标 J 最小。

$$J[\boldsymbol{u}(t)]=\frac{1}{2}[\boldsymbol{y}(t+h)-\boldsymbol{q}(t+h)]^{\mathrm{T}}\boldsymbol{Q}[\boldsymbol{y}(t+h)-\boldsymbol{q}(t+h)]$$
$$+\frac{1}{2}\boldsymbol{u}^{\mathrm{T}}(t)\widehat{\boldsymbol{R}}\boldsymbol{u}(t) \tag{7-81}$$

其中，$\boldsymbol{Q}\subset\Re^{l\times l}$ 为正定矩阵，$\widehat{\boldsymbol{R}}\subset\Re^{m\times m}$ 为半正定矩阵。令 γ_i 为输出向量 $\boldsymbol{y}$ 的第 i 个元素 y_i 的相对阶，则对应仿真步长 $h>0$，输出 $\boldsymbol{y}(t+h)$可近似为

$$\boldsymbol{y}(t+h)\approx\boldsymbol{y}(t)+\boldsymbol{z}[\boldsymbol{x}(t),h]+\boldsymbol{W}[\boldsymbol{x}(t)]\boldsymbol{u}(t) \tag{7-82}$$

其中 $\boldsymbol{z}\in\Re^l$，$\boldsymbol{W}\in\Re^l$，且对于 $i=1$，…，l，有

$$z_i=hL_f(c_i)+\cdots+\frac{h^{\gamma_i}}{r_i!}L_f^{\gamma_i}(c_i) \tag{7-83}$$

$$W_i=\left[\frac{h^{\gamma_i}}{\gamma_i!}L_{g_1}L_f^{\gamma_i-1}(c_i),\cdots,\frac{h^{\gamma_i}}{\gamma_i!}L_{g_m}L_f^{\gamma_i-1}(c_i)\right] \tag{7-84}$$

其中，$L_f^k(c_i)$表示向量 $\boldsymbol{c}$ 的第 i 个元素 c_i 的 k 阶李导数[28]。

参考轨迹的一步预测值 $\boldsymbol{q}(t+h)$近似为

$$\boldsymbol{q}(t+h)\approx\boldsymbol{q}(t)+\boldsymbol{d}(t,h) \tag{7-85}$$

其中，$\boldsymbol{d}\in\Re^l$，且

$$d_i(t,h)=h\dot{q}_i(t)+\frac{h^2}{2!}\ddot{q}_i(t)+\cdots+\frac{h^{\gamma_i}}{\gamma_i!}q_i^{(\gamma_i)}(t),i=1,\cdots,l \tag{7-86}$$

通过使性能指标 J 最小，控制量 $\boldsymbol{u}(t)$ 可由 $\partial J/\partial\boldsymbol{u}=0$ 计算得到[23,49]。

$$\boldsymbol{u}(t)=-[\boldsymbol{W}^{\mathrm{T}}(\boldsymbol{x})\boldsymbol{Q}\boldsymbol{W}(\boldsymbol{x})+\widehat{\boldsymbol{R}}]^{-1}\{\boldsymbol{W}^{\mathrm{T}}(\boldsymbol{x})\boldsymbol{Q}[\boldsymbol{e}(t)+\boldsymbol{z}(\boldsymbol{x},h)-\boldsymbol{d}(t,h)]\} \tag{7-87}$$

其中，$\boldsymbol{e}(t)=\boldsymbol{y}(t)-\boldsymbol{q}(t)$为跟踪误差。

7.3.5.3 基于非线性预测的阻力剖面跟踪制导律设计

针对该再入系统（7-62），这里选择输入 $u=\cos\sigma$，输出 $\boldsymbol{y}$ 为

$$\boldsymbol{y}=\boldsymbol{c}(t)=[c_1(t) \quad c_2(t) \quad c_3(t)]^{\mathrm{T}}=\left[D \quad \dot{D} \quad \int_0^t D(t)\mathrm{d}\tau\right]^{\mathrm{T}} \tag{7-88}$$

其中，$\dot{D}=-\dfrac{D}{H_s}\cdot\dfrac{\mathrm{d}r}{\mathrm{d}t}+\dfrac{2D}{V(t)}\cdot\dfrac{\mathrm{d}V}{\mathrm{d}t}$。

然后系统状态方程（7-62）可写成

$$\dot{\boldsymbol{x}}=\boldsymbol{f}(\boldsymbol{x})+\boldsymbol{g}(\boldsymbol{x})\boldsymbol{u}=\boldsymbol{f}(\boldsymbol{x})+\boldsymbol{g}(\boldsymbol{x})\cos\boldsymbol{\sigma} \tag{7-89}$$

其中，$\boldsymbol{x}=[r\quad S\quad V\quad \gamma]^{\mathrm{T}}$，为不与前面的 γ_i 定义混淆，注明这里 γ 指飞行路径角。

根据气动阻力 D 及其一阶导数 $\dot{D}$ 的定义，气动阻力的二阶微分如式(7-90）所示。

$$\ddot{D}(t)=a(\boldsymbol{x}(t))+b(\boldsymbol{x}(t))u \tag{7-90}$$

其中，$b(\boldsymbol{x})=\beta(\boldsymbol{z})$，$a(\boldsymbol{x})=\alpha(\boldsymbol{z})$。

根据式(7-90）可知输出 $c_i(t)$ 的相对阶 γ_i 分别为 2，1，3。合理假设式(7-87）中 $\widehat{\boldsymbol{R}}=\boldsymbol{0}$，则控制量（7-87）将变为

$$u(t)=-[\boldsymbol{W}^{\mathrm{T}}(\boldsymbol{x})\boldsymbol{Q}\boldsymbol{W}(\boldsymbol{x})]^{-1}\{\boldsymbol{W}^{\mathrm{T}}(\boldsymbol{x})\boldsymbol{Q}[\boldsymbol{e}(t)+\boldsymbol{z}(\boldsymbol{x},h)-\boldsymbol{d}(t,h)]\} \tag{7-91}$$

其中 $\boldsymbol{Q}=\mathrm{diag}(\alpha_1,\alpha_2,\alpha_3)$，$\alpha_1>0$，$\alpha_2>0$，$\alpha_3>0$，且

$$\begin{aligned}\boldsymbol{e}(t)&=[e_1(t)\quad e_2(t)\quad e_3(t)]^{\mathrm{T}}\\&=\left[D-D_r(t)\quad \dot{D}-\dot{D}_r(t)\quad \int_0^t[D(\tau)-D_r(\tau)]\mathrm{d}\tau\right]^{\mathrm{T}}\end{aligned} \tag{7-92}$$

根据式(7-82)～式(7-85)，控制器（7-91）中参数可推导为

$$\boldsymbol{W}=\begin{bmatrix}\dfrac{h^2}{2}L_gL_fc_1(\boldsymbol{x})\\ hL_gc_2(\boldsymbol{x})\\ \dfrac{h^3}{3!}L_gL_f^2c_3(\boldsymbol{x})\end{bmatrix},\boldsymbol{z}=\begin{bmatrix}hL_fc_1(\boldsymbol{x})+\dfrac{h^2}{2}L_f^2c_1(\boldsymbol{x})\\ hL_fc_2(\boldsymbol{x})\\ hL_fc_3(\boldsymbol{x})+\dfrac{h^2}{2}L_f^2c_3(\boldsymbol{x})+\dfrac{h^3}{3!}L_f^3c_3(\boldsymbol{x})\end{bmatrix}$$

$$\boldsymbol{d}=\begin{bmatrix}h\dot{D}_r+\dfrac{h^2}{2}\ddot{D}_r\\ h\ddot{D}_r\\ hD_r+\dfrac{h^2}{2}\dot{D}_r+\dfrac{h^3}{3!}\ddot{D}_r\end{bmatrix} \tag{7-93}$$

根据二阶阻力动力学方程（7-90），其输入系数 $b(\boldsymbol{x})$ 为非零负数，显然控制量（7-91）中 $\boldsymbol{W}^{\mathrm{T}}(\boldsymbol{x})\boldsymbol{Q}\boldsymbol{W}(\boldsymbol{x})$ 是个标量且在整个轨迹 $\boldsymbol{x}(t)$ 上非

零，其中 $\boldsymbol{W}^{\mathrm{T}}(\boldsymbol{x})\boldsymbol{Q}\boldsymbol{W}(\boldsymbol{x})=\left(\frac{h^4}{4}\alpha_1+h^2\alpha_2+\frac{h^6}{36}\alpha_3\right)b^2(x)$。

因此，考虑控制饱和后，跟踪控制律为

$$u^*=\mathrm{sat}[u,u_{\min},u_{\max}] \tag{7-94}$$

其中控制器 u 为

$$\begin{aligned}u&=\frac{\alpha_1w_1(e_1+z_1-d_1)+\alpha_2w_2(e_2+z_2-d_2)+\alpha_3w_3(e_3+z_3-d_3)}{\alpha_1w_1^2+\alpha_2w_2^2+\alpha_3w_3^2}\\&=\frac{-A\int\Delta D\,\mathrm{d}t-B\Delta D-C\Delta\dot{D}-Ka(\boldsymbol{x})+K\ddot{D}_r}{Kb(\boldsymbol{x})}\end{aligned} \tag{7-95}$$

其中

$$A=\frac{h^3}{6}\alpha_3,B=\frac{h^2}{2}\alpha_1+\frac{h^4}{6}\alpha_3,C=\frac{h^3}{2}\alpha_1+h\alpha_2+\frac{h^5}{12}\alpha_3,K=\frac{h^4}{4}\alpha_1+h^2\alpha_2+\frac{h^6}{36}\alpha_3 \tag{7-96}$$

分析再入系统的稳定性，主要分析初始状态误差对跟踪精度的影响。需要讨论各误差输出项随时间变化情况，根据系统输出各分量对应的相对阶，有

$$\ddot{e}_1=L_f^2c_1(\boldsymbol{x})+L_gL_fc_1(\boldsymbol{x})u-\ddot{D}_r=a_1+b_1u-\ddot{D}_r \tag{7-97}$$

$$\dot{e}_2=L_fc_2(\boldsymbol{x})+L_gc_2(\boldsymbol{x})u-\ddot{D}_r=a_2+b_2u-\ddot{D}_r \tag{7-98}$$

$$\dddot{e}_3=L_f^3c_3(\boldsymbol{x})+L_gL_f^2c_3(\boldsymbol{x})u-\ddot{D}_r=a_3+b_3u-\ddot{D}_r \tag{7-99}$$

又根据输出三个分量之间的关系有

$$a_1=a_2=a_3=a,b_1=b_2=b_3=b \tag{7-100}$$

$$\begin{gathered}L_f^2c_1(\boldsymbol{x})=L_fc_2(\boldsymbol{x})=L_f^3c_3(\boldsymbol{x})=a\\L_gL_fc_1(\boldsymbol{x})=L_gc_2(\boldsymbol{x})=L_gL_f^2c_3(\boldsymbol{x})=b\end{gathered} \tag{7-101}$$

根据式(7-95)～式(7-101) 可得

$$\ddot{e}_1=-\frac{A}{K}\int e_1\,\mathrm{d}t-\frac{B}{K}e_1-\frac{C}{K}\dot{e}_1 \tag{7-102}$$

从式(7-102) 可见闭环系统的跟踪误差 e_i，$i=1$，2，3 是渐近稳定的。根据文献［29］可知，当 $\boldsymbol{W}^{\mathrm{T}}(\boldsymbol{x})\boldsymbol{Q}\boldsymbol{W}(\boldsymbol{x})$ 为对角阵时，非线性预测控制器在饱和情况下仍能保证性能指标最小，可理解为在控制能力范围内实现最优。可见预测控制器与反馈线性化控制方法相比，一个明显的优势在于当系统面临输入饱和问题时，预测控制有其具体的物理意义，而反馈线性化无法在控制饱和后确保系统线性化成功。

7.3.5.4 鲁棒性分析

跳跃式再入过程，系统存在的各种不确定性，将引起较大的跟踪误差，降低着陆精度。因此需要分析基于非线性预测控制的跟踪制导律的鲁棒性，分析干扰项和不确定项对跟踪精度的影响。以下鲁棒性分析假设控制未发生饱和。

当系统存在不确定性时，则跟踪误差 e_1 二阶动力学方程可写为

$$\begin{aligned}\ddot{e}_1 &= a(\boldsymbol{x})+\Delta a(\boldsymbol{x})+[b(\boldsymbol{x})+\Delta b(\boldsymbol{x})]u-\ddot{D}_r \\ &= a(\boldsymbol{x})+b(\boldsymbol{x})u+[\Delta a(\boldsymbol{x})+\Delta b(\boldsymbol{x})u]-\ddot{D}_r\end{aligned} \tag{7-103}$$

其中，$u=\cos\sigma$，$\Delta a(\boldsymbol{x})$和 $\Delta b(\boldsymbol{x})$表示系统的不确定性项。假设以上误差动力学对任意 $x\in X$ 满足

$$\begin{aligned}\|\Delta a(x)\| &< N_1 \\ \|\Delta b(x)\| &< N_2\end{aligned} \tag{7-104}$$

其中，N_1，N_2 为正常数，且 $\|\Delta a(\boldsymbol{x})\|+\|\Delta b(\boldsymbol{x})u\|$ 有界。

假设系统的整体不确定性为

$$\vartheta=\Delta a(\boldsymbol{x})+\Delta b(\boldsymbol{x})u \tag{7-105}$$

将控制器（7-95）代入误差动力学方程（7-103）得

$$\ddot{e}_1=-\frac{A}{K}\int e_1\mathrm{d}t-\frac{B}{K}e_1-\frac{C}{K}\dot{e}_1+\vartheta \tag{7-106}$$

定义跟踪误差为

$$\int_{t_0}^{t}e_1\mathrm{d}\tau=\xi_1,\ e_1=\xi_2,\ \dot{e}_1=\xi_3 \tag{7-107}$$

且引入如下变换：

$$\bar{\xi}_1=\frac{1}{h}\xi_1,\ \bar{\xi}_2=\xi_2,\ \bar{\xi}_3=h\xi_3 \tag{7-108}$$

然后得到

$$h\dot{\bar{\boldsymbol{\xi}}}=\boldsymbol{A}_{\mathrm{c}}\bar{\boldsymbol{\xi}}+h^2\bar{\vartheta} \tag{7-109}$$

其中

$$\bar{\boldsymbol{\xi}}=\begin{bmatrix}\bar{\xi}_1\\ \bar{\xi}_2\\ \bar{\xi}_3\end{bmatrix},\ \boldsymbol{A}_{\mathrm{c}}=\begin{bmatrix}0 & 1 & 0\\ 0 & 0 & 1\\ -\dfrac{h^3A}{K} & -\dfrac{h^2B}{K} & -\dfrac{hC}{K}\end{bmatrix},\ \bar{\vartheta}=\begin{bmatrix}0\\ 0\\ \vartheta\end{bmatrix} \tag{7-110}$$

选择合适的控制器参数 A、B、C 和 K 以保证矩阵 $\boldsymbol{A}_{\mathrm{c}}$ 是 Hurwitz，且 $\boldsymbol{P}$ 为如下李雅普诺夫方程的正定解。

$$(\boldsymbol{A}_{\mathrm{c}})^{\mathrm{T}}\boldsymbol{P}+\boldsymbol{P}\boldsymbol{A}_{\mathrm{c}}=-\boldsymbol{I}_3 \tag{7-111}$$

令 $\lambda_{\min}(\boldsymbol{P})$、$\lambda_{\max}(\boldsymbol{P})$ 分别为 $\boldsymbol{P}$ 的最小和最大特征值，选取如下标量函数为李雅普诺夫函数 $\overline{V}$：

$$\overline{V}=\frac{1}{2}k(h)\overline{\boldsymbol{\xi}}^{\mathrm{T}}\boldsymbol{P}\overline{\boldsymbol{\xi}} \tag{7-112}$$

其中连续函数 $k(h):\Re^{+}\rightarrow\Re^{+}$ 满足

$$\lim_{h\to 0}k(h)=0,\lim_{h\to 0}\frac{h}{k(h)}=0 \tag{7-113}$$

函数 $\overline{V}$ 的导数为

$$\begin{aligned}\dot{\overline{V}}&=\frac{k(h)}{2}[(\dot{\overline{\boldsymbol{\xi}}})^{\mathrm{T}}\boldsymbol{P}\overline{\boldsymbol{\xi}}+(\overline{\boldsymbol{\xi}})^{\mathrm{T}}\boldsymbol{P}\dot{\overline{\boldsymbol{\xi}}}]\\&=\frac{k(h)}{2h}[(\overline{\boldsymbol{\xi}})^{\mathrm{T}}[(\boldsymbol{A}_{\mathrm{c}})^{\mathrm{T}}\boldsymbol{P}+\boldsymbol{P}\boldsymbol{A}_{\mathrm{c}}]\overline{\boldsymbol{\xi}}+2h^{2}\overline{\vartheta}^{\mathrm{T}}\boldsymbol{P}\overline{\boldsymbol{\xi}}]\\&\leqslant-\frac{k(h)}{2h}\|\overline{\boldsymbol{\xi}}\|^{2}+hk(h)\|\overline{\vartheta}\|\cdot\|\boldsymbol{P}\|\cdot\|\overline{\boldsymbol{\xi}}\|\end{aligned} \tag{7-114}$$

根据式(7-112) 中 $\overline{V}$ 的定义，式(7-114) 可推导为

$$\begin{aligned}\dot{\overline{V}}&\leqslant-\frac{\overline{V}}{h\lambda_{\max}(\boldsymbol{P})}+h^{2}k^{2}(h)\|\boldsymbol{P}\|^{2}\cdot\|\overline{\boldsymbol{\xi}}\|^{2}+\frac{1}{4}\|\overline{\vartheta}\|^{2}\\&\leqslant-\frac{\overline{V}}{h\lambda_{\max}(\boldsymbol{P})}+h^{2}k(h)\frac{\|\boldsymbol{P}\|^{2}\overline{V}}{(1/2)\lambda_{\min}(\boldsymbol{P})}+\frac{1}{4}\|\overline{\vartheta}\|^{2}\\&\leqslant-\left(\frac{k(h)}{h\lambda_{\max}(\boldsymbol{P})}-h^{2}k(h)\frac{\|\boldsymbol{P}\|^{2}}{(1/2)\lambda_{\min}(\boldsymbol{P})}\right)\overline{V}+\frac{1}{4}\|\overline{\vartheta}\|^{2}\\&=-\eta\overline{V}+\frac{1}{4}\|\overline{\vartheta}\|^{2}\\&\leqslant-\frac{1}{2}k(h)\eta\lambda_{\min}(\boldsymbol{P})\|\overline{\boldsymbol{\xi}}\|^{2}+\frac{1}{4}\|\overline{\vartheta}\|^{2}\\&=-\eta'\|\overline{\boldsymbol{\xi}}\|^{2}+\frac{1}{4}\|\overline{\vartheta}\|^{2}\end{aligned} \tag{7-115}$$

其中

$$\eta=\frac{1}{h\lambda_{\max}(\boldsymbol{P})}-h^{2}k(h)\frac{\|\boldsymbol{P}\|^{2}}{(1/2)\lambda_{\min}(\boldsymbol{P})} \tag{7-116}$$

$$\eta'=\frac{1}{2}k(h)\eta\lambda_{\max}(\boldsymbol{P}) \tag{7-117}$$

由约束条件 (7-113) 可知，当 $h\rightarrow 0$ 时，有 $h^{2}k^{2}(h)\rightarrow 0$，而$\dfrac{k(h)}{h}\rightarrow\infty$，因此存在参数使得 $\eta'>0$。由式(7-115) 进一步推导可得

$$\int_{t_0}^{t}\dot{\overline{V}}\mathrm{d}\tau=\overline{V}(t)-\overline{V}(t_0)\leqslant-\eta'\int_{t_0}^{t}\|\boldsymbol{\xi}\|^2\mathrm{d}\tau+\frac{1}{4}\int_{t_0}^{t}\|\overline{\vartheta}\|^2\mathrm{d}\tau$$
$$\leqslant-\eta'\int_{t_0}^{t}|\overline{\xi}_2|^2\mathrm{d}\tau+\frac{1}{4}\int_{t_0}^{t}\|\overline{\vartheta}\|^2\mathrm{d}\tau \tag{7-118}$$

因此可推出

$$\int_{t_0}^{t}|\overline{\xi}_2|^2\mathrm{d}\tau=\int_{t_0}^{t}|e_1|^2\mathrm{d}\tau$$
$$=\int_{t_0}^{t}|D-D_r|^2\mathrm{d}\tau\leqslant\frac{\overline{V}(t_0)}{\eta'}+\frac{1}{4\eta'}\int_{t_0}^{t}\|\overline{\vartheta}\|^2\mathrm{d}\tau \tag{7-119}$$

由式(7-119) 可见，只需保证 $\eta'>0$，则通过调节控制器参数增大 η'，可实现跟踪误差任意减小。

由式(7-115) 有

$$\dot{\overline{V}}\leqslant-\eta\overline{V}+\frac{1}{4}(\sup_{t_0\leqslant\tau\leqslant t}\|\overline{\vartheta}(\tau)\|)^2 \tag{7-120}$$

根据比较原理[30]得

$$\overline{V}(t)\leqslant\overline{V}(t_0)\mathrm{e}^{-\eta(t-t_0)}+\frac{1}{4\eta}(\sup_{t_0\leqslant\tau\leqslant t}\|\overline{\vartheta}(\tau)\|)^2 \tag{7-121}$$

又因为

$$|\overline{\xi}_2|=|D-D_r|\leqslant\sqrt{\frac{2\overline{V}}{k(h)\lambda_{\min}(P)}} \tag{7-122}$$

则

$$|D-D_r|\leqslant\sqrt{\frac{2\overline{V}}{k(h)\lambda_{\min}(P)}}$$
$$\leqslant\sqrt{\frac{2\overline{V}(t_0)}{k(h)\lambda_{\min}(P)}}\mathrm{e}^{-\frac{\eta}{2}(t-t_0)}+\sqrt{\frac{1}{4\eta k(h)\lambda_{\min}(P)}}\sup_{t_0\leqslant\tau\leqslant t}\|\overline{\vartheta}\| \tag{7-123}$$

根据文献［31］中结果，制导律能保证闭环系统跟踪误差一致最终有界稳定，可知该制导律对系统不确定性具有良好的鲁棒性。

7.3.5.5 应用实例

以探月返回器为仿真对象，质量9500kg，最大横截面积23.8m^2，控制量σ约束在［0°，180°］之间变化，升阻比0.3520，升力系数C_L为

0.44，阻力系数 C_D 为 1.25。地球半径为 6378.135km，重力常数为 9.81N/kg，其他参数设置见表 7-9。

表 7-9　状态参数设置

初始状态设置		末状态设置	
状态量	参数值	状态量	参数值
高度，h_0/km	120.0	高度，h_f/km	7.62
相对速度，V_0/(km/s)	11.0	相对速度，V_f/(m/s)	150
飞行路径角，γ_0/(°)	−5.683	飞行路径角，γ_f/(°)	—
航程，s/km	0	航程，s/km	6000

通过数值仿真验证该制导律的有效性。7.3.4 节描述的数值预测校正方法被用于阻力参考剖面设计，参考轨迹可在再入初始阶段根据实际飞行的初始状态设计，以减小初始状态偏差对着陆精度的影响。控制器增益的选择为 $\alpha_1=3.25$，$\alpha_2=8$，$\alpha_3=1$，$h=0.5$，$\sigma_{max}=180°$ 且 $\dot{\sigma}_{max}=20°/s$。当大气密度偏差为 10%时，图 7-29 和图 7-30 分别为阻力剖面跟踪和高度剖面跟踪情况，可见跟踪效果良好。

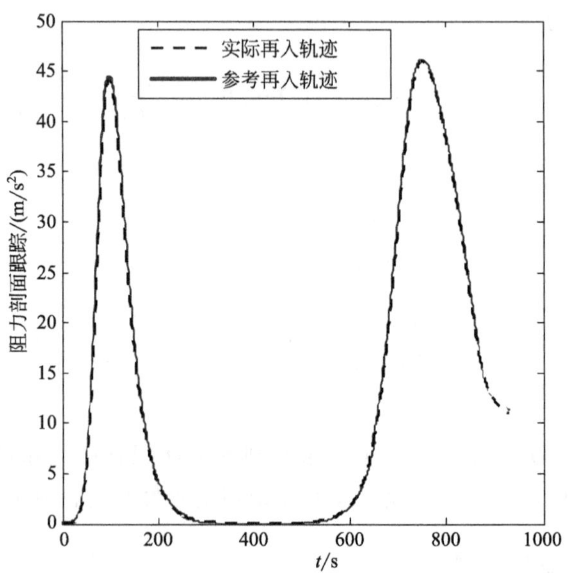

图 7-29　跳跃式阻力轨迹剖面跟踪曲线

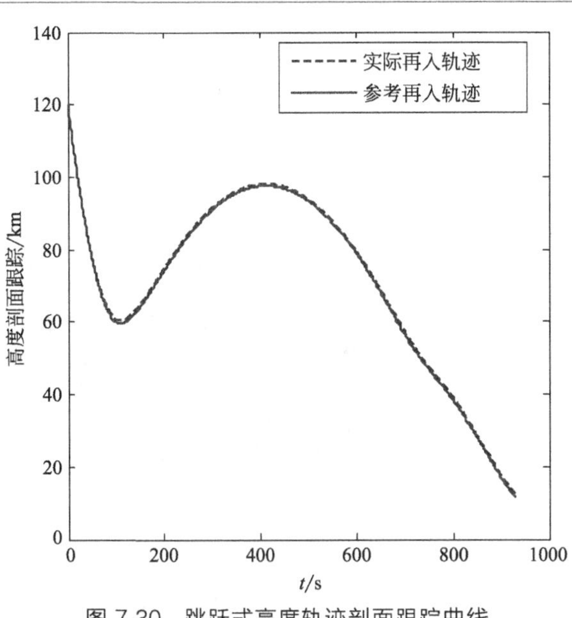

图 7-30 跳跃式高度轨迹剖面跟踪曲线

为了证明该制导律在改善着陆精度方面的有效性和鲁棒性，完成在1000种情况下的蒙特卡洛仿真，这1000种散布情况仿真分为100组进行，每组10种散布情况。偏差分布情况如表7-10所示，表7-11对仿真数据进行了统计。由图7-31可见非线性预测控制方法（NPC）的着陆精度很高，约为2.5km，主要因为基于NPC的制导律引入了阻力跟踪误差积分项反馈，有利于消除速度跟踪偏差，从而提高着陆精度。

表 7-10 蒙特卡洛仿真参数设置

参数	散布情况	$3\sigma/[\Delta^-,\Delta^+]$
质量偏差	均匀	[−5%,5%]
大气密度偏差	均匀	[−10%,10%]
升力系数 C_L 偏差	均匀	[−5%,5%]
阻力系数 C_D 偏差	均匀	[−5%,5%]

表 7-11 1000种散布情况仿真航程偏差数据统计

航程偏差/km	NPC 制导律
最小值	0.0005
最大值	2.4250
平均值	0.6042
标准差	0.4424

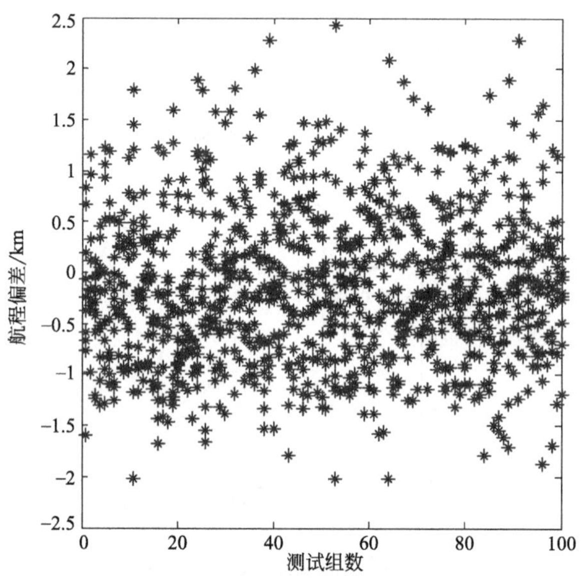

图 7-31 采用基于 NPC 方法制导律的打靶航程偏差

7.4 预测校正再入制导方法

7.4.1 预测校正制导方法概述

预测校正制导法与标准轨道法相比较，着眼于消除每时每刻实际进入轨道对应的落点与理论设计落点的误差。该方法是在航天器计算机内存储对应理论落点的特征参数，根据导航平台测得的航天器状态参数，实时进行落点计算并将计算结果和理论落点进行比较，形成误差控制信号，并将其输入到计算机制导方程中，按规定的制导律控制航天器的姿态角，改变升力的大小和方向，以实现精确着陆。

伴随着美国探月计划的实施，针对小升阻比航天器再入制导方法的研究，在 20 世纪 60 年代得到了迅速发展[32]。基于对小升力体再入动力学特性的分析[33,34]，形成了多种制导方法，其中主要包括 Bryson[35]、Wingrove[36]、Chapman[37]、Young[11]等人提出的标准轨道制导法和解析预测法，比较和评估了不同制导方法的性能。随着美国探月工程的逐渐停滞，小升力体再入制导研究，从 20 世纪 70 年代后发展缓慢，对应研究成果较少。期间主要相关研究内容为轨迹优化与轨迹跟踪控制，以及改进解析预测方法[38,39]。直到 2004 年，美国乘员探险飞行器（又名猎户座返回器，Crew Exploration Vehicle，CEV）项目启动，同时由于计算机能力的提高和数值计算方法的不断改进，数值制导算法[40,26]的研究得到了快速的发展。

标准轨道法对许多突发事件的处理能力有限，由于月球返回高速再入航天器受不确定性因素的影响很大，因此需要一种更为灵活的制导方法。预测校正制导法因其能实时地在线预测并校正轨迹而开始受到人们的青睐，而且随着计算机计算能力的不断提高，数值预测校正制导方法也较以往易于实现。预测校正方法分为预测和校正两个主要环节，预测是该方法的关键。预测方法可以分为快速预测（数值预测）和近似预测（解析预测）两类，这也就使得预测校正制导被分为数值预测校正制导和解析预测校正制导两类。

① **数值预测方法：**原理在于利用计算机快速计算的能力，将当前状态设为初始值，利用数值积分运动方程预测未来轨迹和落点。其中文献［41］中对大气密度偏差和升阻比偏差对再入轨迹的影响作了分析，得出预测制导方法在环境和模型存在不确定性的情况下，仍能成功导引航天器返回目标点的结论，即指出预测校正制导方法的优点在于对再入初始偏差不敏感，对大气密度偏差的鲁棒稳定性较强。文献［14］分析载人返回器再入升力控制的特点，将全系数自适应控制方法应用于载人返回器的升力控制研究，提出了一种快速迭代预报落点算法，并就落点精度、最大过载、燃料消耗以及姿态平稳性等方面，同制导理论中经典标准弹道升力控制的 PID 算法进行了仿真比较。由文献［42］可知运用预测校正制导律，航天器再入的纵向航程可达到 10000km，能实现大航程着陆的要求。胡军在文献［43］中融合了落点预报制导方法和基准弹道制导方法的长处，提出了一种混合再入制导方法。在滑行段利用落点预报制导律在轨生成一条基准再入弹道，在再入段利用标准轨道制导律实现再入升力控制，该混合制导律能在存在较大的初始状态误差时实现高精度再入。Fuhry[44]针对轨道航天器再入设计制导算法，通过采用数值预测校正方法计算倾侧角的幅值和反转时刻（假设就一次反转），以抵消预测的航程误差。

② **解析预测制导方法：**其原理在于利用简化的解析表达式近似地对未来轨迹进行预测。很多学者研究了再入轨迹的解析预测方法[37,45,46]。文献［47］针对航天器高速再入时轨迹各阶段的不同特点，分别给出了

各阶段不同的航程近似表达式，以进行航程预测。并根据航程偏差迭代更新控制量，直至预测航程误差在允许范围之内。Mease 在文献［39］中提出了一种利用匹配渐进展开思想解析求解再入航程的方法，然后不断迭代更新升阻比的垂直分量直至航程偏差满足约束。

7.4.2 预测校正制导方法过载抑制问题分析

预测校正制导方法采用的三自由度动力学模型考虑地球自转影响，又因为数值预测校正方法需要迭代求根，为了保证算法的收敛性需采用无量纲模型，所以这里采用考虑地球自转的三自由度无量纲再入动力学方程[26]如下：

$$\begin{cases}\dot{r}=V\sin\gamma \\ \dot{\lambda}=\dfrac{V\cos\gamma\sin\Psi}{r\cos\phi} \\ \dot{\phi}=\dfrac{V\cos\gamma\cos\Psi}{r} \\ \dot{V}=-D-\left(\dfrac{\sin\gamma}{r^2}\right)+\omega_e^2 r\cos\phi(\sin\gamma\cos\phi-\cos\gamma\sin\phi\cos\Psi) \\ \dot{\gamma}=\dfrac{1}{V}\left[L\cos\sigma+\left(V^2-\dfrac{1}{r}\right)\left(\dfrac{\cos\gamma}{r}\right)\right. \\ \qquad \left.+2\omega_e V\cos\phi\sin\Psi+\omega_e^2 r\cos\phi(\cos\gamma\cos\phi+\sin\gamma\cos\Psi\sin\phi)\right] \\ \dot{\Psi}=\dfrac{1}{V}\left[\dfrac{L\sin\sigma}{\cos\gamma}+\dfrac{V^2}{r}\cos\gamma\sin\Psi\tan\phi\right. \\ \qquad \left.-2\omega_e V(\tan\gamma\cos\Psi\cos\phi-\sin\phi)+\dfrac{\omega_e^2 r}{\cos\gamma}\sin\Psi\sin\phi\cos\phi\right] \\ D=\rho(\sqrt{R_e g_0}V)^2 S_{\mathrm{ref}}C_D/(2mg_0);L=\rho(\sqrt{R_e g_0}V)^2 S_{\mathrm{ref}}C_L/(2mg_0)\end{cases}\tag{7-124}$$

针对跳跃式再入轨迹需要给出新的过载约束条件，解释分析如下：首先给出基于预测校正算法[38]的再入仿真，仿真参数设置为：质量9500kg，最大横截面积 23.8m^2，升力系数 C_L 为 0.44，阻力系数 C_D 为 1.25，初始高度 120km，初始速度 11.032km/s。由图 7-32 可见，跳跃式再入过程过载随时间变化的曲线会出现前后两个峰值，为方便后续描述，分别称为前峰值和后峰值。由图 7-32 可知，当航程确定时，初始再入角的大小决定着前后两个峰值的相对大小。当初始再入角较小时（在再入走廊允许范围内取值)，如图 7-32 中，初始再入角等于－5.6°的情况，过载后峰值大于前峰值；当初始再入角较大时，过载前峰值会大于后峰值。由于该现象有别于近地轨道再入时过载单峰值的情况，本节采用不同于以往对整个再入过程过载峰值进行约束的做法，提出新的过载约束条件：将航天器载荷在不同状况下所能承受某过载值的最长时间作为安全返回对过载的约束，如图 7-33 所示，以航天员的承受能力为标准对过载进行较为严格的约束。

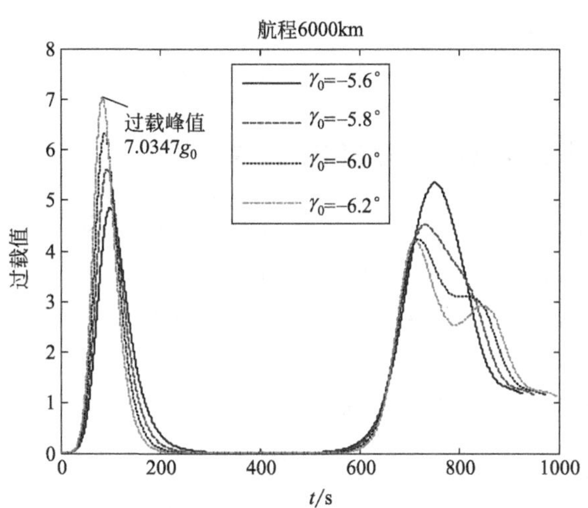

图 7-32 不同初始再入角时过载随时间变化曲线比较

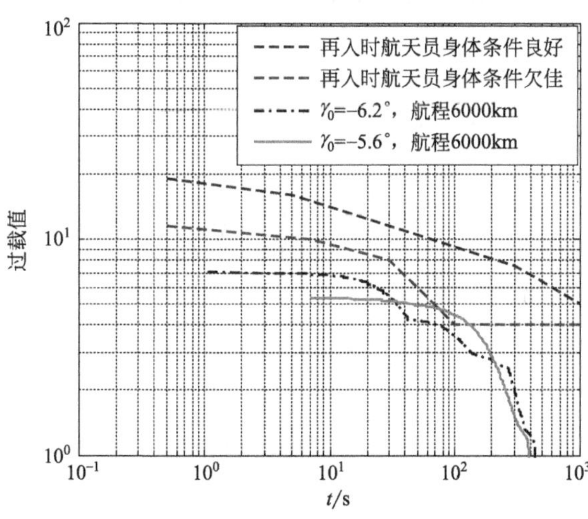

图 7-33 某两种特定情况下的过载分析

为体现这种约束条件的特点和严格性，对航程为 6000km，相同制导律作用下，初始再入角分别为$-6.2°$和$-5.6°$时的再入情况进行过载比较分析。经仿真分别得到了两种情况下各不同过载值的历经时间（飞行过程中大于等于某过载值的总飞行时间）曲线。由图 7-32、图 7-33 可见，初始再入角为$-5.6°$，再入过载峰值较小的再入轨迹，却未能满足新的过载约束条件，而初始再入角为$-6.2°$的再入过程，因其过载后峰值较小，完全满足了以航天员为例的过载承受极限约束。

本节主要考虑在合理地选择初始再入角后，利用开普勒段气动升力控制策略对过载进行抑制，以满足图 7-33 所示的以航天员在身体条件欠佳时的承受能力为标准的过载约束条件。

7.4.3 开普勒段过载抑制算法

需强调，文献［26］的闭环制导律中认为开普勒段过载 $n<0.05g_0$ 时气动力的影响很小，倾侧角均令其为 70°，而 $0.05g_0<n<0.2g_0$ 时的制导律则保持采用迭代法寻根得到。本节将推导通过适当改变开普勒段的制导律，以实现过载抑制。

首先分析航程与过载之间的关系。简化动力学方程，忽略地球自转的影响，在瞬时平面内航天器航程随时间变化为

$$\frac{\mathrm{d}S}{\mathrm{d}t}=V\cos\gamma \tag{7-125}$$

航天器的在轨能量无量纲化后可表示为

$$e=\frac{V^2}{2}+\left(1-\frac{1}{r}\right) \tag{7-126}$$

式中，r 一直约等于 1，V 从约$\sqrt{2}$变化至 0，可见能量从 1 变化至 0。又因为

$$\frac{\mathrm{d}e}{\mathrm{d}t}=V\dot{V}+\frac{\dot{r}}{r^2} \tag{7-127}$$

将动力学方程简化后

$$\begin{cases}\dfrac{\mathrm{d}V}{\mathrm{d}t}=-D-\dfrac{\sin\gamma}{r^2}\\[2ex]\dfrac{\mathrm{d}r}{\mathrm{d}t}=V\sin\gamma\end{cases} \tag{7-128}$$

代入式(7-127) 得

$$\frac{\mathrm{d}e}{\mathrm{d}t}=-VD-\frac{V\sin\gamma}{r^2}+\frac{V\sin\gamma}{r^2}=-VD \tag{7-129}$$

联立方程（7-125）和（7-129），并假设在飞行过程 $cos\gamma \approx 1$，则总的飞行航程为

$$S_f = \int_{e_f}^{e_i} \frac{1}{D} \mathrm{d}e \tag{7-130}$$

可见在能量初值和终端值相同的情况下，增大飞行航程，能在一定程度上使得飞行更加平缓，过载得到抑制。因此，若能在气动力很小的开普勒段施加制导，减小开普勒段的飞行航程，在几乎不影响探月航天器能量的条件下，能有效增加最终再入段航程，实现过载抑制。

据文献［4］中对轨迹分段的描述，认为当轨迹跳起后使 $n < 0.2g_0$ 时（再入高度约大于 80km），再入过程进入开普勒轨道，可近似忽略气动阻力的影响。轨迹形式如图 7-34 所示，Ω 为航程角；γ_{exit}、V_{exit}、r_{exit} 分别为跳出点处的飞行路径角、速度和地心距；μ 为万有引力常数。

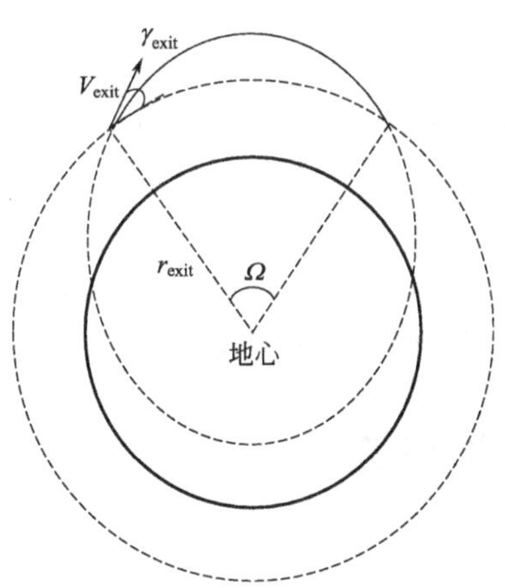

图 7-34　再入轨迹开普勒段示意图

值得注意的是，航天器要完成跳出并再次再入大气层的跳跃式再入轨迹，跳出点处的飞行路径角必然大于零且接近零，速度也必须小于第一宇宙速度[4]，则有

$$\frac{\mu}{r_{exit}} \cdot \frac{1}{V_{exit}^2} > 1 \tag{7-131}$$

结合文献［48］中的航程角计算公式可知

$$\tan\left(\frac{\Omega}{2}\right) = \frac{\sin(\gamma_{exit})\cos(\gamma_{exit})}{\frac{\mu}{r_{exit}} \cdot \frac{1}{V_{exit}^2} - \cos^2(\gamma_{exit})} \tag{7-132}$$

设小升力体航天器的升阻比约为 0.3，当过载 $n < 0.2g_0$ 时，根据

$n=\sqrt{L^2+D^2}$，可得升力 $L<0.06g_0$，沿着矢径方向的升力分量 $L\cos\sigma\cos\gamma$ 显然远远小于万有引力。因此，这里将该升力分量视为引力的扰动项 ε，且扰动力取指向地心为正，则等效的万有引力常数 μ' 为

$$\mu'=\mu+\varepsilon,\begin{cases}\sigma<90^\circ,\varepsilon<0\\ \sigma=90^\circ,\varepsilon=0\\ \sigma>90^\circ,\varepsilon>0\end{cases} \tag{7-133}$$

显然，随着倾侧角 σ 的增大，ε 和 μ' 也随之增大。又因为

$$\frac{\mathrm{dtan}(\Omega/2)}{\mathrm{d}\mu'}=\frac{-\dfrac{1}{r_{\mathrm{exit}}V_{\mathrm{exit}}^2}\sin(\gamma_{\mathrm{exit}})\cos(\gamma_{\mathrm{exit}})}{\left[\dfrac{\mu'}{r_{\mathrm{exit}}}\cdot\dfrac{1}{V_{\mathrm{exit}}^2}-\cos^2(\gamma_{\mathrm{exit}})\right]^2}<0 \tag{7-134}$$

由上式可知航程角 Ω 随着 μ' 的增大而减小，于是最终再入段航程 S_{final} 随之增加，如下式：

$$S_{\mathrm{final}}=S_{\mathrm{togo}}^0-S_{\mathrm{pre}}-S_{\mathrm{kepler}} \tag{7-135}$$

其中，S_{togo}^0 为总航程；S_{pre} 为进入开普勒段之前的航程；S_{kepler} 为开普勒段的航程。最终再入段航程的增加使得最终再入段飞行更为平缓，过载后峰值得到抑制。

综上，将开普勒段过载抑制方法描述为：根据预测过载峰值的情况，可在开普勒段增大倾侧角幅值至 180°以实现过载抑制。

7.4.4 融合制导算法

融合制导算法首先是基于预测校正算法以实现落点分析，并实时地检测飞行过程中气动过载值是否小于 $0.2g_0$。一旦过载小于 $0.2g_0$，即

$$n=\sqrt{L^2+D^2}<0.2 \tag{7-136}$$

则需进一步利用飞行路径角来判断是否进入开普勒段，以完成过载抑制算法。为完成融合制导算法将再入轨迹分为以下几个阶段：初始滚动段，下降飞行段，向上飞行段，开普勒段，最终再入段。具体的实现流程如图 7-35 所示，图中，“Phase” 取为 1、2、3、4、5 时分别按顺序指代再入轨迹所分的上述五个阶段。

当再入航程需求较大，航天器再入轨迹发生跳跃的最大高度超过 100km 时，过载将小于 $0.05g_0$，该段气动力几乎为零，可不进行制导。但当再入航程需求较小时，航天器再入轨迹发生跳跃高度可能未能达到 80km，也即过载不会小于 $0.2g_0$，则过载抑制方法在此种情况下不能起作用。

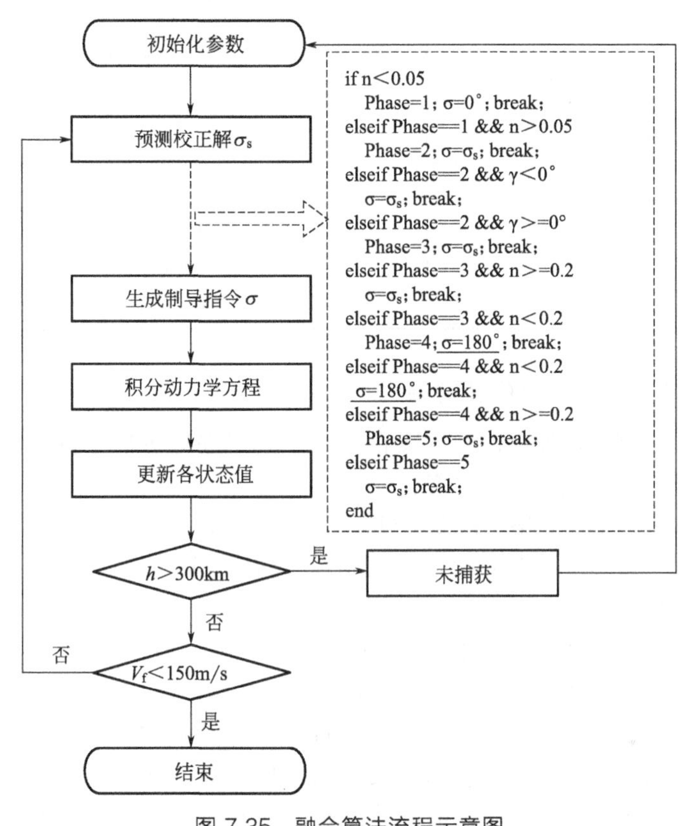

图 7-35　融合算法流程示意图

在开普勒段采用升力完全向下的制导律，能在抑制过载的同时更快速地使飞行路径角减小至零以下，确保航天器安全着陆。

7.4.5 应用实例

7.4.5.1 标称模型参数

再入航天器质量为9500kg，最大横截面积为23.8m^2。当马赫数大于25时，配平攻角保持约为160.2°，此时的升阻比约为0.2887。随着马赫数的变化，升阻比在整个再入过程中大约在0.2229和0.4075之间变化。地球半径为6378135m，重力常数为9.8N/kg，其他参数设置见表7-12。此处的仿真没有考虑倾侧角反转的最大速度和最大加速度限制，认为倾侧角的反转瞬时完成。

表 7-12　仿真参数设置

初始状态设置		末状态设置	
状态量	参数值	状态量	参数值
高度，h_0/km	121.92	高度，h_f/km	7.62
经度，λ_0/(°)	112.5	经度，λ_f/(°)	112
纬度，ϕ_0/(°)	4.38	纬度，ϕ_f/(°)	42
相对速度，V_0/(km/s)	11.032	相对速度，V_f/(m/s)	150
飞行路径角，γ_0/(°)	−6.000	飞行路径角，γ_f/(°)	—
速度方位角，Ψ_0/(°)	0.003	速度方位角，Ψ_f/(°)	—

7.4.5.2　标称模型仿真结果

首先对如下四种方案在标称参数下进行仿真分析，以比较整个再入过程的过载和着陆精度。

情形 1：开普勒段，当 $n<0.2g_0$ 时，$\sigma=0°$。

情形 2：开普勒段，σ 幅值由预测校正算法获得，即与文献［26］中算法保持一致。

情形 3：开普勒段，当 $n<0.2g_0$ 时，$\sigma=90°$。

情形 4：开普勒段，当 $n<0.2g_0$ 时，$\sigma=180°$。

由图 7-36 可知上述四种情况在进入开普勒段之前制导指令相同，因此进入开普勒段时各状态变量的值均相等，进入开普勒段后系统分别采用上述四种情形不同的制导指令。图 7-37 可知最终再入段的航程随着开

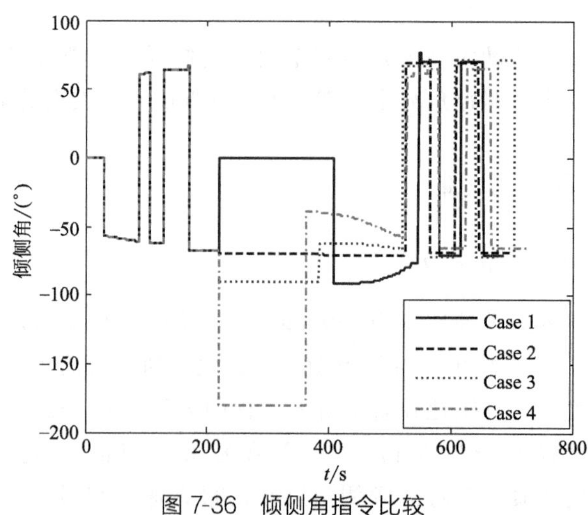

图 7-36　倾侧角指令比较

普勒段倾侧角 σ 的增大而增大，验证了文中 7.4.3 节所述。图 7-38 反映了在最终再入段情形 4，因为最终再入段航程最大、后续飞行最平缓，从而使过载后峰值最小，如图 7-39、图 7-40 所示。可见情形 4 过载抑制效果最为显著，满足了最严格的再入过载约束。由图 7-41 可见四种方案下航程误差均满足 2.5km 的着陆精度要求。

仿真结果表明，增加开普勒段倾侧角幅值在不影响着陆精度的条件下可实现对过载后峰值的抑制，满足过载约束条件。

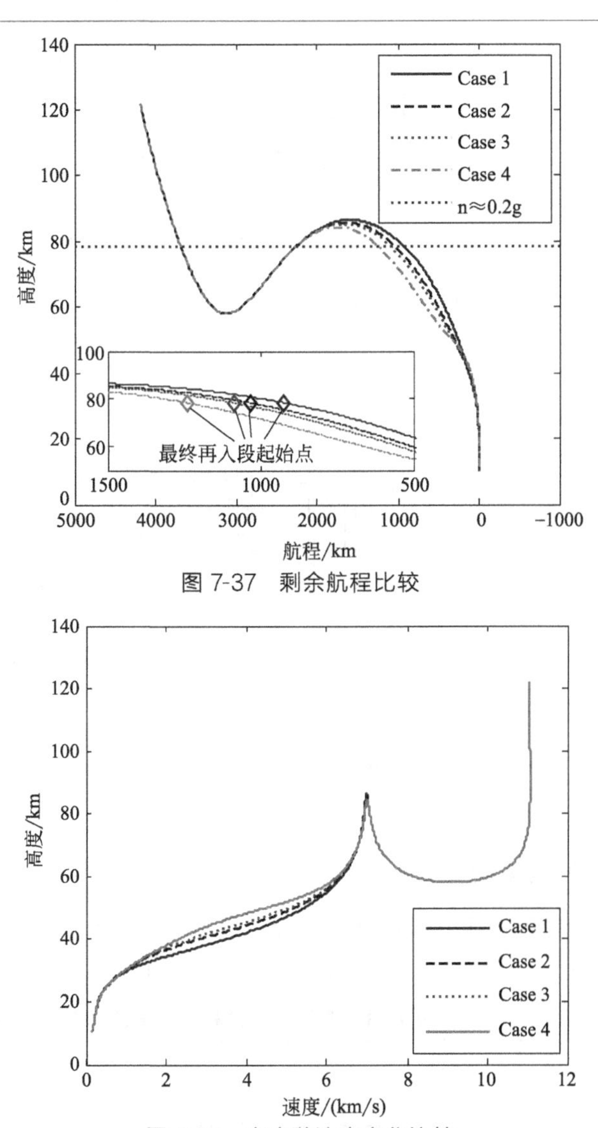

图 7-37 剩余航程比较

图 7-38 高度随速度变化比较

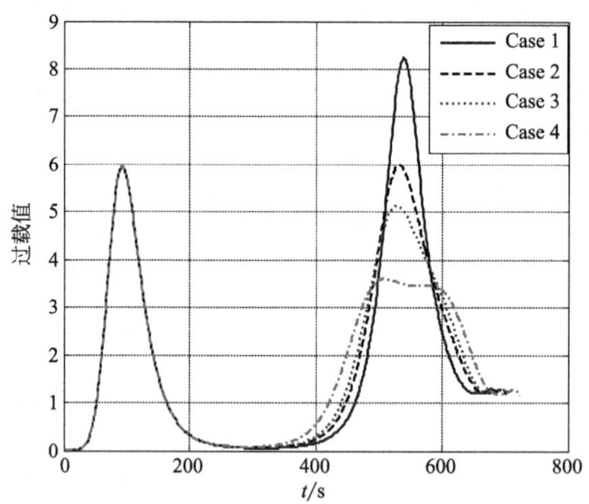

图 7-39　过载随时间变化比较

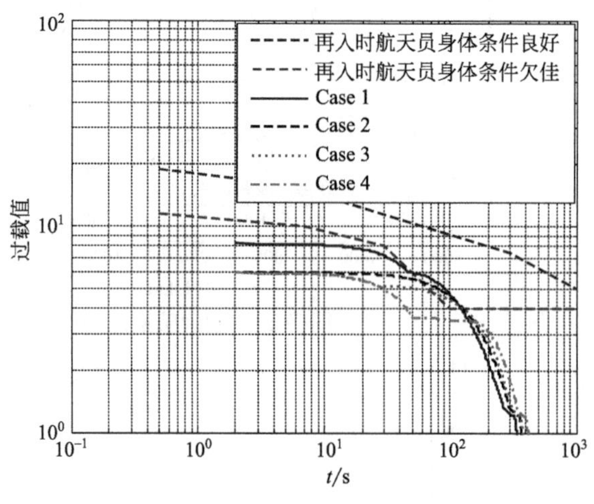

图 7-40　航天员承受过载的情况

7.4.5.3 偏差模型分析

为了验证该方法在各类偏差（初始条件偏差、气动特性偏差、质量特性偏差等）扰动下的鲁棒性和制导精度，引入表 7-13 描述的误差形式。

表 7-13　蒙特卡洛仿真中的误差源分布情况

参数	分布类型	3σ
初始位置偏差	高斯	200km
初始速度大小偏差	高斯	100m/s

续表

参数	分布类型	3σ
初始再入角偏差	高斯	0.023°
初始速度方位角偏差	高斯	0.0003°
质量偏差	均匀	5%
大气密度偏差	均匀	15%～30%
气动参数(C_L)偏差	均匀	0.03
气动参数(C_D)偏差	均匀	0.06

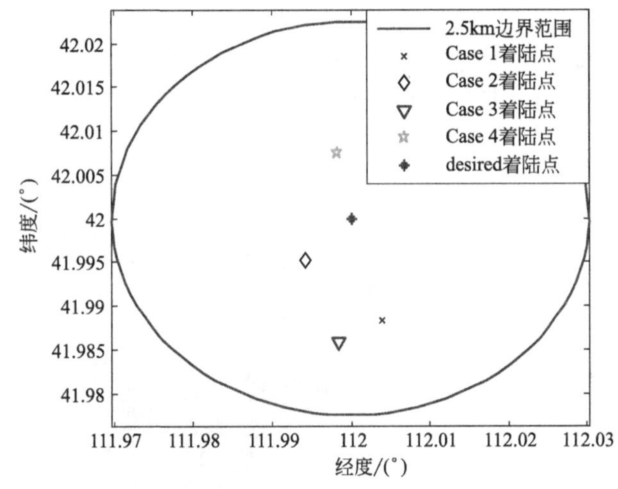

图 7-41 着陆精度比较

(1) 初始位置偏差

设再入点高度（120km）无偏差，初始位置偏差可以直接转换为经纬度偏差，由再入点位置偏差转换为一个高斯分布 Δ（$3\sigma=200$km）和一个均匀分布 θ（0，2π）的组合，如图 7-42。

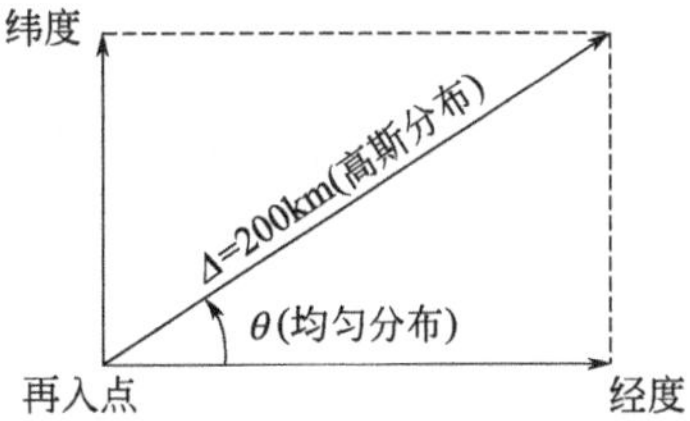

图 7-42 再入点位置偏差示意图

因此，当给定一个位置偏差的大小 Δ 和相应的相位 θ 时，经纬度的扰动可以表示为

$$\Delta\lambda=\Delta/(R_e+h_0)\cdot\cos(\theta)\cdot\Delta\vartheta\cdot\cos(\theta)$$

$$\Delta\phi=\Delta/(R_e+h_0)\cdot\sin(\theta)\cdot\Delta\vartheta\cdot\sin(\theta)$$

式中，h_0 表示再入点高度，当 $\Delta=200\text{km}$ 时有 $\Delta\vartheta=1.763°$。

（2）大气密度偏差

为简化计算，大气摄动模型采用分段大气误差偏差模型，数学表达式如下：

$$\rho_{\text{true}}=\rho_{\text{nom}}\begin{cases}1+\Delta_{\rho_{\text{high}}} & ,h\geqslant 70\text{km}\\ 1+\Delta_{\rho_{\text{low}}}+\dfrac{h-45\text{km}}{25\text{km}}(\Delta_{\rho_{\text{high}}}-\Delta_{\rho_{\text{low}}}) & ,45\text{km}\leqslant h<70\text{km}\\ 1+\Delta_{\rho_{\text{low}}} & ,h<45\text{km}\end{cases}$$

式中，$\Delta_{\rho_{\text{high}}}$ 和 $\Delta_{\rho_{\text{low}}}$ 分别代表高空和低空大气密度偏差，均服从均匀分布。$\Delta_{\rho_{\text{high}}}$ 最大上下界为±0.3，$\Delta_{\rho_{\text{low}}}$ 最大界为±0.15，ρ_{true} 表示实际大气密度，ρ_{nom} 表示 US76 模型标准大气密度。图 7-43 为 100 组 Monte Carlo 打靶得到的大气密度摄动图。

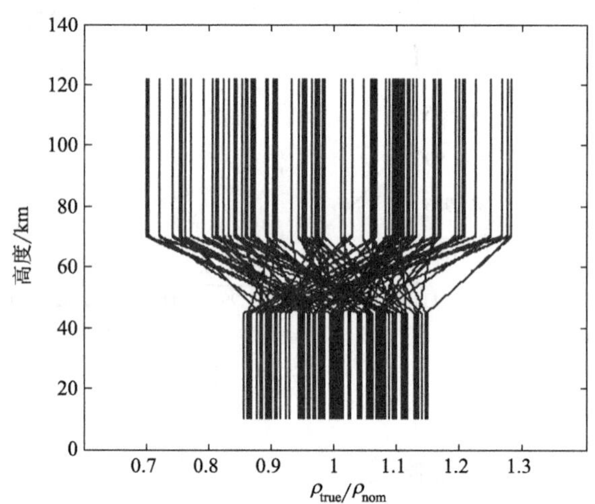

图 7-43　大气偏差模型 100 组（相对 US76 标准模型）

（3）气动参数偏差

气动系数包括升力系数和阻力系数，升力系数和阻力系数偏差模型为

$$C_L=\tilde{C_L}(1+\Delta_{C_L})=\tilde{C_L}+\Delta C_L$$

$$C_D=\tilde{C_D}(1+\Delta_{C_D})=\tilde{C_D}+\Delta C_D$$

式中，$\tilde{C}$ 表示相应系数的标准值，升、阻力系数偏差 ΔC_L、ΔC_D 分别服从在±0.03 和±0.06 之间的均匀分布，相当于上式中相应的偏差比例 Δ_{C_L} 和 Δ_{C_D} 在±5%和±10%之间取值。

7.4.5.4 蒙特卡洛仿真结果

将情形 2 和情形 4 均进行 100 次 Monte Carlo 打靶仿真，比较它们在偏差情况下的过载和着陆精度。图 7-44、图 7-45 为倾侧角指令的比较，可见开普勒段的制导律不同。图 7-46、图 7-47 可体现过载比较的情况，情形 4 采用了本章的过载抑制算法，由图 7-47 可见，经统计 80%的曲线

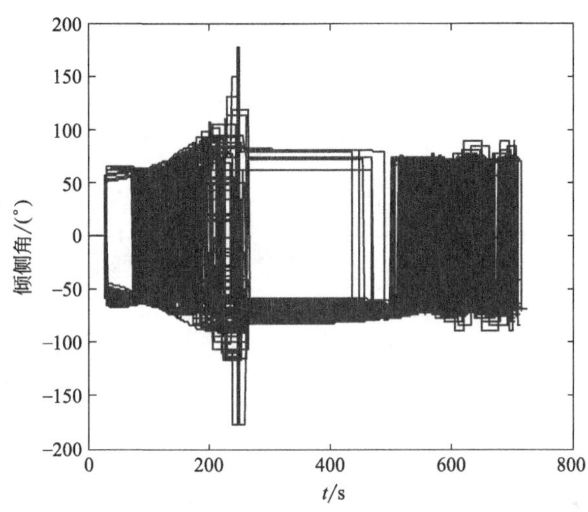

图 7-44 情形 2 倾侧角控制指令

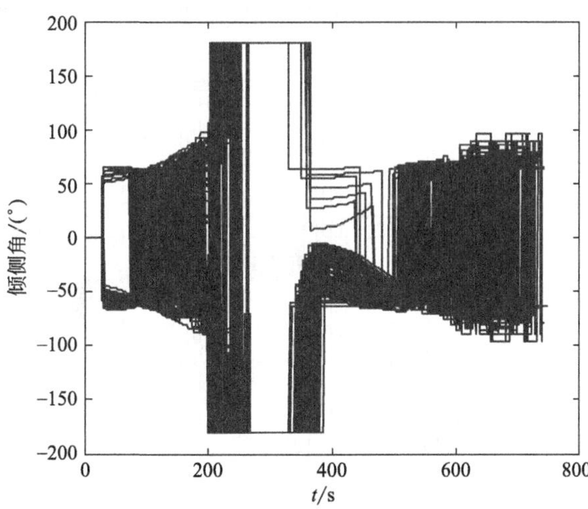

图 7-45 情形 4 倾侧角控制指令

满足提出的过载约束要求，明显优于情形 2 的情况。从反映着陆精度的曲线图 7-48、图 7-49 可知，情形 4 中加入过载抑制算法后并没有影响着陆精度，满足 5km 的精度要求，且只有少数情况精度超过 2.5km。在蒙特卡洛仿真时存在气动系数、质量、大气密度等偏差效果的叠加，引起较大的过载峰值及航程偏差，出现超出约束范围的情况。

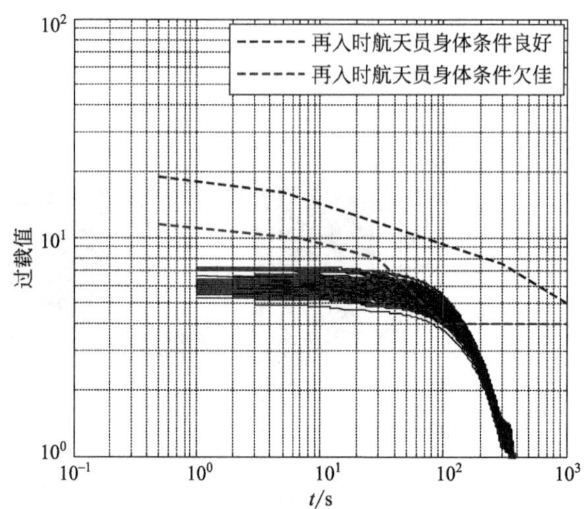

图 7-46　情形 2 承受过载的情况

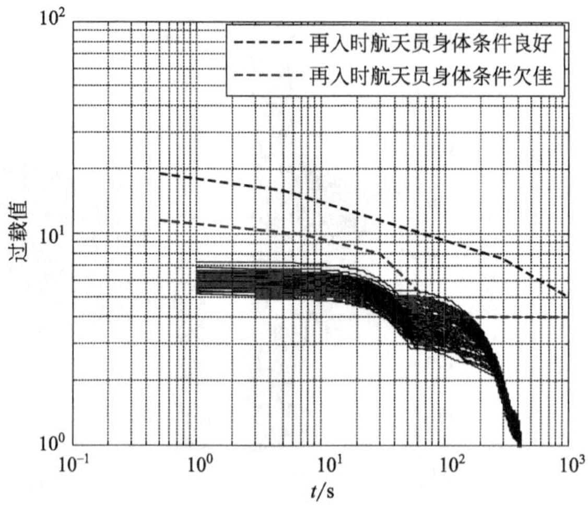

图 7-47　情形 4 承受过载的情况

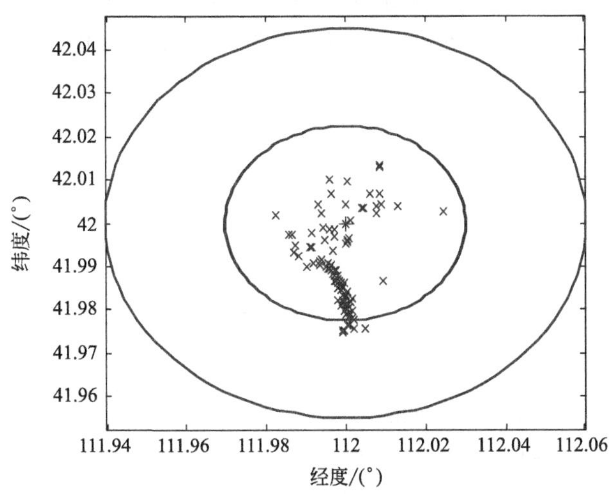

图 7-48 情形 2 着陆精度情况

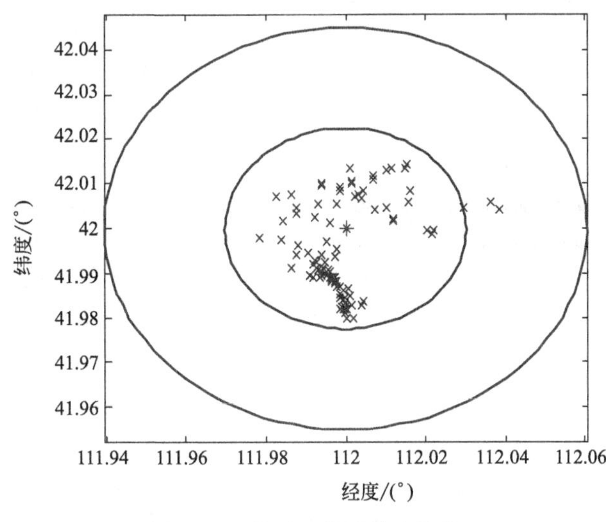

图 7-49 情形 4 着陆精度情况

7.5 小结

本章首先建立了航天器再入矢量形式质心动力学方程和半速度坐标系下的质心动力学方程，并对高速返回再入任务的特点和轨迹特性进行了分析。基于分析结论，在 7.3 和 7.4 小节针对高速返回任务，分别概述了标准轨道再入制导方法和预测校正再入制导方法的设计难点，同时针对难点问题逐个给出了可行的设计方法和应用实例。

参考文献

[1] 赵汉元. 飞行器再入动力学和制导[M]. 长沙：国防科技大学出版社，1997.

[2] Souza S D，Sarigul-Klijn N. An analytical approach to skip earth entry guidance of a low L/D vehicle[C]//46th AIAA Aerospace Sciences Meeting and Exhibit，Reno. Nevada：AIAA，2008.

[3] Harpold J C，Graves C A. Shuttle entry guidance[J]. Journal of Astronautical Sciences，1979，37(3)：239-268.

[4] Graves C A，Harpold J C. Apollo experience report-mission planning for Apollo entry[R]. NASA technical note D-7949. 1975.

[5] Vinh N X. Optimal Trajectories in Atmospheric Flight[M]. New York：Elevier Scientific，1981.

[6] 南英，陆宇平，龚平. 登月返回地球再入轨迹的优化设计[J]. 宇航学报，2009，30(5)：1842-1847.

[7] Istratie V. Optimal skip entry into atmophere with minimum heat and constraints[C]. AIAA，Atmospheric Flight Mechanics Conference. Denver，CO：AIAA，2000.

[8] Darby C L，Rao A V. A state approximation-based mesh refinement algorithm for solving optimal control problems using pseudospectral methods[C]//AIAA Guidance，Navigation，and Control Conference and Exhibit.，Chicago. Illinois：AIAA. 2009.

[9] Wingrove R C. A study of guidance to reference trajectories for lifting re-entry at supercircular velocity：NASA technical reportR-151[R]. 1963.

[10] Roenneke A J，Well K H. Nonlinear drag-tracking control applied to optimal low-lift reentry guidance[C]//AIAA Guidance Navigation and Control Conference，San Diego，AIAA，1996.

[11] Young J W. A method for longitudinal and lateral range control for a high-drag low-lift vehicle entering the atmosphere of a rotating earth：NASA technical note D-954[R]. 1961.

[12] Dukeman G A. Profile-following entry guidance using linear quadratic regulation theory[C]//AIAA Guidance，Navigation，and Control Conference and Exhibit. Monterey，CA：AIAA，2002.

[13] 曾春平，胡军，孙承启. 反馈线性化方法在再入制导中的应用[C]//广西全国第十二届空间及运动体控制技术学术会议. 桂林：中国自动化学会，2006.

[14] 胡军. 载人飞船全系数自适应再入升力控制[J]. 宇航学报，1998，19(1)：8-12.

[15] Mooij E. Robustness analysis of an adaptive re-entry guidance system[C]//AIAA Guidance，Navigation，and Control Conference and Exhibit. 2005.

[16] Lu W，Mora-Camino F，Achaibou K. Differential flatness and flight guid-

ance: a neural adaptive approach[C]// AIAA, Guidance Navigation and Control Conference. San Francisco, CA: AIAA, 2005.

[17] Lin C M, Hsu C F. Guidance law design by adaptive fuzzy sliding-mode control[J]. Journal of Guidance, Control, and Dynamics, 2002, 25 (2): 248-256.

[18] Vinh N X, Kuo Z S. Improved matched asymptotic solutions for three-dimensional atmospheric skip trajectories [C]// AIAA/AAS Astrodynamics Conference. San Diego, CA: AIAA Paper, 1996.

[19] Harpold J C, Graves C A. Shuttle entry guidance [J]. Journal of Astronautical Sciences, 1979, 37 (3): 239-268.

[20] García-Llama E. Analytic development of a reference trajectory for skip entry [J]. Journal of Guidance, Control and Dynamics, 2011, 34 (1): 311-317.

[21] Darby C L, Rao A V. A state approximation-based mesh refinement algorithm for solving optimal control problems using pseudospectral methods [C]// AIAA Guidance, Navigation, and Control Conference. Chicago, Illinois: AIAA, 2009.

[22] Leavitt J A, Mease K D. Feasible trajectory generation for atmospheric entry guidance [J]. Journal of Guidance, Control and Dynamics, 2007, 30 (2): 473-481.

[23] Lu P. Nonlinear Predictive controllers for continuous systems [J]. Journal of Guidance, Control, and Dynamics, 1994, 17 (3): 553-560.

[24] Benson D A, Huntington G T, Thorvaldsen T P, et al. Direct trajectory optimization and costate estimation via an orthogonal collocation method[J]. Journal of Guidance, Control, and Dynamics, 2006, 29 (6): 1435-1440.

[25] Mendeck G F, Craig L. Mars Science Laboratory Entry Guidance: JSC-CN-22651[R]. 2011.

[26] Brunner C W, Lu P. Skip entry trajectory planning and guidance[J]. Journal of Guidance, Control, and Dynamics, 2008, 31 (5): 1210-1219.

[27] Isidori A. Nonlinear Control Systems[M]. New York: Springer-Verlag, 1989.

[28] Khalil H K. Nonlinear Systems[M]. New Jersey: Prentice Hall, 2002.

[29] Lu P. Constrained tracking control of nonlinear systems[J]. Systems & Control Letters, 1996, 27: 305-314.

[30] Khalil H K. Nonlinear Systems[M]. New Jersey: Prentice Hall, 2002.

[31] Marino R, Tomei P. Nonlinear output feedback tracking with almost disturbance decoupling[J]. IEEE Transactions on Automatic Control, 1999, 44 (1): 18-28.

[32] Wingrove R C. Survey of atmosphere re-Entry guidance and control methods [J]. AIAA Journal, 1963, 1 (9): 2019-2029.

[33] Grant F C. Modulated Entry: NASA-TN-D-452[R]. 1960.

[34] Cheatham D C, Young J W, Eggleston J M. The variation and control of range traveled in the atmosphere by a High-drag Variable-lift Entry Vehicle: NASA-TN-D-230[R]. 1960.

[35] Bryson A E, Ho Y C. Applied Optimal Control[M]. Waltham: Blaisdell, 1969.

[36] Wingrove R C, Coate R E. Lift-control during atmosphere eentry from supercircular velocity[C]//Proceedings of the IAS National Meeting on Manned Space Flight. St. Louis, Missouri: Institute of the Aerospace Science (IAS), 1962.

[37] Chapman D R. An approximate analytical method for studying entry into planetary atmospheres: NACA-TN-4276[R]. 1959.

[38] Shi Y Y, Pottsepp L, Eckstein M C. A matched asymptotic solution for skipping entry into planetary atmosphere[J]. AIAA Journal, 1971, 9(4): 736-738.

[39] Mease K D, Mccreary F A. Atmospheric guidance law for planar skip trajectories [C]//Atmospheric Flight Mechanics Conference, 12 th. Snowmass, CO: AIAA, 1985.

[40] Rea J R, Putnam Z R. A comparison of two orion skip entry guidance algorithms [C]//AIAA Guidance, Navigation and Control Conference and Exhibit. Hilton Head, South Carolina: AIAA, 2007.

[41] Bryant J P, Frank M P. Supercircular reentry guidance for a fixed L/D vehicle empolying a skip for extreme ranges [R]. 1962.

[42] Bairstow S H, Barton G H. Orion reentry guidance with extended range capability using predguid[C]//AIAA Guidance, Navigation and Control Conference and Exhibit. Hilton Head, South Carolina: AIAA, 2007.

[43] 胡军. 载人飞船一种混合再入制导方法[C]//全国第八届空间及运动体控制技术学术会议. 黄山: 中国自动化学会, 1998.

[44] Fuhry D P. Adaptive atmospheric reentry guidance for the Kistler K-1 orbital vehicle[R]. AIAA Paper. 1999.

[45] Eggers Jr A J, Allen H J, Neice S E. A comparative analysis of the performance of long-range hypervelocity vehicles: NACA-RM-A54L10[R]. 1958.

[46] Slye R E. An analytical method for studying the lateral motion of atmosphere entry vehicles[M]. National Aeronautics and space Adiministration, 1960.

[47] Chapman P W, Moonan P J. Analysis and evaluation of a proposed method for inertial reentry guidance of a deep space vehicle [C]//Proceedings of the IRE National Aerospace Electronics Conference. Dayton, Ohio: Institute of Radio Engineers (IRE), 1962.

[48] 耿长福. 航天器动力学[M]. 北京: 中国科学技术出版社, 2006.

[49] Benito J, Mease K D. Nonlinear predictive controller for drag tracking in entry guidance [C]//AIAA/AAS Astrodynamics Specialist Conference and Exhibit. Honolulu, Hawaii: AIAA, 2008.

第8章

制导控制技术的地面验证

8.1 着陆避障试验

地外天体软着陆制导控制技术验证的主要难点在于动力学。相比地球，月球无大气，引力场只为地球的1/6；而火星的大气稀薄，引力场也只为地球的1/3。纵观人类地外天体探测任务中对着陆技术的验证过程，除了全数字仿真以外，真正地实现制导控制系统与推进闭环的只有两类。

第一类是塔吊试验。这类试验中，用塔吊部分抵消地球重力，使得作用在探测器上的外力（不含探测器自身发动机输出推力）与任务目标星球表面相近。在此条件下进行的GNC和推进系统的项目研发，就可以实现地面试验和测试。在美国“阿波罗”登月项目以及我国的月球探测项目中，均使用了这类方法进行试验。

第二类是自由飞行试验。即通过配备更大的发动机或者其他动力系统来解决目标天体与地球引力的差异问题，让探测器能够依靠自身的动力实现脱离地面的自由飞行。最早开展自由飞行试验的项目同样来自于“阿波罗”，当时工程技术人员设计了一个月球着陆研究飞行器（Lunar-Landing Research Vehicle，LLRV）[1-3]，该飞行器中心安装了一台航空发动机用于提供额外推力，可以模拟月球着陆和起飞过程，如图8-1所示。但是，这个飞行器的主要目的是训练宇航员操控技术，而不是验证着陆制导控制技术。

图8-1 月球着陆研究飞行器（LLRV）

另外一个重要的自由飞行试验代表就是NASA为重返月球以及火星探测提出的“睡神”项目。它能够依靠自身发动机实现地球表面的起飞和着陆。这个项目的主要目的是验证推进技术和自主避障着陆技术。虽然推进、敏感器是验证的重点，但制导和控制技术也是验证过程中重要的一环。

接下来，本章将对悬吊试验和自由飞试验，各选择一个例子进行介绍。

8.1.1 悬吊试验——“LLRF”[4]

8.1.1.1 简介

20 世纪 60 年代，美国为实施“阿波罗”登月计划，兰利研究中心开发了用于着陆探测器最终着陆阶段演示验证的试验设施（Lunar-Landing Research Facility，LLRF），试验系统的主体为试验塔架，如图 8-2 所示。

图 8-2 LLRF 的概貌

LLRF 的试验塔架于 1965 年建成。其钢铁框架结构的塔架高 240ft❶，长 400ft，宽 265ft。形成的试验空间如图 8-3 所示。

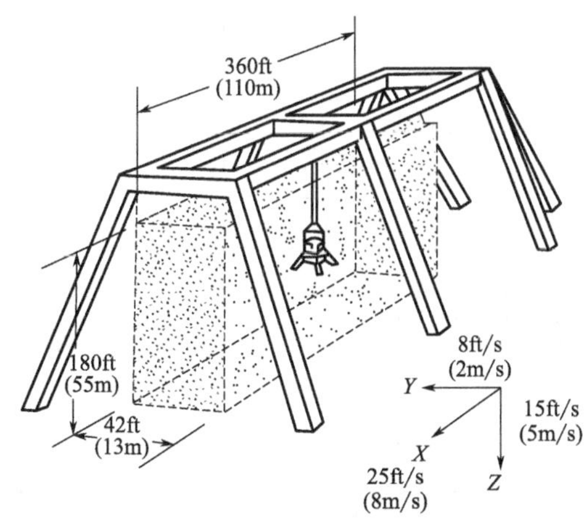

图 8-3 LLRF 试验场空间

❶ 1ft=0.3048m，下同。

试验中，通过悬吊系统将月球旅行舱模拟器（Lunar Excursion Module Simulator，LEMS）悬挂在塔架下（见图 8-4），塔架的悬挂系统能够提供 LEMS 的 5/6 重力。通过这样一种方式可以训练宇航员在着陆最后 150ft 以下的飞行控制技术，也能够测试最终着陆过程控制系统的性能。

图 8-4 LEMS 和模拟月球表面

LMES 本身是对登月舱的模拟，安装有相应的推进系统，具有六自由度飞行控制能力。LMES 的综合性能参见表 8-1 所示。

表 8-1 LMES 的综合性能参数

参数		指标
总重		5443kg
燃油		90% H_2O_2
最大燃油质量		1406kg
最大氮气容量		$0.54m^3$, $20684kN/m^2$
惯性矩	俯仰	$4800kg \cdot m^2$
	滚转	$6467kg \cdot m^2$
	偏航	$6440kg \cdot m^2$
驾驶员视线高度		4m
主反推推力		2.669～26.689kN
控制力矩	俯仰	136～2712m · N
	滚转	174～3471m · N
	偏航	183～1830m · N
最大姿态角	俯仰	±30°
	滚转	±30°
	偏航	±360°

悬挂系统（如图 8-5 所示）是试验过程低重力模拟的主要手段。它主要由悬挂吊绳、提升单元、移动吊车和相应的伺服控制系统组成：吊绳的一端通过一个万向节系统与试验探测器连接，连接点过探测器的质心并能为探测器提供俯仰、偏航和滚动自由度；吊绳的另一端连接在移动吊车的提升单元上，提升单元通过伺服控制系统驱动吊绳向上或向下运动，并通过测力传感器和伺服控制单元维持吊绳的拉力平衡探测器 5/6 的重力；移动吊车能够在水平面上进行两维运动，其主要作用是通过吊绳上的角度传感器跟踪探测器的位置变化，并始终位于探测器的正上方以保证吊绳的垂直。

图 8-5　LLRF 的低重力模拟装置

8.1.1.2　试验过程

LLRF 可提供两种试验模拟，分别是“模拟模式”和“操作模式”。在“模拟模式”中，主发动机不工作，其推力指令直接施加到另外的提升缆绳上，提升缆绳提供附加的垂直向上的拉力，这个力的大小与主发动机的推力相当。该模式又可分为姿控发动机工作和不工作两种工况：姿控发动机工作时可以提供超过 20min 的模拟时间；姿控发动机不工作时，其力学特征由另外的多根拉绳模拟，即当探测器有一定的俯仰和横滚姿态动作时，姿控发动机的推力指令转换为拉绳的传感信号，该信号驱动拉绳控制系统，从而得到探测器的模拟姿态角。在“操作模式”中，主发动机与姿控发动机都工作，该状态只能维持 2min 作用，但已经涵盖了“阿波罗”登月舱从距月面 45.7m 着陆机动到着陆月面的时间。“操作模式”较“模拟模式”能够更真实地模拟探测器的真实飞行状态，并考虑发动机工作中的噪声和有限的推进剂供应时间，对宇航员起到了综合模拟作用。

在发动机点火工作的试验中，所有发动机均采用了环保的过氧化氢推进剂，“阿波罗”LLRF 试验的工况情况如表 8-2 所示。

表 8-2 LLRF 试验情况

工况	大致次数	运动方式	所用推进剂
主发动机不点火 姿控发动机不点火	100	着陆探测器由三维伺服系统带动，姿态由吊具控制	
主发动机不点火 姿控发动机点火	40	着陆探测器由三维伺服系统带动，姿态由姿控发动机控制	过氧化氢
主发动机点火 姿控发动机点火	10	着陆探测器完全由发动机控制	过氧化氢

为了模拟月球着陆时的光照条件，LLRF 常在夜间进行模拟试验，参见图 8-6；着陆地点对月球的地形地貌进行模拟，如图 8-7 所示。

图 8-6 LLRF 夜间试验

图 8-7 LLRF 对月表地形地貌的模拟示意图

8.1.2 自由飞试验——“睡神”[5-8]

8.1.2.1 飞行器简介

睡神“Morpheus”项目是 NASA 开发的具备垂直起飞和着陆能力的行星着陆器原型。它被用作测试高级飞行器技术的试验平台。该着陆器装备有液氧/甲烷（LOX/Methane）发动机，能够提供运送500kg载荷到月球的能力。睡神着陆器由约翰逊空间中心研制，经过一系列测试后转移到肯尼迪航天中心，最终携带“ALHAT”敏感器单元，在航天飞机着陆设施完成了模拟行星表面避障着陆的自由飞行验证。

睡神项目研发最主要的目的是对两项重要技术进行集成、展示和验证。第一是液氧/甲烷推进系统，睡神的液氧/甲烷推进系统能够在空间飞行中提供321s的比冲。液氧/甲烷是无毒、低温、清洁燃烧和可空间存储的推进剂。而且对于空间任务来说，液氧和/或甲烷能够在行星表面生产，并且氧气可以兼容于生命支持系统和能源系统。

睡神项目的第二项重要技术就是ALHAT载荷。“ALHAT”是NASA主持的面向未来行星着陆的另一个重要项目。它的全称是“自主精确着陆和障碍规避技术”，是英文“Autonomous Precision Landing and Hazard Avoidance Technology”的缩写。该项目于2005年由NASA总部启动。目的是开发出满足有人或无人飞行器安全和精确着陆到月面的敏感器技术，以满足NASA对未来二十年安全和精确软着陆技术发展的需要。

睡神作为飞行平台，它的研制开始于2010年6月。睡神是一个四边形着陆器，它包括了四个贮箱和一台主发动机。该发动机以液氧/甲烷为推进剂，能够提供5000lbf（1lbf=4.445N）的推力。两台正交的机电执行机构驱动发动机支架转动，产生推力矢量，可用于平移、俯仰和偏航控制，而使用相同推进剂的推力器用于滚动姿态控制。除此以外，睡神还安装有另一套使用压缩氦气的推力器作为备份。睡神的主发动机还可以改变推力以提供上升和下降的垂直控制能力。

睡神上的计算机使用PowerPC750处理器，具有16Gb的数据存储能力。使用RS-232、RS-422、以太网和1553总线。GNC敏感器包括一台GPS（Global Positioning System，全球定位系统）接收机、一台霍尼韦尔研制的国际空间站版本的卫星（GPS）/惯导（INS）组合导航系统（SIGI）、一台惯性测量单元（IMU）、一台激光高度计。导航精度为位置优于1m，速度优于3cm/s，姿态优于0.05°。睡神的飞行控制软件在戈达德空间飞行中心的核心飞行软件上通过增加定制代码而来。

睡神的研制经过了几个阶段。最初的睡神1.0从2011年4月到2011年8月进行了测试。2011年末至2012年初，升级为睡神1.5。主要的改进包括：更换了发动机，提升了电子和供电设计，增加了额外的用于滚动控制的液氧/甲烷推力器，以及安装ALHAT敏感器和软件。这台测试平台称为睡神1.5“Alpha”，即睡神1.5A。2012年8月，睡神1.5A在试验中坠毁。在做了 70 多处升级改进后，飞行器被重新制造，并称为睡神 1.5 “Bravo”，即睡神 1.5B（见图 8-8）。

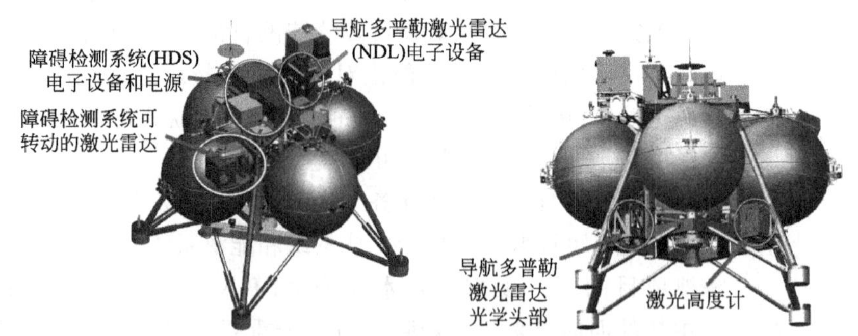

图 8-8　ALHAT 敏感器安装在睡神 1.5B 上

ALHAT 用于提供飞行器着陆和障碍规避能力，它与自主制导导航控制系统软硬件集成后，可以检测和规避天体表面障碍，实现在预定着陆点 90m 范围内的有人或无人飞行器的安全着陆。ALHAT 敏感器组件包括一台长距离激光高度计（LAlt）、具有三个波束的导航多普勒激光雷达（NDL）、一台基于闪光式光学探测和测距雷达（LIDAR）的障碍检测系统（HDS），如图 8-9 所示。长距离激光高度计的工作范围 50km，精度 5cm。导航多普勒激光雷达能够测量三个波束方向的距离和速度，速度和高度的测量范围分别为 70m/s 和 2.2km，测量精度分别为 0.2cm/s 和 30cm。障碍检测系统包括一个安装在两轴框架上的闪光 LIDAR、一台 IMU、一个计算单元、一个能源分配单元和一个电池组。障碍检测系统能够扫描一个 60m×60m 的障碍区域，获取 10cm/像素的 DEM 数据，实现障碍检测和安全着陆点选择，并在障碍检测后进行持续的地形相对导航。

(a) 长距离激光高度计

(b) 导航多普勒激光雷达头部和电子箱

(c) 障碍检测系统的可旋转闪光激光雷达

图 8-9　ALHAT 敏感器

8.1.2.2 试验过程

睡神的地面试验分为三个阶段：热点火、悬吊和自由飞。

(1) 热点火试验

在热点火试验中，睡神飞行器的运动被完全限制住。试验主要目的是测试液氧/甲烷推进系统。在这类测试中，睡神被悬吊在一定高度上，并用皮带从下方锁定在地面上，以阻止飞行器运动（见图8-10）。

图8-10 标准热点火测试构型

另外一种热点火构型是用于测试点火起飞时的热和振动环境。在这一模式下，飞行器保持地面相对静止，并锁定在起飞点，发动机以最大推力点火数秒（见图8-11）。

(2) 悬吊试验

悬吊试验时，睡神飞行器被吊车吊离地面，用于测试推进和GNC系统的配合，避免直接自由飞行时，飞行器脱离或撞毁的风险。通常悬吊试验时，飞行器垂直上升5～15ft，并在10ft高度悬停一段时间，之后飞行器下降并着陆（见图8-12）。

悬吊试验首次提供了对睡神飞行器GNC闭环测试的机会，能够验证GNC在垂直移动、悬停和着陆过程的六自由度控制能力。

(3) 自由飞试验

自由飞试验中，对飞行器飞行能力没有任何约束。全功能的睡神着陆器能够根据行星着陆轨迹设置不同的自由飞路径（见图8-13）。

图 8-11 地面热点火测试构型

图 8-12 悬吊试验

图 8-13 自由飞试验

在睡神的研制过程中，1.0、1.5A 以及 1.5B 三个飞行器分别进行了多次热点火（HF)、悬吊（TT）以及自由飞（FF）试验。三类试验反复进行，期间发现了不少问题，并不断进行调整，甚至还经历了一次飞行器坠毁。2011～2013 年的试验过程见表 8-3～表 8-5 所示。

表 8-3 睡神 1.0 测试概要

测试和日期	目标	备注
HF1 2011.04.14	点火测试	2 次连续点火测试 发现了飞行软件错误

续表

测试和日期	目标	备注
HF2 2011.04.19	点火和发动机工作测试	发动机点火时间 29s
TT2 2011.04.27	悬吊测试	点火 13s;推力调节故障和悬吊拉力导致不可控运动,飞行终止
TT3 2011.05.03	悬吊测试	点火 20s;由于缆绳遇到阻碍以及软件问题,试验中断
TT4 2011.05.04	悬吊测试	点火 29s;姿态角速度出现问题,飞行提前终止
TT5 2011.06.01	悬吊测试	点火 42s;悬停良好,控制过程小幅晃动
TT6 2011.08.31	悬吊测试	点火 11s;发动机(编号 HD3)烧穿

表 8-4　睡神 1.5A 测试概要

测试和日期	目标	备注
HF5 2012.02.27	点火测试	点火 40s;新发动机(编号 HD4)装机后的第一次测试
TT7 2012.03.05	悬吊测试	点火 30s;低室压起飞;烧穿警报
TT8 2012.03.13	悬吊测试	点火 55s;伴随摆动,并稳定悬停 40s
TT9 2012.03.16	悬吊测试	点火 47s;GNC 算法问题导致触发推力终止系统(TTS)
HF6 2012.04.02	在平台上的短时间的牵制试验	点火 5s;起飞环境;足垫过热
TT10 2012.04.04	悬吊测试	点火 62s;GNC 高度问题
TT11 2012.04.11	悬吊测试	点火 56s;稳定姿态控制;横向摆动
TT12 2012.04.18	悬吊测试	点火 69s;悬停 45s;横向摆动
TT13 2012.05.02	悬吊测试	点火 62s;稳定悬停 45s,改善了横向稳定性

续表

测试和日期	目标	备注
TT14 2012.05.08	悬吊测试	点火 66s;稳定悬停 45s,改善了横向稳定性
TT15 2012.05.10	悬吊测试	点火 60s;稳定悬停,按计划软终止
TT16 2012.06.11	携带 ALHAT 的悬吊测试	点火 41s;在 5ft 和 8ft 高度进行了两层悬停,并进行了 ALHAT 障碍检测和目标锁定测试
TT17 2012.06.18	携带 ALHAT 的悬吊测试	点火 64s;两层稳定的悬停,并进行了 ALHAT 障碍检测和目标锁定测试
RCS HF1 2012.07.03	RCS 推力器热点火测试(不含主发动机)	31s;测试了液氧/甲烷 RCS 推力器点火状态(温度、脉冲持续时间)
TT18 2012.07.06	悬吊测试	49s;两层稳定的悬停;甲烷 RCS 推力器测试的事后分析
TT19 2012.07.19	悬吊测试	72s;60s 悬停;甲烷 RCS 推力器测试的事后分析
TT20 2012.08.03	悬吊测试	50s 悬停;肯尼迪航天中心的第一次测试;甲烷 RCS 推力器测试的事后分析
FF1 2012.08.07	自由飞	<5s;第一次自由飞尝试,由于错误的发动机烧穿迹象实施自动终止
FF2 2012.08.09	自由飞	起飞后很短的时间内就由于失效的 IMU 数据导致飞行器坠毁

表 8-5 睡神 1.5B 测试概要

测试和日期	目标	备注
HF7 2013.04.23	点火测试 甲烷 RCS 推力器测试	测试发动机的启动和燃烧稳定性
HF8 2013.05.01	热点火测试	50s
HF9 2013.05.16	地面热点火;低高度(3ft)热点火	6s 2 次 3s 点火
TT21 2013.05.24	悬吊测试	11s 由于横向距离超差(>4m)自动终止
TT22 2013.06.06	悬吊测试	60s 稳定悬停

续表

测试和日期	目标	备注
TT23 2013.06.11	悬吊测试	25s;使用备份 IMU 的遥测飞行数据丢失,指令终止
TT24A 2013.06.14	悬吊测试	12s;由于横向距离超差(>4m)自动终止
TT24B 2013.06.14	悬吊测试	30s 稳定悬停 测试备份 IMU 的手动模式
TT25 2013.07.11	携带 ALHAT 的悬吊测试	11s;由于横向距离超差(>4m)自动终止
TT26 2013.07.23	携带 ALHAT 的悬吊测试	55s 稳定悬停 ALHAT 性能测试 测试备份 RCS(氦)的手动模式
TT27 2013.07.26	携带 ALHAT 的悬吊测试	81s ALHAT 性能测试 高推力,长点火;设定横移距离(1m)
TT28 2013.08.07	悬吊测试	77s 上升/下降制导测试; 计划横移距离(3m); 火星沙土羽流冲击测试(由 JPL 进行)

2014 年，睡神携带 ALHAT 进行了 6 次自由飞行试验。其中前三次是所谓的开环试验，即睡神由自身的导航系统（称为 VTB 导航）提供位置、速度姿态信息，并进行飞行控制，ALHAT 工作但不引入 GNC 闭环；后三次是闭环试验，即睡神由 ALHAT 提供导航信息并进行避障控制。见表 8-6。

表 8-6　睡神 1.5B 自由飞概要

测试		日期	主导航源	计划着陆点
开环	FF10	2014.04.02	VTB	着陆台中心
	FF11	2014.04.24	VTB	着陆台中心
	FF12	2014.04.30	VTB	ALHAT 障碍检测自主确定
闭环	FF13	2014.05.22	ALHAT	ALHAT 障碍检测自主确定
	FF14	2014.05.29	ALHAT	ALHAT 障碍检测自主确定
	FF15	2014.12.15	ALHAT	ALHAT 障碍检测自主确定

自由飞场地建设在肯尼迪航天中心航天飞机着陆设施（跑道）附近。按照月球表面地形模型建设有 ALHAT 障碍场地，其上布置有大大小小的陨石坑和石块（见图 8-14）。

(a) (b)

图 8-14 月面地形模型和用于制造 ALHAT 障碍场

通常的自由飞轨迹采用的是模拟月球着陆轨迹。该轨迹包括一个垂直上升段，飞行高度约 245m；之后紧接着一个俯仰调整（pitch-over）机动，使得飞行器进入朝向位于障碍场地内初始着陆点飞行的接近段。在接近段中，飞行器保持约 30°的飞行路径角，距离目标的斜距初始为 450m。进入接近段后，ALHAT 中的 HDS 开机，首先进行障碍检测并选择安全着陆点，之后转入地形相对导航模式，通过连续的地形特征跟踪，引导飞行器飞向自动选择的着陆点。如图 8-15 所示。

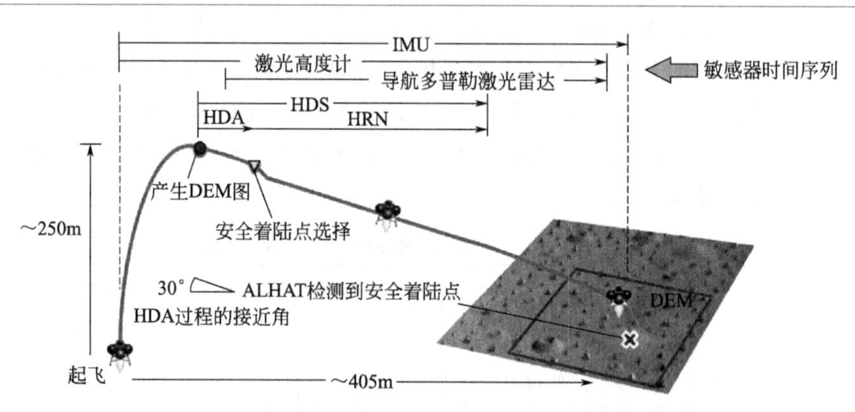

图 8-15 睡神自由飞轨迹和 ALHAT 敏感器使用

经过不断的改进，试验最终取得了圆满的成功（图 8-16），验证了地外天体精确软着陆技术，为 NASA 未来的火星、月球甚至小行星探测任务扫清了重要的技术障碍。

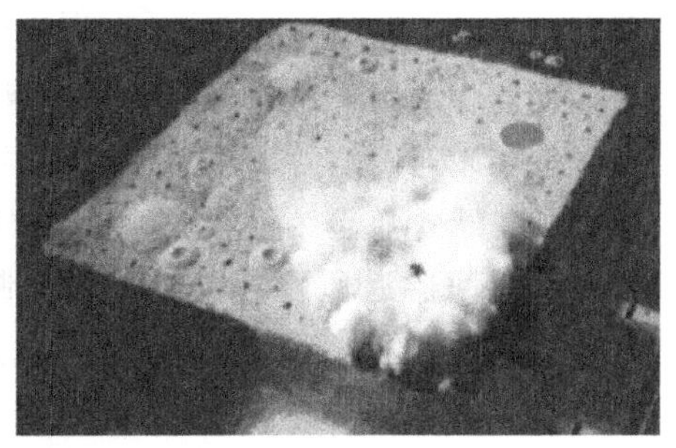

图 8-16 睡神起飞和着陆过程掀起的巨大扬尘

8.2 再入返回试验

8.2.1 “嫦娥-5飞行试验器”简介[9]

2014 年 10 月 24 日，我国在西昌卫星发射中心用长征-3C 改二型运载火箭成功发射了我国探月三期再入返回飞行试验器，又称嫦娥-5 飞行试验器，把试验器准确送入近地点 209km、远地点 41300km 的地月转移轨道。该试验器的主要用途是突破和掌握探月航天器再入返回的关键技术，为嫦娥-5 任务提供技术支持。11 月 1 日，试验器在预定区域顺利着陆，它标志着我国探月工程三期首次再入返回飞行试验获得圆满成功。这是我国航天器第一次在绕月飞行后再入返回地球，使我国成为继苏联和美国之后，成功回收探月航天器的第三个国家，表明我国已全面突破和掌握了航天器以接近第二宇宙速度的高速再入返回关键技术，为确保嫦娥-5 任务顺利实施和探月工程持续推进奠定了坚实的基础。

本次试验发射的试验器飞抵月球附近后自动返回，在到达地球大气层边缘时（距地面约 120km），以接近第二宇宙速度和半弹道跳跃式再入，最终在内蒙古中部地区以伞降形式着陆。跳跃式再入是指航天器进入大气层后，依靠升力再次冲出大气层，以便降低速度，然后再次进入大气层。本次试验任务以获取相关数据为主要目的，首次采用了半弹道跳跃式再入返回技术，用于对未来嫦娥-5 返回的相关关键技术进行试验验证。

与“神舟”飞船返回舱以大约 7.9km/s 的第一宇宙速度返回不同，

未来嫦娥-5 的返回器将以接近 11.2km/s 的第二宇宙速度返回。考虑到我国内陆着陆场等各方因素，为实现长航程、低过载的返回，嫦娥-5 的返回器将采用半弹道跳跃式再入返回地球。通过这种特殊的返回轨道可以降能减速，因为采用半弹道式再入返回有利于控制，使落点精确；而通过跳跃式弹起然后再入，可以拉长试验器再入距离，达到减速的目的，确保返回器返回顺利。但它对控制精度提出了极高要求，如果返回器“跳”得过高，飞行器会偏离落区；如果返回器“跳”不起来，则可能会直接坠入大气被烧毁。由于距地面 60～90km 的高层大气变化无穷，受到昼夜、太阳风、地磁场等多种因素影响，大气变化误差很大，所以需要返回器的制导、导航与控制系统具备很大的包容性。

如果采用弹道式再入返回，返回器的再入角较大，导致高过载和高热流，这不仅会对返回器的结构强度和防热层提出更高的要求，而且超出了人类的过载承受能力，无法用于将来实现载人登月后的返回。采用跳跃式再入不但能将过载减小，防止高热流，还可以改变再入轨迹，延长再入路径。对于以接近第二宇宙速度进入地球大气层的航天器来说这种方法最为合适。此外，如果主着陆场遭遇天气突变，需要临时调整着陆场，也能通过这种再入方式调整再入路径，让返回器落到备用着陆场。图 8-17 所示为返回器采用半弹道跳跃式再入返回示意图。

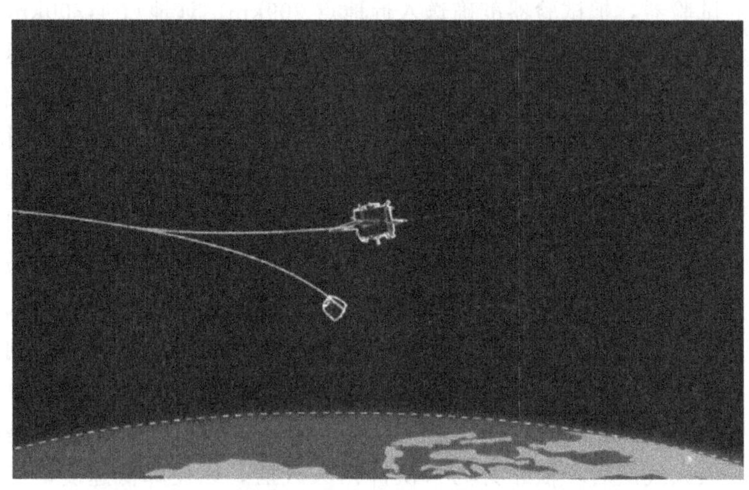

图 8-17　返回器采用半弹道跳跃式再入返回示意图

不过，即便采用半弹道跳跃式飞行的特殊降落轨迹，返回器的“回家之路”仍有很多未知因素。以第二宇宙速度返回地球是未来嫦娥-5 月面采样、月面上升、月球轨道交会对接、再入返回四大关键技术中最难的一项。因为其他三项可通过在地面上做模拟试验的方法来验证可靠性，而高速再入返回的过程无法通过地面模拟得到充分验证。比如，在地面难以模拟 11.2km/s 左右的飞行速度，模拟高层大气的真空度和化学反应也十分不易。从距地面约 120km 高进入大气层时，这个高度的大气非常稀薄，不是连续的气流，而是分子气层，所以会产生一系列特殊的气体效应。此外，在大气层中超高速飞行会对返回器产生烧蚀，其程度也比以往要高得多。目前，我国从单纯的地面实验积累的对地球大气特性的认识还不充分，对返回器高速返回条件下的气动、热防护、高速返回的制导导航与控制系统物理模型和数学模型掌握得也不完全，所以风险很大。

再有，我国现有的载人飞船和返回式卫星的着陆模式都无法满足需求。由于返回器返回地球时的速度会越来越快，不但进入大气层时的姿态需要精确调整，而且对再入角控制的精度要求也非常高。因此，针对探月三期月面自动采样返回任务中返回再入速度高、航程长、峰值热流密度高、总加热时间长和总加热量大等特点，为了确保嫦娥-5 任务的成功，这次我国先通过试验器进行真实飞行，开展返回再入飞行试验，验证跳跃式返回再入这一关键技术，获取月球探测高速再入返回地球的相关轨道设计、气动、热防护，以及制导导航与控制等关键技术数据，从而对此前的研究、分析、设计和制造等工作进行检验，为嫦娥-5 执行无人月球取样返回积累经验，为探月三期正式任务奠定基础。本次任务技术新、难度大、风险高，需要攻克气动力、气动热、防热，以及半弹道式制导导航与控制系统等关键技术。气动力和气动热是返回器的关键问题之一，研究表明，再入的速度提高 1 倍，再入热量就将提高 8～9 倍，以第二宇宙速度再入大气层时摩擦会产生巨大的热能，所以必须做好返回器的热防护设计。

8.2.2 器舱组合介绍

此次试验任务由试验器、运载火箭、发射场、测控与回收四大系统组成。其中试验器由中国空间技术研究院研制，它包括结构、机构、热控、数据管理、供配电、测控数传、天线、工程参数测量、服务舱推进、回收，以及制导导航与控制 11 个分系统。试验器由服务舱和返回器两部分组成，总重为 2t 多，返回器安装在服务舱上部。其服务舱以嫦娥-2 绕月探测器平台为基础进行适应性改进设计，具备留轨开展科研试验功能；返回器为新研制产品，采用钟罩侧壁加球冠大底构型，质量约 330kg，具备返回着陆功能，与探月三期正式任务中返回器的状态基本一致。

试验器有六方面的创新，即轨道设计和控制、新型的热控技术、气动、高精度的返回制导导航与控制，以及设备的轻小型化和回收技术。在质量、体积大幅减少的情况下，试验器性能不降反升，这是由于它广泛使用了大量高智能化、高集成度、小型化产品。比如，其中的小型星敏感器是一款“会思考、能自主决策”的全新设计：依托嵌入在产品中小型智脑，该星敏感器能把提取的星图与智脑中存储的海量数据进行比对、分析，从而实现空间精准定位，对试验器进行姿态控制。除了“智商”高之外，该星敏感器的“情商”也不低。同时它能自如地应对太阳光、星体反射光等恶劣空间环境的挑战，快速作出一系列应急响应，在精度控制上更是达到了国际领先水平。

在 8 天的“地月之旅”中，绝大部分时间服务舱载着返回舱前进。只有最后的约 40min，返回器再入返回地球。所以，服务舱一路上不仅要“开车”，还负责给返回器供电、供暖、数据传输和通信保障等。舱器分离就是剪断连接舱器之间的一捆电线，4 个爆炸螺栓炸开，服务舱要用力把返回器推到再入返回走廊，而自己也要避让。服务舱装有 5 台相机，用于对试验器的地月之旅进行拍照。相机采用了新材料以实现轻小型化，质量最大的有 4.1kg，最小的只有 200g。它们有的是技术试验相机，有的是鱼眼镜头相机。这些相机也可拍视频，为便于传输，一段连续视频不超过 30s。其上的第二代 CMOS 相机是把轻量化做到极致的一款产品，每台相机只有巴掌大小，质量不及一个苹果重，却集光、机、电、热等多项先进技术于一身，具有寿命长、可靠性高、自动拍摄、实时图像压缩，能应付恶劣太空辐射、温度环境，能承受发射时的强烈冲击和振动等高强本领。

试验器的返回器虽然比“神舟”飞船的返回舱小许多，但是“麻雀虽小五脏俱全”，其法兰和焊缝的数量一点不比飞船返回舱少，因而难度要高出好几个量级。一般情况下，每颗卫星只进行一次整星热试验，而此次返回器的热试验总数量不下 10 余次。

返回器在返回大气层时受到气动作用，会产生各种各样的力和力矩。为了使返回器自身的气动特性具有稳定性，气动专家进行了大量的风洞实验，并根据这些实验数据，选择了钟鼎形作为返回器的外形设计。

返回器的造型比较独特，是一个底面直径和高度为 1.25m 的锥形体，其加热分区有多达 32 个。由于它分区多、接口多，而且构型不规则，所以给红外加热笼的设计制造带来很大难度。加热笼与舱体之间的安全距离需精确把握，如果离得太远，加热笼带条加电后辐射温度难以满足高温要求，达不到预期试验效果；如果离得太近，舱体部分位置可能超出温度承受上限，容易造成表面损伤。为此，采取了三维设计与热分析仿真相结合的方式，用5片红外加热笼拼合包裹大底、5片红外加热笼拼合覆盖侧壁的方案，实现了返回器红外加热笼的量身定做，确保热试验有效进行。

返回器上首次应用了国产宇航级环路热管。目前，世界上拥有同类核心技术的只有美国、俄罗斯和法国。同时，在返回器外部还包覆一层特殊材料，它可以把摩擦产生的热量与舱内隔绝。由于返回器降落时的速度非常快，不可能依靠地面遥控来指挥。为此，专门开发了半弹道跳跃式飞行的制导导航与控制系统技术，让返回器能自主控制，这是再入飞行的关键。返回器在降落过程中的微小变动都可能带来影响，例如，在第一次进入大气层时，返回器表面会因为高温烧蚀使其外形和质量发生改变，因此在第二次进入大气层时，返回器就必须考虑到这些因素进行自动调整。

制导导航与控制系统的任务是把返回器准确带回着陆场。在返回器"回家"的整个控制过程中，最大的困难就是大气环境的不确定性。高空大气密度变化范围为±80%，低空大气密度变化范围为20%～40%。进入大气层后，制导导航与控制系统要在短时间内，实时地对气动参数、大气密度进行辨识、仿真、计算。返回器的防热设计也是这次试验的重要科目。为了应对与大气层超高速摩擦带来的高温问题，专家们已开发了多项热防护技术。在太空时，返回器内部的电子设备工作会产生大量废热，需要及时排出；而再入大气层时正好相反，返回器外壁与空气摩擦产生的上千度高温需要隔绝。这些难题均已通过新型防热材料和结构克服了。

在此次任务实施中，月地返回、半弹道跳跃式高速再入返回、返回器气动外形设计、返回器防热设计，以及验证半弹道跳跃式再入制导、导航与控制和轻小型化回收着陆技术六大技术难点是决定任务成败的关键。这次飞行任务验证了探月三期的六项关键技术。

一是验证了返回器气动外形设计技术。利用飞行试验获取的数据对返回器气动设计的正确性进行了验证，通过数据分析比对，修正了返回器气动设计数据库。

二是验证了返回器防热技术。通过飞行过程中防热结构温度变化历程，对防热结构设计进行了评估，提高了热分析的准确性，测量了返回器热蚀情况。

三是验证了返回器半弹道跳跃式高速再入制导、导航与控制系统技术。

四是验证了月地返回及再入返回地面测控支持能力。针对返回器高动态、散布范围大、跟踪捕获难等特点，综合开展了总体设计、分析和试验。

五是验证了返回器可靠着陆技术。利用返回器内侧、外侧、遥测和气象数据，对返回器可靠着陆技术进行了验证。

六是验证了返回器可靠回收技术。通过返回器搜索回收，验证了空地协同搜索回收工作方法，同时具备了地面独立搜索能力。

8.2.3 试验飞行过程

试验器采用绕月自由返回轨道，在经过了发射段、地月转移段、月球近旁转向段、月地转移段、返回再入段和回收着陆段 6 个阶段（见图 8-18），飞行大约 8.4×10^5km，时间长达 8 天 4h30min 的飞行过程后着陆。在任务实施期间，我国远望号测量船队、国内外陆基测控站，以及北京飞行控制中心和西安卫星测控中心，共同组成了航天测控通信网，为任务提供了持续跟踪、测量与控制。这次任务的完成实现了四大技术突

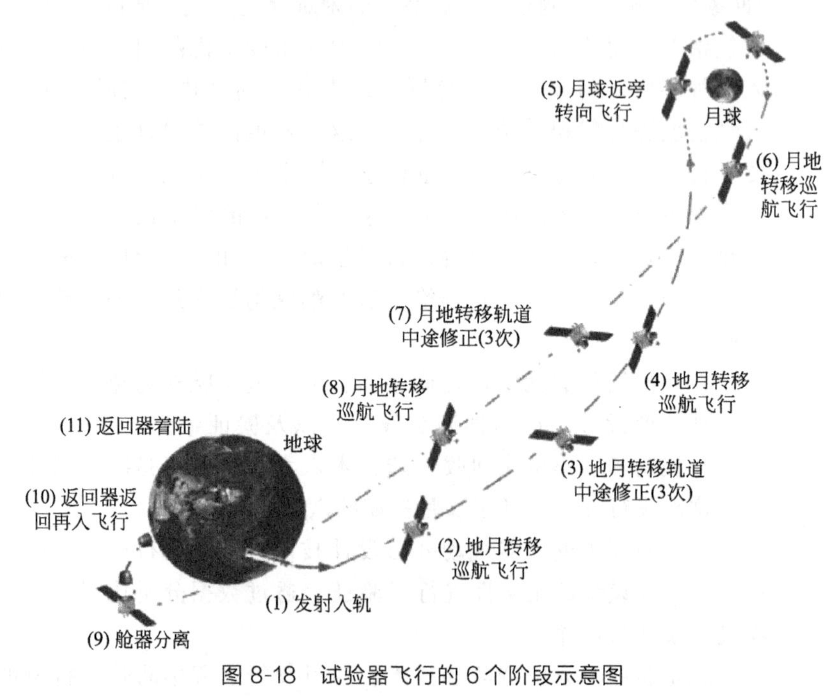

图 8-18　试验器飞行的 6 个阶段示意图

破：高速的气动力、气动热技术；高热量、大热流的热防护技术；高精度、高动态的制导导航与控制技术；长距离、大范围的再入回收测控技术。

（1）发射段

发射段是指从运载火箭起飞开始到器箭分离为止的飞行阶段。2014年10月24日02：00，试验器在西昌卫星发射中心发射，通过运载火箭直接送入绕月自由返回轨道入口点，进入地月转移轨道。

（2）地月转移段

地月转移段是指从器箭分离开始到试验器到达距月球约6×10^4km的影响球边界为止的飞行阶段。

10月24日16：18～16：29，在北京航天飞行控制中心的精确控制下，对距地球约1.3×10^5km的试验器成功实施了地月转移轨道的首次中途修正。通过认真分析和精确计算，北京航天飞行控制中心研究确定了再入返回飞行试验任务的首次中途修正控制策略，并成功向试验器注入控制参数，为试验器顺利到达月球近旁奠定了基础。在这次中途修正前，北京航天飞行控制中心控制试验器携带的相机，拍摄了试验器远离地球的飞行场景。

10月25日16：18～16：29，对试验器实施了第2次中途修正。经过2次中途修正后，消除了火箭入轨偏差的影响，达到了要求的轨道精度，取消了原定的第3、4次中途修正。

10月27日11：30，试验器飞抵距月球6.0×10^4km附近，进入月球引力影响球，结束地月转移轨道段的飞行，开始月球近旁转向段的飞行。

（3）月球近旁转向段

月球近旁转向段是指从试验器进入月球影响球开始到试验器飞出月球影响球为止的飞行阶段。试验器在该段借助月球引力改变自身相对地球的轨道倾角，环绕月球进行转向飞行。

10月28日03：00，试验器到达距月面约1.2×10^4km的近月点。随后，在北京航天飞行控制中心控制下，试验器系统启动多台相机对月球、地球进行多次拍摄，获取了清晰的地球、月球和地月合影图像。

10月28日19：40，试验器完成月球近旁转向飞行，离开月球引力影响球，进入月地转移轨道，飞向地球。

（4）月地转移段

月地转移段是指试验器从飞出月球影响球开始到舱器分离（舱器分离点距地面约5000km）的飞行阶段。试验器在该段根据需要完成中途修正，同时完成返回器与服务舱分离的准备工作。

10 月 30 日，在原定第 5 次中途修正的位置进行了第 3 次中途轨道修正。

(5) 返回再入段

返回再入段是指返回器从距地面约 5000km 分离后到返回器弹射开伞的飞行阶段。

11 月 1 日 05：00，北京航天飞行控制中心通过地面测控站向试验器注入导航参数。05：53，服务舱与返回器在距地面高约 5000km 处正常分离。在分离过程中，服务舱照明灯开启，服务舱的监视相机 A、B 对分离过程进行拍照监视。舱器分离后，服务舱上的 490N 发动机点火进行规避机动。返回器在该阶段首先滑行飞行，06：13，以再入姿态和接近第二宇宙速度进入大气层，实施初次气动减速。下降至预定高度后，返回器向上跃起，“跳”出大气层，到达跳出最高点后开始逐渐下降。接着，返回器再次进入大气层，实施二次气动减速。在降至距地面约 10km 高度时，返回器降落伞顺利开伞，在预定区域顺利着陆。担负搜索回收任务的搜索分队及时发现目标，迅速到达返回器着陆现场实施回收。其具体过程如下。

① 滑行段　舱器分离约 3min 后，为确保返回器安全，服务舱按照地面科技人员预设程序开始调姿，约 8min 后开启发动机，进行规避飞行。这是因为舱器分离时的速度达 10.8km/s，接近第二宇宙速度，而且服务舱在返回器之前，如果不实施规避机动，可能会发生碰撞，对返回器造成巨大威胁。接着，返回器进入自由飞行状态，它飞过南大西洋，从印度洋上空沿着预定轨道飞来。

② 初次再入段　06：11，返回舱建立返回再入姿态。06：13，在距离地面约 120km 高处，返回器进入初次再入段飞行，返回器自主完成制导导航与控制，实施初次气动减速。

③ 自由飞行段　06：17，返回器“跳”出大气，以惯性姿态自由飞行。

④ 二次再入段　06：23，返回器再次进入大气，自主完成制导导航与控制，实施再次气动减速。06：27，返回器第二次飞出黑障区，建立开伞姿态。06：31，在距地面 10km 处，升力控制结束，压力高度控制器接通开伞信号，弹开了伞舱盖。

图 8-19 所示为试验器返回再入段和回收着陆段示意图。

与嫦娥-1、2、3 发射后就瞄准月球轨道不同，对试验器的测控从一开始就瞄准了 11 月 1 日再入返回地球这一核心任务。为控制轨道精度，北京航天飞行控制中心对星敏感器、返回器惯性测量单元进行了若干次标定。

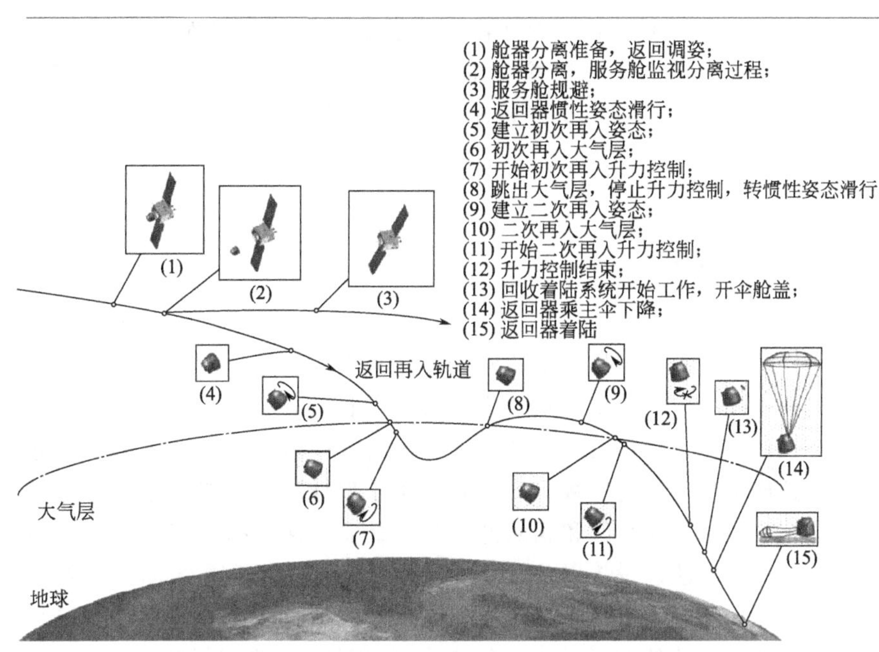

图 8-19 试验器返回再入段和回收着陆段示意图

这是我国航天器首次采取半弹道跳跃式返回，试验器返回着陆区时对飞行测控的要求非常高。由于受运载能力和航程所限，所以对返回器再入点参数精度要求非常高。如果把地球比作一个篮球，返回器再入角就相当于一张薄纸，返回器必须穿过薄纸这样的缝隙，才能安全返回地球。由于返回再入走廊非常窄，再入角只能有±0.2°的误差。如果再入角过小，试验器就不能返回地球；如果再入角过大，不能实现第一次的弹出，会越过既定的防护设计，所以大于或小于这个角度，都不能正常返回，这就要求对轨道的控制能力必须很高才行。

采用半弹道跳跃式再入返回，弹道误差一般比一次性返回的误差大，返回时一方面需要高精度的控制返回器准确进入返回走廊，另一方面要实时预报返回弹道，引导地面站及时有效地捕获返回器。

返回器两次高速进入大气层都会产生“黑障”现象。高速摩擦会使返回器表面气化，产生等离子鞘，屏蔽返回器与地面的联系。此时虽然在“黑障”过程中天地通信会中断，但返回器不会失控，因为一些重要指令在进入“黑障”之前就已经注入返回器，返回器可以按照预设内容来执行指令。

（6）回收着陆段

回收着陆段是指返回器从弹射开伞开始到着陆并成功回收为止的

飞行阶段。06：42，返回器安全着陆。科研人员对回收后的返回器及此次再入返回飞行试验获得的数据进行深入研究，为优化完善嫦娥-5任务设计提供技术支撑，服务舱将继续在太空飞行，并开展一系列拓展试验。

8.3 小结

深空探测制导技术地面验证的最大问题是动力学环境与地球存在明显不同，因此为了在地面上开展相关试验，必须对环境加以改造，例如设计装置抵消引力的区别；或者在制导律核心不变的前提下，通过修改适应地球环境的参数，并安装适用于地球环境的推进系统来进行飞行验证。本章针对着陆和返回再入两个重要的深空探测飞行段，对地面开展试验的方法、设施以及试验情况进行介绍。由于这类试验的成本非常高，实施困难，因此越来越多的制导技术验证更多依靠数学仿真进行。而少数关键环节的制导技术，将作为飞行试验中的一部分，与导航技术、控制技术、推进技术等一起开展综合验证。

参考文献

[1] Jarvis C R. Fly-by-wire flight control system experience with a free-flight lunar-landing research vehicle: AIAA 67-273.

[2] Mastranga G J, Mallick D L, Kluever E E. An assessment of ground and flight simulators for the examination of manned lunar landing: AIAA 1967-238.

[3] Matranga G J, Walker J A. An investigation of terminal lunar landing with the lunar landing research vehicle: AIAA 1977-74066.

[4] Obryan T C, Hewes D E. Operational features of the Langley lunar landing research facility: NASA-TN-D-3828.

[5] Olansen J B, Munday S R, Mitchell J D. Project Morpheus: lessons learned in lander technology development. American Institute of Aeronautics and Astronautics: SPACE 2013 Conference and Exposition, 2013-5310.

[6] Carson III J M, Robertson E A, Trawny N, et al. Flight testing ALHAT precision landing technologies integrated onboard the Morpheus rocket vehicle: AIAA SPACE 2015 Conference and Exposition, 2015-4417.

[7] Carson III J M，Hirsh R L，Roback V E，et al. Interfacing and verifying ALHAT safe precision landing systems with the Morpheus vehicle//AIAA Guidance，Navigation，and Control Conference. Kissimmee，Florida：AIAA，2015.

[8] Trawny N，Huertas A，Lunar M E，et al. Flight testing a real-time hazard detection system for safe lunar landing on the rocket-powered Morpheus vehicle// AIAA Guidance，Navigation，and Control Conference. Kissimmee，Florida：AIAA，2015.

[9] 宗河. 我国探月工程三期再入返回飞行试验获得圆满成功. 国际太空，2014(11).

第9章

深空探测航天器制导控制技术发展展望

深空探测是航天技术发展最前沿、最有挑战性，也是最浪漫的一个方向。1958年，也就是在人类刚刚进入太空后仅一年，苏联就发射了世界上第一个月球探测器，由此揭开了人类探测深空的序幕。经过六十年的发展，人类深空探测的步伐逐渐加大和加快，足迹由近及远，遍布太阳系的主要天体，甚至已有探测器到达太阳系边缘。目前，人类已经实现了对太阳系所有大行星的飞越探测，对部分大行星的环绕探测，以及以月球和火星为重点目标的着陆探测。

深空探测器飞行距离远、时间长。在遥远的宇宙空间中实现对飞行器轨迹（轨道）的精确控制异常困难。在此背景下，深空探测器自主制导、导航与控制技术不断发展和成长起来。这种技术能够减轻地面测控压力，是实现包括转移、捕获、撞击、进入下降着陆、起飞上升、交会对接等关键任务的必不可少的技术手段。这些任务往往机会有限、过程不可逆，制导必须实时、精确完成。

制导在整个GNC技术中居于核心地位，它直接决定了飞行过程的轨迹控制策略。伴随着深空探测任务的不断复杂化和多样化，深空探测制导控制技术也经历了由粗糙到精细、由简陋到复杂、由特定点到全面应用的不断进化的发展历程。最早的深空探测器没有制导或只有简单的制导，只能完成对月球等天体的撞击或环绕探测，后续随着着陆制导控制技术的发展，才逐渐实现了软着陆，甚至精确着陆；火星探测也一样，火星进入过程从无制导的弹道式进入发展出有制导的半弹道式进入，实现了进入下降过程的主动落点控制；深空转移则由完全依靠地面指令实施轨道控制，发展出飞越、撞击过程的全自主轨道控制技术。

当然深空探测制导控制技术还远未成熟。随着人类深空探测方式的不断变化，制导控制技术领域不断扩大，一些新的制导控制技术需求不断涌现，例如连续小推力轨道控制、太阳帆轨道控制、小天体附着制导、地外天体起飞上升制导、深空交会对接制导等，多样化是未来一段时间深空探测制导控制技术的一个发展趋势。另一方面，随着计算技术、人工智能技术的不断进步，制导所采用的工具方法也不断增多，新的理论不断出现，制导控制技术的智能化、通用化也成为深空探测发展的一个重要需求。根据近些年深空探测制导控制技术的发展情况，结合未来深空探测任务的需求，如下几个方面将成为深空探测航天器制导控制技术的重要发展方向。

（1）制导控制技术的多样化

进入21世纪以后，全世界拥有强大航天技术的国家纷纷对深空探测活动制定了详细、全新的战略和规划，以求对整个太阳系乃至更远的深空领域展开全面的探测活动[1]。如美国国家航空航天局（NASA）制定的“新太空计划”、欧空局的“曙光”探测计划、日本的小行星探测计划等。探测对象既包括了大行星，也包含卫星、小行星；探测方式除了传统的飞越、环绕、着陆以外，还包括附着、采样返回等。随着探测任务的多样化，为适应新的需求，新领域的制导控制技术也将应运而生。

在小行星探测方面，随着航天技术的不断发展，探测方式由早期的飞越、环绕探测，逐渐发展出撞击、附着探测，以及最新也最有难度的采样返回等。对于采样返回来说，探测器能否安全附着于小行星表面，是整个小行星探测活动的重中之重。小天体质量小、引力弱，着陆器的着陆过程较为缓慢，且在小天体表面的弱引力环境下，着陆器通常是附着在小天体表面。该过程面临的特殊问题主要体现在[2]：①弱而不规则的引力场、独特的自旋状态和空间摄动、小天体较大的引力系数差异，这些构成了小天体附近非常复杂的动力学环境；②小天体目标小、距离远、观测难度大，其物理特性和轨道信息不确定性较大，先验信息匮乏；③由于尺寸较小，小天体表面缺乏大面积的平坦区域，弱引力下附着易发生反弹，因此小天体附着任务对位置和速度偏差的容忍度低，需实现“双零附着”；④由于小天体距离地球遥远，通信延迟较大，仅依靠地面测控难以实现探测器在小天体表面精确附着，因而需要探测器具备自主附着能力。在这其中，弱引力环境悬停、下降与附着过程制导控制、自主避障检测与规避、自主任务规划是其中的关键技术。

在火星探测方面，虽然近年来任务的重点大多在于不断提高探测器着陆的安全性和可靠性，提升火星车功能的全面性和自主性，以期在火星表面由火星车自主完成全部勘测和分析工作。但是很多研究项目只能通过将样本带回地球，才能展开更为深入彻底的研究。因此，火星探测最大的挑战在于成功实现火面取样返回。世界各国都曾提出过火星取样返回计划方案，但迄今为止无一实施。制约该项任务实施的困难主要体现在：一方面火星上升器（MAV）的构型需要满足严苛的设计约束，除了充分考量成本、体积和重量等因素外，还需能在无人维护的条件下应对长期的火星环境侵蚀；另一方面，上升器需要设计鲁棒性强的控制和制导方法，以具备自主处理火星恶劣多变大气环境的能力。

根据我国未来深空探测任务的发展规划，火星取样返回探测是火星着陆探测之后的必然选择。其任务目标是从火星表面取得样本，并通过火星表面起飞上升、环火轨道交会对接、火地转移以及地球大气再入回收等几个环节，将火星表面土壤和岩石样本送回地球。火星表面起飞上升是取样返回最具挑战性的关键阶段之一。火星较月球，重力加速度更大，上升过程重力损耗大，总速度增量任务大，且火星是有大气行星，大气活动剧烈，未知性强；探测器从火星表面起飞会遇到起飞场平差、支撑刚性不确定、气动干扰强且未知、火星上升器质量特性变化快等问题，同时后续交会对接对火星上升的入轨精度又提出很高的要求。因此，火星起飞上升过程制导控制技术亟待开展深入研究。

（2）制导控制技术的通用化

在过去五十多年里，在不同飞行任务的需求牵引下，随着计算机运算能力的大幅度提升，制导控制技术得到了广泛快速的发展。与此形成对比，目前制导算法的状态是非常碎片化的。以大气进入过程的制导算法为例，针对具有不同升阻比的再入飞行器，以及不同的飞行轨迹特性，都拥有一套习惯性的制导律设计方法。如亚轨道返回与轨道返回之间，第二宇宙速度返回与第一宇宙速度返回之间，火星进入与地球再入之间，都没有统一通用的方法。针对不同的设计任务，都将耗费大量的精力考虑轨道及飞行器的特点，进行不同逻辑的设计或各种额外修补工作。面对未来航天任务急剧增多的形势，为了大幅度提升方案设计工作的效率，制导控制技术的通用化设计研究具有非常重要的意义。

目前看，深空探测的制导问题可以归结为三个大类：基于大推力的轨道控制问题、大气层内气动飞行制导问题和基于弱小控制力的转移轨道控制问题。这三类问题内部具有很大的相似性，发展出通用性的制导理论方法具有充分的可能性。

基于大推力的轨道控制问题主要是借助大推力化学能推进系统完成变轨控制、下降着陆过程制导以及上升制导控制。这类问题的共同特点是：①制导或轨道控制的目标是通过连续的推力过程到达指定的终端状态；②轨迹控制的主要作用力来自发动机，发动机推力相对引力和其他摄动力来说比较大，且摄动力相对发动机推力和引力来说是小量；③要求飞行过程推进剂消耗最优。目前，轨道控制技术、下降制导控制技术、上升制导控制技术五花八门。考虑到基于最优控制理论隐式求解（数值计算）的方法更适合轨迹规划，但不适合作为控制过程中实时的制导方法。因此，基于一定假设，计算量小，同时具备“预测-校正”能力的显式制导控制技术是实现这类问题制导通用化的最佳方案。例如，本书中提到的动力显式制导控制技术，它本身来自于航天飞机应急返回，可用于大气层外多种轨迹控制过程，后来又应用到美国“重返月球”项目的月球动力下降和月面起飞制导。而且研究表明，即使是火星等有大气天体的起飞上升问题，该制导律也是一种可行的备选方案。

大气层内气动飞行制导的特点是利用大气气动阻力和升力作为控制

力，在降低探测器飞行高度和速度的同时，实现对飞行轨迹和落点的控制。这类问题的共同特点是：①气动力是主要的控制量，通过调整气动力在纵向与横向剖面的分量来实现轨迹控制；②飞行过程对飞行轨迹具有相同的过程量约束和终端约束，例如过载和热流约束、航程约束等；③再入飞行动力学描述是相似的，在轨迹优化设计时可抽象出相似的数学模型。在已有的各种制导方法中，数值预测校正制导算法是一种具备普适潜能的再入制导算法[3]，该算法完全依靠在线计算，自主性强，避免了针对不同类型飞行器进行的大量离线轨迹规划计算。随着计算机数据处理能力的增强，未来深空探测任务自主性要求的不断提升，数值预测校正制导控制技术有望在未来大气飞行任务中得到广泛的应用。

基于弱小控制力的转移轨道控制是指改变轨道的控制力非常小，需要长时间、连续作用的一类制导问题，包括使用电推进的转移轨道控制、利用太阳帆进行轨道控制等。这类制导问题目前来说还没有成熟的方案，需要进一步的研究。

(3) 制导控制技术与姿控的一体化

制导控制技术的发展，离不开多学科的融合。传统的深空探测航天器制导与控制设计相互独立，制导系统设计仅考虑质心运动，忽略了航天器本身的姿态运动，控制系统设计仅考虑姿态指令，没有考虑制导与控制系统之间的相互关系。对于姿轨强耦合的深空探测任务飞行场景而言，产生的制导指令极易超过控制系统的机动范围，忽略制导与控制之间的时延也会影响控制系统的性能。传统的做法是首先设计好每个子系统，然后对二者进行整合。若系统的整体性能不能满足技术指标，仍需分别对各子系统进行改善，直至整体系统满足要求为止。这种设计思路虽然广泛应用于实际工程中，但在设计上并没有考虑各子系统整合串联后综合系统的稳定性能，反复的设计过程也可能增加设计成本。

以深空探测飞行器高速再入过程为例，其再入飞行环境比较复杂，制导与控制系统模型也具有非常强的耦合性。传统的飞行器制导与控制系统将制导与控制回路分开进行设计，忽略了它们之间的耦合性。然而复杂的大气环境给高速再入飞行器的制导与控制系统带来了较大的外来干扰和不确定性，其制导和控制精度的要求随着距离地面高度的减小而提高，无动力的再入方式又使其不具备复飞能力，若制导及控制方法出现失稳现象，可能会造成无法挽回的损失甚至灾难性的后果。在综合考虑制导控制系统之间的强耦合、不确定性及再入过程中大扰动因素后，在深空高速再入返回技术研究方面，将制导与控制系统视为一个统一的整体，对制导与姿控一体化设计，是从根本上提高系统整体性能的有效手段。

与此类似，在火星探测方面，上升器从火星表面起飞上升过程中，飞行器质量较小，但等效速度增量需求大，点火过程中外干扰力和力矩的量级大、变化快且未知性强，因此造成细长体轻小型上升器容易发生弹性振动，这往往会对轨迹控制带来难以估量的影响，可见该过程制导与姿控的耦合非常剧烈。如在制导律设计过程中完全忽略这种耦合的影响，忽略姿控系统的能力和故障工况，必然会严重影响系统的精度、可靠性以及安全性。

实际上，制导与控制一体化设计的思想在 20 世纪 80 年代就已被提出[4]，但目前为止也只有少数文献考虑了制导与控制的一体化设计问题。典型的设计思路是[5]，在内环控制回路中，用动态逆方法设计控制律，设计过程中结合最优控制分配原则处理执行机构失效问题；在外环制导回路中，利用反步设计法设计制导律，并将自适应方法用于制导律增益的设计，从而使之满足内环控制回路的带宽要求；在轨迹规划方面，根据飞行器当前状态修正离线设计轨迹。总的来说，针对制导与控制一体化设计方法的研究还很欠缺，很不完善，有待继续发展。

（4）制导控制技术的智能化

在航天器智能自适应控制方面，1971 年美国人付京孙（K. S. Fu）首次提出了“智能自主控制”。该控制系统的特点如下：①自学习自适应自组织能力；②组织规划分析推理和决策能力；③对大量数据进行定性和定量，模糊与精确的分析处理能力；④系统故障处理和重构能力。经过几十年的发展，目前智能自适应控制方法，如大系统分层决策推理、自主规划的控制设计方法、控制系统性能分析及闭环系统的稳定性证明等均得到了长足的进步，在多个领域已经得到了成功的应用，航天领域也不例外。目前，航天器智能自主控制技术已经在国内外很多飞行任务中得到了不同程度的应用，尤其在深空探测领域。例如基于远程智能体（Remote Agent，RA）的自主管理技术首次于 1999 年 5 月 17～21 日在深空 1 号上得以试验验证；2004 年发射的勇气号火星探测器，在自主运行 7 个月后安全登陆火星；2013 年嫦娥三号在国际上首次采用智能自主避障软着陆技术，成功实现避障精度优于 1.5m 的月球表面软着陆；2014 欧空局的“罗塞塔”彗星探测器成功接近彗星 67P 并释放“菲莱”着陆器，实现了首次彗核表面的智能自主软着陆。总的来说智能技术与制导控制技术的结合，主要可包括在线轨迹规划制导控制技术、环境参数的在线估计以及制导目标的自主调整三方面的内容。

在在线轨迹规划制导控制技术方面，由于外界环境的变化、子系统故障带来的动力学急剧变化、导航偏差过大以及任务目标发生的变化，会使得事先设计的参考轨迹可能会超过控制能力的范围，这就需要根据实际情况对参考轨迹重新设计。由于深空探测器距离地球遥远，特殊任务对时间的要求苛刻，依赖于地面的轨迹设计难以满足任务需求。因此研究在线轨迹规划方法，借助于非线性优化和微分几何理论，可以有效克服轨迹规划中维数高和非线性强带来的实时性差、收敛性难以保证的问题。

在环境参数的在线估计方面，智能技术可以显著改善制导的鲁棒性。以再入制导过程为例，快时变、参数不确定和强非线性是其中的主要问题。可采用智能建模技术，对飞行器实际飞行过程中的气动、环境等进行在线估计辨识，并将估计结果用于飞行器再入模型的在线智能更新。同时，基于实时建立的进入制导模型，用非线性控制方法设计自适应协调制导律，可避免传统制导算法中耗费机时多、自适应能力不足等问题，从而保证制导过程的安全性、可靠性和精确性。

在制导目标的自主调整方面，智能技术的引入可以根据飞行状态在线修正制导目标，使得飞行整体性能达到最优。以地外天体下降飞行过程为例，当探测器质量、推力偏离预先理论设计参数，使得按照原先的制导目标飞行时，终端全部或部分状态（例如姿态）与预期相差较远，难以做到与后续任务平稳衔接时，可以智能迭代调节制导目标，通过改变部分终端参数，使得其他参数或者参数的某种组合能够平稳衔接后续飞行状态，达到整体性能最佳。

综上所述，深空探测航天器制导控制技术虽然已经取得了很多重要的应用成果，但还处于不断快速发展的过程之中。一方面，伴随着人类深空探测脚步的不断迈进，新的任务需求和新的制导控制技术方法不断产生；另一方面，借助于计算技术、智能技术、最优控制技术、优化技术等相关领域的不断进步，制导控制技术也在不断地更新升级。未来，更通用、更智能、更鲁棒、更自主的制导控制技术将不断推动人类深空探测事业进入更深也更广阔的宇宙空间。

参考文献

[1] 叶培建，邓湘金，彭兢. 国外深空探测态势特点与启示（上）[J]. 航天器环境工程，2008，25（5）：401-415.

[2] 崔平原，袁旭，朱圣英，等. 小天体自主附

着技术研究进展[J]. 宇航学报，2016，37（7）：759-767.

[3] Lu P. Entry guidance-A unified method[J]. Journal of Guidance，Control，and Dynamics，2014，37（3）：713-727.

[4] Williams D E，Richman J，Friedland B. Design of an integrated strapdown guidance and control system for a tactical missile[C]//AIAA paper 1983-2169，1983.

[5] Schierman J D，Ward D G，Hull J R，et al. Integrated adaptive guidance and control for re-entry vehicles with flight-test results[J]. Journal of Guidance，Control，and Dynamics，2004，27（6）：975-987.

索　引